Rudolf Wolf

Taschenbuch für Mathematik, Physik, Geodäsie und Astronomie

Rudolf Wolf

Taschenbuch für Mathematik, Physik, Geodäsie und Astronomie

ISBN/EAN: 9783744672962

Hergestellt in Europa, USA, Kanada, Australien, Japan

Cover: Foto ©Andreas Hilbeck / pixelio.de

Weitere Bücher finden Sie auf **www.hansebooks.com**

Taschenbuch

für

Mathematik, Physik, Geodäsie und Astronomie.

Von

Dr. R. Wolf, Prof.

Sechste, durch dessen Nachfolger, Prof. A. Wolfer, Direktor der eidg. Sternwarte in Zürich vollendete Auflage.

Mit 32 Tabellen und vielen Holzschnitten.

Zürich
Druck und Verlag von Friedrich Schulthess
1895.

Vorwort
zur zweiten Auflage.

Was ich bei Herausgabe meines Taschenbuches im Jahre 1852 kaum zu hoffen wagte, ist zur Wahrheit geworden. Das unansehnliche, ursprünglich nur für mich und meine Schüler angelegte Werkchen hat auch in weitern Kreisen Anerkennung gefunden, und Mancher, dem es im ersten Augenblicke um seiner gedrängten Kürze willen nicht recht munden wollte, hat es bei näherer Kenntnis lieb gewonnen und zum beständigen Begleiter gewählt.

Ich darf hoffen, mit vorliegender zweiter Bearbeitung, bei der mich teils meine Nachfolger in meinem Lehramte an der Berner-Realschule, teils mehrere verehrte Kollegen am Schweizerischen Polytechnikum, freundschaftlich unterstützten, noch Besseres erzielt zu haben. Alle behandelten Disciplinen sind besser abgerundet, und entsprechend meiner gegenwärtigen Lehrthätigkeit so weit geführt worden, dass meine Schüler und Zuhörer in dem neuen Taschenbuche einen vollständigen Leitfaden für meine

Unterrichtsstunden und Vorträge finden, und ein damit Vertrauter in Arithmetik, Geometrie, praktischer Geometrie, Mechanik und Physik der Aufnahmsprüfung ins Schweizerische Polytechnikum ruhig entgegensehen kann. Die durch Einteilen in Kapitel, fortlaufende Kolumnentitel, etc. erhöhte Deutlichkeit und Übersichtlichkeit, sowie die durch den Herrn Verleger mit Liebe überwachte, schöne typographische Ausführung dürfte der neuen Auflage auch unter Solchen, welche sich nicht an der Hand des Lehrers mit derselben vertraut machen können, sondern eine kompendiöse Sammlung von Erklärungen, Lehrsätzen, Formeln und Tafeln suchen, noch mehr Freunde gewinnen.

Ich könnte noch anführen, dass das vorliegende kleine Buch wohl mehr Inhalt hat, als man nach Massgabe des Raumes erwarten möchte, — dass manche in demselben gegebenen Sätze und Ableitungen, sowie namentlich das in der Geometrie befolgte System mein unbestreitbares Eigentum sind, und ihm einen wissenschaftlichen Wert sichern dürften, — dass es sich von den meisten übrigen Taschenbüchern und Formelnsammlungen durch Beigabe von Beweisen und Citation der zum Beweise nötigen Sätze unterscheidet, daher auch zu Repetitorien dienen kann, — etc. Doch ich schliesse mit dem Wunsche, dass meine

Arbeit mit eben der Liebe aufgenommen werden möge, mit welcher ich sie ausführte, und kein Rezensent über den zweifelsohne ihr noch anhängenden Unvollkommenheiten das bereits Erreichte und die Schwierigkeit der gestellten Aufgabe vergessen möge.

 Zürich, im August 1856.

Rudolf Wolf.

Vorwort
zur fünften Auflage.

Das im Vorworte zur vierten Auflage angekündigte, bei gleicher Einrichtung mit dem Taschenbuche weitere Entwicklungen, zahlreiche historisch-litterarische Notizen u. s. f. enthaltende Handbuch ist nun längst erschienen und hat sich, wenn mich nicht alle Anzeichen trügen, bereits ebenfalls viele Freunde erworben, — darunter aber auch solche, welchen das Taschenbuch schon früher ein lieber Begleiter war, und die nun im Handbuche vorzüglich einen willkommenen Kommentar zu demselben fanden. Zu Gunsten dieser bewährtesten Freunde meiner beiden Publikationen habe ich es für angemessen erachtet, die Reihenfolge der Sätze auch für die fünfte Auflage des Taschenbuches unverändert beizubehalten, und nicht durch Abänderungen die so bequeme Korrespondenz mit dem Handbuche zu stören*, — habe dagegen innerhalb des gegebenen Rahmens teils aus eigenem Antriebe, teils nach dem Rate und mit der Hülfe mehrerer meiner Kollegen, Manches bedeutend umgearbeitet, und soweit möglich überall den Fortschritten der Wissenschaft Rechnung getragen. Ich darf darum hoffen, dass auch diese fünfte Auflage wieder freundliche Aufnahme finden, ja dazu beitragen dürfte, dass in einigen Jahren nahe gleichzeitig neue Auflagen von Handbuch und Taschenbuch nötig werden könnten, wodurch ich dann freie Hand erhalten würde, beiden wieder eine etwas grössere gemeinschaftliche Umgestaltung zu geben, für welche bereits vielfache Vorarbeiten vorliegen.

Zürich, im Februar 1877.

Rudolf Wolf.

---

* Eine einzige Ausnahme musste ich mir in Abschnitt XXV erlauben.

Vorwort
zur sechsten Auflage.

Die am Schlusse des Vorwortes zur fünften Auflage seines Taschenbuches ausgesprochene Hoffnung des vor Jahresfrist verstorbenen Prof. R. Wolf hat sich durch das Erscheinen seines mit so grossem Beifall aufgenommenen „Handbuches der Astronomie" nach der einen Richtung hin vollständig erfüllt, und bereits war er auch in den Vorbereitungen zu einer Umgestaltung und Neuausgabe des Taschenbuches ziemlich weit vorgeschritten, als der Tod des unermüdlichen Gelehrten dieselben unterbrach.

Der Aufforderung des Herrn Verlegers, die Arbeit zu Ende zu führen, rechnete sich der Unterzeichnete zur Ehre an, zu folgen; für den ersten — mathematisch-physikalischen Teil des Buches, — fand sich im Nachlasse Wolfs ein druckfertiges Manuskript vor, und die Herstellung eines solchen für den zweiten — astronomischen — Teil war auf Grund hinterlassener schriftlicher Notizen und nach den noch bei des Verfassers Lebzeiten von ihm gemachten mündlichen Andeutungen über die beabsichtigten Modifikationen verhältnismässig leicht. Die neue Ausgabe sollte in wesentlich gedrängterer Form erscheinen; es sind deshalb auch im zweiten Teile überall da beträchtliche Kürzungen vorgenommen worden, wo es möglich erschien, ohne den ursprünglichen Charakter des Buches zu beeinträchtigen. Anderseits waren namentlich im astronomischen Teil Methoden und Ergebnisse der Neuzeit thunlichst zu berücksichtigen und auch die Tafelsammlung hat, in teilweiser Anlehnung an das neue „Handbuch der Astronomie" eine eingreifende Umgestaltung erfahren. Den Besitzern des letztgenannten Werkes, welches in seiner Anordnung sich von dem 1870 erschienenen „Handbuch der Mathematik, Physik, Geodäsie und Astronomie", und damit auch vom Taschenbuche durchaus unterscheidet, während diejenige des Taschenbuches auch in der neuen Auflage dieselbe geblieben ist, wird es nicht unwillkommen sein, in Letzterem neben den Nummern der einzelnen Paragraphen je die dem Inhalte nach entsprechenden des neuen Handbuches in Klammern angegeben zu finden.

Zürich, im Februar 1895.

A. Wolfer.

Inhalt.

A. Arithmetik.

Nro.   pag.

I. Einleitung . . . . 3—7
Aufgabe der Mathematik und Physik 3; die älteste Zeit 3; die mittlere Zeit 4; die neuere Zeit 5.

II. Die arithmetischen Operationen . . . 7—12
Vorbegriffe 7; Addition und Subtraktion 7; Multiplikation und Division 8; verschiedene betreffende Regeln 9; Elevation und Extraktion 10; verschiedne betreffende Regeln 10; die Logarithmen 11; die Zahlsysteme 11; das Decimalsystem 11; die gemeinen Logarithmen 12.

III. Die Gleichungen und Proportionen . 12—16
Gleichheit und Gleichung 12; die Gleichungen ersten Grades 13; die Verhältnisse und Proportionen 13; die Gleichungen zweiten Grades 14; die Gleichungen dritten Grades 14; die Gleichungen höhern Grades 14; Gleichungen mit mehreren Unbekannten 15; die unbestimmten Gleichungen 15; transcendente Gleichungen 16; Ansatz der Gleichungen 16.

IV. Die Progressionen und Kettenbrüche 17—19
Die arithmetischen Progressionen 17; die geometrischen Progressionen 17; die Zins- und Rentenrechnung 17; die Kettenbrüche 18; die Näherungsbrüche 18; die periodischen Kettenbrüche 19.

V. Die Kombinationslehre und Wahrscheinlichkeitsrechnung . . . . . 19—23
Die Variationen 19; die Permutationen 20; die Kombinationen 20; die Inversionen und Determinanten 20; die Wahrscheinlichkeit 21; einige Grundregeln 21; die relative Wahrscheinlichkeit 21; die Erfahrungswahrscheinlichkeit 22; die Wetten und Hazardspiele 22; die Mortalität 22.

VI. Der binomische Lehrsatz . . . . . 23—25
Begriff des binomischen Lehrsatzes 23; Eigenschaften des Symboles n über h 24; Verallgemeinerung des binomischen Lehrsatzes 24; einige Anwendungen 24.

VII. Die Lehre von den Reihen . . . . 25—30
Die sog. Funktionen 25; die Exponentialreihe 25; die logarithmische Reihe 26; die natürlichen Logarithmen 26; die gemeinen Logarithmen 27; die goniometrischen Reihen 27; die umgekehrten Reihen 28; weitere Entwicklungen 28; Konvergenz und Divergenz 29; die Interpolation 29.

VIII. Die Differential- und Integralrechnung . . . . 31—39
Begriff der Differentialrechnung 31; Differentiation der algebraischen Funktionen 31; Differentiation der transcendenten Funktionen 32; Differentiation der Funktionen mit mehreren Variabeln 32; Differentiation der Gleichungen 32; der Taylor'sche

Lehrsatz 32; die Maclaurin'sche Reihe und die Lagrange'sche Reversionsformel 33; unbestimmte Ausdrücke 34; Maximum und Minimum 34; Begriff der Integralrechnung 34; Integration durch Substitution 35; Integration durch Zerlegung oder Auflösung in Reihen 36; Integration durch Rekursion 36; verschiedene Integralformeln 36; bestimmte Integrale 37; Integration der Differentialgleichungen erster Ordnung 38; Integration der Differentialgleichungen höherer Ordnung 39; Begriff der Variationsrechnung 39.

B. Geometrie.

IX. **Geometrische Vorbegriffe** . . . . . 40—44
Der Ort 40; die fortschreitende Bewegung 40; die drehende Bewegung 40; die Parallelen und Senkrechten 41; die Koordinaten 41; die gebrochene Linie 42; das n-Eck und n-Seit 42; die Winkelsumme 43; Anzahl und Einteilung der n-Ecke 43; die Kongruenz und Ähnlichkeit 44.

X. **Das Dreieck** . . . . 44—46
Grundeigenschaften des Dreiecks 44; das gleichschenklige Dreieck 44; das ungleichseitige Dreieck 45; weitere Kongruenz- und Ähnlichkeitssätze 45; die Symmetrie 45; Abstand und Projektion 45; Parallelensätze 46; weitere Sätze 46.

XI. **Das rechtwinklige Dreieck und die goniometrischen Funktionen** . . . 46—52
Das rechtwinklige Dreieck 46; Dimensionen und Fläche 47; der pythagoräische Lehrsatz 47; die Seitenverhältnisse 48; die goniometrischen Funktionen 48; einige Grundbeziehungen 49; die sog.

Transformation der Koordinaten 49; weitere goniometrische Formeln 50; der Moivre'sche Lehrsatz 50; einige goniometrische Reihen 50; Anwendung auf algebraische Gleichungen 51; Anwendung auf transcendente Gleichungen 52.

XII. **Die Trigonometrie und einige weitere Eigenschaften des Dreiecckes** . 52—55
Die trigonometrischen Grundbeziehungen 52; weitere Formeln 53; die Berechnung der Dreiecksfläche 53; die Trigonometrie 53; die Flächensätze 53; einige isoperimetrische Sätze 53; die Transversalen 54; einige weitere Sätze 54; das Centrum der Ecken und das Centrum der Seiten 54; der Schwerpunkt und der Höhenpunkt 55.

XIII. **Das Viereck und Vieleck** . . . . . 55—58
Das Viereck 55; die Tetragonometrie 56; einige Eigenschaften des Parallelogrammes 56; das Vierseit und die harmonische Teilung 57; das Vieleck 58; die Polygonometrie 58.

XIV. **Das centrische Vieleck u. d. Kreis** . 58—63
Die nach den Ecken centrischen Vielecke 58; die nach den Seiten centrischen Vielecke 58; die centrischen Vielecke 59; das centrische Unendlicheck 60; die Kreislinie 60; die Sekanten und ihre Winkel 60; die Tangenten und ihre Winkel 61; die ein- und umgeschriebenen Vielecke 61; Beziehungen zwischen verschiedenen Kreislinien 61; Pol und Polare 62; Sehne, Pfeil, Sektor und Segment 62; noch einige Beziehungen 63.

XV. **Die analytische Geometrie der Ebene** 64—76
Die Gleichung der Geraden 64; verschiedene Aufgaben 64; der Punkt der mittlern Entfernungen

65; die Gleichung der Kreislinie 66; die Linien zweiten Grades 66; Axen und Mittelpunkt 67; Transformation und Einteilung 67; die Tangenten und Normalen 69; der Krümmungskreis 69; die Quadratur 70; die Rektifikation 70; die Ellipse 70; weitere Beziehungen 71; die Parabel 72; weitere Beziehungen 72; die Hyperbel 73; weitere Beziehungen 73; die sog. besondern Punkte 74; einige Kurven dritten Grades 74; einige Kurven vierten Grades 75; einige transcendente Kurven 75; einige Spiralen 75; die Rolllinien 75; die Cykloide 76.

XVI. Raumdreieck und Raumtrigonometrie 76–82

Das Raum-Eck 76; die Senkrechten und Projektionen 77; die Parallelen 77; Eigenschaften der Projektionen 78; die Senkrechtenwinkel 78; Grundbeziehungen am Raumdreiecke 78; die Gauss'schen Formeln und die Neper'schen Analogien 79; weitere Beziehungen 79; Fehlergleichungen 79; parallele Ebenen 80; die Flächenprojektionen 80; weitere Eigenschaft des Dreikants 80; das Polardreieck und der Excess 80; Umsetzungen mit Hülfe des Polardreieckes 81; die Raumtrigonometrie 81; Symmetrie und Kongruenz 82.

XVII. Das Vierflach und Vielflach . . . 82—87

Das Polyeder 82; das Vierflach 83; das rechtwinklige Vierflach 83; der Rauminhalt des Vierflachs 84; die Pyramide 84; der Kegel 85; das Prisma 85; der Cylinder 86; das Prismoid 86; der Obelisk 86.

XVIII. Das centrische Vielflach u. die Kugel 87—91

Der Euler'sche Satz 87; die regelmässigen Polyeder 87; die Kugel 88; Pol und Polarkreis 88;

die Guldin'sche Regel 88; Kugeloberfläche, Zone und Möndchen 89; Kugelinhalt, Abschnitt und Ausschnitt 90; das Kugeldreieck 90; der Legendre'sche Satz 90; weitere Sätze 91.

XIX. **Die analytische Geometrie im Raume** 91—102

Die Raumkoordinaten 91; die Transformation der Koordinaten 92; die Gleichung der Ebene 93; die Gleichung der Geraden 94; verschiedene Aufgaben 95; der Schwerpunkt 95; die Flächen zweiten Grades 96; Transformation und Einteilung 97; das Ellipsoid und Sphäroid 98; die tangierende Ebene 98; die Krümmung der Flächen 99; die Kurven von doppelter Krümmung 99; die einhüllenden und developpabeln Flächen 99; die Komplanation 100; die Kubatur 101; die darstellende Geometrie 101.

XX. **Die Methode der kleinsten Quadrate** 102—105

Grundsatz der Methode der kleinsten Quadrate 102; Theorie der Fehler bei direkten Bestimmungen 102; Theorie der Fehler bei indirekten Bestimmungen 104; die überschüssigen Gleichungen 104.

XXI. **Die Messungen mit Kette, Kreuzscheibe und Messtisch** . . . . . 105—110

Die praktische Geometrie 105; die Setzwage und die Libelle 105; die Längenmessung 106; Kreuzscheibe und Winkelspiegel 107; der Messtisch 108; das Princip der Multiplikation 108; die Pothenot'sche Aufgabe 109; der Distanzmesser 110.

XXII. **Die Messungen mit Theodolit und Nivellirinstrument** . . . . . 110—116

Die geteilten Kreise 110; der Vernier 111; der Theodolit 111; der Spiegelsextant 113; die Reduk-

tion auf Centrum und Horizont 114; die sog.
Triangulationen 114; die Messung der Höhenwinkel 115; das Nivellierinstrument 116.

C. Mechanik.

XXIII. Die reine Statik . . . . 117—122
Vorbegriffe 117; das sog. Kräfteparallelogramm
117; allgemeine Regeln für das Zusammensetzen
und Zerlegen der Kräfte 119; die sog. Momente
119; der Mittelpunkt der parallelen Kräfte und
der Schwerpunkt 119; die sog. Kräftepaare 120;
Zusammensetzung der Paare 121; die allgemeinen
Gleichgewichtsbedingungen 121.

XXIV. Die reine Dynamik . . . . . 122—127
Vorbegriffe 122; die gleichförmige Bewegung 122;
die gleichförmig beschleunigte Bewegung 123; das
Parallelogramm der Bewegungen 123; allgemeine
Beziehungen zwischen Weg, Geschwindigkeit und
Beschleunigung 124; das Princip der Erhaltung
des Schwerpunktes 125; das Princip der Erhaltung
der Flächen 125; die unveränderliche Ebene 125;
die Hauptaxen 126; die augenblickliche Rotationsaxe 126.

D. Physik.

XXV. Physikalische Vorbegriffe . . . 128—132
Allgemeine Eigenschaften der Materie 128; Teil-
barkeit und Ausdehnbarkeit 128; Anziehung und
Gewicht 129; Aggregationszustand, Cohäsion und
Adhäsion 130; Festigkeit 130; die chemische Ver-
wandtschaft 131.

XXVI. Geostatik und Geodynamik . . 132—141

Die Beschleunigung der Schwere 132; stabiles und labiles Gleichgewicht 133; der Keil 133; die schiefe Ebene 133; das mathematische Pendel 134; das physische Pendel 135; die Uhren 136; Ballistik 136; der Hebel 137; die Wage 137; das Wellrad 138; die Rollen und Flaschenzüge 139; die Centralbewegung 139; einige Definitionen 140; die Lehre vom Stosse 140; Reibung und Widerstand des Mittels 141.

XXVII. Hydrostatik und Hydraulik . 141—144

Hydrostatisches Grundgesetz 141; weitere hydrostatische Gesetze 142; Bestimmung der Dichte 142; die Kapillarität 143; die Ausflussgesetze 143; die Wellenbewegung 144.

XXVIII. Aerostatik, Pneumatik und Akustik . . . . 144—149

Das Barometer 144; das Mariotte'sche Gesetz 145; die Hypsometrie 146; die Luftpumpe 147; einige andere Apparate 147; Bestimmung der Dichte von Gasen 147; die Diffusion 148; die Hygroskopie 148; Geschwindigkeit und Intensität des Schalles 148; Gesetze der Schwingungen 149.

XXIX. Die Optik . . . . 149—160

Das Licht 149; der ebene Spiegel 150; Hohlspiegel und Konvexspiegel 151; die totale Reflexion 152; die Refraktion 152; das Prisma 153; die Linsen 153; weitere Gesetze 154; Camera obscura und Auge 155; das Mikroskop 155; das Teleskop 156; das Spektrum 157; der Achromatismus 158; Interferenz und Beugung 159; die Doppeltbrechung 159; die Polarisation 160.

XXX. Die Wärmelehre . . . . 160—166
Das Wesen der Wärme 160; die Wärmeleitung 161; die Ausdehnung 161; specifische Wärme 162; die gebundene Wärme 163; die Verdunstung 163; August's Psychrometer und das Hutton'sche Princip 164; der Dampfdruck 164; die Dampfmaschine 165; die Wärmeerzeugung 166.

XXXI. Der Magnetismus . . . . . . 166—169
Die magnetischen Körper 166; die Grundeigenschaften 167; die künstlichen Magnete 167; der Diamagnetismus 168; der Erdmagnetismus 168; die Boussole 169.

XXXII. Elektricität u. Galvanismus . . 169—174
Die elektrische Anziehung 169; Grundeigenschaften 170; die galvanischen Ströme und Batterien 171; das Ohm'sche Gesetz 172; weitere Eigenschaften 173; der Elektromagnetismus und die Telegraphie 173.

E. Astronomische Vorbegriffe.

XXXIII. Einleitung . . . . 177—181
Aufgabe der Geodäsie und Astronomie 177; die Astronomie der ältesten Völker 178; die Reformation der Sternkunde 179; die neuere Astronomie 180.

XXXIV. Die ersten Messungen und die sog. tägliche Bewegung . . . . 181—190
Die Instrumente 181; das Fernrohr und sein Fadenkreuz 182; das Ablesemikroskop 182; die Excentricität und die Teilungsfehler 183; die Axenlibelle 185; die erste Bestimmung des Meri-

dianes 186; die erste Bestimmung der Polhöhe des Beobachters und der Poldistanz eines Sternes 187; die Refraktion 187; die Regulierung einer Uhr nach den Sternen 188; das parallaktisch montierte Fernrohr 188; die Sternkoordinaten 189; das Dreieck Pol-Zenit-Stern 189; die Transformation der Koordination 190; Auf- und Untergang, Elongation 191.

XXXV. Die Bestimmungen im Meridiane . . . . 191—197
Der Meridiankreis 191; das Fadennetz 192; die Personalgleichung und der Chronograph 194; Bestimmung der Grösse und des Einflusses der Fehler 195.

XXXVI. Die Bestimmungen ausserhalb des Meridianes . . . . 197—205
Die Bestimmung der Zeit 197; Bestimmung des Azimuthes 199; Bestimmung der Polhöhe 200; das Equatoreal 201; das Kreismikrometer 204; das Positionsmikrometer 205.

XXXVII. Die Fixsterne und Wandelsterne . . . . 206—216
Die Sternbilder 206; die jährliche Bewegung der Sonne 207; der Sonnentag 208; die Gnomonik 209; die Ekliptikkoordinaten 210; die Bestimmung einer ersten Rektascension 211; die Präcession und das tropische Jahr 212; Hipparchs Theorie der Sonne 213; der Mond 214; die übrigen Wandelsterne und die Astrologie 215.

XXXVIII. Die Zeitrechnung . . . . . 216—220
Die Zeitrechnung nach dem Monde 216; die Zeitrechnung nach der Sonne 217; die Cykeln 218;

die Festrechnung, der Sonntagsbuchstabe und die Epakte 219.

F. Die Erde und ihr Mond.

XXXIX. Die mathemat. Geographie . 221—225
Die Gestalt der Erde 221; Übertragung der Kreise von der scheinbaren Himmelskugel auf die Erde 222; die geographischen Koordinaten 222; Bestimmung des Mittagsunterschiedes durch gleichzeitige Erscheinungen 223; Bestimmung des Mittagsunterschiedes durch den Mond 224; Bestimmung des Mittagsunterschiedes durch direkte Zeitübertragung 224.

XL. Die Geodäsie . . . . 225—233
Die ältesten Erdmessungen 225; die Messungen von Snellius und Picard 226; der Streit über die Gestalt der Erde 227; die Messungen in Peru und Lappland 227; die neuern Breitengradmessungen 228; die Längengradmessungen 229; die Bestimmungen mit dem Sekundenpendel 229; die Berechnung der Grösse und Gestalt der Erde aus zwei und mehr Gradmessungen 231; die geocentrischen Koordinaten 232; weitere geodätische Entwicklungen 233.

XLI. Die Chorographie . . . . 234—237
Begriff der Chorographie 234; die perspektivischen Projektionen 234; die cylindrischen und konischen Projektionen 236; einige andere Projektionsarten 237.

XLII. Die Parallaxe . . . . 237—244
Begriff der Parallaxe 237; die Bestimmungen von Aristarch und Hipparch 238; die Bestimmungen

von Richer und La Caille 239; die neuern Bestimmungen 240; der Einfluss der Parallaxe auf die Koordinaten 241; einige Anwendungen 243.

XLIII. **Die Erde und ihr Mond** . . . 244–252
Bau und Dichte der Erde 244; die Atmosphäre 245; die Witterungserscheinungen 246; der Erdmagnetismus und das Polarlicht 247; die äussere Erscheinung des Mondes 248; die Bewegung des Mondes 249; die physische Beschaffenheit des Mondes 251; der Einfluss des Mondes auf die Erde 252.

XLIV. **Die Finsternisse und Bedeckungen** 253–257
Begriff der Finsternisse und Bedeckungen 253; die Mondfinsternisse 253; die sog. Sonnenfinsternisse 255; die Sternbedeckungen und die Durchgänge der untern Planeten 257.

G. Das Sonnensystem.

XLV. **Die sog. Weltsysteme** 258–266
Die ältesten Weltsysteme 258; das Ptolemäische Weltsystem 259; das Kopernikanische Weltsystem 260; die Fallversuche und das Foucault'sche Pendel 261; die Fixsternparallaxe und die Aberration 262; die Kepler'schen Gesetze und die allgemeine Gravitation 264.

XLVI. **Die Mechanik des Himmels** . . 267–282
Vorbegriffe 267; die Kepler'schen Gesetze als Folgen der Gravitation 268; die Bahn-Elemente 271; die Berechnung der Elemente aus geocentrischen Beobachtungen 272; die Berechnung von

XXI

Kreiselementen 273; die Berechnung von parabolischen Elementen 274; die Berechnung von elliptischen Elementen 275; die Bestimmung der Masse 276; die Kepler'sche Aufgabe 277; Entwicklung einiger betreffenden Reihen 278; die sog. Störungen der Planetenbewegung 280; die Störungen der Mondbewegungen 281; die Gestalt der Himmelskörper, und die Bewegung derselben um ihren Schwerpunkt 282; die Tafeln und Ephemeriden der Wandelsterne 282.

XLVII. Die Sonne . . . . 283—287
Die physische Beschaffenheit der Sonne 283; die Periodicität in der Häufigkeit der Sonnenflecken 284; der Zusammenhang mit Magnetismus, Nordlicht, Fruchtbarkeit, etc. 285; die Bestimmung der Rotation der Sonne, und der Lage der Flecken auf derselben 286.

XLVIII. Die Planeten, Monde und Ringe 287—292
Merkur und Venus 287; Mars und seine Monde 288; Jupiter und seine Monde 288; Saturn, sein Ring und seine Monde 289; Uranus und seine Monde 290; Neptun und seine Monde 291.

XLIX. Die Asteroidenringe . . . . . 292—298
Der Asteroidenring zwischen Mars und Jupiter 292; Venusmond, Vulkan und die problematischen Durchgänge durch die Sonne 293; die Sternschnuppen und Feuerkugeln 294; die Meteoriten 295; die Sternschnuppenregen 296; das Zodiakallicht 297.

L. Die Kometen . . . . 298—301
Die ältern Ansichten über die Kometen 298; die Periodicität der Kometen 298; die Kometen von

kurzer Umlaufszeit 299; die neuern Ansichten über die Kometen 300.

H. Das Weltgebäude.

LI. Die Stellarastronomie . . . . . . 302—304
Die Anzahl der Sterne 302; die Aichungen und Zonenbeobachtungen 302; die Ausstreuung der Sterne 303; die Milchstrasse 303.

LII. Grössen, Farben und Spektren der
    Fixsterne . . . . 304—306
Die Sternvergleichungen 304; die Sternphotometer 304; die Farben der Fixsterne 305; die Spektralanalyse 305.

LIII. Die veränderlichen und neuen
    Sterne . . . . 306—309
Der neue Stern von 1572 306; Mira der Wunderbare 307; die Sterne η Aquilæ und β Persei 307; die Sterne β Lyræ und η Argo navis 308; die veränderlichen Sterne 308; die sog. neuen Sterne 309.

LIV. Die Fixsternparallaxe u. die sog.
    Eigenbewegung der Fixsterne . . 309—314
Die Fixsternparallaxe 309; der scheinbare und mittlere Ort und die Eigenbewegung der Fixsterne 311; die fortschreitende Bewegung der Sonne 312; die Sternkataloge und Ephemeriden 313.

LV. Die Doppelsterne . . . . 314—316
Die sog. Fixsterntrabanten 314; die Arbeiten Herschels 315; die neuern Arbeiten 315; die Bahnen der Doppelsterne 316.

LVI. Die Sternhaufen und Nebel . . . 317—322
Die ersten Entdeckungen 317; die Arbeiten von
Messier und Herschel 317; die neusten Arbeiten
318; die veränderlichen Nebel 318; die Doppelnebel 318; die Natur und Ausstreuung der Sternhaufen 319; die Natur und Ausstreuung der Nebel
319; die Entstehung des Weltgebäudes 321; die
Organisation des Weltgebäudes 321; die Dauer
des Weltgebäudes 322.

I. Tafeln.

LVII. Einleitung zu den Tafeln . . . 323—328
LVIII. Tafeln . . . . 329—388
Reduktionstafel für Masse und Gewichte 329;
Quadrattafel 330—331; Tafel der Potenzen, Reciproken und Vielfachen 332—333; Mortalitätstafel
und Hülfstafel für Zinseszinsrechnung 334; Tafel
der Binomialkoefficienten und Hülfstafel zur Fehlerrechnung 335; Logarithmentafel 336—337; Zehnstellige natürliche und gemeine Logarithmen 338;
Reduktionstafel für Bogen und Zeit und Tafel
der Bogenlängen 339; Sehnentafel 340; Trigonometrische Zahlen und hyperbolische Funktionen
341; Log. Sinus 342—343; Log. Tangens 344—345;
physikalische Tafel 346—347; Tafel für Wasserdampf 348; Hypsometrische Tafel 349; Bessel'sche
Refraktionstafel 350; Tafel für die Gestalt der
Erde und Bodes Tafel 351; Ortstafel 352—353;
Deklination und Radius der Sonne 354—355;
Zeittafel 356—357; Tafel der Sonnenflecken und
magnet. Deklinationsvariationen 358; Spektraltafel 359; Planetentafel 360—361; Kometentafel

360—361; Sternbilder und Sternnamen 362; Sterntafel 363—368; veränderliche und neue Sterne 369; Verzeichnis von Doppelsternen 370; Verzeichnis von Nebelflecken und Sternhaufen 371; Immerwährender Gregor. Kalender, Epakte, Sonntagsbuchstabe und Ostern 372—373; Römischer und französischer Kalender 374; Statistische Tafel 375; Historisch-litterarische Tafel 376—388.

Mathematik und Physik.

Die Arithmetik.

> Die Mathematik ist einem scharfen Messer zu vergleichen, das nichts nützt, wenn man nichts damit zu schneiden hat und zu schneiden weiss. *(Horner.)*

I. Einleitung.

1 [15]. **Aufgabe der Mathematik und Physik.** Was eines mehr und minder fähig ist, heisst **Grösse**, — die Lehre von den Grössen **Mathematik**. Letztere teilt sich in **Arithmetik, Geometrie** und **Mechanik**, je nachdem sie sich die Aufgabe stellt, die Eigenschaften der sog. **Zahlen** und die Regeln für das Operieren mit denselben zu entwickeln, — oder die **Raumgebilde** nach ihrer Entstehung und organischen Beschaffenheit zu betrachten, — oder endlich die durch sog. **Kräfte**, sei es bloss versuchten, sei es in bestimmter Zeit bewirkten Bewegungen zu studieren. Sowie diesen Kräften und den Gebilden, auf welche sie wirken, bestimmte in der Natur vorkommende, durch Beobachtungen oder Versuche ermittelte Gesetze und Eigenschaften zugeteilt werden, tritt man aus dem Gebiete der reinen Mathematik in das der **Physik** über.

2 [15]. **Die älteste Zeit.** Die Verrichtung des Zählens, die Einführung von Buchstaben oder Kerben als Zahlzeichen, und die einfachsten bürgerlichen Rechnungsarten datieren mutmasslich aus vorhistorischer Zeit, — dagegen die Anfänge einer wissenschaftlichen Arithmetik wohl erst aus der Zeit der

Alexandriner Euklid bis Diophant, — die Ausführung
grösserer numerischer Rechnungen aber als Folge der
glücklichen Idee der Indier, Zahlzeichen mit Stellenwert anzuwenden. — Die Geometrie entwickelte sich
zunächst aus dem Feldmessen; sodann ordneten Eudoxus und Euklid ihre Elemente, während Plato und
Apollonius die Lehre vom geometrischen Orte und
speciell die Kegelschnitte cultivierten, ja Archimedes
durch Rektifikation des Kreises und Quadratur der
Parabel bereits Anfänge einer höhern Geometrie, sowie durch Aufstellung der Lehre vom Hebel und der
hydrostatischen Grundgesetze die vor ihm trotz
Aristoteles kaum existierende Mechanik und Physik
schuf. — Die Araber bildeten die von Hipparch begründete Trigonometrie aus, und überlieferten dieselbe
mit den indischen Ziffern und den mathematischen
Kenntnissen der Griechen dem Abendlande, wo Fibonacci, Chuquet, Rudolff etc. dieselben einbürgerten,
während durch Einführung des Kompasses, der Brillenfabrikation, der Konstruktion von Gewichtuhren etc.,
auch Mechanik und Physik Boden gewannen.

3 [15, 53, 107, 117]. **Die mittlere Zeit.** Die
Entstehung hoher Schulen, die Erfindung der Buchdruckerkunst, und der überhaupt mit dem 15. Jahrhundert beginnende Aufschwung gaben auch der
Mathematik und Physik einen neuen Impuls: Vieta
und Harriot führten die Buchstabenrechnung, Bürgi,
Neper und Briggs die Decimal- und LogarithmenRechnung ein. — Ferro und Cardano bearbeiteten die
Lehre von den Gleichungen, — Fermat schuf die
Zahlentheorie, — Nic. Mercator und Wallis erweiterten
die Lehre von den Reihen, — Pascal, Huygens, Jak. Bernoulli etc. studierten die Probabilitäten, — etc. Anderseits führte Descartes die Koordinaten in die Geometrie

ein und veranlasste dadurch Arbeiten auf dem Gebiete der Kurvenlehre, welche der Theorie der Funktionen riefen, die Newton, Leibnitz und die ältern Bernoulli so rasch entwickelten, dass viele schwierige Probleme auf dem Gebiete der reinen und angewandten Mathematik leicht lösbar wurden. — Stevin und Varignon erweiterten durch Einführung der Principien der schiefen Ebene und des Kräfteparallelogrammes die Statik, während Galilei und Huygens durch Feststellung der Gesetze des freien Falles, der Pendelschwingungen und der Centralbewegung die Dynamik schufen, und die Erstellung von Regulatoren und Chronometern ermöglichten; Torricelli erfand das Barometer, Ferdinand II. ein Weingeistthermometer. — Rob. Boyle und Mariotte stellten das den Namen des Letztern tragende, Halley das hypsometrische Gesetz auf, — Otto von Guerike construierte Luftpumpen und Elektrisiermaschinen, — die Brillenmacher Jansen und Lippershey stellten ein Mikroskop und das holländische, Kepler das astronomische Fernrohr, Zucchius das Spiegelteleskop her, — Georg Hartmann fügte der längst bekannten Deklination der Magnetnadel die Inklination bei, — Snellius fand das Brechungsgesetz, Römer die Geschwindigkeit des Lichtes, Grimaldi die Beugung, Bartholinus die doppelte Brechung, Newton die Farbenzerstreuung, und des Letztern mathematische Principien der Naturphilosophie bildeten den würdigen Abschluss dieser langen Reihe ausgezeichneter Forschungen und Entdeckungen.

    4 [15, 53, 107, 117]. **Die neuere Zeit.** Sie wurde allseitig durch Euler eingeleitet, indem er nicht nur die mathematischen Kenntnisse seiner Vorgänger zu einem organischen Ganzen umschmolz und weiterführte, sondern auch die ersten Lehrbücher der analytischen Mechanik und Dioptrik schrieb, und mit Dan. Bernoulli die mathematische Physik überhaupt zu einer fruchtbaren Disciplin erhob. Auf der so gelegten Basis gelang es sodann den d'Alembert, Clairault, Lagrange, Laplace, Legendre, Gauss, Cauchy, Jacobi, Riemann, etc., die Analysis zu ihrer jetzigen hohen Blüte zu bringen, während Monge, Carnot, Poncelet, Steiner, etc., die darstellende und die sog. neuere Geometrie schufen. Young und Fresnel verhalfen der durch Huygens und Euler begründeten Undulationstheorie zur Herrschaft, — Lavoisier schuf die neuere Chemie, Lambert mit Bouguer die Photometrie, mit Lesage aber die seither durch Fourier, Poisson, Mayer, Joule, Clausius, Zeuner, etc. so mächtig geförderte Wärmelehre, — Chladni entdeckte die Klangfiguren, Montgolfier die Aerostaten, Malus die Polarisation des des Lichtes, — Dollond, Wollaston, Fraunhofer, Daguerre, Talbot, Kirchhoff, etc., verbesserten die optischen Instrumente, erfanden die Lichtbilder und die Spektralanalyse, etc., — Watt, Fulton, Séguin, Stephenson, etc. konstruierten, auf Grundlage der Ideen Papins, brauchbare Dampfmaschinen und Lokomotiven, — Gauss und Weber bildeten die Theorie des Erdmagnetismus aus, — Galvani und Volta aber gaben der schon von Gray, Dufay und Franklin gepflegten Elektricitätslehre eine ungeahnte Bedeutung, welche, seit Oersted, Faraday und Steinheil die Ablenkung der Magnetnadel durch den galvanischen Strom, die Induktionsströme und die Leitungsfähigkeit der Erde auffanden, und für Telegraphie, Telephonie, Chronographie, etc. nutzbar machten, noch mehr gesteigert wurde. — Für die litterarischen Bedürfnisse endlich wurde ebenfalls reichlich gesorgt: Chr. Wolf,

Kästner, Hutton, Klügel, Gehler, etc. schrieben umfassende Lehr- und Wörterbücher, — Gergonne, Crelle, Poggendorf, Liouville, etc. vermittelten durch Journale den raschen Austausch der Arbeiten, — und Montucla schrieb eine erste Geschichte der mathematischen Wissenschaften.

II. Die arithmetischen Operationen.

5 [16]. Vorbegriffe. Kann man sich von zwei gleichartigen Grössen die eine durch Wiederholung der andern entstanden denken, so heisst die erstere **Vielheit** oder **Ganzes**, je nachdem man sich die letztere als **Einheit** oder **Teil** denkt. Hat man, um die Eine zweier Grössen zu bilden, eine Einheit oder einen Teil gleich oft, öfter oder weniger oft zu wiederholen als zur Bildung der Andern, so heisst die erstere vergleichungsweise **gleich** ($=$), **grösser** ($>$) oder **kleiner** ($<$). Begleitet man das Wiederholen mit einer Folge von Namen, so heisst diese kombinierte Operation **zählen**, und der letzte Name **Zahl**, wenn man sich eine Einheit, — **Zähler**, wenn man sich einen Teil derselben, — **Nenner**, wenn man sich letztern bis zum Entstehen des Ganzen wiederholt denkt. Zähler und Nenner bilden einen **Bruch**, und zwar einen **echten**, **unechten** oder **Scheinbruch**, je nachdem der Zähler kleiner oder grösser als der Nenner, oder ein Vielfaches des Nenners ist. Als Zahlzeichen bedient man sich bald eigener Zeichen, sog. **Ziffern**, bald der gewöhnlichen Buchstaben, je nachdem man eine bestimmte oder irgend eine Zahl notieren will.

6 [17]. Addition und Subtraktion. Eine Zahl, welche entsteht, indem man zu einer andern die in einer dritten enthaltenen Einheiten zuzählt, heisst **Summe** dieser letztern, ihrer **Summanden** (Posten) oder **Glieder**, — die Operation des Summierens **Addition**. Wenn man dagegen Einheiten abzählt (rückwärts zählt), so nennt man die Operation **Subtraktion**, ihr Resultat **Differenz** (Rest), die Zahl, von der man abzählt, **Minuend**, diejenige, welche man abzählt, **Subtrahend**. — Sind zwei Operationen, wie Addition und Subtraktion, so beschaffen, dass es gleichgültig ist, ob man beide von ihnen in gleichem Masse, oder keine von ihnen vornimmt, so heissen sie **im Gegensatze** stehend, und es kann dieser Gegensatz auch auf die Grössen übergetragen werden, mit denen sie vorzunehmen sind: So wird eine Grösse subtrahiert, indem man ihren Gegensatz addiert, — so gehen aus additiven und subtraktiven Zahlen die **positiven** und **negativen** Zahlen oder die Zahlen mit Vorzeichen hervor, und Summe und Differenz vereinigen sich zur Summe mit Rücksicht auf das Vorzeichen oder zur sog. **algebraischen Summe**. Für Addition und positive Zahl hat man das gemeinschaftliche Zeichen +, für Subtraktion und negative Zahl aber — gewählt.

7 [18]. **Multiplikation und Division.** Eine Zahl, welche entsteht, indem man eine andere, den **Multiplikand**, so als Summand setzt, wie eine dritte, der **Multiplikator**, aus der Einheit entstanden ist, nennt man **Produkt** dieser sog. **Faktoren**, — die Operation **Multiplikation** und ihren Gegensatz **Division**, — den Gegensatz eines Faktors **Divisor** oder **Reciproke**; die Operationszeichen sind $\times$ oder $\cdot$, und : oder auch ein Bruchstrich. Die Zahl c, welche zählt, wie oft man einen Divisor b von einer Zahl a, dem **Dividend**, abzählen kann, heisst **Quotient**. Bleibt ein **Rest** d übrig, so bezeichnet man diesen symbolisch mit [a : b]. —

Bezeichnet man unendlich klein und gross mit 0 und ∞, so ist $1:0 = \infty$ und $1:\infty = 0$, dagegen $0:0$ unbestimmt, wenn auch (62) zuweilen bestimmbar. Ein Produkt aus zwei ($a \cdot a = a^2$), drei (a^3), vier (a^4) etc. gleichen Faktoren heisst **Quadrat, Kubus, Biquadrat**, etc. Lässt ein Divisor keinen Rest, so heisst er **Teiler**, — eine Zahl, welche keinen Teiler hat, **Primzahl**, — während zwei Zahlen, die keinen gemeinschaftlichen Teiler besitzen, **Primzahlen unter sich** genannt werden, — zwei Zahlen α und β aber, für welche $[\alpha:\gamma] = [\beta:\gamma]$ wird, **kongruent** in Beziehung auf den **Modulus** γ, wobei man nach Gauss $\alpha \equiv \beta \; (\gamma)$ schreibt. — Haben die Faktoren Vorzeichen, so hat das Produkt mit dem Multiplikand gleiches oder verschiedenes Zeichen, je nachdem der Multiplikator positiv (durch Wiederholung der Einheit entstanden) oder negativ (durch Wiederholung des Gegensatzes der Einheit entstanden) ist, d. h.: Gleiche Zeichen geben ein positives, ungleiche ein negatives Produkt.

8 [18]. Verschiedene betreffende Regeln.
Eine Summe wird multipliziert, indem man jedes Glied multipliziert; so z. B. ist, wenn ≈ nahe gleich bezeichnet,

$(a+b) \cdot (a-b) = a^2 - b^2$ $\quad (a \pm b)^2 = a^2 \pm 2ab + b^2$

$a^2 + b \approx (a+x)^2$ wenn $x = b:2a$ und $a > b$

Werden zwei Faktoren und ihr Produkt, oder Dividend und Divisor, nach derselben Regel (z. B. lexikographisch) geordnet, so ist das erste Glied des Produktes oder Quotienten gleich dem Produkte oder Quotienten der ersten Glieder der Faktoren oder des Dividends und Divisors. — Ein Produkt wird multipliziert, indem man Einen Faktor multipliziert. Ein Bruch (Quotient) bleibt unverändert, wenn man Zähler und Nenner mit derselben Zahl multipliziert oder

erweitert, dividiert oder **abkürzt**, — wird dagegen multipliziert, indem man den Zähler multipliziert oder den Nenner dividiert. — Die kleinste Zahl, in welcher sämtliche Nenner mehrerer Brüche als Faktoren enthalten sind, nennt man kleinsten **gemeinschaftlichen Nenner**.

9 [19]. Elevation und Extraktion. Setzt man eine Zahl, die sog. **Basis**, so als Faktor zur Einheit, wie eine andere Zahl, der **Exponent**, aus dieser Einheit entstanden ist, so erhält man eine **Potenz** der erstern Zahl, oder hat eine **Elevation** vollzogen, den Gegensatz einer **Extraktion**. Bezeichnen a, b, c der Reihe nach Basis, Exponent und Potenz, so schreibt man

$$a^b = c \quad \text{oder} \quad a = c^{1/b} = \sqrt[b]{c}$$

wo das Zeichen $\sqrt{}$ **Wurzelzeichen**, a aber **Wurzel** des **Radikand** c genannt wird, und es ist nach Definition $a^0 = 1$, $a^{-n} = 1 : a^n$. — Gerade Potenzen sind positiv, und es kann somit eine gerade Wurzel aus einer negativen Zahl nicht auf die gewöhnliche Einheit reduziert werden, sondern erfordert die neue Einheit $i = \sqrt{-1}$, so dass

$$i^{4n} = +1 \quad i^{4n+1} = +i \quad i^{4n+2} = -1 \quad i^{4n+3} = -i$$

Man nennt $a + bi$ eine **komplexe** Zahl, und es kann die Gleichheit $a + b \cdot i = c + d \cdot i$ nur für $a = c$ und $b = d$ bestehen.

10 [19]. Verschiedene betreffende Regeln. Aus (9) folgen die Regeln

$$a^b \cdot a^c = a^{b+c} \quad a^b : a^c = a^{b-c} \quad (a^b)^c = a^{b \cdot c} \quad \mathbf{1}$$

$$(a \cdot b)^c = a^c \cdot b^c \quad (a:b)^c = a^c : b^c (= b:a)^{-c} \quad \mathbf{2}$$

Ferner bestehen die Gleichheiten

$$\sqrt{a + \sqrt{b}} \pm \sqrt{a - \sqrt{b}} = \sqrt{2a \pm 2\sqrt{a^2 - b}} \quad \mathbf{3}$$

$$2\sqrt{a \pm \sqrt{b}} = \sqrt{2a + 2\sqrt{a^2 - b}} \pm \sqrt{2a - 2\sqrt{a^2 - b}} \quad \mathbf{4}$$

11 [21—25]. **Die Logarithmen.** Ist eine Folge von Zahlen c einer Folge von Potenzen einer Basis a gleich, so heissen die Exponenten b **Logarithmen** der c in Beziehung auf a, und man schreibt $b = Lg.\,c$. Hiefür geben aber die Potenzregeln (10:1)

$$Lg.\,(a \cdot b) = Lg.\,a + Lg.\,b \qquad Lg.\,(a:b) = Lg.\,a - Lg.\,b$$
$$Lg.\,(a^b) = b \cdot Lg.\,a$$

und nennt man die halbe Summe zweier Zahlen ihr **arithmetisches**, die zweite Wurzel aus ihrem Produkte ihr **geometrisches Mittel**, so ist der Logarithmus des geometrischen Mittels zweier Zahlen gleich dem arithmetischen Mittel ihrer Logarithmen, so dass es leicht ist durch Näherung eine Logarithmentafel zu erstellen.

12 [19]. **Die Zahlsysteme.** Jede ganze oder gebrochene Zahl N lässt sich durch Potenzen irgend einer Zahl k ausdrücken, so dass (wenn $\alpha, \beta, \ldots$ kleiner als k)

$$N = \alpha \cdot k^n + \beta \cdot k^{n-1} + \ldots + \lambda \cdot k^1 + \mu + \nu \cdot k^{-1} + \ldots$$

oder, wenn die Potenzen von k nicht geschrieben, sondern der Stelle zugeteilt werden (wobei rechts vom Komma die negativen Potenzen beginnen),

$$N = \alpha\beta \ldots \lambda\mu, \nu \ldots$$

und es ergiebt sich hieraus die Möglichkeit, jede Zahl in Beziehung auf eine Grundzahl k durch $(k-1)$ mit Stellenwert versehene Zeichen oder sog. **Ziffern** und das Stellenzeichen 0 auszudrücken. Die meisten Völker haben die Grundzahl Zehn oder das Decimalsystem angenommen.

13 [20]. **Das Decimalsystem.** Teilt man eine Decimalzahl $a + b \cdot 10 + c \cdot 10^2 + \ldots$ Glied für Glied durch eine Zahl, und addiert die Reste, so ist die erste Zahl durch die zweite teilbar, wenn die Summe der Reste es ist. Hierauf beruhen die sog.

Teilregeln durch 3, 9, 11, etc. — Ist $A > B$ und $A = B \cdot q_1 + r_1$, $B = r_1 \cdot q_2 + r_2$, $r_1 = r_2 \cdot q_3 + r_3$, ... $r_{h-1} = r_h \cdot q_{h+1}$, so muss der **grösste gemeinschaftliche Teiler** von A und B auch r_1, also auch r_2,... also auch r_h teilen; folglich ist er r_h. — Wiederholt sich bei einem Decimalbruche eine Folge von n Ziffern, eine sog. **Periode**, ohne Aufhören, so berechnet man, um ihn in einen gemeinen Bruch zu verwandeln, zuerst den $(10^n - 1)$ fachen Wert.

14 [24]. **Die gemeinen Logarithmen.** Logarithmen der Basis zehn heissen **gemeine**, und haben den Vorzug, dass sich dieselben für gleiche Ziffernfolgen nur in den Ganzen, der Kennziffer oder **Charakteristik**, unterscheiden, nicht aber im Decimalbruche, der **Mantisse**. Steht das Komma nach der ersten Ziffer, so ist die Charakteristik Null, — für jede Stelle, um welche es rechts oder links rückt, nimmt sie um eine Einheit zu oder ab. Statt einer negativen Charakteristik setzt man gewöhnlich ihre Ergänzung zu zehn.

III. Die Gleichungen und Proportionen.

15 [27]. **Gleichheit und Gleichung.** Sind zwei Ausdrücke nur der Form nach verschieden, so bilden sie eine **Gleichheit**; sind sie dagegen nicht wirklich gleich, sondern soll durch Bestimmung einer oder mehrerer der in ihnen enthaltenen Grössen, der **Unbekannten**, ihre Gleichheit erst herbeigeführt werden, so bilden sie eine **Gleichung**, welche die Genüge leistenden Werte zu **Wurzeln** hat. Gleichheiten und Gleichungen werden nicht gestört, wenn man auf beiden Seiten dieselbe Operation vornimmt.

16 [27]. Die Gleichungen ersten Grades.
Lässt sich eine Gleichung, nachdem man (15) Brüche, Bruchpotenzen, etc., weggeschafft, und die eine Seite auf Null gebracht hat, nach den Potenzen der Unbekannten ordnen, so heisst sie **algebraisch**, und die höchste Potenz bestimmt ihren **Grad**, — lässt sie sich nicht ordnen, so heisst sie **transcendent**. So ist jede Gleichung, welche sich auf die Form
$$ax + b = 0 \quad \text{bringen, somit durch} \quad x = -b:a$$
auf eine Gleichheit reduzieren lässt, eine algebraische Gleichung ersten Grades, und der angegebene Wert von x stellt ihre einzige und reelle Wurzel dar.

17 [21]. Die Verhältnisse und Proportionen. Ist $a - b = m$ und $a:b = n$, so nennt man m das **arithmetische**, n das **geometrische Verhältnis** der Grössen a und b; durch Gleichsetzung zweier entsprechenden Verhältnisse aber erhält man eine sog. **Proportion**. Vier Zahlen bilden daher eine **arithmetische Proportion**
$$\underset{zu}{a} \cdot \underset{wie}{b} : \underset{zu}{c} \cdot d \quad \text{wenn} \quad a + d = b + c \qquad \mathbf{1}$$
eine **geometrische Proportion**
$$\underset{zu}{a} : \underset{wie}{b} :: \underset{zu}{c} : d \quad \text{wenn} \quad a \times d = b \times c \qquad \mathbf{2}$$
und sind von den 4 Zahlen dreie bekannt, so lässt sich die vierte durch Auflösung einer Gleichung ersten Grades finden. Beide Proportionen heissen **stetig**, wenn die innern Glieder gleich oder (11) **Mittel** der äussern sind. — Aus 2 folgen
$$a:c::b:d, \quad b:a::d:c, \quad a:bm::c:dm,$$
$$(a \pm b):b::(c \pm d):d \qquad \mathbf{3}$$
Ist ferner $e:f::g:h$, so verhält sich auch
$$ae:bf::cg:dh \quad \text{und wenn} \quad a:c::(a-b):(b-c) \qquad \mathbf{4}$$
so nennt man b **harmonisches Mittel** zwischen a und c.

18 [29]. Die Gleichungen zweiten Grades. Jede Gleichung zweiten Grades lässt sich auf die Form
$$x^2 + 2ax + b = 0$$
bringen, und hieraus folgt
$$x^2 + 2ax + a^2 = a^2 - b \quad \text{oder} \quad x = -a \pm \sqrt{a^2 - b}$$
Sie hat somit zwei reelle, gleiche oder imaginäre Wurzeln, je nachdem $a^2 >, =, < b$; $-2a$ ist gleich der Summe, $+b$ gleich dem Produkte beider Wurzeln.

19 [29]. Die Gleichungen dritten Grades. Setzt man in der Gleichung
$$x^3 + \alpha x^2 + \beta x + \gamma = 0 \qquad 1$$
successive $x = y - \frac{1}{3}\alpha$, $\frac{1}{3}\alpha^2 - \beta = 3a$, $\frac{1}{3}\alpha\beta - \frac{2}{27}\alpha^3 - \gamma = 2b$, $y = u + a : u$ und $u^3 = z$, so ergeben sich
$$y^3 - 3ay - 2b = 0 \qquad 2$$
$$z^2 - 2bz + a^3 = 0 \qquad 3$$
womit die Reduktion auf den zweiten Grad erfolgt und (18) die sog. **Cardanische Formel**
$$y = \sqrt[3]{b + \sqrt{b^2 - a^3}} + \sqrt[3]{b - \sqrt{b^2 - a^3}} \qquad 4$$
erhältlich ist, welche für $b^2 > a^3$ eine reelle, für $b^2 < a^3$ aber scheinbar nur eine imaginäre Wurzel ergiebt, während gerade im letztern Falle (vgl. 101) y sogar drei reelle Werte hat.

20 [30—32]. Die Gleichungen höhern Grades. Jede algebraische Gleichung besitzt, wie Gauss, Cauchy, etc. nachgewiesen haben, eine Wurzel der Form $\alpha = a \pm bi$, und lässt sich somit durch $(x - \alpha)$ ohne Rest teilen. Es hat also jede Gleichung vom Grade n notwendig auch n Wurzeln, unter denen aber paarweise imaginäre vorkommen können. Zur Auflösung höherer numerischer Gleichungen dient wohl am besten die sog. Regula Falsi (132).

21 [28]. **Gleichungen mit mehreren Unbekannten.** Hat man n Gleichungen mit n Unbekannten, so können sie auf (n — 1) Gleichungen mit (n — 1) Unbekannten reduciert werden, indem man mittelst einer derselben eine Unbekannte durch die übrigen ausdrückt und den so gefundenen Wert in alle andern Gleichungen einsetzt. Wendet man dieses Eliminationsverfahren an, bis man auf Eine Gleichung mit Einer Unbekannten gekommen ist, so giebt diese den wirklichen Wert derselben, und mit seiner Hülfe lassen sich sodann auch die übrigen Unbekannten definitiv berechnen. Hat man z. B. zwei Mengen m_1 und m_2 zu den Preisen p_1 und p_2, und bezeichnet m die Gesamtmenge, p den Durchschnittspreis, so ist offenbar

$$m \cdot p = m_1 \cdot p_1 + m_2 \cdot p_2 \quad \text{und} \quad m = m_1 + m_2 \quad \mathbf{1}$$

und hieraus folgen durch Elimination von m oder m_2

$$m_1(p - p_1) = m_2(p_2 - p) \quad \text{und} \quad m(p - p_2) = m_1(p_1 - p_2) \quad \mathbf{2}$$

wonach sich die Hauptaufgaben der sog. **Alligations-** oder **Mischungsrechnung** lösen lassen. — Ist die Anzahl der Gleichungen kleiner oder grösser als die Anzahl der Unbekannten, so wird in ersterm Falle die Elimination eine Endgleichung mit mindestens zwei Unbekannten (eine sog. unbestimmte Gleichung, s. 22), — in letzterm Falle mindestens Eine Gleichung zwischen Bekannten (eine sog. Bedingungsgleichung; s. 194) ergeben. Vgl. 210.

22 [28]. **Die unbestimmten Gleichungen.** Um eine unbestimmte Gleichung der Form

$$ax + by = c$$

wo a, b, c ganze Zahlen ohne gemeinschaftlichen Faktor, $a < b$ und a prim zu b sein sollen, in ganzen Zahlen aufzulösen, bildet man successive, wenn

— Gleichungen und Proportionen —

$q_1 q_2 \ldots$ Quotienten, $r_1 r_2 \ldots$ Reste sind, die Hülfsgleichungen

$x = (c - by) : a = q_1 - q_2 y + p_1$ wo $p_1 = (r_1 - r_2 y) : a$
$y = (r_1 - a p_1) : r_2 = q_3 - q_4 p_1 + p_2 \quad p_2 = (r_3 - r_4 p_1) : r_2$
$\qquad p_1 = (r_3 - r_2 p_2) : r_4 \quad$ etc.

Setzt man diese Operation fort, bis ein Rest $r_{2h} = 1$ wird, so werden offenbar für jeden beliebigen ganzen Wert von p_h alle frühern p, sowie x und y ebenfalls ganze Zahlen, und man erhält somit im allgemeinen unendlich viele Auflösungen, — in speciellen Fällen jedoch, wo z. B. nur positive Werte von x und y Bedeutung haben können, vielleicht auch gar keine.

23 [32]. **Transcendente Gleichungen.** Einzelne transcendente Gleichungen lassen sich auf algebraische zurückführen; so z. B. können namentlich manche sog. **Exponentialgleichungen**, d. h. Gleichungen, bei denen die Unbekannte als Exponent erscheint, durch Gleichsetzen der Logarithmen beider Seiten oder sog. **Logarithmieren** auf Gleichungen vom ersten Grade reduziert werden (vgl. 26, 27); alle **numerischen** transcendenten Gleichungen aber sind mit Hülfe der Regula Falsi (132) löslich.

24 [27]. **Ansatz der Gleichungen.** Um die in einer Aufgabe ausgesprochenen Beziehungen zwischen Bekannten und Unbekannten durch Gleichungen auszudrücken, denkt man sich Letztere ebenfalls als bekannt, und rechnet mit ihnen, wie wenn man ihre Richtigkeit prüfen wollte. Stellen z. B. t und T die Zeiten vor, in welchen zwei Punkte einen Umlauf vollenden, und τ die Zeit, in welcher der erstere den andern je einmal überholt, so ist

$$\tau : t = 1 + \tau : T \quad \text{d. h.} \quad \tau = T \cdot t : (T - t)$$
$$t = T \cdot \tau : (T + \tau)$$

IV. Die Progressionen und Kettenbrüche.

25 [21]. Die arithmetischen Progressionen. Die n Zahlen

$$\div a \cdot (a+d) \cdot (a+2d) \ldots (a+(n-1)d) \qquad 1$$

von denen (17) jede drei auf einander folgende eine stetige arithmetische Proportion eingehen, bilden eine sog. arithmetische Progression; a heisst **erstes**, $z = a + (n-1)d$ **letztes Glied**, d **Differenz**. Da die Summe jeder zwei von beiden Enden gleich weit entfernten Glieder offenbar gleich gross wird, so ist die Summe aller n Zahlen

$$s = \tfrac{1}{2}[2a + (n-1)d] \cdot n = \tfrac{1}{2}(a+z) \cdot n \qquad 2$$

und beispielsweise

$$1 + 3 + 5 + \ldots + (2n-1) = n^2 \qquad 3$$

26 [21]. Die geometrischen Progressionen. Die n Zahlen

$$\div\!\!\div a : aq : aq^2 : aq^3 : \ldots aq^{n-1} \qquad 1$$

von denen (17) jede drei aufeinander folgende eine stetige geometrische Proportion eingehen, bilden eine geometrische Progression; a heisst **erstes**, $z = aq^{n-1}$ **letztes Glied**, q **Quotient**. Die Summe aller n Zahlen ist

$$s = a(q^n - 1) : (q-1) = (qz - a) : (q-1) \qquad 2$$

woraus durch Logarithmieren

$$n = [\mathrm{Lg}[s(q-1) + a] - \mathrm{Lg}\,a] : \mathrm{Lg}\,q \qquad 3$$

folgt, — und beispielsweise, wenn $a > 1$,

$$1:a + 1:a^2 + 1:a^3 + \ldots = 1:(a-1) \qquad 4$$

27. Die Zins- und Rentenrechnung. Ist a ein Kapital, π der **Zinsfuss** und somit $p = \tfrac{1}{100}\pi$ der **Zinsfaktor**, so stellt offenbar ap den Jahreszins,

$a(1+p)$ den Wert des Kapitals nach einem Jahre und somit $a(1+p)^n$ den Wert nach n Jahren vor. Ist ausserdem b eine jährliche Zulage, und a_n der Wert des Ganzen nach n Jahren, so ist (26)

$$a_n = a(1+p)^n + b(1+p)^{n-1} + b(1+p)^{n-2} + \ldots + b$$
$$= (a+b:p).(1+p)^n - b:p \qquad \mathbf{1}$$

und hieraus folgt durch Logarithmieren

$$n = [\text{Lg}(b+p.a_n) - \text{Lg}(b+pa)] : \text{Lg}(1+p) \qquad \mathbf{2}$$

Ist $a_n = 0$ und b negativ, so erhält man für die sog. **Rentenrechnung** (40), wo a das eingelegte Kapital und b die Rente bezeichnet,

$$a = b\frac{(1+p)^n - 1}{p(1+p)^n}, \; b = a\frac{p(1+p)^n}{(1+p)^n - 1}, \; n = \frac{\text{Lg } b - \text{Lg}(b-ap)}{\text{Lg}(1+p)} \qquad \mathbf{3}$$

Ist überdies $b = a(p+q)$, d. h. will man ein Kapital mit Hülfe eines stärkern Zinses **amortisieren**, so wird

$$n = [\text{Lg}(p+q) - \text{Lg } q] : \text{Lg}(1+p)$$

und $\qquad q = p : [(1+p)^n - 1] \qquad \mathbf{4}$

28 [20]. **Die Kettenbrüche.** Wird ein echter Bruch $B:A$ auf die Form

$$1 : (q_1 + 1 : (q_2 + 1 : (q_3 + \ldots))) = 1 : [q_1, q_2, q_3, \ldots]$$

gebracht, so heisst er in einen **Kettenbruch** verwandelt; die einzelnen Brüche $1/q_1$, $1/q_2$, ... heissen **Ergänzungsbrüche**, der Wert $B_n : A_n$ aber, auf den sich der Kettenbruch bei Vernachlässigung der dem n^{ten} folgenden Ergänzungsbrüche reduciert, n^{ter} **Näherungsbruch**.

29 [20]. **Die Näherungsbrüche.** Da

$$\frac{B_0}{A_0} = \frac{0}{1} \quad \frac{B_1}{A_1} = \frac{1}{q_1} \quad \frac{B_2}{A_2} = \frac{1}{q_1 + 1 : q_2} = \frac{B_1 q_2 + B_0}{A_1 q_2 + A_0}$$

$$\frac{B_3}{A_3} = \frac{B_2 q_3 + B_1}{A_2 q_3 + A_1} \; \ldots \; \frac{B_n}{A_n} = \frac{B_{n-1} \cdot q_n + B_{n-2}}{A_{n-1} \cdot q_n + A_{n-2}} \qquad \mathbf{1}$$

so kann jeder Näherungsbruch aus den zwei vorhergehenden leicht abgeleitet werden. — Mit Hülfe obiger Werte von B_n und A_n erhält man die Rekursion
$$B_n \cdot A_{n-1} - B_{n-1} \cdot A_n = -(B_{n-1} \cdot A_{n-2} - B_{n-2} \cdot A_{n-1}) \qquad 2$$
folglich, da $B_2 A_1 - B_1 A_2 = -1$ ist,
$$B_n \cdot A_{n-1} - B_{n-1} \cdot A_n = (-1)^{n-1} \qquad 3$$
woraus z. B. folgt, dass Zähler und Nenner jedes Näherungsbruches relative Primzahlen sind, und der Fehler des n^{ten} derselben kleiner als
$$(-1)^{n-1} : A_n \cdot A_{n-1} \text{ ist.}$$

30 [20]. Die periodischen Kettenbrüche. Bilden bei einem Kettenbruche die Nenner der Ergänzungsbrüche von einer gewissen Stelle an, ohne Ende fortlaufende Perioden, so heisst auch er **periodisch.** Soll der Wert x dieses periodischen Teiles bestimmt werden, so ersetzt man alle der ersten Periode folgenden Perioden durch x, und berechnet dann x aus der entstehenden Gleichung 2. Grades.

V. Die Kombinationslehre und Wahrscheinlichkeitsrechnung.

31 [33]. Die Variationen. Sollen n Grössen auf alle möglichen Arten je zu h zusammengestellt oder **zur Klasse h variert** werden, so hat man für die erste Stelle n Grössen zur Auswahl, für die zweite $(n-1)$, ... für die letzte noch $(n-h+1)$. Es giebt also
$$V(n, h) = n(n-1)(n-2)\ldots(n-h+1) \qquad 1$$
solcher Variationen. Darf jedes Element beliebig oft erscheinen oder soll **mit Wiederholung** variert werden,

so bleiben auch für das 2te, 3te, etc. Element immer noch n Elemente zur Auswahl übrig, und es ist daher

$$V(n, h, w) = n^h \qquad \mathbf{2}$$

die Anzahl der Variationen mit Wiederholung.

32 [33]. Die Permutationen. Kömmt die Anzahl der Grössen mit dem Klassenzeiger h überein, so heissen die Variationen **Permutationen**, und es giebt daher aus h Elementen, wenn das **Fakultät** genannte Produkt

$$1 \cdot 2 \cdot 3 \ldots h = [h] \quad \text{gesetzt wird}, \quad P(h) = [h]$$

Permutationen. Sind jedoch unter den h Elementen p gleiche, so erscheint jede Permutation [p] mal, und es muss daher P(h) mit [p] dividiert werden.

33 [33]. Die Kombinationen. Behält man von allen Variationen, welche die gleichen h Elemente enthalten, je nur Eine, so erhält man die **Kombinationen** von n Elementen zur Klasse h, und es giebt somit,

$$C(n, h) = \frac{n(n-1)(n-2)\ldots(n-h+1)}{1 \cdot 2 \cdot 3 \ldots\ldots h} = \binom{n}{h} \qquad \mathbf{1}$$

solcher Kombinationen. Sollen n Elemente zur Klasse h mit Wiederholung kombiniert werden, so fügt man gewissermassen (h — 1) neue Elemente bei und es ist daher

$$C(n, h, w) = \binom{n+h-1}{h} \qquad \mathbf{2}$$

34. Die Inversionen und Determinanten. Verändert man in einer Reihe von Elementen a b c d ... die ursprüngliche Ordnung durch Permutation, so findet sich je eine bestimmte Anzahl von Paaren gestörter Elemente oder sog. **Inversionen**, und je nachdem diese Anzahl eine gerade (wie z. B. bei a c d b mit den 2 Inversionen c b und d b) oder ungerade (wie z. B. bei b c d a mit den 3 Inversionen b a, c a, d a) ist, teilt man die betreffende Permutationsform einer **ersten** oder **zweiten Klasse** zu. Hat man n Gruppen von je n Elementen

$$a_1\ a_2\ a_3\ \ldots \qquad b_1\ b_2\ b_3\ \ldots \qquad c_1\ c_2\ c_3\ \ldots \qquad \ldots$$

bildet aus diesen Elementen Produkte, indem man je aus jeder Gruppe ein Element verwendet, und legt jedem Produkte das Zeichen + oder − bei, je nachdem die in ihm wechselnden Zeiger eine Permutation erster oder zweiter Klasse darstellen, so nennt man die z. B. durch das Symbol [a, b, c, ...] angedeutete Summe aller dieser Produkte die **Determinante** des Elementensystemes. Für $n = 3$ ist

$$[a, b, c] = a_1\ b_2\ c_3 - a_1\ b_3\ c_2 - a_2\ b_1\ c_3 + a_2\ b_3\ c_1 +$$
$$a_3\ b_1\ c_2 - a_3\ b_2\ c_1$$

35 [49]. **Die Wahrscheinlichkeit.** Sind einem Ereignisse unter n möglichen Fällen m Fälle günstig, so nennt man $m : n$ **mathematische** Wahrscheinlichkeit dieses Ereignisses, und je nachdem

$$m = 0 \qquad m < {}^1\!/_2 n \qquad m = {}^1\!/_2 n \qquad m > {}^1\!/_2 n \qquad m = n$$

ist sein Eintreffen als unmöglich, unwahrscheinlich, ungewiss, wahrscheinlich oder gewiss zu bezeichnen.

36 [50]. **Einige Grundregeln.** Bezeichnen p und q die zwei von einander unabhängigen Ereignissen günstigen, m und n aber alle möglichen Fälle, so ergeben sich nach

$$w_1 = p : m \qquad w_2 = q : n \qquad w_3 = w_1 \cdot w_2$$
$$w_4 = (1 - w_1) \cdot (1 - w_2) \qquad w_5 = 1 - w_4 = w_1 + w_2 - w_3$$

die Wahrscheinlichkeiten des ersten oder zweiten Ereignisses, sowie diejenigen ihres Zusammentreffens oder gänzlichen Fehlens, oder endlich des Eintreffens mindestens Eines derselben bei zwei Versuchen.

37 [50]. **Die relative Wahrscheinlichkeit.** Unter relativer Wahrscheinlichkeit, dass ein

Ereignis eher als ein anderes eintreffe, versteht man
das Verhältnis von dessen Wahrscheinlichkeit zu der
Summe der Wahrscheinlichkeiten beider Ereignisse.
So z. B. zeigen von den 36 bei zwei Würfeln möglichen
Fällen 6 je 7 und nur 3 bloss 4 Augen, also ist die
relative Wahrscheinlichkeit eher 7 als 4 zu werfen
gleich 6/9.

38 [49]. **Die Erfahrungswahrscheinlichkeit.** Wird die Anzahl der günstigen und die
der möglichen Fälle durch die Anzahl der günstigen
und die der sämtlichen Versuche ersetzt, so erhält
man die sog. **Erfahrungswahrscheinlichkeit.** So z. B.
warf ich unter 100000 Versuchen 5928 mal $5 \cdot 6$, oder
$6 \cdot 5$, also ist die betreffende Erfahrungswahrscheinlichkeit $0,05928 = {}^2/_{36}$.

39 [49]. **Die Wetten und Hazardspiele.**
Das Produkt aus der Wahrscheinlichkeit zu gewinnen
und dem zu hoffenden Gewinn nennt man **Erwartung**
(Lucrum, espérance mathématique), und es ist eine
Wette oder ein Spiel nur **ehrlich**, wenn beide Parteien
gleiche Erwartung haben, was bei den öffentlichen
Spielen in der Regel nicht der Fall ist. So z. B.
werden bei den aus 90 Nummern bestehenden Lotterien
nur je 5 Nummern gezogen, so dass von den [90 2] =
4005 möglichen Amben nur [5 2] = 10 herauskommen,
folglich die Wahrscheinlichkeit, dass eine gewisse
Ambe herauskomme, $^{10}/_{4005}$, diejenige, dass sie nicht
herauskomme, $^{3995}/_{4015}$ ist; also sollten sich Einsatz
und Gewinn wie $1:3995$ verhalten, während der Gewinner mit dem 270fachen seines Einsatzes abgefunden
wird.

40. Die Mortalität. Bezeichnen (m), $(m+1)$,...
die Anzahl der Personen aus einer abgeschlossenen
Bevölkerung, welche das Alter von m, $m+1$,...

Jahren überschreiten, so finden sich die Wahrscheinlichkeiten für die angenommenen Alter je das nächste Jahr zu durchleben

$$p_m = (m+1):(m) \qquad p_{m+1} = (m+2):(m+1) \qquad \mathbf{1}$$

Ferner finden sich die Wahrscheinlichkeiten für den m-jährigen successive die nächsten 1, 2, 3,... Jahre zu durchleben

$$(m+1):(m) = p_m \qquad (m+2):(m) = p_m \cdot p_{m+1} \cdots \mathbf{2}$$

Multipliziert man diese letztern Wahrscheinlichkeitswerte sämtlich mit ein und derselben grossen Zahl, z. B. mit 100,000, so erhält man die Werte, die in den gebräuchlichen Mortalitätstafeln (vgl. Tab. II^c) für die verschiedenen Alter als **Anzahl der Lebenden** angegeben sind, und als Grundlage der Renten- und Versicherungsrechnungen dienen. Trägt man die Alter m als Abscissen und die Anzahlen (m) der Lebenden nach der Mortalitätstafel als Ordinaten auf, so erhält man die sog. **Mortalitätskurve**, während die Anzahl der Jahre, welche die in dem Alter m noch Lebenden auf die Hälfte reduziert, die **wahrscheinliche Lebensdauer** dieses Alters genannt wird.

VI. Der binomische Lehrsatz.

41 [35]. **Begriff des binomischen Lehrsatzes.** Multipliziert man n Binome (a+b), (a+c),... mit einander, und setzt sodann b = c = ..., so erhält man (33)

$$(a+b)^n = a^n + \binom{n}{1} a^{n-1} \cdot b + \binom{n}{2} a^{n-2} \cdot b^2 + \ldots + b^n$$

d. h. den binomischen Lehrsatz für ganze positive Exponenten.

— Binomischer Lehrsatz —

42 [34]. Eigenschaften des Symboles n über h. Sind n und h ganze Zahlen, so ist

$$\binom{n}{h} = \binom{n}{n-h} \qquad \text{so z. B.} \qquad \binom{n}{0} = \binom{n}{n} = 1 \qquad \mathbf{1}$$

und wenn auch nur h einen ganzen Wert hat

$$\binom{n-1}{h-1} + \binom{n-1}{h} = \binom{n}{h} = \binom{n+1}{h} - \binom{n}{h-1} \qquad \mathbf{2}$$

$$\binom{m+n}{h} = \binom{m}{0}\binom{n}{h} + \binom{m}{1}\binom{n}{h-1} + \cdots + \binom{m}{h}\binom{n}{0} \qquad \mathbf{3}$$

43 [35]. Verallgemeinerung des binomischen Lehrsatzes. Durch Multiplikation erhält man (42:3), wenn m und n beliebige Zahlen sind, und h unter dem Summenzeichen Σ alle Ganzen von 0 bis ∞ durchläuft,

$$\Sigma \binom{m}{h} a^{m-h} \cdot b^h \times \Sigma \binom{n}{h} a^{n-h} \cdot b^h = \Sigma \binom{m+n}{h} a^{m+n-h} \cdot b^h \qquad \mathbf{1}$$

d. h. das Produkt zweier, folglich auch mehrerer solcher Reihen, ist wieder eine Reihe derselben Form, und zwar ist der Zeiger $(m + n + \ldots)$ des Produktes gleich der Summe der Zeiger $(m, n, \ldots)$ der Faktoren. Hienach ist z. B.

$$\Sigma \binom{n}{h} a^{n-h} \cdot b^h \times \Sigma \binom{-n}{h} a^{-n-h} \cdot b^h = \Sigma \binom{0}{h} a^{0-h} b^h = 1 \qquad \mathbf{2}$$

$$\left[\Sigma \binom{m/n}{h} a^{m/n-h} \cdot b^h\right]^n = \Sigma \binom{m}{h} a^{m-h} \cdot b^h = (a+b)^m \qquad \mathbf{3}$$

folglich hat man

$$\Sigma \binom{-n}{h} a^{-n-h} \cdot b^h = (a+b)^{-n},$$

$$\Sigma \binom{m/n}{h} a^{m/n-h} \cdot b^h = (a+b)^{m/n} \qquad \mathbf{4}$$

oder es dehnt sich der binomische Lehrsatz auch auf negative und gebrochene Exponenten aus, nur dass in diesen beiden Fällen die Reihe nicht abbricht.

44. Einige Anwendungen. Mit Hülfe des binomischen Lehrsatzes erhält man z. B.

— Binomischer Lehrsatz — 25

$$(1 \pm a)^n = 1 \pm \binom{n}{1}a + \binom{n}{2}a^2 \pm \binom{n}{3}a^3 + \ldots \quad \mathbf{1}$$

$$\sqrt[n]{a^n \pm b} = a\left[1 \pm \frac{b}{n \cdot a^n} - \frac{n-1}{2}\left(\frac{b}{n \cdot a^n}\right)^2 \pm \ldots\right] \quad \mathbf{2}$$

wo 2 Anleitung giebt, wie man aus einer Zahl durch Zerfällen in zwei Teile, leicht die n^{te} Wurzel ziehen kann.

VII. Die Lehre von den Reihen.

45 [37]. **Die sog. Funktionen.** Um die Abhängigkeit einer Grösse x von andern Grössen y, z, ... im allgemeinen auszudrücken, nennt man sie eine **Funktion** derselben, und schreibt

$$x = f(y, z, \ldots) \quad \text{oder} \quad F(x, y, z, \ldots) = 0$$

Entsprechend den Gleichungen werden die Funktionen in **algebraische** und **transcendente** geteilt, — wobei erstere noch in **rationale** und **irrationale** zerfallen, je nachdem die Variabeln nur mit ganzen oder auch mit Bruch-Exponenten behaftet sind. Die rationalen Funktionen

$$y = a \cdot x + b \cdot x^2 + c \cdot x^3 + \ldots$$
$$x = A \cdot y + B \cdot y^2 + C \cdot y^3 + \ldots \quad \mathbf{1}$$

entsprechen sich, nach der durch Moivre eingeführten **Methode der unbestimmten Koeffizienten**, wenn

$$A = 1 : a \quad B = -b : a^3 \quad C = (2b^2 - a \cdot c) : a^5 \ldots \quad \mathbf{2}$$

46 [38]. **Die Exponentialreihe.** — Setzt man

$$A = (a - 1) - \tfrac{1}{2}(a - 1)^2 + \tfrac{1}{3}(a - 1)^3 - \ldots \quad \mathbf{1}$$

so hat man für jeden Wert von x und n (43)

$$a^x = [(1 + (a - 1))^n]^{x/n} = [1 + n(A + nf(a, n))]^{x/n}$$

oder (43), da diese Gleichheit nur bestehen kann, wenn sich rechts die Glieder mit n heben,

$$a^x = 1 + \frac{Ax}{1} + \frac{A^2 x^2}{1\cdot 2} + \frac{A^3 x^3}{1\cdot 2\cdot 3} + \cdots \qquad 2$$

d. h. die Exponentialreihe.

47 [39]. Die logarithmische Reihe. Ist
$$a^x = y \quad \text{oder} \quad x = \text{Lg.}\, y \qquad 1$$
so erhält man durch entsprechende Entwicklung
$$A \cdot \text{Lg.}\, y = (y-1) - \tfrac{1}{2}(y-1)^2 + \tfrac{1}{3}(y-1)^3 - \cdots \qquad 2$$
d. h. die logarithmische Reihe.

48 [39]. Die natürlichen Logarithmen.
Für $x = 1/A$ giebt die Exponentialreihe 46:2
$$a^{1/A} = 1 + 1 + \frac{1}{1\cdot 2} + \frac{1}{1\cdot 2\cdot 3} + \cdots = 2{,}71828\ 18285 = e$$

Für $A = 1$ wird somit $a = e$, und heisst dann Basis der **natürlichen** Logarithmen. Bezeichnet man daher letztere mit Ln, so hat man (46, 47)

$$e^x = 1 + \frac{x}{1} + \frac{x^2}{1\cdot 2} + \frac{x^3}{1\cdot 2\cdot 3} + \cdots \qquad 1$$

$$\text{Ln}\, y = (y-1) - \tfrac{1}{2}(y-1)^2 + \tfrac{1}{3}(y-1)^3 - \cdots \qquad 2$$

$$A = \text{Ln}\, a \qquad \text{Ln}\, y = A \cdot \text{Lg}\, y \qquad 3$$

$$a^x = 1 + x \cdot \text{Ln}\, a + \frac{x^2}{1\cdot 2}(\text{Ln}\, a)^2 + \frac{x^3}{1\cdot 2\cdot 3}(\text{Ln}\, a)^3 + \cdots \qquad 4$$

oder, wenn in 4 successive $x = 1$ und $a = x$ gesetzt wird,

$$x = 1 + \text{Ln}\, x + \frac{1}{1\cdot 2}(\text{Ln}\, x)^2 + \frac{1}{1\cdot 2\cdot 3}(\text{Ln}\, x)^3 + \cdots \qquad 5$$

Für $y = 1 \pm z$ erhält man nach 2 successive

$$\text{Ln}(1 \pm z) = \pm z - \frac{1}{2} z^2 \pm \frac{1}{3} z^3 - \frac{1}{4} z^4 \pm \cdots \qquad 6$$

$$\text{Ln}\, \frac{1+z}{1-z} = 2\left[z + \frac{1}{3} z^3 + \frac{1}{5} z^5 + \cdots \right] \qquad 7$$

Die letztere Reihe giebt für $z = 1/3, 2/4, 3/5, \ldots$ die natürlichen Logarithmen von 2, 3, 4, ... (Vgl. Tab. III^b).

49 [39]. Die gemeinen Logarithmen.
Hat man von einer Reihe von Zahlen die natürlichen Logarithmen berechnet, so hat man sie (48:3) zur Reduktion auf eine andere Basis a nur mit dem sog. **Modulus** $1 : \text{Ln } a$ zu multiplizieren, so z. B. um sog. **gemeine** Logarithmen der Basis 10 (vgl. Tab. III) zu erhalten, mit $1 : \text{Ln } 10 = 0{,}43429\ 44819$
Setzt man $z = \delta : (2y + \delta)$, so erhält man (48:7)

$$\text{Lg}(y + \delta) = \text{Lg } y + \frac{2}{\text{Ln } a}\left[\frac{\delta}{2y + \delta} + \frac{1}{3}\left(\frac{\delta}{2y + \delta}\right)^3 + \cdots\right]$$

d. h. eine ganz bequeme logarithmische Interpolationsformel.

50 [40]. Die goniometrischen Reihen.
Führt man mit Euler durch

$$e^{xi} - e^{-xi} = 2i \, \text{Si } x \qquad e^{xi} + e^{-xi} = 2 \, \text{Co } x \qquad \mathbf{1}$$

oder
$$e^{\pm xi} = \text{Co } x \pm i \cdot \text{Si } x \qquad \mathbf{2}$$

zwei neue Funktionen Sinus und Cosinus ein, so folgen

$$\text{Si}^2 x + \text{Co}^2 x = 1 \quad \text{oder} \quad \text{Co } x = \sqrt{1 - \text{Si}^2 x} \qquad \mathbf{3}$$

$$(\text{Co } x \pm i \, \text{Si } x)^n = \text{Co } nx \pm i \cdot \text{Si } nx \qquad \mathbf{4}$$

$$\begin{aligned}\text{Si}(x \pm y) &= \text{Si } x \cdot \text{Co } y \pm \text{Co } x \cdot \text{Si } y \\ \text{Co}(x \pm y) &= \text{Co } x \cdot \text{Co } y \mp \text{Si } x \cdot \text{Si } y\end{aligned} \qquad \mathbf{5}$$

$$\begin{aligned}\text{Si } x &= x - x^3 : [3] + x^5 : [5] - x^7 : [7] + \cdots \\ \text{Co } x &= 1 - x^2 : [2] + x^4 : [4] - x^6 : [6] + \cdots\end{aligned} \qquad \mathbf{6}$$

Aus 4, dem sog. **Moivreschen Lehrsatze**, findet man mit Hülfe von 43, dass die Gleichheiten

$$\begin{aligned}\text{Si } nx &= \binom{n}{1}\text{Co}^{n-1} x \cdot \text{Si } x - \binom{n}{3}\text{Co}^{n-3} x \cdot \text{Si}^3 x + \cdots \\ \text{Co } nx &= \text{Co}^n x - \binom{n}{2}\text{Co}^{n-2} x \cdot \text{Si}^2 x + \cdots\end{aligned} \qquad \mathbf{7}$$

bestehen müssen, so z. B.

$$\text{Si } 2x = 2\,\text{Si}\,x\,\text{Co}\,x \qquad \text{Si } 3x = 3\,\text{Si}\,x - 4\,\text{Si}^3 x$$
$$\text{Co } 2x = 2\,\text{Co}^2 x - 1 \qquad \text{Co } 3x = 4\,\text{Co}^3 x - 3\,\text{Co}\,x \quad \mathbf{8}$$

Setzt man ferner $\text{Si}\,x : \text{Co}\,x = \text{Tg}\,x$, so folgt

$$\text{Tg}\,x = \frac{e^{2xi} - 1}{i(e^{2xi}+1)} \qquad \text{oder} \qquad e^{2xi} = \frac{1 + i \cdot \text{Tg}\,x}{1 - i \cdot \text{Tg}\,x} \quad \mathbf{9}$$

und mit Hülfe von 3,6 und 43:4

$$\text{Tg}\,x = \text{Si}\,x\,(1-\text{Si}^2 x)^{-1/2} = \text{Si}\,x + \tfrac{1}{2}\text{Si}^3 x + \tfrac{3}{8}\text{Si}^5 x + \ldots$$
$$= x + \frac{1}{3}x^3 + \frac{2}{15}x^5 + \frac{17}{315}x^7 + \ldots \quad \mathbf{10}$$

51 [40]. **Die umgekehrten Reihen.** Setzt man

$$e^{2yi} = \text{Co}\,2y + i \cdot \text{Si}\,2y = \frac{1+z}{1-z} \quad \text{oder}\quad z = \frac{e^{2yi}-1}{e^{2yi}+1} = i \cdot \text{Tg}\,y$$

so erhält man durch Logarithmieren (48:7, 50:10)

$$y = \frac{1}{2i}\,\text{Ln}\,\frac{1+z}{1-z} = \frac{1}{i}\left[z + \frac{1}{3}z^3 + \frac{1}{5}z^5 + \ldots\right]$$
$$= \text{Tg}\,y - \frac{1}{3}\text{Tg}^3 y + \frac{1}{5}\text{Tg}^5 y - \frac{1}{7}\text{Tg}^7 y + \ldots \quad \mathbf{1}$$

$$y = \text{Si}\,y + \frac{1}{6}\text{Si}^3 y + \frac{3}{40}\text{Si}^5 y + \frac{5}{112}\text{Si}^7 y + \ldots \quad \mathbf{2}$$

52 [40]. **Weitere Entwicklungen.** Ist

$$\text{Tg}\,x = a \cdot \text{Tg}\,y \qquad \text{und}\qquad (a-1):(a+1) = b \quad \mathbf{1}$$

so folgt (48, 50)

$$x = y + b \cdot \text{Si}\,2y + \frac{b^2}{2}\text{Si}\,4y + \frac{b^3}{3}\text{Si}\,6y + \ldots \quad \mathbf{2}$$

Setzt man dagegen

$$\text{Tg}\,y = a \cdot \text{Si}\,x : (1 - a \cdot \text{Co}\,x) \quad \mathbf{3}$$

so ergiebt sich (51)

— Lehre von den Reihen — 29

$$y = a \cdot \operatorname{Si} x + {}^1\!/_2\, a^2 \operatorname{Si} 2x + {}^1\!/_3\, a^3 \operatorname{Si} 3x + \ldots \quad \mathbf{4}$$

Setzt man (50:2)

$$y = \operatorname{Co} x + i \operatorname{Si} x = e^{xi} \quad \text{oder} \quad \operatorname{Ln} y = xi$$

so folgt (50:3,9), für Arcus ein A vorsetzend,

$$\operatorname{Ln} y = i \cdot \operatorname{Asi} \frac{y^2 - 1}{2yi} = i \cdot \operatorname{Aco} \frac{y^2 + 1}{2y} = 2i \operatorname{Atg} \frac{i(1-y)}{1+y} \quad \mathbf{5}$$

Überdies hat man

$$\operatorname{Ln} \sqrt{1 + 2a \operatorname{Co} x + a^2} = a \operatorname{Co} x - {}^1\!/_2\, a^2 \operatorname{Co} 2x + {}^1\!/_3\, a^3 \operatorname{Co} 3x - \ldots \quad \mathbf{6}$$

Ferner, wenn π durch $\operatorname{Si} {}^1\!/_2 \pi = 1$ definiert wird,

$$\operatorname{Si} x = x \left[1 - \left(\frac{x}{\pi}\right)^2\right]\left[1 - \left(\frac{x}{2\pi}\right)^2\right]\left[1 - \left(\frac{x}{3\pi}\right)^2\right]\ldots$$

$$\operatorname{Co} x = \left[1 - 4\left(\frac{x}{\pi}\right)^2\right]\left[1 - 4\left(\frac{x}{3\pi}\right)^2\right]\left[1 - 4\left(\frac{x}{5\pi}\right)^2\right]\ldots \quad \mathbf{7}$$

und aus der erstern dieser Faktorenfolgen

$$\frac{\pi}{2} = \frac{2 \cdot 2 \cdot 4 \cdot 4 \cdot 6 \cdot 6 \cdot 8 \cdot 8 \ldots}{1 \cdot 3 \cdot 3 \cdot 5 \cdot 5 \cdot 7 \cdot 7 \cdot 9 \ldots} \quad \mathbf{8}$$

53 [37]. **Konvergenz und Divergenz.** Wenn die Summe der n ersten Glieder einer ins Unendliche fortlaufenden Reihe sich immer mehr einem Grenzwerte nähert, je grösser n wird, so heisst die Reihe **konvergent**, sonst **divergent**; so ist z. B. die Reihe 26:4 für $a > 1$ konvergent, sonst divergent.

54 [36]. **Die Interpolation.** Hat man eine Reihe von Zahlen $a_{-n} \ldots a_{-1}\, a_0\, a_1 \ldots a_n$, und bildet aus ihnen, indem man jede Zahl von der folgenden abzieht, **erste Differenzen** Δa, aus diesen durch entsprechende Operation **zweite Differenzen** $\Delta^2 a$, etc., die in beistehender Weise mit Indices versehen werden mögen, so ergiebt sich leicht, **dass** jede Zahl der so gebildeten Tafel erhalten wird, indem man zu der

— Lehre von den Reihen —

a	Δa	$\Delta^2 a$	$\Delta^3 a$	$\Delta^4 a$
−2		−3		−4
	−2		−3	
−1		−2		−3
	−1		−2	
0		−1		−2 m
	0		−1	II
1		0		−1
	1		0	
2		1		0 I

über ihr stehenden die rechts oben von ihr stehende addirt, **dass** überhaupt, wenn irgend eine ihrer Zahlen aus andern nach einem bestimmten Gesetze erhalten werden kann, auch jede andere auf analoge Weise erhältlich ist, und **dass** namentlich die nach Newton benannte **Interpolationsformel**

$$a_n = a_0 + \binom{n}{1}\Delta a_0 + \binom{n}{2}\Delta^2 a_0 + \binom{n}{3}\Delta^3 a_0 + \ldots \quad \mathbf{1}$$

besteht. Statt den Differenzen I kann man ferner die zunächst über oder unter II stehenden Zahlen zur Interpolation benutzen, wenn man 1 durch

$$a_n = a_0 + \binom{n}{1}\Delta a_0 + \binom{n}{2}\Delta^2 a_{-1} + \binom{n+1}{3}\Delta^3 a_{-1} + \binom{n+1}{4}\Delta^4 a_{-2} + \ldots \quad \mathbf{2}$$

ersetzt. Die hier erscheinenden geraden Differenzen liegen mit a auf derselben Horizontalen III, die ungeraden unterhalb. Führt man, um auch Letztere auf III zu bringen, noch die Mittel aus ihnen und den ungeraden oberhalb ein, und bezeichnet sodann alle diese Differenzen mit δ, so hat man endlich

$$a_n = a_0 + n\,[\delta a - \tfrac{1}{6}\delta^3 a + \tfrac{1}{30}\delta^5 a - \ldots] + \tfrac{1}{2}n^2\,[\delta^2 a - \tfrac{1}{12}\delta^4 a + \ldots] + \tfrac{1}{6}n^3\,[\delta^3 a - \tfrac{1}{4}\delta^5 a + \ldots] \tfrac{1}{24}n^4\,[\delta^4 a - \ldots] + \tfrac{1}{120}n^5\,[\delta^5 a - \ldots] + \ldots \quad \mathbf{3}$$

welche Reihe in **dem** Falle grosse Vorzüge hat, wo a_n gleichzeitig für verschiedene Werte von n berechnet werden muss.

VIII. Die Differential- und Integral-Rechnung.

55 [41]. **Begriff der Differentialrechnung.** Nimmt in $y = f(x)$ die unabhängige Variable x einen Zuwachs $\triangle x$ an, so erhält auch die abhängige Variable y einen Zuwachs $\triangle y$. Das Verhältnis $\triangle y : \triangle x$ dieser Zunahmen hängt einerseits mit der Natur der Funktion f und der Grösse von x zusammen, ist aber anderseits auch von der Grösse von $\triangle x$ abhängig, sobald die Funktion in Beziehung auf x nicht vom ersten Grade ist. Um diesen Einfluss von $\triangle x$ zu entfernen, lässt man dasselbe unendlich abnehmen, wodurch sich $\triangle y : \triangle x$ einem bestimmten Werte, der sog. Limes $(\triangle y : \triangle x)$, nähert, den man mit $dy : dx$ bezeichnet, und **Differentialquotient** (Fluxion: erste Ableitung) nennt, während man unter dem **Differential** einer abhängigen Variabeln das Produkt aus dem Differentialquotienten und dem Differential der unabhängigen Variabeln versteht.

56 [41]. **Differentiation der algebraischen Funktionen.** Ist

$$t = a - b \cdot x + y \cdot z + u : v \qquad \mathbf{1}$$

so hat man entsprechend 55

$$dt = - b \cdot dx + (y \cdot dz + z \cdot dy) + (v \cdot du - u \cdot dv) : v^2 \qquad \mathbf{2}$$

woraus die Differentialregeln für ein konstantes Glied, einen konstanten Faktor, ein Produkt und einen Quotienten hervorgehen. Ist ferner $y = x^m$, so folgt aus 43

$$\triangle y : \triangle x = [(x + \triangle x)^m - x^m] : \triangle x \text{ oder } dy = m \cdot x^{m-1} \cdot dx \qquad \mathbf{3}$$

57 [51]. Differentiation der transcendenten Funktionen. Ganz entsprechend findet man (48, 50, 56)

$d \cdot a^x = a^x \cdot \text{Ln } a \cdot dx$	$d \cdot \text{Lg } x = dx : (x \cdot \text{Ln } a)$	**1**
$d \cdot \text{Si } x = \text{Co } x \cdot dx$	$d \cdot \text{Asi } y = dy : \sqrt{1 - y^2}$	**2**
$d \cdot \text{Co } x = -\text{Si } x \cdot dx$	$d \cdot \text{Aco } y = -dy : \sqrt{1 - y^2}$	**3**
$d \cdot \text{Tg } x = dx : \text{Co}^2 x$	$d \cdot \text{Atg } y = dy : (1 + y^2)$	**4**

58 [41]. Differentiation der Funktionen mit mehreren Variabeln. Ist $z = f(y)$ und $y = \varphi(x)$, oder $z = f(x \cdot y)$, so hat man offenbar

$$\frac{dz}{dx} = \frac{dz}{dy} \cdot \frac{dy}{dx} \quad \text{oder} \quad dz = \frac{dz}{dx} \cdot dx + \frac{dz}{dy} \cdot dy \quad \mathbf{1}$$

und wenn $u = \varphi(y, z)$, wo $y = F(x)$ und $z = f(x)$,

$$\frac{du}{dx} = \frac{du}{dy} \cdot \frac{dy}{dx} + \frac{du}{dz} \cdot \frac{dz}{dx} \quad \mathbf{2}$$

59 [41]. Differentiation der Gleichungen. Ist $f(x, y) = 0$, so muss auch $f(x + \triangle x, y + \triangle y) = 0$, und daher $d \cdot f(x, y) : dx = 0$ sein, so dass (58)

$$\frac{df}{dx} + \frac{df}{dy} \cdot \frac{dy}{dx} = 0 \quad \text{oder} \quad \frac{dy}{dx} = - \frac{df}{dx} : \frac{df}{dy}$$

60 [42]. Der Taylor'sche Lehrsatz. Ist $y = f(x)$ so beschaffen, dass den Substitutionen x, $x + \triangle x$, $x + 2\triangle x$, ... reelle Werte y, $y_1 = y + \triangle y$, $y_2 = y + \triangle y_1$, ... entsprechen, und bezeichnet man die höhern Differenzen mit $\triangle^2 y$, $\triangle^3 y$, ... so hat man entsprechend 54:1

$$y_n = y + n \cdot \triangle x \cdot \frac{\triangle y}{\triangle x} + (n \cdot \triangle x)^2 \cdot \frac{1 - 1 : n}{1 \cdot 2} \cdot \frac{\triangle^2 y}{\triangle x^2} +$$

$$+ (n \cdot \triangle x)^3 \cdot \frac{(1 - 1 : n)(1 - 2 : n)}{1 \cdot 2 \cdot 3} \cdot \frac{\triangle^3 y}{\triangle x^3} + \ldots$$

— Differential- und Integralrechnung — 33

Nimmt man an, die Zunahme $n \cdot \Delta x$, welche x erhält, während y in y_n übergeht, habe einen konstanten Wert h, d. h. die Zahl n nehme, während Δx ohne Aufhören kleiner werde, in gleichem Verhältnisse zu, so erhält man, da $(1-1:n)$, $(1-2:n)$,... sich der Grenze 1 nähern, die nach Taylor benannte Reihe

$$f(x+h) = y + \frac{h}{1} \cdot \frac{dy}{dx} + \frac{h^2}{1 \cdot 2} \cdot \frac{d^2y}{dx^2} + \cdots$$
$$= f(x) + \frac{h}{1} f'(x) + \frac{h^2}{1 \cdot 2} f''(x) + \cdots \quad \mathbf{1}$$

wo die sog. zweite Ableitung $f''(x)$ ebenso aus $f'(x)$ hervorgeht, wie diese aus $f(x)$, etc. Entsprechend findet man

$$f(x+h, y+k) = f(x,y) + \frac{h}{1} \cdot \frac{df}{dx} + \frac{k}{1} \cdot \frac{df}{dy} +$$
$$+ \frac{h^2}{1 \cdot 2} \cdot \frac{d^2f}{dx^2} + \frac{hk}{1} \cdot \frac{d^2f}{dx \cdot dy} + \frac{k^2}{1 \cdot 2} \cdot \frac{d^2f}{dy^2} + \cdots \quad \mathbf{2}$$

61 [43]. Die Maclaurin'sche Reihe und die Lagrange'sche Reversionsformel. Setzt man in der Taylor'schen Reihe $x = 0$ und bezeichnet durch $f(0)$, $f'(0)$, ... die entsprechenden Werte von $f(x)$, $f'(x)$, ... so erhält man, wenn schliesslich h mit x vertauscht wird, die sog. Maclaurin'sche Reihe

$$f(x) = f(0) + x f'(0) + \tfrac{1}{2} x^2 f''(0) + \cdots \quad \mathbf{1}$$

und mit ihrer Hülfe, wenn

$$u = \psi(y) \qquad y = w + x \cdot \varphi(y) \qquad d\psi(w) : dw = z \quad \mathbf{2}$$

ist, die von Lagrange aufgestellte Reversionsformel

$$u = \psi(w) + x [\varphi(w) \cdot z] + \tfrac{1}{2} x^2 d[\varphi(w)^2 \cdot z] : dw +$$
$$+ \tfrac{1}{6} x^3 d^2[\varphi(w)^3 \cdot z] : dw^2 + \cdots \quad \mathbf{3}$$

über deren Anwendung namentlich 416 zu vergleichen ist.

62 [44]. Unbestimmte Ausdrücke. — Da nach 60

$$\frac{f(x+h)}{F(x+h)} = \frac{f(x) + h f'(x) + \tfrac{1}{2} h^2 f''(x) + \ldots}{F(x) + h F'(x) + \tfrac{1}{2} h^2 F''(x) + \ldots}$$

so hat man, wenn für $x=a$ sowohl $f(x)$ als $F(x)$ gleich Null werden, für ein unendlich abnehmendes h

$$\frac{f(a)}{F(a)} = \frac{0}{0} = \lim \frac{f(a+h)}{F(a+h)} = \frac{f'(a)}{F'(a)}$$

Sollten auch $f'(a)$ und $F'(a)$ Null werden, so würde der Quotient der zweiten Ableitung an die Stelle treten, etc.; würde dagegen nur $f'(a)$ oder nur $F'(a)$ Null, so hätte $f(a):F(a)$ den Wert 0 oder ∞; etc.

63 [44]. Maximum und Minimum. Offenbar nimmt $f(x)$ für jeden Wert von x, dessen Nachbarwerte zu beiden Seiten entweder beide Abnahme oder beide Zunahme von $f(x)$ bedingen, ein Maximum oder ein Minimum an. Da nun eine Grösse h immer so klein angenommen werden kann, dass ein mit einer Potenz derselben behaftetes Glied über die Gesamtheit der Glieder mit höhern Potenzen dominiert, so folgt (60), dass für jeden Wert von x, der $f'(x) = 0$ macht, $f(x)$ ein Maximum oder Minimum annimmt, je nachdem für denselben Wert von x die zweite Ableitung $f''(x)$ ein negatives oder positives Vorzeichen erhält.

64 [45]. Begriff der Integralrechnung. Ist $y = F(x)$ und $dy:dx = f(x)$, d. h. ist $f(x)dx$ das Differential von $F(x)$, so nennt man umgekehrt $F(x)$ das **Integral** von $f(x)dx$. Das Operationszeichen des Integrierens ist $\int$, und es besteht somit die Gleichheit

$$\int f(x) \cdot dx = F(x) + \text{Const.} \qquad \mathbf{1}$$

wo Constans beigefügt worden, da (56) beim Differenzieren konstante Glieder wegfallen. So z. B. erhält man (56, 57)

— Differential- und Integralrechnung — 35

$\int a \cdot dx = ax + C.$ $\quad \int x^m\, dx = x^{m+1} : (m+1) + C.$ **2**
$\int v \cdot du = uv - \int u \cdot dv$ $\quad \int du : v = u : v + \int u \cdot dv : v^2$ **3**
$\int a^x \cdot dx = a^x : \text{Ln}\, a + C.$ $\quad \int dx : x = \text{Ln}\, a \cdot \text{Lg} \cdot x + C.$ **4**
$\int \text{Co}\, x \cdot dx = \text{Si}\, x + C.$ $\quad \int dx : \sqrt{1 - x^2} = \text{Asi}\, x + C.$ **5**
$\int dx : \text{Co}^2 x = \text{Tg}\, x + C.$ $\quad \int dx : (1 + x^2) = \text{Atg}\, x + C.$ **6**

65 [46]. Integration durch Substitution.
Nach 64:4 erhält man, wenn x mit a ± bx vertauscht wird,

$$\int dx : (a \pm bx) = \pm \text{Ln}\,(a \pm bx) : b + C. \quad \textbf{1}$$

oder, diese Formel für ± aufschreibend und addierend

$$\int \frac{dx}{a^2 - b^2 x^2} = \frac{1}{2ab} \cdot \text{Ln}\, \frac{a + bx}{a - bx} + C. \quad \textbf{2}$$

Setzt man in 64:6,5 bx:a statt x, so wird

$$\int \frac{dx}{a^2 + b^2 x^2} = \frac{1}{ab} \cdot \text{Atg}\, \frac{bx}{a} + C. \quad \textbf{3}$$

$$\int \frac{dx}{\sqrt{a^2 - b^2 x^2}} = \frac{1}{b} \cdot \text{Asi}\, \frac{bx}{a} + C. \quad \textbf{4}$$

oder, wenn man in 4 noch b in bi verwandelt (52:5),

$$\int \frac{dx}{\sqrt{a^2 + b^2 x^2}} = \frac{1}{b} \text{Ln}\,(bx + \sqrt{a^2 + b^2 x^2}) + C. \quad \textbf{5}$$

oder, wenn man x durch 1:x ersetzt und a mit b wechselt,

$$\int \frac{dx}{x\sqrt{a^2 + b^2 x^2}} = -\frac{1}{a} \text{Ln}\, \frac{a + \sqrt{a^2 + b^2 x^2}}{x} + C. \quad \textbf{6}$$

Vertauscht man in 2 bis 5 noch x mit x ∓ c, so wird

$$\int \frac{dx}{\alpha + \beta x - \gamma x^2} = \frac{1}{\sqrt{4\alpha\gamma + \beta^2}} \text{Ln}\, \frac{\sqrt{4\alpha\gamma + \beta^2} + 2\gamma x - \beta}{\sqrt{4\alpha\gamma + \beta^2} - 2\gamma x + \beta} + C. \quad \textbf{7}$$

$$\int \frac{dx}{\alpha + \beta x + \gamma x^2} = \frac{2}{\sqrt{4\alpha\gamma - \beta^2}} \text{Atg}\, \frac{2\gamma x + \beta}{\sqrt{4\alpha\gamma - \beta^2}} + C. \quad \textbf{8}$$

$$\int \frac{dx}{\sqrt{\alpha+\beta x-\gamma x^2}} = \frac{1}{\sqrt{\gamma}} \operatorname{Asi} \frac{2\gamma x-\beta}{\sqrt{4\alpha\gamma+\beta^2}} + C. \qquad 9$$

$$\int \frac{dx}{\sqrt{\alpha+\beta x+\gamma x^2}} = \frac{1}{\sqrt{\gamma}} \operatorname{Ln}\left[2\gamma x+\beta+2\sqrt{\gamma}\sqrt{\alpha+\beta x+\gamma x^2}\right]+C. \quad 10$$

66 [46]. **Integration durch Zerlegung oder Auflösung in Reihen.** Ist $y = f(X:X') \cdot dx$, wo X und X' ganze rationale Funktionen von x sind, ferner der höchste Exponent von x im Zähler kleiner als der im Nenner sein, und Letzterer die reellen binomischen oder trinomischen Faktoren $(a+bx)^m$, $(c+dx)$, $(\alpha+\beta x+\gamma x^2)\ldots$ haben soll, so kann man

$$\frac{X}{X'} = \frac{A}{(a+bx)^m} + \frac{B}{(a+bx)^{m-1}} + \ldots + \frac{G}{c+dx} + \ldots + \frac{M+Nx}{\alpha+\beta x+\gamma x^2} + \ldots$$

setzen, die unbestimmten A, B,... ermitteln, indem man beidseitig die Nenner wegschafft, und dann y gleich der Summe der Integralien dieser mit dx multiplizierten, sog. **Partialbrüche** setzen. In ähnlicher Weise kann man durch Auflösung in Reihen vorgehen.

67. Integration durch Rekursion. Setzt man z. B. in 64:3

$$u = \frac{Tg^{m-1}\varphi}{m-1} \qquad v = Co^{m+n}\varphi$$

so erhält man die Rekursion

$$\int Si^m \varphi \cdot Co^n \varphi \cdot d\varphi = -Si^{m-1}\varphi \cdot Co^{n+1}\varphi : (m+n) +$$
$$+ (m-1) : (m+n) \int Si^{m-2}\varphi \cdot Co^n \varphi \cdot d\varphi \qquad 1$$

und auf ähnliche Weise findet man

$$\int \varphi^m \cdot Si\,\varphi \cdot d\varphi = -\varphi^m \cdot Co\,\varphi + m\int \varphi^{m-1} \cdot Co\,\varphi \cdot d\varphi$$
$$\int \varphi^m \cdot Co\,\varphi \cdot d\varphi = \varphi^m \cdot Si\,\varphi - m\int \varphi^{m-1} \cdot Si\,\varphi \cdot d\varphi \qquad 2$$

68 [46]. **Verschiedene Integralformeln.** Ferner kann man durch beidseitige Differentiation leicht verifizieren, dass

$$\int \frac{\operatorname{Si} x \cdot dx}{\operatorname{Co}^2 x} = \operatorname{Se} \cdot x \qquad \int \operatorname{Tg} x \cdot dx = -\operatorname{Ln} \operatorname{Co} x \qquad \mathbf{1}$$

$$\int \frac{dx}{\operatorname{Si} x} = \operatorname{Ltg} \frac{x}{2} \qquad \int \frac{dx}{x\sqrt{x^2-1}} = \operatorname{Ase} x \qquad \mathbf{2}$$

$$\int \frac{dx}{\sqrt{a+bx}} = \frac{2}{b}\sqrt{a+bx} \quad \int \frac{dx}{x\sqrt{a^2x^2-b^2}} = \frac{1}{b}\operatorname{Ase} \frac{ax}{b} \quad \mathbf{3}$$

$$\int \operatorname{Tg}^2 x \cdot dx = \operatorname{Tg} x - x \qquad \int \operatorname{Cs} 2x \cdot dx = \tfrac{1}{2}\operatorname{Ltg} x \qquad \mathbf{4}$$

Ferner, wenn $X = \sqrt{a+bx}$ und $X' = \sqrt{a+bx+x^2}$, dass

$$\int X \cdot dx = 2 X^{3/2} : 3b \quad \int x \cdot X \cdot dx = (6bx - 4a) \cdot X^{3/2} : 15 b^2 \quad \mathbf{5}$$

$$\int \frac{dx}{x \cdot X} = \frac{1}{\sqrt{a}} \operatorname{Ln} \frac{X-\sqrt{a}}{X+\sqrt{a}} = -\frac{2}{\sqrt{-a}} \operatorname{Atg} \frac{X}{\sqrt{-a}} \qquad \mathbf{6}$$

$$\int X' \cdot dx = \frac{b+2cx}{4c} \cdot X' + \frac{4ac-b^2}{8c} \cdot \int \frac{dx}{X'} \qquad \mathbf{7}$$

$$\int \frac{dx}{x \cdot X'} = \frac{1}{\sqrt{a}} \cdot \operatorname{Ln} \frac{2a+bx-2\sqrt{a} \cdot X'}{x} = \frac{1}{\sqrt{-a}} \cdot \operatorname{Atg} \frac{2a+bx}{2\sqrt{-a} \cdot X'} \quad \mathbf{8}$$

69 [47]. **Bestimmte Integrale.** Nimmt in
$$y = F(x) = \int f(x)\, dx$$
die Grösse x nach und nach die Werte $x, x+\Delta x$, $\ldots x + n \cdot \Delta x$ an, so erhält y die Werte y, $y_1 = y + \Delta y$, $\ldots y_n = y_{n-1} + \Delta_{n-1} y$, so dass

$$y_n = y + \left[\frac{\Delta y}{\Delta x} + \frac{\Delta_1 y}{\Delta x} + \frac{\Delta_2 y}{\Delta x} + \ldots + \frac{\Delta_{n-1} y}{\Delta x}\right] \Delta x$$

Giebt man $n \cdot \Delta x$ einen konstanten Wert h, und lässt n unendlich zunehmen, Δx aber abnehmen, so erhält man die Grenzgleichheit

$$F(x+h) - F(x) = [f(x) + f(x+dx) + \ldots + f(x+(n-1)dx)]\, dx$$

d. h. der Wert eines Integrals zwischen gewissen Grenzen ist gleich der Summe der Werte, die das

Differential zwischen diesen Grenzen annimmt, und man kann symbolisch

$$\int_a^b f(x)\,dx = F(b) - F(a)$$

schreiben. So z. B. ist mit Hülfe von 65:4

$$\int_0^a \frac{dx}{\sqrt{a^2 - x^2}} = \left[\operatorname{Asi} \frac{x}{a}\right]_0^a = \operatorname{Asi} 1 - \operatorname{Asi} 0 = \frac{\pi}{2}$$

70 [48]. Integration der Differentialgleichungen erster Ordnung. Eine Gleichung

$$f\!\left(x, y, \frac{dy}{dx}, \frac{d^2y}{dx^2}, \ldots\right) = 0$$

nennt man eine **Differentialgleichung** der ersten, zweiten, etc., Ordnung, je nach der Ordnung des höchsten Differentialquotienten, und zwar **linear**, wenn y, dy:dx, etc. nur in erster Potenz erscheinen, — jede ihr Genüge leistende, eine, zwei, etc willkürliche Konstante enthaltende Gleichung F(x, y) = 0 aber ihr **allgemeines Integral**. So hat z. B. die lineare Differentialgleichung erster Ordnung

$$x\frac{dy}{dx} - y + b = 0 \quad \text{oder} \quad \frac{x\,dy - y\,dx}{x^2} + \frac{b\cdot dx}{x^2} = 0$$

wo $1:x^2$ der ein vollständiges Differential herstellende oder sog. **integrierende Faktor** ist, wenn a eine willkürliche Konstante bezeichnet, das allgemeine Integral

$$a = \int \frac{x\,dy - y\,dx}{x^2} + b\int \frac{dx}{x^2} = \frac{y}{x} - \frac{b}{x} \quad \text{oder} \quad y = ax + b$$

So genügt der Differentialgleichung 1. Ordnung und 2. Grades

$$y\cdot dx - x\cdot dy = r\sqrt{dx^2 + dy^2}$$

das allgemeine Integral

$$y = ax + r \cdot \sqrt{1 + a^2}$$

aber auch das die Willkürliche a nicht enthaltende, sog. **besondere** Integral

$$x^2 + y^2 = r^2$$

71. Integration der Differentialgleichungen höherer Ordnung. Hat man z. B. die Differentialgleichung zweiter Ordnung

$$(dx^2 + dy^2)^{3/2} + a \cdot d^2y \cdot dx = 0$$

so geht sie für $dy : dx = p$ und $\sqrt{1 + p^2} = q$ in

$dx = - a \cdot q^{-3} \cdot dp$ über, so dass $x = - ap : q + \alpha$

$dy = - a \cdot p \cdot q^{-3} \cdot dp$ oder $y = a : q + \beta$

wo α und β willkürliche Konstante sind. Aus diesen Werten folgt aber durch Elimination von p die Integralgleichung

$$(x - \alpha)^2 + (y - \beta)^2 = a^2$$

72. Begriff der Variationsrechnung. Während es sich bei der Lehre vom Grössten und Kleinsten (63) darum handelte, den Wert einer Unbekannten so festzusetzen, dass eine andere, als eine bestimmte Funktion der ersten gegebene, Grösse ein Maximum oder Minimum annimmt, so hat dagegen die sog. Variationsrechnung die Aufgabe, jene Relation so zu bestimmen, dass der Wert einer von ihr abhängigen Funktion so gross als möglich werde. Geometrie und Mechanik liefern in den Problemen der Isoperimetrie, der Brachystochrone, etc. für Letztere die schönsten Beispiele.

Die Geometrie.

Schaffen und Streben ist Gottes Gebot. —
Arbeit ist Leben, Nichtsthun der Tod.
(Venedey.)

IX. Geometrische Vorbegriffe.

73 [54]. **Der Ort.** Ein Ding ohne endliche Grösse, an dem einzig der Begriff der Lage haftet, heisst **Punkt.** Verändert Letzterer seine Lage, so heisst man ihn in **Bewegung,** verbindet damit den Begriff der **Richtung,** und fasst eine Folge von Lagen als **Ort** zusammen, denselben als **gerade** oder **krumme Linie** bezeichnend, je nachdem der Punkt seine Richtung fortwährend beibehält oder fortwährend ändert, und es liegt im Begriffe der Richtung, dass von einem Punkte zu einem andern nur Eine Gerade, die kürzeste Verbindung, führt. Den Ort einer sich bewegenden Linie nennt man **Fläche,** — eine durchweg gerade Fläche **Ebene.**

74 [54]. **Die fortschreitende Bewegung.** Wenn sich ein Punkt beständig in gleichem Sinne in einer Geraden bewegt, so nennt man ihn **fortschreitend,** und die Grösse des Fortschrittes **Länge.** Die Längeneinheit ist ihrer Natur nach willkürlich, und darum in jedem Lande und für jeden Zweck gesetzlich festgestellt. [Vgl. Tab. I.].

75 [54]. **Die drehende Bewegung.** Bewegt sich eine Gerade um einen Punkt, so heisst man sie

— Geometrische Vorbegriffe — 41

drehend, und die auf die Ebene der Endlagen, der sog. **Schenkel**, bezügliche Grösse der Drehung **Winkel**, den Drehpunkt **Scheitel**, den Ort der Geraden **Strahlenbüschel**. Die Winkeleinheit ist die **Umdrehung**, welche in 2 **Gerade**, 4 **Rechte** (4 R) und 360 **Grade** à 60 **Minuten** à 60 **Sekunden** eingeteilt wird. Ist $\alpha < 90^0$, so heissen die Winkel α, $90^0 + \alpha$, $90^0 \pm \alpha$ und $270^0 \pm \alpha$ der Reihe nach **spitz, stumpf, konkav** und **konvex**, — Winkel, welche sich zu 90^0, 180^0 oder 360^0 ergänzen, **complementär, supplementär** oder **explementär**. Verlängert man einen Schenkel eines Winkels über seinen Scheitel hinaus, so erhält man den zu ihm supplementären **Nebenwinkel**, — verlängert man beide, den ihm gleichen **Scheitelwinkel**. Bezeichnen ab und de die Schenkel, c den Scheitel eines Winkels, so schreibt man $\angle c = \angle acd = \angle (ab, de)$.

76 [54]. **Die Parallelen und Senkrechten.** Zwei Gerade einer Ebene, welche bei gleicher Grösse der Drehung in zwei Punkten einer dritten Geraden entstanden sind, heissen **parallel** oder **zeilig** ($\parallel$), — zwei Gerade dagegen, deren Winkel 90^0 beträgt, **senkrecht** ($\perp$) zu einander. Nennt man die gleichliegenden Winkel zweier Geraden mit einer dritten **korrespondierende**, die entgegengesetzt liegenden **Wechselwinkel**, so sind diese für Parallele je einander gleich.

77 [54]. **Die Koordinaten.** Um von einer Geraden oder **Axe** und einem ihrer Punkte, dem **Anfangspunkte** oder **Pol**, zu einem äussern Punkte m überzugehen, dreht sich **entweder** zuerst die Gerade um den Pol bis sie durch m geht (v), und dann schreitet der Pol bis zu m fort (r); **oder** es schreitet der Pol zuerst in der Axe so weit fort (x), dass die Axe nach Drehung um einen gegebenen Winkel (α) durch m geht, und nun schreitet der Punkt wieder fort bis zu m (y). Die Bestimmungsstücke r und v heissen **Radius Vektor** und **Position**, zusammen **Polarkoordinaten**, — die x und y, welche, um sämtliche vier Quadranten des Winkelraumes zu beherrschen, die Zeichenfolgen

$$+ \; - \; - \; + \qquad\qquad + \; + \; - \; -$$

annehmen müssen, **Abscisse** und **Ordinate**, zusammen, je nachdem α = 90° ist oder nicht, **rechtwinklige** oder **schiefwinklige Koordinaten**.

78 [54]. **Die gebrochene Linie.** Wird die abwechselnde Bewegung in Fortschritt und Drehung fortgesetzt, so entsteht eine sog. gebrochene Linie, bei der die einzelnen Fortschritte **Seiten**, die mit den Drehwinkeln gleichartigen Winkel der Seiten **Winkel**, die Drehpunkte **konkave** oder **konvexe** Ecken heissen,

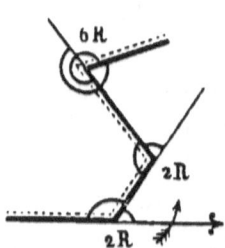

je nachdem die Drehwinkel konkav oder konvex sind. Die Summe von Winkel und Drehwinkel beträgt an einer konkaven Ecke 2 R, an einer konvexen Ecke 6 R. — Verbindet man zwei Punkte durch verschiedene, aber gegen die gerade Verbindung nur konkave Ecken zeigende gebrochene Linien, so ist jeder umschlossene Zug (73) kürzer als der umschliessende.

79 [54]. **Das n-Eck und n-Seit.** Kehren Punkt und Gerade nach n Doppelbewegungen in die erste Lage zurück, so hat man ein **n-Eck** oder ein **n-Seit**, je nachdem die Seiten nur zwischen den Ecken oder in der unbegrenzten Länge der mit ihnen zusammenfallenden Geraden betrachtet werden. Im n-Ecke finden sich zu jeder Ecke (n — 3) mit ihr nicht in einer Seite liegende, sog. **Gegen-Ecken**, und es können daher in demselben $\frac{1}{2}$ n (n — 3) sog. **Diagonalen**, gezogen werden. Im n-Seite, wo jeder Durchschnittspunkt Ecke heisst, giebt es dagegen zu jeder der e $= \frac{1}{2}$ n (n — 1) Ecken, g $= \frac{1}{2}$ (n — 2)(n — 3) Gegenecken und d $= \frac{1}{2}$ e · g Diagonalen Die Anzahl der durch n Gerade oder n Punkte bestimmten n-Ecke endlich ist $\frac{1}{2}$ · [n — 1].

80 [54]. **Die Winkelsumme.** Die Winkelsumme eines n-Ecks wird offenbar gefunden, indem man (78) für jede konkave Ecke 2 R, für jede konvexe Ecke 6 R in Rechnung bringt, und für jede Umdrehung 4 R abzieht. Bezeichnet somit p die Anzahl der konvexen Ecken, und r die der Umdrehungen, so ist die Winkelsumme

$$P_n (p, r) = 2 (n + 2p - 2r) R$$

81 [54]. **Anzahl und Einteilung der n-Ecke.** Unterscheiden sich zwei n-Ecke in ihrer Erzeugung nur durch den Sinn, in welchem sich die Gerade dreht, so genügt es, dasjenige zu betrachten, das die geringere Anzahl konvexer Ecken hat. Da ferner ein konkaver Winkel immer zwischen 0 und 2 R, ein konvexer zwischen 2 R und 4 R enthalten sein muss, so ist notwendig $\frac{1}{2}$ (n + p) > r, sowie $\frac{1}{2}$ p < r, und für p = 1 muss mindestens r = 2 sein, damit die Figur zum Schlusse kommen kann. Es lässt sich hieraus durch Induktion ableiten, dass, wenn n gerade ist, $\frac{1}{4}$ (n^2 — 4) n-Ecke, und wenn n ungerade ist, $\frac{1}{4}$ (n^2 — 5) n-Ecke möglich sind. Diejenigen n-Ecke, für welche r — p = 1 und daher P_n (p, r) = 2 (n — 2) R ist, heissen **gemein**, die andern sind ohne Ausnahme überschlagen. Ein Vieleck endlich, in dem alle Seiten und alle Winkel gleich sind, heisst **regelmässig**.

82 [54]. **Die Kongruenz und Ähnlichkeit.** Zwei n-Ecke heissen **kongruent** ($\cong$) oder **ähnlich** ($\sim$), wenn sie sich in ihrer Erzeugung gar nicht oder nur durch die Einheit des Fortschrittes unterscheiden, d. h. wenn sie gleiche Winkel und entweder gleiche Seiten oder gleiche Seitenverhältnisse haben. Die Erzeugung des n-Ecks wird aber durch $(n-1)$ Seiten und die $(n-2)$ eingeschlossenen Winkel, — oder durch $(n-1)$ Winkel und die $(n-2)$ zwischenliegenden Seiten bestimmt; folglich sind zwei n-Ecke schon bei Übereinstimmung solcher $(2n-3)$ Elemente kongruent und aus jedem Kongruenzsatze geht ein Ähnlichkeitssatz hervor, wenn man die Gleichheit der Seiten durch die ihrer Verhältnisse ersetzt.

X. Das Dreieck.

83 [55]. **Grundeigenschaften des Dreiecks.** Das Dreieck ist (81) nur Einer Form fähig, hat (80) die Winkelsumme $2R = 180°$, — ist (82) durch eine Seite und die anliegenden Winkel, oder durch zwei Seiten und den eingeschlossenen Winkel vollkommen bestimmt, — durch zwei Winkel oder durch einen Winkel und das Verhältnis der einschliessenden Seiten der Form nach gegeben. Jede Dreieckseite ist (73) kleiner als die Summe, aber grösser als die Differenz der beiden andern Seiten, — ein Drehwinkel (Aussenwinkel) gleich der Summe der gegenüberliegenden Dreieckswinkel.

84 [55]. **Das gleichschenklige Dreieck.** Hat ein Dreieck zwei gleiche Seiten, so heisst es gleichschenklig. Die den Winkel der Schenkel halbierende Gerade halbiert die dritte Seite oder **Basis** unter rechtem Winkel. Errichtet man in der Mitte einer Geraden eine Senkrechte, so steht jeder Punkt der Senkrechten von den Endpunkten der Geraden gleich weit ab.

85 [55]. **Das ungleichseitige Dreieck.** Schliessen zwei Seiten eines Dreiecks einen grössern Winkel ein, als zwei ihnen gleiche Seiten eines andern Dreiecks, so hat auch (83) das erstere Dreieck die grössere dritte Seite.

86 [55]. **Weitere Kongruenz- und Ähnlichkeitssätze.** Zwei Dreiecke, welche alle drei Seiten oder deren Verhältnisse gleich haben, besitzen (84) auch gleiche Winkel, sind somit kongruent oder ähnlich, — ebenso zwei Dreiecke, welche zwei Seiten, oder deren Verhältnis, und den der grössern gegenüberliegenden Winkel gleich haben.

87 [55]. **Die Symmetrie.** Zwei Punkte, deren Verbindungslinie durch eine andere Gerade unter rechtem Winkel gehälftet wird, heissen in Beziehung auf Letztere **symmetrisch**. Verbindet man von zwei Punkten, welche auf derselben Seite einer Geraden liegen, den Einen mit dem symmetrischen des Andern, so erhält man (83) den Punkt der Geraden, von welchem die gegebenen Punkte die kleinste Distanzensumme haben, und in dem sie gleiche Winkel mit der Geraden bestimmen.

88 [55]. **Abstand und Projektion.** Die Senkrechte von einem Punkte auf eine Gerade misst als kürzeste Verbindung seinen Abstand. Ihr Fusspunkt heisst **Projektion des Punktes,** — die zwischen die Projektionen der Endpunkte fallende Folge der Projektionen aller Punkte einer Geraden **Projektion der Geraden.**

Die Senkrechte von einer Dreiecksecke auf die Gegenseite heisst **Höhe**, letztere **Basis**.

89 [55]. **Parallelensätze.** Parallele bilden (vgl. Fig.) mit **jeder** Geraden gleiche korrespondierende oder Wechsel-Winkel. — Parallele zwischen Parallelen sind (⸗) gleich. Zwei Gerade werden (83) durch ein System von Parallelen in gleichen Verhältnissen geschnitten, und schneiden von den Parallelen Stücke ab, deren Differenzen in denselben Verhältnissen stehen. Parallele haben (76, 88) überall denselben Abstand, und schneiden sich daher nicht. Dreiecke, deren Seiten paarweise zu einander parallel oder senkrecht stehen, haben gleiche Winkel und sind daher ähnlich.

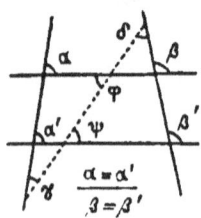

90 [55]. **Weitere Sätze.** Verbindet man die Mitte einer Dreiecksseite mit der Gegenecke, so wird (vgl. Fig.) das Dreieck halbiert. — Von zwei Dreiecken gleicher Basis und Höhe hat (78) dasjenige, dessen Basiswinkel die des andern der Grösse nach zwischen sich schliessen, den grössern Umfang.

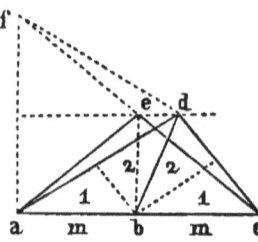

XI. Das rechtwinklige Dreieck und die goniometrischen Funktionen.

91 [55]. **Das rechtwinklige Dreieck.** Ist in einem Dreiecke ein Winkel ein Rechter, so heisst die gegenüberliegende und (85) grösste Seite

Hypotenuse, jede der andern **Kathete**. Die Kongruenz von zwei rechtwinkligen Dreiecken wird (83) durch eine Seite und einen zu ihr gleichliegenden Winkel, oder durch zwei Seiten, — ihre Ähnlichkeit durch einen Winkel, oder das Verhältnis zweier Seiten bestimmt.

92 [55]. **Dimensionen und Fläche.** Teilt man die eine Kathete in gleiche Teile, und verbindet die Teilpunkte mit der Spitze, so erhält man ebensoviele gleiche Dreiecke, und bezeichnen somit AB, ab und Ab die Katheten dreier rechtwinkliger Dreiecke der Flächen F, f und φ, so hat man

$$F : \varphi = B : b \quad \varphi : f = A : a \quad \text{also} \quad F : f = AB : ab$$

Die Flächen hängen also von den Katheten, die darum **Dimensionen** heissen, ab, und nimmt man ein rechtwinkliges Dreieck, dessen erste Dimension 1, und dessen zweite 2 beträgt, als Flächeneinheit an, so ist die Fläche irgend eines rechtwinkligen Dreiecks gleich dem halben Produkte seiner Katheten.

93 [55]. **Der pythagoräische Lehrsatz.** Wird die Hypotenuse c durch die ihr entsprechende Höhe h in zwei Abschnitte x und y geteilt, so verhält sich

$$x : h = h : y \quad c : a = a : x \quad c : b = b : y \qquad \mathbf{1}$$

folglich besteht der sog. pythagoräische Lehrsatz

$$a^2 + b^2 = c^2 \qquad \mathbf{2}$$

(vgl. 115) und umgekehrt, wenn in einem Dreiecke das Quadrat einer Seite gleich der Quadratsumme der beiden andern ist (z. B. 5, 4, 3), so liegt der erstern Seite ein rechter Winkel gegenüber. Ist das Dreieck nicht rechtwinklig, so besteht der sog. **erweiterte** pythagoräische Lehrsatz

— Rechtwinkliges Dreieck —

$$a^2 + b^2 \mp 2ax = c^2 \qquad \textbf{3}$$

wo das obere Zeichen für $\angle (a \cdot b) < 90^0$ gilt, und x die Projektion von b auf a bezeichnet.

94 [62]. **Die Seitenverhältnisse.** Da in einem rechtwinkligen Dreiecke die Seitenverhältnisse von einem Winkel abhängen, so kann man sie in Beziehung auf diesen benennen, und zwar setzt man (vgl. Fig. in 77)

y : r = Sinus v = Si v   r : x = Secans v = Se v
x : r = Cosinus v = Co v   r : y = Cosecans v = Cs v
y : x = Tangens v = Tg v   (r — x) : r = Sinus versus v
                                                        = Siv v
x : y = Cotangens v = Ct v   (r — y) : r = Cosinus versus v
                                                        = Cov v

Ferner wird $r = 1$ als Sinus totus bezeichnet, und, wenn A (Arcus, vgl. 124) ein Bogenmass ist, $v = \text{Asi}(y:r) = \text{Aco}(x:r) = \text{Atg}(y:x) = $ etc. gesetzt.

95 [62, 63]. **Die goniometrischen Funktionen.** Dehnt man die Sinus etc. auf den ganzen Winkelraum aus, indem man in ihren Definitionen Hypotenuse und Winkel durch die Polarkoordinaten, die beiden Katheten durch die rechtwinkligen Koordinaten mit ihren Zeichen (77) ersetzt, so werden aus ihnen die sog. **goniometrischen Funktionen**. Sie lassen sich, indem man je den Nenner als Einheit wählt, leicht nach ihrem Verlaufe durch den ganzen Winkelraum verfolgen, wobei man findet, dass den 4 Quadranten für

die Funktionen   Sinus   Cosinus   Tangens Cotangens
die Zeichenfolgen + + — —   + — — +   + — + —   + — + —
und Grenzwerte   0,1   1,0   0,∞   ∞,0

entsprechen, wo je die erste Grenze bei 0^0 und 180^0, die zweite bei 90^0 und 270^0 eintrifft. Sie sind periodisch,

disch, und nehmen (abgesehen vom Zeichen) für $180 - \alpha$, $180^0 + \alpha$ und $360^0 - \alpha$ je wieder dieselben Werte an, die sie für α hatten. Speciell ist $\text{Tg } 45^0 = 1 = \text{Ct. } 45^0$ und $\text{Si } 30^0 = \frac{1}{2} = \text{Co } 60^0$.

96 [62]. Einige Grundbeziehungen. Für jeden Winkel a hat man nach dem Vorhergehenden offenbar

$$\text{Si}^2 \text{a} + \text{Co}^2 \text{a} = 1 \qquad \text{Si a} : \text{Co a} = \text{Tg a} = 1 : \text{Ct a}$$
$$\text{Si a} \cdot \text{Cs a} = \text{Co a} \cdot \text{Se a} = \text{Tg a} \cdot \text{Ct a} = 1$$
$$\text{Si a} = \text{Tg a} : \sqrt{1 + \text{Tg}^2 \text{a}} \qquad \text{Co a} = 1 : \sqrt{1 + \text{Tg}^2 \text{a}}$$

Ferner darf man nur echte Brüche als Si oder Co, dagegen jede Zahl als Tg oder Ct betrachten, sowie zwei Zahlen $x = a \cdot \text{Si A}$ und $y = a \cdot \text{Co A}$ setzen, da daraus für A und a immer mögliche Werte folgen.

97 [62, 69]. Die sog. Transformation der Koordinaten. Kennt man die Koordinaten eines Punktes M in Beziehung auf ein rechtwinkliges Koordinatensystem XY, so kann man leicht seine Koordinaten in Beziehung auf ein anderes rechtwinkliges Koordinatensystem $X'Y'$ finden, wenn man die Grössen α, β, φ kennt, welche die gegenseitige Lage der beiden Systeme bestimmen.

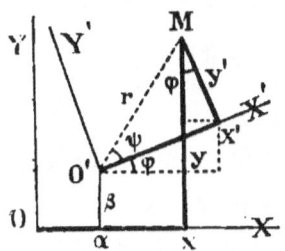

Man hat nämlich offenbar

$$x = \alpha + x' \text{Co } \varphi - y' \text{Si } \varphi \quad y = \beta + x' \text{Si } \varphi + y' \text{Co } \varphi \quad \mathbf{1}$$
$$x' = (x-\alpha) \text{Co } \varphi + (y-\beta) \text{Si } \varphi \quad y' = (y-\beta) \text{Co } \varphi - (x-\alpha) \text{Si } \varphi \quad \mathbf{2}$$

Überdies ergeben sich hieraus durch Einführung der Polarkoordinaten (94), wenn man $\varphi = a$, $\psi = b$ oder $\varphi = b$, $\psi = a - b$ setzt, die goniometrischen Grundformeln

— Goniometrische Funktionen —

$$\text{Si}(a \pm b) = \text{Si}\, a \cdot \text{Co}\, b \pm \text{Co}\, a \cdot \text{Si}\, b \quad \mathbf{3}$$
$$\text{Co}(a \pm b) = \text{Co}\, a \cdot \text{Co}\, b \mp \text{Si}\, a \cdot \text{Si}\, b \quad \mathbf{4}$$

98 [62]. **Weitere goniometrische Formeln.** Mit Hülfe von 96 und 97 findet man leicht, dass

$$\text{Tg}(a \pm b) = \frac{\text{Tg}\, a \pm \text{Tg}\, b}{1 \mp \text{Tg}\, a \cdot \text{Tg}\, b} \quad \text{Tg}(a \pm 45^\circ) = \frac{\text{Tg}\, a \pm 1}{1 \mp \text{Tg}\, a} \quad \mathbf{1}$$

$$\begin{aligned}&\text{Si}\, 2a = 2\,\text{Si}\, a \cdot \text{Co}\, a \qquad \text{Si}\, 3a = 3\,\text{Si}\, a - 4\,\text{Si}^3 a \\ &\text{Co}\, 2a = \text{Co}^2 a - \text{Si}^2 a = 1 - 2\,\text{Si}^2 a = 2\,\text{Co}^2 a - 1\end{aligned} \quad \mathbf{2}$$

$$\begin{aligned}&\text{Si}\, 2a \pm \text{Si}\, 2b = 2\,\text{Si}(a \pm b)\,\text{Co}(a \mp b) \\ &\text{Co}\, 2a + \text{Co}\, 2b = 2\,\text{Co}(a+b)\,\text{Co}(a-b) \cdot \\ &\text{Co}\, 2a - \text{Co}\, 2b = 2\,\text{Si}(a+b)\,\text{Si}(b-a)\end{aligned} \quad \mathbf{3}$$

$$\text{Tg}(a+b) : \text{Tg}(a-b) = \text{Tg}(45^\circ + x) \text{ wo Tg}\, x = \text{Si}\, 2b : \text{Si}\, 2a \quad \mathbf{4}$$

$$\text{Si}\, \tfrac{1}{2} a = \sqrt{\tfrac{1}{2}(1 - \text{Co}\, a)} \qquad \text{Co}\, \tfrac{1}{2} a = \sqrt{\tfrac{1}{2}(1 + \text{Co}\, a)} \quad \mathbf{5}$$

$$\text{Tg}\, \frac{a}{2} = \sqrt{\frac{1 - \text{Co}\, a}{1 + \text{Co}\, a}} = \frac{1 - \text{Co}\, a}{\text{Si}\, a} = \frac{\text{Si}\, a}{1 + \text{Co}\, a} \quad \mathbf{6}$$

99 [40]. **Der Moivre'sche Lehrsatz.** Durch Multiplikation findet man (97)

$$\begin{aligned}&(\text{Co}\, \alpha \pm i\,\text{Si}\, \alpha)\cdot(\text{Co}\, \beta \pm i\,\text{Si}\, \beta)\cdot(\text{Co}\, \gamma \pm i\,\text{Si}\, \gamma)\ldots = \\ &\text{Co}(\alpha + \beta + \gamma + \ldots) \pm i\,\text{Si}(\alpha + \beta + \gamma + \ldots)\end{aligned} \quad \mathbf{1}$$

oder für $\alpha = \beta = \gamma = \ldots$ den Moivre'schen Lehrsatz

$$(\text{Co}\, \alpha \pm i\,\text{Si}\, \alpha)^n = \text{Co}\, n\alpha \pm i\,\text{Si}\, n\alpha \quad \mathbf{2}$$

dessen Gültigkeit für negative und gebrochene Exponenten sich ebenfalls leicht erweisen lässt.

100 [40, 64]. **Einige goniometrische Reihen.** Da 99:2 mit 50:4 übereinstimmt, so findet man nach 50, 43, indem man Co x durch $\sqrt{1 - \text{Si}^2 x}$ ersetzt,

$$\begin{aligned}\text{Si}\, nx &= n\Big[\text{Si}\, x - \frac{n^2 - 1^2}{1\cdot 2\cdot 3}\,\text{Si}^3 x + \frac{(n^2 - 1^2)(n^2 - 3^2)}{1\cdot 2\cdot 3\cdot 4\cdot 5}\,\text{Si}^5 x - \ldots\Big] \\ \text{Co}\, nx &= 1 - \frac{n^2}{1\cdot 2}\,\text{Si}^2 x + \frac{n^2(n^2 - 2^2)}{1\cdot 2\cdot 3\cdot 4}\,\text{Si}^4 x - \ldots\end{aligned} \quad \mathbf{1}$$

— Goniometrische Funktionen — 51

Setzt man hier $n = 3m$ und $x = 30^0$, also (95) $\operatorname{Si} x = {}^1/_2$, und ordnet nach m, so erhält man die Reihen

$$\operatorname{Si}(m \cdot 90^0) = m \cdot 1{,}5707963 - m^3 \cdot 0{,}6459641$$
$$+ m^5 \cdot 0{,}0796926 - m^7 \cdot 0{,}0046818$$
$$+ m^9 \cdot 0{,}0001604 - m^{11} \cdot 0{,}0000036$$
$$+ m^{13} \cdot 0{,}0000001 - \ldots$$
$$\operatorname{Co}(m \cdot 90^0) = 1{,}0000000 - m^2 \cdot 1{,}2337006 \quad \mathbf{2}$$
$$+ m^4 \cdot 0{,}2536695 - m^6 \cdot 0{,}0208635$$
$$+ m^8 \cdot 0{,}0009193 - m^{10} \cdot 0{,}0000252$$
$$+ m^{12} \cdot 0{,}0000004 - \ldots$$

aus welchen sich ergiebt, dass

$$\operatorname{Si} 1'' = \frac{1{,}5707963}{90 \cdot 60 \cdot 60} = \frac{1}{206264{,}8} = \overline{4{,}6855749}$$

und wenn a eine kleine Anzahl Sekunden bezeichnet, $\operatorname{Si} a = a \cdot \operatorname{Si} 1''$ oder $a = \operatorname{Si} a : \operatorname{Si} 1''$ und $\operatorname{Co} a = 1$ **3** ist. Setzt man aber $x = \alpha : n$, und lässt n unendlich gross, also $\alpha : n$ unendlich klein werden, so nehmen $\operatorname{Si} \alpha : n$, $\operatorname{Co} \alpha : n$ und n über h die Grenzwerte $\alpha' : n$, 1 und $n^h : [h]$ an, wo $\alpha' = A\alpha$ ist, und man erhält aus 50 : 7

$$\operatorname{Si} \alpha = \alpha' - \frac{\alpha'^3}{1 \cdot 2 \cdot 3} + \ldots \qquad \operatorname{Co} \alpha = 1 - \frac{\alpha'^2}{1 \cdot 2} + \ldots \quad \mathbf{4}$$

woraus sich die Vergleichung zwischen den in 50 und 94 eingeführten Sinus und Cosinus ergiebt.

101 [29]. Anwendung auf algebraische Gleichungen. Wenn in der Cardanischen Formel (19) $b^2 + a^3$ negativ werden soll, so muss a negativ und $a^3 > b^2$ sein. Setzt man in 19 : 2 die a negativ, so geht sie (98 : 2) für $\qquad y = -2\sqrt{a} \cdot \operatorname{Si} \varphi'$ **1**

in $\qquad \sqrt{b^2 : a^3} = 3 \operatorname{Si} \varphi - 4 \operatorname{Si}^3 \varphi = \operatorname{Si} 3\varphi$ **2**

über, so dass φ möglich wird, und die ihr genügenden Werte 3φ, $180^0 - 3\varphi$, $360^0 + 3\varphi$, $540^0 - 3\varphi, \ldots$ für $2\sqrt{a} = c$

$y_1 = -c\,\text{Si}\,\varphi$ $y_2 = -c\,\text{Si}\,(60^\circ - \varphi)$ $y_3 = c\,\text{Si}\,(60^\circ + \varphi)$ **3**
oder (vgl. 19) drei reelle Wurzeln ergeben.

102. Anwendung auf transcendente Gleichungen. — Setzt man in der Gleichung

$a \cdot \text{Si}\,x \pm b \cdot \text{Co}\,x = c$ $a = m \cdot \text{Co}\,\varphi$ $b = m \cdot \text{Si}\,\varphi$ **1**

so erhält man (97, 3) die Lösung

$\text{Si}\,(x \pm \varphi) = c \cdot \text{Si}\,\varphi : b$ wo $\text{Tg}\,\varphi = b : a$ **2**

ist. — Hat man die Gleichungen

$x\,\text{Si}\,y = a\,\text{Si}\,\alpha - b\,\text{Si}\,\beta$ $x\,\text{Co}\,y = a\,\text{Co}\,\alpha - b\,\text{Co}\,\beta$ **3**

so erhält man aus ihrer Kombination

$\text{Tg}\,(y - \alpha) = b \cdot \text{Si}\,(\alpha - \beta) : [a - b \cdot \text{Co}\,(\alpha - \beta)]$ **4**

oder (52:3, 4), wenn man rechts mit Si 1″ dividirt,

$$y = \alpha + \frac{b}{a\,\text{Si}\,1''}\,\text{Si}\,(\alpha - \beta) + \frac{b^2}{2a^2\,\text{Si}\,1''}\,\text{Si}\,2(\alpha - \beta) + \ldots \;\mathbf{5}$$

XII. Die Trigonometrie und einige weitere Eigenschaften des Dreieckes.

103 [65]. Die trigonometrischen Grundbeziehungen. Bezeichnet man die Seiten eines Dreiecks mit $a = 2\mathfrak{a}$, $b = 2\mathfrak{b}$, $c = 2\mathfrak{c}$, die Gegenwinkel mit $A = 2\mathfrak{A}$, $B = 2\mathfrak{B}$, $C = 2\mathfrak{C}$, so ist (94)

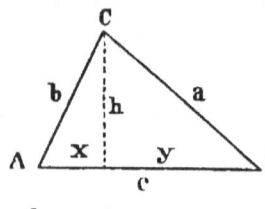

$a \cdot \text{Si}\,B = h = b\,\text{Si}\,A$
$c = x + y = b \cdot \text{Co}\,A + a \cdot \text{Co}\,B$

und somit

$a : b : c :: \text{Si}\,A : \text{Si}\,B : \text{Si}\,C$ **1**

$a = b\,\text{Co}\,C + c\,\text{Co}\,B$, $b = c\,\text{Co}\,A + a\,\text{Co}\,C$, $c = a\,\text{Co}\,B + b\,\text{Co}\,A$ **2**

— Trigonometrie — 53

104 [65, 66[. **Weitere Formeln.** Aus 103 und 98 ergeben sich ferner

$(a + b) : (a - b) = \operatorname{Tg}(\mathfrak{A} + \mathfrak{B}) : \operatorname{Tg}(\mathfrak{A} - \mathfrak{B})$ **1**

$\operatorname{Tg}(\mathfrak{A} - \mathfrak{B}) = \operatorname{Tg}(45^0 - \varphi) \cdot \operatorname{Ct} \mathfrak{C}$ wo $\operatorname{Tg} \varphi = b : a$ **2**

$\operatorname{Tg} A = h : (c - y) = a \cdot \operatorname{Si} B : (c - a \cdot \operatorname{Co} B)$ **3**

und, wenn

$a + b + c = 2s \qquad d = 2\sqrt{b \cdot c \cdot \operatorname{Co} \mathfrak{A}} \ldots$ **4**

gesetzt werden

$a = \sqrt{b^2 + c^2 - 2bc \cdot \operatorname{Co} A} = \sqrt{(b + c + d)(b + c - d)}$ **5**

$\operatorname{Si} \mathfrak{A} = \sqrt{(s - b)(s - c) : bc} \qquad \operatorname{Co} \mathfrak{A} = \sqrt{s(s - a) : bc}$ **6**

105 [65]. **Die Berechnung der Dreiecksfläche.** Bezeichnet F die Fläche des Dreiecks A B C (s. 103 Fig.), so ist (92, 104)

$F = \frac{1}{2} x \cdot h + \frac{1}{2} y \cdot h = \frac{1}{2} c \cdot h = \frac{1}{2} b \cdot c \cdot \operatorname{Si} A$ **1**

$= \frac{1}{2} c^2 \operatorname{Si} A \cdot \operatorname{Si} B \cdot \operatorname{Cs} C = \sqrt{s(s - a)(s - b)(s - c)}$ **2**

106 [65]. **Die Trigonometrie.** Sind in einem Dreiecke eine Seite und die Winkel gegeben, so kann man nach 103, — sind zwei Seiten und der eingeschlossene Winkel gegeben nach 104:5 und 103, oder nach 104:2 und 103, — sind alle drei Seiten gegeben nach 104:6 je die übrigen Elemente, sowie nach 105 die Fläche berechnen.

107. Die Flächensätze. Dreiecke von gleicher Grundlinie und Höhe sind (105) gleich gross, und es wird daher (89) die Fläche eines Dreieckes nicht verändert, wenn man eine seiner Ecken parallel zur Gegenseite verschiebt. Ähnliche Dreiecke verhalten sich wie die Quadrate gleichliegender Seiten.

108 [55]. **Einige isoperimetrische Sätze.** Haben zwei Dreiecke gleicher Basis gleichen Umfang, so entspricht (90) demjenigen, das den kleinsten und grössten Basiswinkel hat, die kleinere Höhe und somit auch die kleinere Fläche, während das gleichschenklige von allen solchen Dreiecken, das gleichseitige aber von allen isoperimetrischen Dreiecken überhaupt, die grösste Fläche besitzt.

109 [55]. **Die Transversalen.** Jeder von drei Punkten einer Geraden bestimmt mit den beiden andern zwei Abschnitte, deren Summe oder Differenz ihre Distanz darstellt, je nachdem er zwischen ihnen (innerer Teilpunkt) oder auf derselben Seite von beiden (äusserer Teilpunkt) liegt. So z. B. bildet eine beliebige Gerade oder sog. **Transversale** auf den Seiten eines Dreiecks entweder zwei innere und einen äussern, oder drei äussere Teilpunkte, und in beiden Fällen werden die Produkte der nicht aneinander liegenden Abschnitte gleich, oder bilden eine sog. **Involution**.

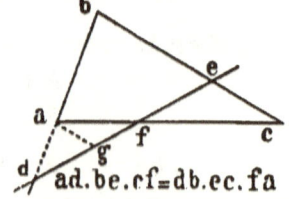

110. Einige weitere Sätze. Jede Gerade, welche durch eine Dreiecksecke geht, teilt (89) die Gegenseite und eine zu ihr Parallele proportional, und zwar (107), wenn sie den Dreieckswinkel oder den Aussenwinkel halbiert, im Verhältnisse der einschliessenden Seiten. (Vgl. 116.) Zieht man von einem Punkte durch die Dreiecksecken Gerade oder Senkrechte zu den Seiten, so teilen sie letztere so, dass die Produkte oder die Quadratsummen der nicht aneinander liegenden Abschnitte gleich werden.

111 [55]. **Das Centrum der Ecken und das Centrum der Seiten.** Die in den Mitten der Dreiecksseiten errichteten Senkrechten schneiden sich (110) in Einem Punkte, der von allen Ecken gleich weit um den **Radius** (ρ) absteht, daher **Centrum der Ecken** heisst, und (83) überdies die Eigenschaft besitzt, dass von ihm aus jede Seite unter doppelt so grossem Winkel erscheint als von der Gegenecke aus. Ferner (91) fällt der Durchschnittspunkt der Bissectrissen zweier Dreieckswinkel auch in die Bissectrix des dritten, und dieser von allen Seiten gleich weit, um das **Apothema** (α), abstehende Punkt, heisst **Centrum der Seiten**. Ist h die der Seite c entsprechende Höhe, so findet man (94, 105) leicht, dass

$$\rho = \tfrac{1}{2} ab : h \quad \text{und} \quad \alpha = \tfrac{1}{2} ch : s$$

112 [55]. **Der Schwerpunkt und der Höhenpunkt.** — Die von den Dreiecksecken nach den Mitten der Gegenseiten gehenden Geraden schneiden sich (110) in Einem Punkte, dem sog. **Schwerpunkte**, der (89) von jeder Ecke um $\tfrac{2}{3}$ der Verbindungslinie absteht. Ebenso treffen sich (110) die drei Höhen eines Dreiecks in Einem Punkte, dem **Höhenpunkte**, von dessen Verbindung mit dem Centrum der Ecken der Schwerpunkt $\tfrac{2}{3}$ abschneidet.

XIII. Das Viereck und Vieleck.

113 [56]. **Das Viereck.** Es ist (81) der drei Formen

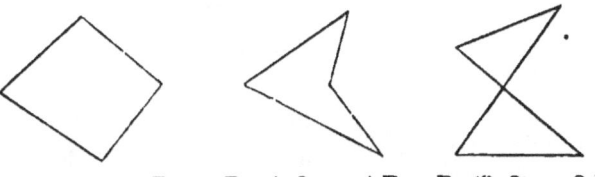

$P_4 (0, 1) = 4 R \quad P_4 (1, 2) = 4 R \quad P_4 (2, 2) = 8 R$

fähig, deren zwei erste gemein und der Fläche nach

— Viereck und Vieleck —

gleich dem halben Produkte einer Diagonale in die Summe der Entfernungen der Gegenecken von derselben, oder beider Diagonalen in den Sinus ihres Winkels sind. Besitzt ein Viereck der ersten Form zwei parallele Gegenseiten (Basen) so heisst es **Trapez** und ist gleich dem Produkte aus deren Mittel und Abstand. Werden auch noch die beiden andern Seiten parallel und somit (89) jede zwei Gegenseiten gleich, so hat man ein **Parallelogramm** oder **Zeileck**, dessen Fläche gleich dem Produkte einer Seite (Grundlinie) in ihre Entfernung von der Gegenseite (Höhe) ist. Ein gleichseitiges Parallelogramm heisst **Rhombus**, ein gleichwinkliges **Rechteck**, ein gleichseitig-gleichwinkliges **Quadrat**.

114 [67]. **Die Tetragonometrie.** Statt analog der Trigonometrie eine eigene Tetragonometrie aufzustellen, lassen sich die Aufgaben am Vierecke bequemer mit Hülfe der erstern auflösen. Sind z. B. die Winkel $\alpha, \beta, \gamma, \delta$ bekannt, so erhält man (103; 104:5) um b aus a, oder a aus b zu bestimmen:

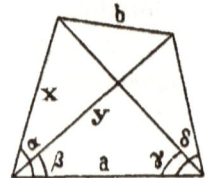

$b = a \sqrt{(f+g+h)(f+g-h)}$ wo $f = \mathrm{Si}\,\gamma : \mathrm{Si}\,(\alpha+\gamma)$
$g = \mathrm{Si}\,\delta : \mathrm{Si}\,(\beta+\delta)$ $\quad h = 2\sqrt{fg}\,\mathrm{Co}\,\tfrac{1}{2}(\alpha-\beta)$

115 [56]. **Einige Eigenschaften des Parallelogrammes.** Verlängert man zwei Nebenseiten eines Parallelogrammes so, dass die Endpunkte mit der Gegenecke eine Gerade bilden, und hält den einen Endpunkt (a) als Pol fest, so beschreiben (83, 89) die Ecke (c) und der andere Endpunkt (b)

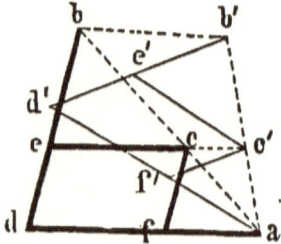

— Viereck und Vieleck — 57

ähnliche Wege, indem bb' ∥ cc' und bb' : cc' = ba : ca. Es beruht hierauf der sog. **Storchschnabel** oder **Pantograph.** —

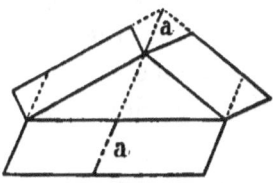

Konstruiert man über zwei Seiten eines Dreiecks Parallelogramme, und verlegt die Verbindungslinie (a) des Durchschnittspunktes der Gegenseiten und der gemeinschaftlichen Ecke an die dritte Seite, so bestimmt sie (113) mit ihr (als Erweiterung des pyth. Lehrsatzes in 93) ein Summenparallelogramm.

116 [56]. Das Vierseit und die harmonische Teilung. Sind a, b, c, d vier Punkte einer Geraden A, und a, b, c, d die von einem Punkte B nach ihnen führenden Strahlen, so findet man (103) die Proportion

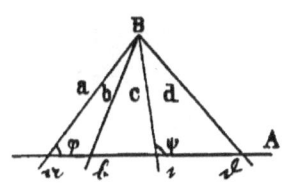

$$\frac{ab}{bc} : \frac{ad}{bd} = \frac{Si(a,b)}{Si(b,c)} : \frac{Si(a,d)}{Si(d,c)}$$

so dass mit den einen der 4 Elemente auch das den andern entsprechende Doppelverhältnis gleich bleibt. Werden die Doppelverhältnisse, wie z. B. für ab = bc und bd = ∞, oder für (a, b) = (b, c) und (b, d) = 90° gleich der Einheit, so heissen die Punkte und Strahlen **harmonisch**, und entsprechend heisst eine durch einen innern und äussern Teilpunkt in gleichem Verhältnisse geteilte Distanz **harmonisch geteilt.** So z. B. wird (109) jede der drei Diagonalen eines Vierseits durch die beiden übrigen harmonisch geschnitten.

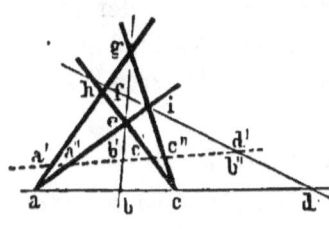

117 [56]. **Das Vieleck.** Um ein Vieleck seiner Fläche nach durch Drehung einer Geraden von veränderlicher Länge zu erzeugen, wählt man eine Ecke als Pol, eine der durch sie gehenden zwei Seiten als Ausgangslage, die zweite als Endlage der erzeugenden Geraden, und dreht nun die Erzeugende so um den Pol, dass ihr Endpunkt den Umfang des Vielecks durchläuft, — wobei ein Drehen in entgegengesetztem Sinne offenbar negativen Räumen entspricht, so dass jedes Vieleck einer algebraischen Summe von Dreiecken entspricht.

118 [67]. **Die Polygonometrie.** Bezeichnen $a_1 \, a_2 \ldots a_n$ die Seiten, $\alpha_1 \, \alpha_2 \ldots \alpha_n$ die Drehwinkel eines n-Ecks und r die Anzahl der Umdrehungen, so erhält man (94, 80) als Grundformeln der Polygonometrie

$$0 = a_1 + a_2 \operatorname{Co} \alpha_1 + a_3 \operatorname{Co}(\alpha_1 + \alpha_2) + \ldots + a_n \operatorname{Co}(\alpha_1 + \ldots + \alpha_{n-1}) \quad \mathbf{1}$$
$$0 = a_2 \operatorname{Si} \alpha_1 + a_3 \operatorname{Si}(\alpha_1 + \alpha_2) + \ldots + a_n \operatorname{Si}(\alpha_1 + \ldots + \alpha_{n-1}) \quad \mathbf{2}$$
$$4rR = \alpha_1 + \alpha_2 + \alpha_3 + \ldots \alpha_n \quad \mathbf{3}$$

XIV. Das centrische Vieleck und der Kreis.

119 [57]. **Die nach den Ecken centrischen Vielecke.** Findet sich zu einem Vielecke ein Punkt, der von allen Ecken denselben Abstand hat, so heisst es **centrisch nach den Ecken**, der Punkt **Mittelpunkt der Ecken** und der gleiche Abstand **Radius**. Bezeichnen a, b zwei Nebenseiten und B deren Winkel, so findet man den Radius nach

$$r = \sqrt{a^2 + b^2 - 2ab \cdot \operatorname{Co} B} : 2 \operatorname{Si} B$$

120 [57]. **Die nach den Seiten centrischen Vielecke.** Findet sich zu einem Vielecke ein Punkt, der von allen Seiten denselben Abstand hat, so heisst es **centrisch nach den Seiten**, der Punkt **Mittelpunkt der Seiten**, und der gleiche Abstand **Apothema**. Bezeichnen a, 2 A, 2 B eine Seite und die anliegenden Winkel, so findet man das Apothema nach

$$\alpha = a \cdot \text{Si A} \cdot \text{Si B} \cdot \text{Cs}(A+B)$$

und dessen Produkt mit dem halben Umfang giebt die Fläche.

121 [57]. **Die centrischen Vielecke.** Findet sich zu einem Vielecke ein Punkt, welcher zugleich Centrum der Ecken und Seiten ist, so heisst es **centrisch**, und die von diesem Mittelpunkte mit den Seiten bestimmten Dreiecke, die **Bestimmungsdreiecke**, sind (119, 120) sämtlich kongruent, so dass das centrische Vieleck **regelmässig** ist — während bei einfacher Umdrehung zwischen Winkel (W = 2w), Seite (S), Radius (R) und Apothema (A) die Beziehungen

$$n \cdot W = (2n-4) \cdot 90^0 \quad 2R = S.\,\text{Se}\,w \quad 2A = S.\,\text{Tg}\,w \quad \mathbf{1}$$

bestehen. Ist ferner in dem gleichschenkligen Dreiecke b c d, $n \cdot \varphi = 90^0$, so stellen S, R, A Seite, Radius und Apothema eines n-Ecks, — s, R, r und s', r, a aber dieselben Grössen für zwei 2n-Ecke dar, deren erstes mit dem n-Ecke gleichen Radius, das zweite aber gleichen Umfang besitzt, und man hat (93, 94)

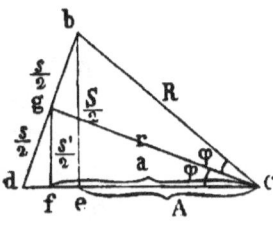

$$S = 2R \cdot \text{Si}\, 2\varphi = s\,\sqrt{4R^2 - s^2} : R, \quad a = \tfrac{1}{2}(A+R), \quad r = \sqrt{aR} \quad \mathbf{2}$$

Im Bestimmungsdreiecke des 10-Ecks der Seite s macht die Bissectrix eines Basiswinkels auf dem Gegenschenkel R einen sog. **goldenen Schnitt**, da R : s = s : (R − s). Es folgt hieraus (18) der leicht konstruierbare Wert

$$2s = R(\sqrt{5} - 1) \quad \text{während nach 2} \quad S^2 = R^2 + s^2 \quad \mathbf{3}$$

122 [57]. **Das centrische Unendlicheck.**
Im Quadrate der Seite 1 ist $A = 1/2$, $R = 1/2 \sqrt{2} =$ 0,707107. Berechnet man hieraus successive nach 121 : 2 für das 8, 16, 32,...-Eck a und r, so nähern sich beide dem Werte 0,636620, der somit für das Unendlicheck gilt. Bezeichnet man daher in einem solchen das Verhältnis vom halben Umfange zum Radius mit π, so ist

$$\pi = 2 : 0{,}636620 = 3{,}14159 \rightleftharpoons 3\tfrac{1}{7} = 355 : 113$$

123 [57]. **Die Kreislinie.** Der Ort eines Punktes, der von einem Punkte, **Centrum**, einen gegebenen Abstand, den **Radius** r, hat, heisst **Kreislinie**, und kömmt mit einem centrischen Unendlichecke überein, so dass (122, 120), wenn der Umfang des Kreises, seine **Peripherie** mit p und dessen Fläche mit f bezeichnet wird,

$$p = 2r\pi \qquad f = \tfrac{1}{2} p \cdot r = r^2 \pi$$

124 [57]. **Die Sekanten und ihre Winkel.**
Bezeichnet d den Abstand einer Geraden vom Centrum, so hat sie für $d < r$, wo sie **Sekante** heisst, zwei Punkte mit der Kreislinie gemein, die von einander um die **Sehne** $s = 2\sqrt{r^2 - d^2}$ abstehen; für $d = r$ hat sie nur Einen Punkt gemein, und heisst **Tangente** in demselben; für $d > r$ liegt sie ganz ausserhalb. — Mittelpunkt, Mitte der Sehne und Mitte des Bogens liegen in einer Senkrechten zur Sehne. Gleichen Sehnen entsprechen gleiche Bogen und Mittelpunktswinkel, die sich gegenseitig messen. — Ein Winkel, dessen Scheitel in der Kreislinie liegt, heisst **Peripheriewinkel**, und ist (111) gleich der Hälfte des mit ihm auf gleichem Bogen stehenden Mittelpunktswinkels; umgekehrt liegen die Scheitel gleicher Winkel, deren Schenkel zwei Punkte gemein haben, auf einer durch diese Punkte gehenden Kreislinie. Zwischen parallelen Sekanten ent-

haltene Kreisbogen sind gleich lang, und der Winkel zweier Sekanten ist daher gleich einem Peripheriewinkel, der auf der Summe oder Differenz der zwischen den Sekanten liegenden Bogen steht, je nachdem die Sekanten sich innerhalb oder ausserhalb des Kreises schneiden.

125 [57]. **Die Tangenten und ihre Winkel.** Der Durchschnittspunkt zweier Tangenten steht von ihren Berührungspunkten gleich weit ab, — ihr Winkel ist zum Winkel der Berührungsradien supplementär, und beide Winkel werden durch die Verbindungslinie ihrer Scheitel halbiert. — Zieht man von einem Punkte Sekanten zu einem Kreise, so erhält man Sehnensegmente von gleichem Produkte, welches **Potenz** des Punktes heisst und für einen äussern Punkt gleich dem Quadrate der von ihm an die Kreislinie gezogenen Tangente ist.

126 [57]. **Die ein- und umgeschriebenen Vielecke.** Ein Vieleck, dessen Ecken in der Kreislinie liegen, heisst **eingeschrieben**, — dagegen **umgeschrieben**, wenn seine Seiten Tangenten sind. — In jedem eingeschriebenen Vierecke besteht (125; 93:3) der sog. **Ptolemäische Lehrsatz**: Das Produkt der Diagonalen ist gleich der Summe oder Differenz der Produkte der Gegenseiten, je nachdem das Viereck gemein oder überschlagen ist. In jedem eingeschriebenen Sechsecke, dem **Hexagrammum mysticum** Pascals, liegen (109, 125) die Durchschnittspunkte der Gegenseiten in einer Geraden, während sich die drei Hauptdiagonalen in demselben Punkte schneiden.

127. Beziehungen zwischen verschiedenen Kreislinien. Bezeichnet a die Centraldistanz zweier Kreise der Radien R und r, so haben die Kreise für $R+r>a>R-r$ eine von der Centrallinie unter rechtem Winkel halbierte gemeinschaftliche Sehne, — für $a=R+r$ (äussere Berührung) und $a=R-r$ (innere Berührung) eine zu der Centrallinie senkrechte gemeinschaftliche Tangente, — während

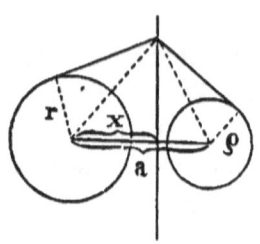

sie für $a=0$ **concentrisch**, in allen übrigen Fällen **excentrisch** heissen. Für den Ort eines Punktes, von dem aus die Tangenten an zwei Kreise gleich lang werden, findet man (93)

$$x = (a^2 + r^2 - \rho^2) : 2a$$

d. h. dieser Ort, die **Radikalaxe** ist eine zur Centrallinie senkrechte Gerade, welche für zwei sich schneidende Kreise mit der gemeinschaftlichen Sekante zusammenfällt.

128 [57]. **Pol und Polare.** Wenn $ob \cdot od = r^2$, so heissen die Punkte b und d **reciprok**, und teilen ac harmonisch. Zieht man durch einen derselben, den **Pol**, eine Sekante, — durch den andern eine Senkrechte zu ac, die **Polare**, so teilen (116) Pol und Polare (z. B. d und bf) die entsprechende Sehne (eg) harmonisch. — In jedem eingeschriebenen Vierecke bestimmen (116) die Durchschnittspunkte der Diagonalen und der Gegenseiten ein Dreieck, in welchem jede Ecke Pol ihrer Gegenseite ist, so dass man leicht zu einem Punkte seine Polare, und, indem man für zwei Punkte einer Geraden die Polaren aufsucht, deren Pol bestimmen kann.

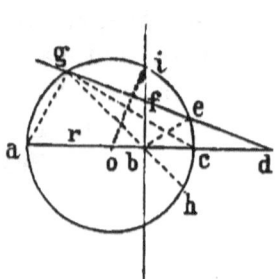

129 [67]. **Sehne, Pfeil, Sektor und Segment.** Bezeichnet φ einen Mittelpunktswinkel, b den

— Centrisches Vieleck und Kreis — 63

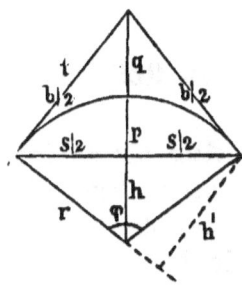

entsprechenden Bogen, s die Sehne (Chorde, Subtensa), p den Pfeil (Bogenhöhe), F den Kreisausschnitt (Sektor) und f den Kreisabschnitt (Segment), so hat man, wenn

$$A\varphi = \varphi\pi : 180 = \varphi'' \cdot Si\, 1'' \qquad \mathbf{1}$$

die $r = 1$ entsprechende Bogenlänge ist, nach 123, 105, 93, 94, 98

$$b = (\varphi : 180)\, r\pi = r \cdot A\varphi = r \cdot \varphi'' \cdot Si\, 1'' \qquad \mathbf{2}$$

$$2F = (\varphi : 180)\, r^2\pi = br = r^2 A\varphi,\; 2f = r^2(A\varphi - Si\,\varphi) = r(b - h') \; \mathbf{3}$$

$$s = 2r\, Si\, \tfrac{1}{2}\varphi = 2\sqrt{p(2r - p)} \qquad r = (s^2 + 4p^2) : 8p \quad \mathbf{4}$$

$$p = r \cdot Siv\, \tfrac{1}{2}\varphi = 2r\, Si^2\, \tfrac{1}{4}\varphi = r - \tfrac{1}{2}\sqrt{(2r+s)(2r-s)}\; \mathbf{5}$$

Sind die Winkel so klein, dass man schon die dritten Potenzen ihres Bogenmasses vernachlässigen darf, so bestehen (50, 94) die Näherungsformeln

$$Siv\, 2\varphi = 4 \cdot Siv\, \varphi = 4(Se \cdot \varphi - 1)$$

$$8p = r \cdot A^2 \cdot \varphi \qquad s = r \cdot A\varphi \quad \text{etc.} \qquad \mathbf{6}$$

130 [67]. Noch einige Beziehungen. Be-

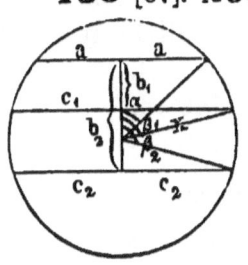

zeichnet x den Radius eines Kreises und b den Abstand zweier Sehnen 2a und 2c der Winkel 2α und 2β, so folgen successive

$$a = x \cdot Si\,\alpha \qquad c = x \cdot Si\,\beta$$
$$b = x(Co\,\alpha - Co\,\beta) \qquad \mathbf{1}$$

$$Tg\, \tfrac{1}{2}(\beta + \alpha) = b : (c - a) \quad Tg\, \tfrac{1}{2}(\beta - \alpha) = b : (c + a) \quad \mathbf{2}$$

Die 1 lassen aus x, a, c die α, β, b finden, — die 2 aber aus a, b, c die α, β und dann x nach 1.

XV. Die analytische Geometrie der Ebene.

131 [69]. **Die Gleichung der Geraden.**
Eine für jeden Punkt einer Linie statthabende Beziehung zwischen Abscisse und Ordinate, oder zwischen Radius Vektor und Winkel, heisst **Gleichung** der Linie. So ist für jeden Punkt m einer Geraden (1)

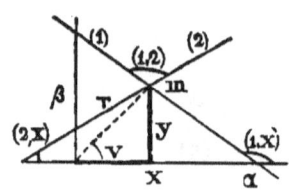

also
$$\alpha y + \beta x = \alpha \beta$$
$$x : \alpha + y : \beta = 1 \quad \textbf{1}$$
die Gleichung dieser Geraden, und umgekehrt stellt jede Gleichung ersten Grades

$$y = a_1 x + b_1 \quad \text{wo} \quad a_1 = -\beta : a = \mathrm{Tg}(1 \cdot x) \quad b_1 = \beta \quad \textbf{2}$$

eine Gerade (1) vor; α und β heissen **Parameter**.

132 [69]. **Verschiedene Aufgaben.** Für Durchschnittspunkt und Winkel zweier Geraden (1) und (2) erhält man aus ihren Gleichungen (83, 98, 131)

$$x = -(b_1 - b_2):(a_1 - a_2), \quad y = (a_1 b_2 - a_2 b_1):(a_1 - a_2) \quad \textbf{1}$$
$$(1,2) = (1,x) - (2,x) = \mathrm{Atg}\,[(a_1 - a_2):(1 + a_1 a_2)] \quad \textbf{2}$$

so dass $a_1 = a_2$ die Bedingung des Parallelismus, und $1 + a_1 a_2 = 0$ die des Senkrechtstehens ist. — Zwei Punkte $(x_1\,y_1)$ und $(x_2\,y_2)$ haben die Distanz

$$r = \sqrt{(x_1 - x_2)^2 + (y_1 - y_2)^2} \quad \textbf{3}$$

und bestimmen eine Gerade der Gleichung

$$y - y_1 = (y_1 - y_2) \cdot (x - x_1):(x_1 - x_2) \quad \textbf{4}$$

Ist y eine beliebige Funktion von x, so folgt für $y = 0$ aus 4

$$x = x_1 - y_1(x_1 - x_2):(y_1 - y_2) \quad \textbf{5}$$

und sind daher y_1 und y_2 kleine Werte (Fehler), welche

— Analytische Geometrie der Ebene — 65

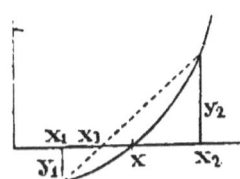

$f(x)$ für zwei Annahmen x_1 und x_2 annimmt, so kann man nach 5 einen Wert x_3 ausrechnen, welcher einer Wurzel von $f(x) = 0$ sehr nahe kömmt, ja x durch Wiederholung dieses Verfahrens, der sog. **Regula falsi** oder **aurea**, mit beliebiger Annäherung finden. Der Abstand eines Punktes $(\alpha\beta)$ von der Geraden (1) ist

$$d = (\beta_1 - b_1 - \alpha a_1) : \sqrt{1 + a_1^2} \qquad 6$$

133 [72]. **Der Punkt der mittlern Entfernungen.** Das Produkt des Abstandes eines Punktes (x y) von einer Geraden in eine ihm zugeteilte Konstante m heisst **Moment des Punktes in Beziehung auf die Gerade.** Für ein System solcher Punkte hat der Punkt

$$x = \sum mx : \sum m \qquad y = \sum my : \sum m \qquad 1$$

die Eigenschaft, dass, wenn man ihm $\sum m$ als Konstante zuordnet, für jede Gerade sein Moment gleich der Summe der Momente aller Punkte des Systemes ist; er heisst **Punkt der mittlern Entfernungen** oder **Schwerpunkt,** — jede durch ihn gehende Gerade **Schweraxe.** Wählt man den Schwerpunkt als Anfangspunkt der Koordinaten, bezeichnet die Abstände der Punkte des Systemes von demselben mit r_1, r_2, etc., von einem Punkte (a, b) aber mit ρ_1, ρ_2, etc., — den Abstand des letztern vom Schwerpunkte endlich mit r, so werden $\sum mx = \sum my = 0$, und es ergiebt sich die merkwürdige Beziehung

$$\sum m\rho^2 = \sum mr^2 + r^2 \sum m \qquad 2$$

Werden allen Punkten einer Geraden gleiche Konstanten zugeschrieben, so fällt ihr Schwerpunkt in die Mitte, und hat eine ihrer Länge proportionale Kon-

66 — Analytische Geometrie der Ebene —

stante. Ein Dreieck kann man sich aber als eine Folge von Parallelen zu einer Seite denken, und da somit (89) deren Schwerpunkte in der Geraden liegen, welche die Mitte der Seite mit der Gegenecke verbindet, so muss der Schwerpunkt des ganzen Dreiecks mit dem (112) bestimmten Punkte zusammenfallen. Der Schwerpunkt irgend eines Vieleckes wird gefunden, indem man dasselbe durch Diagonalen auf zwei Weisen teilt, und je die Schwerpunkte der Teile verbindet.

134. Die Gleichung der Kreislinie.
Ihre Gleichung ist (s. Fig. und 132:3)

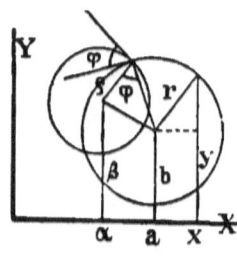

$$(x-a)^2 + (y-b)^2 = r^2 \qquad 1$$

für $b = 0$ und $a = r$ oder $a = 0$ aber

$$y = \sqrt{2rx - x^2} \text{ oder } x^2 + y^2 = r^2 \qquad 2$$

Für den Winkel φ, unter dem sich zwei Kreise schneiden, folgt (132:3; 104:6)

$$\operatorname{Co}\varphi = [r^2 + \rho^2 - (a-\alpha)^2 - (b-\beta)^2] : 2r\rho \qquad 3$$

135 [73]. Die Linien zweiten Grades.
Da aus der allgemeinen Gleichung zweiten Grades

$$ay^2 + bxy + cx^2 + dy + ex + f = 0 \qquad 1$$

eine der Konstanten durch Division weggeschafft werden kann, so muss die Linie zweiten Grades durch 5 Punkte bestimmt sein. Eliminiert man x aus 1 und der Gleichung

$$y = \alpha x + \beta \qquad 2$$

einer Geraden, so findet man

$$y^2[a\alpha^2 + b\alpha + c] + y[\alpha(\alpha d + e) - \beta(\alpha b + 2c)] + \\ + [c\beta^2 - \alpha\beta e + f\alpha^2] = 0 \qquad 3$$

und es hat daher eine Gerade mit einer Linie zweiten

Grades zwei Punkte (Sekante, Sehne), oder einen Doppelpunkt (Tangente), oder gar keinen Punkt gemein.

136 [73]. **Axen und Mittelpunkt.** Entsprechen u und t der Mitte der Sehne, so hat man (135:2; 18)

$$t = \alpha u + \beta \quad \text{und} \quad t = \frac{\beta(\alpha b + 2c) - \alpha(\alpha d + e)}{2(a\alpha^2 + b\alpha + c)} \quad \mathbf{1}$$

und eliminiert man hieraus β, so ergiebt sich für den Ort der Mitten aller um Atg α geneigten Sehnen

$$t = -\frac{\alpha b + 2c}{b + 2a\alpha} u - \frac{\alpha d + e}{b + 2a\alpha} \quad \mathbf{2}$$

d. h. eine Gerade, eine **Axe**. Setzt man in dieser Gleichung statt α den Faktor von u ein, so erhält man für die Axe aller zu der ersten Axe parallelen Sehnen

$$t = \alpha u + M \quad \mathbf{3}$$

so dass die neue Axe ein Element des ersten Sehnensystemes ist. Zwei solche Axen oder Sehnensysteme heissen **konjugiert**, und ihr Winkel μ ist (132:2) durch

$$\operatorname{Tg} \mu = 2 \frac{a\alpha^2 + b\alpha + c}{b(1 - \alpha^2) + 2(a - c)\alpha} \quad \mathbf{4}$$

bestimmt. Für $\mu = 90°$, d. h. für

$$\alpha = (a - c \mp k) : b \quad \text{wo} \quad k = \sqrt{(a-c)^2 + b^2} \quad \mathbf{5}$$

nennt man die konjugierten Axen **Hauptaxen**. Für den Durchschnittspunkt zweier Axen erhält man (132:1) nach 2 die von α unabhängigen Koordinaten

$$A = (2ae - bd) : g \quad B = (2cd - be) : g \quad \text{wo} \quad g = b^2 - 4ac \quad \mathbf{6}$$

so dass alle Axen einen Punkt, **Mittelpunkt**, gemein haben.

137 [73]. **Transformation und Einteilung.** Verlegt man den Anfangspunkt in den Mittelpunkt, und dreht die Abscissenaxe in die Richtung

— Analytische Geometrie der Ebene —

der einen Hauptaxe, d. h. setzt man (97) $\alpha = A$, $\beta = B$ und

$$Tg \varphi = \frac{a-c-k}{b}, \quad Si^2 \varphi = \frac{k-a+c}{2k}, \quad Si\, 2\varphi = -\frac{b}{k}$$

$$Tg\, 2\varphi = -\frac{b}{a-c}, \quad Co^2 \varphi = \frac{k+a-c}{2k}, \quad Co\, 2\varphi = \frac{a-c}{k}$$ **1**

so erhält man statt 135:1

$$\frac{x^2}{a^2} + \frac{y^2}{b^2} = 1 \quad \text{wo} \quad h = b \cdot d \cdot e - a \cdot e^2 - c \cdot d^2$$

$$a^2 = \frac{2(h-fg)}{g'(a+c-k)} \qquad b^2 = \frac{2(h-fg)}{g'(a+c+k)}$$ **2**

Es sind somit die Linien zweiten Grades nach beiden Axen symmetrisch, und die in sie fallenden Sehnen gleich 2a (grosse Axe) und 2b (kleine Axe). Diejenigen Punkte der grossen Axe, welche von den Endpunkten oder **Scheiteln** der kleinen Axe um die halbe grosse Axe abstehen, heissen **Brennpunkte**, ihre Entfernungen $\alpha\, e$ vom Mittelpunkte **Excentricität**, und die Ordinaten p in den Brennpunkten **Parameter**, so dass

$$a^2 = a^2 e^2 + b^2 \quad p = b^2 : a \quad a = -p(a+c+k)^2 : g$$ **3**

Man sieht aus diesen Beziehungen, dass die Werte

g =	e < 1	a =	b =
0	= 1	∞	∞
+	> 1	—	i

miteinander korrespondieren, und hierauf stützt sich die Einteilung der Linien 2. Grades in **Ellipsen** (g = —), **Parabeln** (g = 0) und **Hyperbeln** (g = +). — Verlegt man den Anfangspunkt in einen Scheitel der grossen Axe, so erhält man für Ellipse, Parabel, Hyperbel

$$y^2 = 2px - px^2 : a \quad y^2 = 2px \quad y^2 = 2px + px^2 : a$$ **4**

Sind r, v die Polarkoordinaten in Beziehung auf die Brennpunkte, so hat man

— Analytische Geometrie der Ebene — 69

$$r = \sqrt{(x \pm a\,e)^2 + y^2} = a \pm e\,x = p:(1 + e \cdot \mathrm{Co}\,v) \quad \mathbf{5}$$

so dass für die Ellipse die Summe, — für die Hyperbel die Differenz der Radienvektoren gleich der grossen Axe ist. Bildet letztere mit der Abscissenaxe einen Winkel n, so geht 5 in

$$p = r\,[1 + e \cdot \mathrm{Co}\,(v - n)] \quad \mathbf{6}$$

über, so dass drei Wertepaare (r, v) genügen um p, e, n zu berechnen.

138 [70]. **Die Tangenten und Normalen.**
Bezeichnen x_1 und $x_1 + i$ die Abscissen zweier Punkte einer Kurve $y = f(x)$, so hat die Letztere verbindende Gerade (132:4; 60) die Gleichung

$$y - y_1 = \frac{f(x_1+i)-f(x_1)}{(x_1+i)-x_1}(x-x_1) = [f'(x_1)+\frac{i}{2}f''(x_1)+\ldots](x-x_1)$$

Für $i = 0$ gehen die beiden Punkte in einen Doppelpunkt, die Sekante in eine Tangente über, und es hat letztere, wenn $dy_1 : dx_1 = p$ ist, die Gleichung

$$y - y_1 = f'(x_1) \cdot (x - x_1) = p \cdot (x - x_1) \quad \mathbf{1}$$

die zu ihr senkrechte Normale aber (132)

$$y - y_1 = -(x - x_1):p \quad \mathbf{2}$$

139 [70]. **Der Krümmungskreis.** Bezeichnen x, x + i und x — i die Abscissen dreier Punkte der Kurve $y = f(x)$, — A, B, R aber Mittelpunktskoordinaten und Radius des durch sie bestimmten Kreises, so hat man (134) $R^2 = [x - A]^2 + [f(x) - B]^2 = [x \pm i - A]^2 + [f(x \pm i) - B]^2$ und hieraus folgen (60)

$$B = \frac{1 + f(x)\,f''(x) + f'(x)^2 + i \cdot \varphi(x, i)}{f''(x) + i \cdot \psi(x, i)}$$

$$A = x + [f(x) - B]\,f'(x) + i \cdot \theta(x, i)$$

Setzt man $i = 0$, so wird aus den drei Punkten ein dreifacher Punkt und der Kreis zum sog. **Krümmungskreise**, für welchen daher, wenn $k = 1 + f'(x)^2$ ist,

$$A = x - \frac{kf'(x)}{f''(x)} \qquad B = f(x) + \frac{k}{f''(x)} \qquad R = \frac{k^{3/2}}{f''(x)}$$

Der Ort der Krümmungsmittelpunkte einer Kurve heisst **Evolute**, — diejenige Kurve, welche eine gegebene Linie zur Evolute hat, **Evolvente** derselben.

140 [71]. **Die Quadratur.** Betrachtet man die von zwei, den Abscissen x und $x + \Delta x$ entsprechenden Ordinaten y und $y + \Delta y$, der Kurve und der Abscissenaxe eingeschlossene Fläche als Flächenelement, so hat man

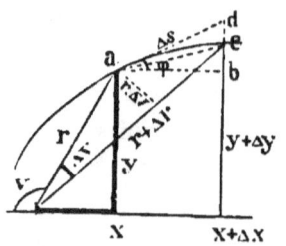

$$y \cdot \Delta x < \Delta F < (y + \Delta y) \Delta x$$

also $df = y \cdot dx$ und entsprechend $df = \tfrac{1}{2} r^2 \cdot dv$ für das von r, $r + \Delta r$ und der Kurve eingeschlossene Flächenelement, so dass, wenn a, b die Grenzwerte von x, und α, β diejenigen von v bezeichnen,

$$f = \int_a^b y \cdot dx \qquad \text{und} \qquad f = \frac{1}{2} \int_\alpha^\beta r^2 \cdot dv$$

Die zur sog. **Quadratur** geforderte Integration wird mechanisch durch Umfahren mit den sog. **Planimetern** von Gonella-Oppikofer, Amsler, etc. erhalten.

141 [71]. **Die Rektifikation.** Für das Bogenelement Δs hat man (s. Fig. 140) $ae < \Delta s < ad + de$ also, wenn $\text{Tg}\,\varphi = dy : dx = p$ und $dr : dv = q$ ist

$$\frac{ds}{dx} = \sqrt{1 + p^2} \quad \text{oder} \quad s = \int_a^b \sqrt{1 + p^2} \cdot dx = \int_\alpha^\beta \sqrt{r^2 + q^2} \cdot dv$$

142 [74]. **Die Ellipse.** Sucht man eine Reihe von Punkten m auf, welche von zwei gegebenen Punkten F_1 und F_2 dieselbe Distanzensumme $r_1 + r_2 = 2a$

— Analytische Geometrie der Ebene — 71

haben, so erhält man (137) eine Ellipse der Brennpunkte F_1 und F_2. Macht man $mc = r_2$ und $md \perp cF_2$,

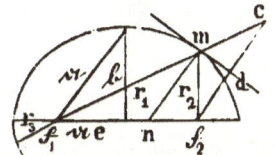

so ist $r_1 + r_2$ (87) die kürzeste Verbindung von F_1 und F_2 mit md, — also liegt jeder andere Punkt von md ausser der Ellipse, oder es ist md Tangente, — die dazu Senkrechte mn aber, welche $\angle (r_1, r_2)$ halbiert, Normale in m.

143 [74, 75]. **Weitere Beziehungen.** Da aus der Mittelpunktsgleichung der Ellipse (137)

$$f'(x) = -b^2 x : a^2 y \qquad f''(x) = -b^4 : a^2 y^3 \qquad \mathbf{1}$$

folgen, so werden für sie (138, 139) Tangente, Normale und Krümmungskreis durch

$$y - y_1 = -\frac{b^2 x_1}{a^2 y_1}(x - x_1) \quad y - y_1 = \frac{a^2 y_1}{b^2 x_1}(x - x_1) \quad \mathbf{2}$$

$$A = \frac{a^2 - b^2}{a^4} x^3 \quad B = \frac{b^2 - a^2}{b^4} \cdot y^3 \quad R = \frac{(a^4 y^2 + b^4 x^2)^{3/2}}{a^4 \cdot b^4} \quad \mathbf{3}$$

bestimmt. Ferner hat man, wenn α die sog. Abplattung und $\beta = \sqrt{1 - e^2 \text{Si}^2 \varphi}$ ist

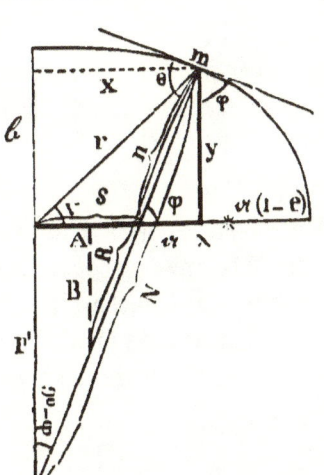

$\alpha = (a - b) : a \quad e^2 = 2\alpha - \alpha^2$

$b = a(1 - \alpha) \quad p = b(1 - \alpha)^2 \mathbf{4}$

$\text{Tg}\,\varphi = a^2 \cdot \text{Tg}\,v : b^2, \quad s = e^2 \cdot x$

$x = r \cdot \text{Co}\,v = a \cdot \text{Co}\,\varphi : \beta$

$y = x \cdot \text{Tg}\,v$ $\quad\mathbf{5}$

$r = a \cdot \text{Se}\,v : \sqrt{1 + \text{Tg}\,\varphi \cdot \text{Tg}\,v}$

$= a(1 - \alpha \cdot \text{Si}^2 \varphi) \quad \mathbf{6}$

$N = a : \beta \quad n = (1 - e^2) N =$

$= p(1 + \alpha \cdot \text{Si}^2 \varphi) \quad \mathbf{7}$

$$R = \frac{b^2 x^3}{a^4 \operatorname{Co}^3 \varphi} = a(1-e^2) : \beta^{3/2} = b^2 \cdot N^3 : a^4 \qquad \mathbf{8}$$

Endlich erhält man (140, 141) für den Ellipsenquadranten

$$f = {}^1\!/_4 \, ab \cdot \pi \quad s = {}^1\!/_2 \, a\pi (1 - {}^1\!/_4 \, e^2) \qquad \mathbf{9}$$

144 [76]. **Die Parabel.** Ist $fb \perp bc$, fc beliebig, $fd = dc$, $dm \perp cf$ und $cm \parallel bf$, so

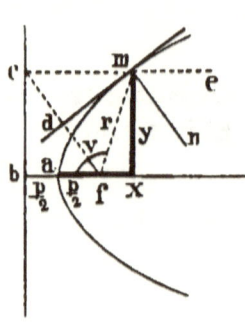

ist (137) m ein Punkt der Parabel des Brennpunktes f, Scheitels a und Parameters $p = 2q$. Die Hülfslinie dm hat nur m mit der Parabel gemein oder ist Tangente, — die Normale $mn \perp dm$ hälftet $\angle emf$, — bc heisst **Leitlinie** (Direktrix) — Aus 137 : 5 folgt die Polargleichung

$$r = 2q : (1 + \operatorname{Co} v) = q \cdot \operatorname{Se}^2 {}^1\!/_2 \, v = q + x$$

145 [76]. **Weitere Beziehungen.** Die Parabel hat (138) die Tangentengleichung

$$y - y_1 = p(x - x_1) : y_1 \qquad \mathbf{1}$$

aus der folgt, dass die Tangente in der Distanz x_1 hinter dem Scheitel auf die Abscissenaxe trifft. Für die Quadratur der Parabel folgt (140)

$$F = {}^2\!/_3 \, x \cdot y = {}^1\!/_6 \, y^3 : q \qquad \mathbf{2}$$

Teilt man eine durch die Abscissenaxe, ein Kurvenstück und zwei Ordinaten der Distanz x begrenzte Fläche F durch gleichabstehende Ordinaten in 2n Streifen, und betrachtet die von den paaren Ordinaten bestimmten Kurvenabschnitte als Parabelbogen, so erhält man die **Simpson'sche Regel**

$$F = {}^1\!/_6 \, x \left[y_0 - y_{2n} + 2 \sum_1^n (y_{2h} + 2 \cdot y_{2h-1}) \right] : n \qquad \mathbf{3}$$

146 [77]. Die Hyperbel. Sucht man eine Reihe von Punkten m auf, welche von zwei gegebenen Punkten f_1 und f_2 dieselbe Distanzendifferenz $r_1 - r_2 = 2\mathfrak{a} = ab < f_1 f_2$ besitzen, so erhält man (137) eine Hyperbel, die aus zwei unendlichen Ästen besteht, die beiden Punkte f_1 und f_2 zu Brennpunkten, ab zur grossen und, wenn $ac = of_1$ ist, $cd = 2b = 2\mathfrak{a} \sqrt{e^2 - 1}$ zur kleinen Axe hat. Ist $\mathfrak{a} = \mathfrak{b}$, so heisst die Hyperbel **gleichseitig**.

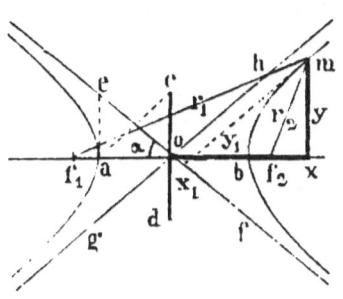

147 [77]. Weitere Beziehungen. Da für die Hyperbel (137)

$$\frac{x^2}{\mathfrak{a}^2} - \frac{y^2}{\mathfrak{b}^2} = 1 \quad \text{also} \quad y = \pm \frac{\mathfrak{b}}{\mathfrak{a}} \sqrt{x^2 - \mathfrak{a}^2} \qquad \mathbf{1}$$

so nähern sich ihr bei zunehmendem x die Geraden

$$y = \pm x \cdot \mathfrak{b} : \mathfrak{a} = \pm x \operatorname{Tg} \alpha \qquad \mathbf{2}$$

fortwährend und heissen **Asymptoten**. Führt man in 1 die auf letztere als Axen bezogenen schiefwinkligen Koordinaten x_1 und y_1 ein, so erhält man die Asymptotengleichung

$$4 x_1 y_1 = \mathfrak{a}^2 + \mathfrak{b}^2 \qquad \mathbf{3}$$

Die Konstante $\frac{1}{4}(\mathfrak{a}^2 + \mathfrak{b}^2)$ heisst **Potenz** der Hyperbel. — Ist $\mathfrak{a} = \mathfrak{b} = 1$ und führt man $y, x, y : x$ als **hyperbolische** Sinus, Cosinus, Tangens (Sih, Coh, Tgh) der Doppelfläche

$$\varphi = x \cdot y - 2 \int_1^x y \cdot dx = \operatorname{Ltg}(45^0 + \tfrac{1}{2} \psi) : \operatorname{Lg} e \qquad \mathbf{4}$$

ein, so bestehen die, ihre Verwandtschaft mit den frühern goniometrischen Funktionen (50, 95) kenn-

74 — Analytische Geometrie der Ebene —

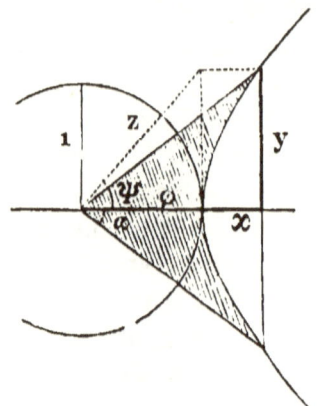

zeichnenden und zu manchen Transformationen bequemen Formeln

$$\text{Sih } \varphi = \text{Tg } \psi \quad \text{Coh } \varphi = \text{Se } \psi$$
$$\text{Tg } \alpha = \text{Si } \psi$$
$$\text{Tgh } \varphi = \text{Sih } \varphi : \text{Coh } \varphi$$
$$\text{Coh}^2 \varphi - \text{Sih}^2 \varphi = 1 \qquad 5$$

$$(\text{Coh } \varphi \pm \text{Sih } \varphi)^n = \text{Coh } n\varphi \pm$$
$$\pm \text{Sih } n\varphi = e^{\pm n\varphi} \qquad 6$$

Die Winkel α und ψ heissen **Augulus communis und transcendens**. Vgl. [78] und Tab. IV^b.

148. Die sog. besondern Punkte. Zu den besondern Punkten der Kurven gehören unter Anderm die **Wendepunkte**, wo die Ordinate ein Maximum oder Minimum annimmt, — die **Inflexionspunkte**, wo die Konkavität in Konvexität übergeht, — die **Spitzen**, in denen sich zwei Äste der Kurve vereinigen, und eine gemeinschaftliche Tangente haben, — die **vielfachen Punkte**, in denen sich zwei oder mehr Äste einer Kurve schneiden, ohne eine gemeinschaftliche Tangente zu besitzen, — die **isolierten Punkte** einer Kurve, die sich ergeben, wenn für eine bestimmte Abscisse die Ordinate reell, für jede noch so kleine Veränderung derselben aber imaginär wird, — etc.

149 [79]. Einige Kurven dritten Grades.
Der Ort der Gleichung

$y^3 = ax^2$ . . . . . **1** heisst Neil's Parabel

$x^3 + y^3 = axy$ . . **2** Folium Cartesii

$y^2 = x^3 : (a - x)$. **3** Cissoide des Diokles.

— Analytische Geometrie der Ebene —

150 [79]. **Einige Kurven vierten Grades.**
Der Ort der Gleichung

$x^2 \cdot y^2 = (a+y)^2(b^2-y^2)$ **1** heisst Conchoide

$x^2 + y^2 = \sqrt{4a^2x^2 + b^4} - a^2$ **2** Cassinoide

$x^2 + y^2 = a\sqrt{x^2 - y^2}$ . . **3** Lemniscate

151 [79]. **Einige transcendente Kurven.**
Der Ort der Gleichung

$x = a^y$ . . . . **1** heisst Logistik

$y = \text{Si } x$ . . . . **2** Sinusoide

$y = \tfrac{1}{2} h (e^{x:h} + e^{-x:h})$. **3** Kettenlinie.

152 [79]. **Einige Spiralen.** Der Ort der Gleichung

$r = \upsilon : 2\pi$ . . **1** heisst Archimedische Spirale

$\upsilon = \text{Ln } r$ . . **2** logarithmische Spirale

$r^2 = \upsilon : 2\pi$ . . **3** parabolische Spirale

153 [80]. **Die Rolllinien.** Rollt ein konvexes Vieleck der Fläche f auf einer Geraden, so beschreibt jeder

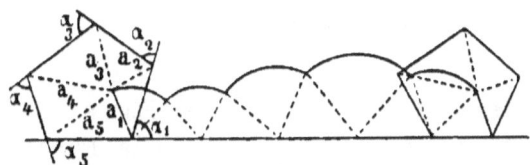

damit verbundene Punkt eine aus Kreisbogen bestehende sog. **Rolllinie**, welcher nach einer vollen Umwälzung (129) die Fläche

$$F = f + \tfrac{1}{2} \sum a^2 \alpha \qquad 1$$

entspricht. Setzt man die Konstanten m gleich α, und ist φ die vom Schwerpunkte beschriebene Fläche, so wird

$$F = f + \tfrac{1}{2}(\textstyle\sum r^2\alpha + r^2\sum\alpha) = f + \tfrac{1}{2}\sum r^2\alpha + r^2\pi \quad \mathbf{2}$$
$$\varphi = f + \tfrac{1}{2}\textstyle\sum r^2\alpha \quad \text{also} \quad F = \varphi + r^2\pi \quad \mathbf{3}$$

Diese merkwürdige Beziehung gilt auch noch, wenn das Vieleck in eine Kurve übergeht.

154 [80]. **Die Cykloide.** Rollt ein Kreis des Radius a auf einer Geraden den Winkel υ ab, so beschreibt ein vom Centrum um b abstehender Punkt eine Rolllinie, für welche

$$x = a\upsilon - b\,\mathrm{Si}\,\upsilon \qquad y = a - b\cdot\mathrm{Co}\,\upsilon$$
$$x = a\,\mathrm{Aco}\,(a-y):b - \sqrt{b^2-(a-y)^2}$$

Je nachdem $b =, <, > a$ heisst diese Rolllinie **gemeine, verlängerte** oder **verkürzte Cykloide**. Inhalt und Länge der gemeinen Cykloide werden (153, 141) durch $F = 3a^2\pi$ und $S = 8a$ gegeben. — Rollt der Kreis auf oder in einem Kreise, so heisst die entstehende Kurve **Epicykloide** oder **Hypocykloide**.

XVI. Das Raumdreieck und die Raumtrigonometrie.

155 [81]. **Das Raum-Eck.** Eine Ebene wird durch drei nicht in einer Geraden liegende Punkte bestimmt, und schneidet jede andere Ebene in einer Geraden, der **Kante** (Spur, Knotenlinie). — Dreht sich abwechselnd eine in einer Ebene befindliche Gerade um einen als Pol gewählten ihrer Punkte und dann die Ebene um die Gerade, so entsteht, wenn nach n Doppelbewegungen Gerade und Ebene wieder in die ursprüngliche Lage zurückkehren, ein **n-Kant** oder **Raum-n-Eck**. Die Drehwinkel der Geraden heissen

— Raumdreieck und Raumtrigonometrie — 77

Kantenwinkel, diejenigen der Ebene **Flächenwinkel**. Die Kanten, Kantenwinkel und Flächenwinkel des n-Kants entsprechen den Ecken, Seiten und Winkeln des n-Ecks.

156 [81]. **Die Senkrechten und Projektionen.** Eine Gerade a b steht (83, 86) auf allen durch ihren Fusspunkt a gehenden Geraden einer Ebene (z. B. auf a e) senkrecht, sobald sie auf zweien derselben (a c und a d) senkrecht steht, und heisst dann **senkrecht** zur Ebene. Die Senkrechte ist offenbar die kürzeste Verbindung des Punktes b mit der Ebene, und alle Punkte der Letztern, welche von b gleich weit abstehen, stehen auch von a, der sog. **Projektion** von b auf die Ebene, gleich weit ab. — Ist a e ⊥ c d ⊥ b f,

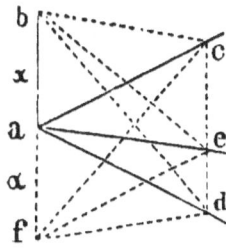

so heisst e f Projektion von a b auf c d, und wenn e g ∥ a b mit c d den Winkel φ bildet, so ist e f = a b · Co φ. — Projiziert man auf eine Gerade alle Seiten eines ebenen oder räumlichen Vielecks, so ist die Projektion irgend einer Seite gleich dem Gegensatze der algebraischen Summe aller andern; haben daher zwei Vielecke eine gemeinschaftliche Seite, so sind für eine und dieselbe Gerade die Summen der Projektionen aller übrigen Seiten derselben einander gleich.

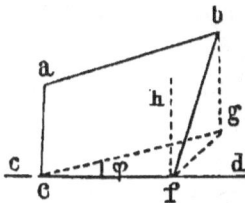

157 [81]. **Die Parallelen.** Sind zwei Gerade zu einer dritten parallel, so sind sie es auch unter sich, und Winkel mit parallelen und gleichgerichteten Schenkeln sind (89, 86) gleich. Parallele zu einer Senkrechten stehen senkrecht, und Senkrechte zu derselben Ebene sind parallel. Eine Parallele zu einer Geraden

78 — Raumdreieck und Raumtrigonometrie —

einer Ebene kann Letztere nicht schneiden, und ist daher auch als parallel mit ihr zu betrachten.

158 [81]. **Eigenschaften der Projektionen.** Steht eine Gerade auf einer Geraden einer Ebene senkrecht, so steht (156, 84) auch ihre Projektion zu derselben senkrecht. Jede Gerade bildet mit ihrer Projektion auf eine Ebene einen kleinern Winkel als mit einer andern Geraden derselben, und dieser kleinste Winkel dient als Mass der Neigung der Geraden gegen die Ebene.

159 [81]. **Die Senkrechtenwinkel.** Wenn auf zwei Kanten Senkrechte in den sie bildenden Ebenen gezogen werden, so haben (156) die Flächenwinkel gleiche Grösse, wenn diese **Senkrechtenwinkel** einander gleich sind. — Teilt man einen Senkrechtenwinkel in gleiche Teile, und legt durch die Teillinien und die Kante Ebenen, so zerfällt auch der Flächenwinkel in gleiche Teile, folglich sind die Flächenwinkel den Senkrechtenwinkeln proportional und werden durch sie gemessen. — Jede Ebene, welche durch eine Senkrechte zu einer Ebene gelegt wird, steht auch senkrecht, und zwei zu einer dritten Ebene senkrechte Ebenen haben eine zu ihr senkrechte Kante.

160 [87, 90]. **Grundbeziehungen am Raumdreiecke.** Sind $a = 2\alpha$, $b = 2\beta$, $c = 2\gamma$ die Seiten eines Raumdreieckes, $A = 2\mathfrak{A}$, $B = 2\mathfrak{B}$, $C = 2\mathfrak{C}$ ihre Gegenwinkel, so hat man (94, 104)

$$\text{Si } a : \text{Si } b = \text{Si } A : \text{Si } B \quad \mathbf{1}$$
$$\text{Co } c = \text{Co } a \cdot \text{Co } b + {} $$
$$+ \text{Si } a \cdot \text{Si } b \ \text{Co } C \quad \mathbf{2}$$

Aus 2 folgt
$$\text{Co } c = \text{Co } a \cdot \text{Co}(b - x) \cdot \text{Se } x \text{ wo } \text{Tg } x = \text{Tg } a \cdot \text{Co } C \quad \mathbf{3}$$

— Raumdreieck und Raumtrigonometrie — 79

ferner, wenn auch a die grösste Seite,
Co c < Co (a — b)   oder   c > a — b   oder   a < b ÷ c
und endlich, wenn s die halbe Summe der Seiten

$$\text{Si } \mathfrak{C} = \sqrt{\frac{\text{Si}(s-a)\,\text{Si}(s-b)}{\text{Si }a \cdot \text{Si }b}}, \quad \text{Co } \mathfrak{C} = \sqrt{\frac{\text{Si }s \cdot \text{Si}(s-c)}{\text{Si }a \cdot \text{Si }b}} \quad 4$$

161 [90]. **Die Gauss'schen Formeln und die Neper'schen Analogien.** Mit Hülfe von 160:4 findet man die sog. Gauss'schen Formeln

$$\text{Si}(\mathfrak{A}+\mathfrak{B}) = \frac{\text{Co } \mathfrak{C}}{\text{Co } c} \cdot \text{Co}(a-b), \quad \text{Si}(\mathfrak{A}-\mathfrak{B}) = \frac{\text{Co } \mathfrak{C}}{\text{Si } c} \cdot \text{Si}(a-b)$$

$$\text{Co}(\mathfrak{A}+\mathfrak{B}) = \frac{\text{Si } \mathfrak{C}}{\text{Co } c} \cdot \text{Co}(a+b), \quad \text{Co}(\mathfrak{A}-\mathfrak{B}) = \frac{\text{Si } \mathfrak{C}}{\text{Si } c} \cdot \text{Si}(a+b) \quad 1$$

und aus ihnen die Neper'schen Analogien

$$\text{Tg}(\mathfrak{A}+\mathfrak{B}) = \frac{\text{Co}(a-b)}{\text{Co}(a+b)} \text{Ct } \mathfrak{C}, \quad \text{Tg}(\mathfrak{A}-\mathfrak{B}) = \frac{\text{Si}(a-b)}{\text{Si}(a+b)} \text{Ct } \mathfrak{C}$$

$$\text{Tg}(a+b) = \frac{\text{Co}(\mathfrak{A}-\mathfrak{B})}{\text{Co}(\mathfrak{A}+\mathfrak{B})} \text{Tg } c, \quad \text{Tg}(a-b) = \frac{\text{Si}(\mathfrak{A}-\mathfrak{B})}{\text{Si}(\mathfrak{A}+\mathfrak{B})} \text{Tg } c \quad 2$$

162 [90]. **Weitere Beziehungen.** Nach 160:2 ist

$$\begin{aligned}\text{Co } a &= \text{Co } b \cdot \text{Co } c + \text{Si } b \cdot \text{Si } c \cdot \text{Co A} \\ \text{Co } b &= \text{Co } a \cdot \text{Co } c + \text{Si } a \cdot \text{Si } c \cdot \text{Co B}\end{aligned} \quad 1$$

und hieraus folgen successive

$$\text{Si } a \cdot \text{Co B} = \text{Co } b \cdot \text{Si } c - \text{Si } b \cdot \text{Co } c \cdot \text{Co A} \quad 2$$

$$\text{Si A} \cdot \text{Ct B} = \text{Ct } b \cdot \text{Si } c - \text{Co } c \cdot \text{Co A} \quad 3$$

$$\text{Tg B} = \text{Si } x \cdot \text{Tg A} \cdot \text{Cs}(c-x) \text{ wo Tg } x = \text{Tg } b \cdot \text{Co A} \quad 4$$

163 [92]. **Fehlergleichungen.** Durch Differentiation von 162:1 und 160:2 erhält man

$$da = \text{Co C} \cdot db + \text{Co B} \cdot dc + \text{Si B} \cdot \text{Si } c \cdot dA \quad 1$$

$$db = \text{Co A} \cdot dc + \text{Co C} \cdot da + \text{Si C} \cdot \text{Si } a \cdot dB \quad 2$$

$$dc = \text{Co B} \cdot da + \text{Co A} \cdot db + \text{Si A} \cdot \text{Si } b \cdot dC \quad 3$$

und dadurch die Mittel den Einfluss kleiner Veränderungen der bestimmenden Elemente zu berechnen.

164 [81]. **Parallele Ebenen.** Zwei Ebenen, welche mit einer dritten Ebene parallele Kanten und gleiche korrespondierende oder Wechselwinkel bilden, heissen **parallel**, — haben (157—59) überall denselben Abstand und schneiden sich somit im Endlichen nicht. Parallele zwischen parallelen Ebenen sind gleich, — und jede zwei Gerade werden durch ein System von parallelen Ebenen proportional geschnitten.

165 [81]. **Die Flächenprojektionen.**

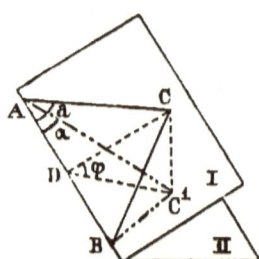

Projiziert man ein Dreieck auf eine durch seine grösste Seite oder Basis gelegte Ebene, so sind die Basiswinkel der Projektion kleiner als die Basiswinkel des Dreiecks (z. B. $\alpha < a$, entsprechend $DC' < DC$), —.folglich ist der Winkel an der Spitze in der Projektion grösser als im Dreiecke. Hat Letzteres die Fläche F und ist φ der Projektionswinkel, so ist $F \cdot \text{Co}\,\varphi$ die Fläche der Projektion, — eine Beziehung, welche sich leicht auf jede Fläche und ihre Projektion ausdehnen lässt.

166 [82]. **Weitere Eigenschaft des Dreikants.** Projiziert man die Seiten eines Dreikants auf eine dasselbe schneidende Ebene, so ist die Summe der Projektionen gleich 360°; also ist (165) die Summe der Seiten eines Dreikants notwendig kleiner als eine Umdrehung.

167 [82]. **Das Polardreieck und der Excess.** Fällt man von einem innerhalb eines Dreikants liegenden Punkte o Senkrechte auf die Seiten

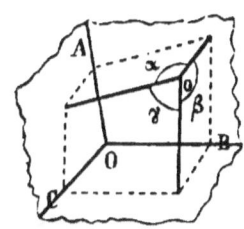 desselben, so bestimmen die drei Senkrechten ein neues Dreikant, welches **Polardreikant** des ersten heisst, und umgekehrt jenes erste zum Polardreikant hat. Jede Seite eines Dreikants ist (159, 113) zu dem Gegenwinkel des Polardreikants supplementär und umgekehrt, so dass die Summe der Winkel eines Raumdreiecks die Seitensumme seines Polardreiecks zu 6 R ergänzt; folglich (166) einen **Excess** 2e über die Winkelsumme des ebenen Dreiecks hat, der zwischen 0 und 4 R liegt, während

$$\text{Si } e = -\text{Co}(\mathfrak{A} + \mathfrak{B} + \mathfrak{C}) = \text{Si } a \cdot \text{Si } b \cdot \text{Se } c \cdot \text{Si } C$$

168 [88]. **Umsetzungen mit Hülfe des Polardreiecks.** — Schreibt man eine für ein Raumdreieck geltende Beziehung für ein Polardreieck auf, und ersetzt dann die vorkommenden Elemente durch ihre Supplemente aus dem ursprünglichen Dreiecke, so findet man z. B.

$$\text{Co } C = -\text{Co } A \cdot \text{Co } B + \text{Si } A \cdot \text{Si } B \cdot \text{Co } c \quad \mathbf{1}$$
$$= -\text{Co } A \cdot \text{Co}(B + x) \cdot \text{Se } x \text{ wo Tg } x = \text{Tg } A \cdot \text{Co } c \quad \mathbf{2}$$
$$\text{Tg } c = \sqrt{\text{Si } e \cdot \text{Si}(C - e) \cdot \text{Cs}(A - e) \cdot \text{Cs}(B - e)} \quad \mathbf{3}$$
$$\text{Si } A \cdot \text{Co } b = \text{Co } B \cdot \text{Si } C + \text{Si } B \cdot \text{Co } C \cdot \text{Co } a \quad \mathbf{4}$$
$$\text{Si } a \cdot \text{Ct } b = \text{Ct } B \cdot \text{Si } C + \text{Co } C \cdot \text{Co } a \quad \mathbf{5}$$
$$dA = -\text{Co } c \cdot dB - \text{Co } b \cdot dC + \text{Si } b \cdot \text{Si } C \cdot da \quad \mathbf{6}$$

169 [87]. **Die Raumtrigonometrie.** Sind in einem Raumdreiecke alle drei Seiten gegeben, so kann man nach (160:4), — sind zwei Seiten und der eingeschlossene Winkel gegeben, nach (160:3, 1, oder 161:3 und 160:1), — sind eine Seite und die anliegenden Winkel gegeben, nach (168:2 und 160:1, oder 161:2 und 160:1), — sind alle drei Winkel ge-

geben, nach (168:3) je die übrigen Elemente berechnen.
— Speciell wird für $C = 90^0$

$\operatorname{Si} a = \operatorname{Si} c \cdot \operatorname{Si} A$	$\operatorname{Tg} a = \operatorname{Tg} A \cdot \operatorname{Si} b$	**1**
$\operatorname{Co} c = \operatorname{Co} a \cdot \operatorname{Co} b$	$\operatorname{Ct} c = \operatorname{Ct} b \cdot \operatorname{Co} A$	**2**
$\operatorname{Co} A = \operatorname{Co} a \cdot \operatorname{Si} B$	$\operatorname{Ct} A = \operatorname{Co} c \cdot \operatorname{Tg} B$	**3**

170 [82]. **Symmetrie und Kongruenz.**
Fällt man auf eine Seite des Raumdreiecks von einem Punkte der Gegenkante eine Senkrechte und verlängert diese über ihren Fusspunkt hinaus um ihre eigene Länge, so bestimmt die Verbindungslinie des so erhaltenen Punktes mit dem Scheitel ein neues Raumdreieck, welches zu dem gegebenen in Beziehung auf die gemeinschaftliche Seite **symmetrisch** ist, und mit ihm (ohne kongruent zu sein) alle Seiten und Winkel gleich hat. — Haben zwei Raumdreiecke drei bestimmende Elemente gleich, so sind sie kongruent oder nur symmetrisch gleich, je nachdem das eine in die Lage des andern oder nur in die Gegenlage gebracht werden kann.

XVII. Das Vierflach und Vielflach.

171 [83]. **Das Polyeder.** Kann man durch eine Auswahl aus den $\frac{1}{2} \cdot n(n-1)$ Kanten, in welchen sich n Ebenen schneiden, sämtliche Ebenen so begrenzen, dass jede der gewählten Kanten beide Ebenen, denen sie angehört, begrenzen hilft, so erhält man eine Reihe von Vielecken, die einen Raum vollständig einschliessen, oder einen Körper, ein **n-Flach**, bilden. Für n = 4, 5, 6, 8, 12, 20, etc. heisst das n-Flach auch Tetraeder, Pentaeder, Hexaeder, Oktaeder, Dodekaeder, Ikosaeder, etc., im allgemeinen Polyeder.

— Vierflach und Vielflach — 83

172 [83]. **Das Vierflach.** Der einfachste Körper ist das von 4 Dreiecken begrenzte Vierflach. Bezeichnen a, b, c, d seine Seiten, so erhält man (165) successive

$$a = b \cdot Co(a,b) + c \cdot Co(a,c) + d \cdot Co(a,d) \quad \mathbf{1}$$
$$a^2 = b^2 + c^2 + d^2 - 2bc\,Co(b,c) - 2bd\,Co(b,d) - 2cd\,Co(c,d) \quad \mathbf{2}$$

Verbindet man eine Ecke eines Vierflachs mit einem Punkte der Gegenseite, und verlängert diese Verbindungslinie um ihre eigene Länge, so bestimmt der erhaltene Punkt mit der Seite das (für eine Senkrechte symmetrische) **Gegenvierflach**, welches mit dem Vierflach gleichen Rauminhalt haben muss, da (90) jeder durch die Gerade der Spitzen gelegten Ebene in beiden Vierflachen ein gleich grosser Schnitt entspricht. Zwei Vierflache, welche kongruente Grundflächen und gleiche Höhen haben, sind beide mit demselben Gegenvierflache, und daher auch selbst gleich gross. Legt man durch die Mitte einer Tetraederkante und ihre beiden Gegenecken eine Ebene, so wird das Tetraeder halbiert.

173 [83]. **Das rechtwinklige Vierflach.** Stehen drei Seiten eines Vierflachs, z. B. b, c, d, paarweise zu einander senkrecht, d. h. ist es **rechtwinklig**, so wird

$$a^2 = b^2 + c^2 + d^2 \quad \mathbf{1}$$

Zwei rechtwinklige Vierflache, welche zwei von der rechten Ecke ausgehende Kanten gleich haben, verhalten sich (172) wie die dritte. — Sind daher A B C, a B C, a b C, a b c entsprechende Kanten von 4 rechtwinkligen Vierflachen der Inhalte oder Volumina V V₁ v₁ v, so hat man

$$V : V_1 = A : a \qquad V_1 : v_1 = B : b \qquad v_1 : v = C : c$$

folglich

$$V : v = A \cdot B \cdot C : a \cdot b \cdot c$$

oder wenn man (analog 92) den Inhalt gleich 1 setzt, falls die drei Kanten (Dimensionen) 1, 2, 3 sind,

$$V = \frac{A \cdot B \cdot C}{1 \cdot 2 \cdot 3} = \frac{1}{3} \cdot \frac{AB}{2} \cdot C \qquad 2$$

174 [83]. Der Rauminhalt des Vierflachs. Da man die Grundfläche jedes Tetraeders in zwei rechtwinklige Dreiecke zerlegen, und die Spitze (172) senkrecht über den Teilpunkt der Basis der Grundfläche bringen kann, so ist (173) der Inhalt jedes Tetraeders gleich ein Drittel des Produktes aus Grundfläche und Höhe, — oder (160), wenn a, b, c drei in einer Ecke zusammenstossende Kanten α, β, γ aber deren Winkel bezeichnen,

$$V = \tfrac{1}{3} abc \sqrt{\operatorname{Si} s \cdot \operatorname{Si}(s-\alpha) \cdot \operatorname{Si}(s-\beta) \cdot \operatorname{Si}(s-\gamma)}$$

wo $2s = \alpha + \beta + \gamma$. — Jeder zu einer Seitenfläche eines Tetraeders parallele Schnitt ist ihr ähnlich.

175 [83]. Die Pyramide. Bewegt sich eine Gerade um einen Punkt, und folgt dabei irgend einer Figur (Grundfläche) als Leitlinie, so entsteht die nach der Anzahl ihrer dreieckigen Seitenflächen benannte **Pyramide**, deren Inhalt (174) gleich dem Drittel des Produktes aus Grundfläche und Höhe ist, und die **gerade** heisst, wenn ihre Spitze senkrecht über dem Schwerpunkte der erstern steht. Ist die Leitlinie eine krumme Linie, so heisst die Pyramide **Kegel (Conus)**. — Bezeichnen g, h, s Grundfläche, Höhe und Seitenfläche einer geraden Pyramide der Seitenkante k, deren Grundfläche ein regelmässiges n-Eck der Seite 2a ist, so hat man (93; 121:1), wenn $\varphi = 180° : n$ ist,

$$g = n \cdot a^2 \cdot \operatorname{Ct} \varphi, \quad h = \sqrt{k^2 - a^2 \cdot \operatorname{Cs}^2 \varphi}, \quad s = a \sqrt{k^2 - a^2} \qquad 1$$
$$O = ns + g \qquad V = \tfrac{1}{3} gh \qquad 2$$

wo O die aus Mantel und Grundfläche bestehende sog.

Oberfläche, V das Volumen vorstellt. — Hat eine Pyramide ein Trapez zur Grundfläche, so nennt man das durch die Spitze und die Mitten der nicht parallelen Seiten der Grundfläche bestimmte Dreieck **Hauptschnitt** derselben. Die vier Ecken der Grundfläche haben von dem Hauptschnitte gleichen Abstand, und jede derselben bestimmt mit ihm ein Tetraeder, dessen Inhalt $\frac{1}{4}$ der Pyramide beträgt; die ganze Pyramide ist daher gleich $\frac{4}{3}$ des Produktes aus Hauptschnitt und Eckenabstand.

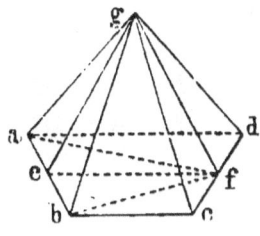

176 [83]. **Der Kegel.** Bei einem geraden Kegel der Höhe h und des Radius r sind alle Seitenkanten $k = \sqrt{r^2 + h^2}$, sein Mantel aber ist gleich einem Kreisausschnitte des Radius k und des Bogens $2r\pi$, so dass (175) die Formeln

$$V = \tfrac{1}{3} r^2 \pi h \qquad O = (k + r) r \pi$$

Volumen und Oberfläche zu berechnen lehren. (Vergl. 180.) — Wird ein Kegel des Winkels α in der Distanz d von der Spitze und unter dem Winkel φ zur Kante durch eine Ebene geschnitten, so erhält man für die Schnittlinie

$$y^2 = 2px + qx^2 \text{ wo } p = d\, Si\, \varphi\, Tg\, \alpha, \quad q = Si\, \varphi\, Si\, (2\alpha - \varphi)\, Se^2 \alpha$$

Die Linien zweiten Grades sind somit **Kegelschnitte**.

177 [83]. **Das Prisma.** Bewegt sich eine Gerade parallel mit sich selbst, und folgt dabei irgend einer Figur als Leitlinie, so umschreibt sie einen **prismatischen Raum**; parallele Schnitte desselben sind (164, 89) kongruent, und bestimmen als Grundflächen ein **Prisma**, das nach der Anzahl der die Seitenflächen bildenden Parallelogramme benannt wird. Ist auch die Leitlinie ein Parallelogramm, so heisst das Prisma

Zeilflach (Parallelepipedon), dagegen **Zylinder** (Walze), wenn sie eine krumme Linie ist. — Ein dreiseitiges Prisma lässt sich durch zwei Diagonalebenen (172) in drei gleiche Tetraeder zerlegen, und ist daher (174) gleich dem Produkte aus Grundfläche und Höhe, — eine auf jedes Prisma ausdehnbare Regel.

178 [83]. **Der Zylinder.** Wird die Höhe h eines Zylinders durch die Verbindungslinie der Mittelpunkte seiner Grundflächen des Radius r dargestellt, so ist sein Mantel gleich einem Rechtecke der Basis $2r\pi$ und Höhe h, und es bestehen daher (177) die Formeln

$$V = r^2 \pi h \qquad O = 2(r+h)r\pi$$

179 [83]. **Das Prismoid.** Wird ein prismatischer Raum durch irgend zwei ebene Schnitte begrenzt, so heisst der entstehende Körper **Prismoid**. Ein dreiseitiges Prismoid lässt sich durch zu den Kanten senkrechte Querschnitte in ein Prisma und zwei Pyramiden zerlegen, ist daher gleich Querschnitt mal Mittel der parallelen Kanten.

180 [83]. **Der Obelisk.** Nennt man ein Vielflach mit zwei parallelen Grundflächen, dessen Seitenflächen Trapeze oder Dreiecke sind, **Obelisk**, so lässt sich derselbe, indem man alle Ecken mit einem Punkte des in halber Höhe geführten Querschnittes verbindet, in zwei auf den Grundflächen stehende Pyramiden und

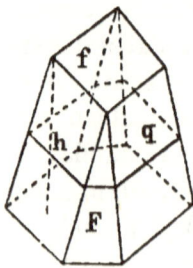

eine Reihe von Trapez-Pyramiden, deren Hauptschnitte den Querschnitt bilden, zerfällen, so dass der Obelisk ein Sechstel eines Prisma's von gleicher Höhe ist, dessen Grundfläche aus den beiden Grundflächen (F, f) und dem vierfachen Querschnitte (q) besteht.

Ist (wie bei dem abgekürzten Tetraeder) $F \sim q \sim f$, so wird (107)

$q = \frac{1}{4}[f + 2\sqrt{Ff} + F]$ und $V = \frac{1}{3}h(f + \sqrt{Ff} + F)$ **1**

oder wenn F und f Kreise der Radien R und r sind,

$q = \frac{1}{4}\pi(r^2 + 2Rr + R^2)$ und $V = \frac{1}{3}h\pi(r^2 + Rr + R^2)$ **2**

XVIII. Das centrische Vielflach und die Kugel.

181 [84]. **Der Euler'sche Satz.** Bezeichnet k die Anzahl der Kanten eines Polyeders, $f = f_3 + f_4 + \ldots$ die Anzahl seiner Flächen und $e = e_3 + e_4 + \ldots$ seiner Ecken, so ist offenbar

$3f_3 + 4f_4 + 5f_5 + \ldots = 2k = 3e_3 + 4e_4 + 5e_5 + \ldots$ **1**

und wenn jede seiner Flächen der Form (0, 1) angehört, d. h. dasselbe **konvex** ist, so besteht die nach Euler benannte Beziehung

$e + f = k + 2$ **2**

Es lässt sich daraus ableiten, dass es nur fünf Arten von Polyedern giebt, bei welchen alle Flächen dieselbe Seitenzahl und alle Ecken dieselbe Kantenzahl besitzen, nämlich: Tetraeder, Oktaeder und Ikosaeder aus Dreiecken, Hexaeder aus Vierecken und Dodekaeder aus Fünfecken.

182 [84]. **Die regelmässigen Polyeder.** Ist ein Vielflach centrisch nach den Ecken oder Kanten, so ist (156, 158) auch jede seiner Flächen centrisch nach den Ecken oder Seiten; ist es centrisch nach den Seiten, so halbiert (158, 91) jede durch den Mittelpunkt und eine Kante gelegte Ebene den zugehörigen Vielflachwinkel. Wenn endlich, was aber (181) nur bei fünf Vielflachen zutreffen kann, derselbe Punkt in allen drei

Beziehungen Centrum, oder das Vielflach **centrisch** ist, so hat es gleiche Kanten, Seiten und Winkel, oder ist **regelmässig**.

183 [84]. **Die Kugel.** Der räumliche Ort eines Punktes, der von einem Punkte (Centrum) einen unveränderlichen Abstand (Radius) hat, heisst **Kugelfläche**, — der von der Kugelfläche begrenzte, ein regelmässiges Unendlichflach darstellende Körper **Kugel**. — Steht eine Ebene von dem Kugelcentrum um den Radius ab, so hat sie (156) nur Einen Punkt mit der Kugel gemein oder tangiert sie in diesem Punkte; ist der Abstand kleiner, so schneidet sie die Kugelfläche (156) in einer Kreislinie, deren Centrum mit der Projektion des Kugelcentrums auf die Schnittebene zusammenfällt, und deren Radius um so grösser ist, je mehr sich der Schnitt dem Kugelcentrum nähert. Schnitten durch das Centrum entsprechen grösste Kreise, sog. **Hauptkreise**.

184 [84]. **Pol und Polarkreis.** Die Endpunkte des zu einem Kugelkreise senkrechten Kugeldurchmessers stehen (156) von allen Punkten desselben gleich weit, bei einem Hauptkreise um $90°$ ab; sie heissen **Pole** des Kreises, — die Kreise von gemeinschaftlichen Polen **Parallelkreise**, — der zu ihnen gehörende Hauptkreis **Polarkreis** (Equator). — Steht ein Punkt der Kugelfläche von zwei andern Punkten derselben um $90°$ ab, so ist er (156) Pol des sie verbindenden Hauptkreisbogens, und umgekehrt misst dieser (159) den Winkel am Pole.

185 [85]. **Die Guldin'sche Regel.** Dreht sich eine Ebene um eine ihrer Geraden als Axe, so beschreibt jede andere (176) eine Fläche

$$F = 2d\pi \cdot l = 2a\pi \cdot p \qquad 1$$

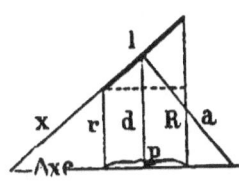
Bilden die Geraden $l_1\, l_2\, l_3 \ldots$ eine ebene gebrochene Linie, und bezeichnen $g_1\, g_2\, g_3 \ldots$ die Abstände ihrer Schwerpunkte von einer Drehaxe, g aber den Abstand des Schwerpunktes der ganzen Linie, so ist (133) die entstehende Rotationsfläche

$$F = 2\pi \sum lg = 2\pi g \sum l \qquad \textbf{2}$$

d. h. es besteht, wenn die gebrochene Linie in eine Kurve übergeht, die sog. Guldin'sche Regel. — Bezeichnen $(x_1\, y_1)$, $(x_2\, y_2)$ und $(x_3\, y_3)$ die Koordinaten der

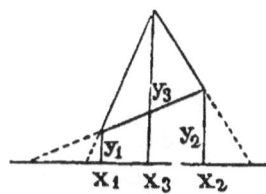

auf eine Drehaxe ihrer Ebene bezogenen Ecken eines Dreieckes der Fläche F, G den Abstand des Schwerpunktes von der Drehaxe, und V das von dem Dreiecke bei einer Rotation beschriebene Volumen, so hat man (132, 133, 180) die Formeln

$$F = \tfrac{1}{2}[y_1 (x_3 - x_2) + y_2 (x_1 - x_3) + y_3 (x_2 - x_1)] \qquad \textbf{3}$$
$$G = \tfrac{1}{3}(y_1 + y_2 + y_3) \qquad V = 2G\pi \cdot F \qquad \textbf{4}$$

welche sich auf jede rotierende Figur ausdehnen lassen.

186 [85]. **Kugeloberfläche, Zone und Möndchen.** Nennt man einen zwischen zwei Parallelkreisen enthaltenen Teil der Kugelfläche **Kugelzone**, so ist (185) ihre Fläche gleich dem Produkte aus der Peripherie eines Hauptkreises in die Höhe der Zone. Setzt man Letztere gleich 2r, so ergiebt sich für die ganze Kugeloberfläche $4r^2\pi$. — Die Fläche eines von zwei Hauptkreisen begrenzten Teiles der Kugeloberfläche, eines sog. **Möndchens** (Kugelzweiecks), verhält sich (184) zur Kugeloberfläche wie sein Winkel zur Umdrehung.

187 [85]. **Kugelinhalt, Abschnitt und Ausschnitt.** Der Inhalt einer Kugel des Radius r ist (182, 186) gleich $4/3\, r^3 \pi$. Haben somit ein Cylinder, ein Kegel und eine Kugel 2r zu Höhe und Durchmesser, so besteht der Archimedes'sche Satz, dass ersterer gleich der Summe der beiden letztern ist. — Bezeichnet h die Höhe eines Kugelabschnittes, J seinen Inhalt, und V den Inhalt des entsprechenden Kugelausschnittes, so ist (186, 182, 176)

$$V = 2/3\, r^2 \pi\, h \qquad J = 1/3\, h^2 (3r - h) \cdot \pi$$

188 [86]. **Das Kugeldreieck.** Verbindet man drei Punkte der Kugelfläche teils mit dem Mittelpunkte, teils paarweise durch Hauptkreise, so entstehen ein Dreikant und ein **sphärisches Dreieck**, deren Seiten und Winkel gleiches Mass haben. Es gehen somit die Elemente des Letztern alle für das Dreikant ausgesprochenen Beziehungen ein; sind jedoch seine Seiten in Länge gegeben, so hat man sie vor Einführung in die Formeln auf Winkel zu reduzieren. — Die den

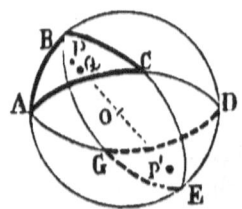

drei Winkeln A, B, C entsprechenden Möndchen übertreffen, da Kugelgegendreiecke (wie A B C und D E G) notwendig die gleiche Fläche F haben, die halbe Kugel um 2 F, so dass (186), wenn e den halben Excess bezeichnet,

$$F = 1/90\, e^0 \cdot r^2 \pi = 2 \cdot e'' \cdot r^2 \cdot \text{Si } 1''$$

189 [91]. **Der Legendre'sche Satz.** Sind die Seiten eines Kugeldreieckes in Länge ausgedrückt (188), und im Verhältnisse zum Radius r so klein, dass man die 5ten Potenzen vernachlässigen darf, so ist (160, 50)

$$\text{Co } A = \frac{b^2 + c^2 - a^2}{2bc} + \frac{a^4 + b^4 + c^4 - 2(a^2 b^2 + a^2 c^2 + b^2 c^2)}{24 bcr^2}\, 1$$

Bezeichnet man daher die Winkel eines ebenen Dreiecks derselben Seiten mit A', B', C' und setzt seine Fläche f derjenigen des sphärischen Dreiecks gleich, so hat man (104:6; 105:2; 188)

$$\text{Co A} = \text{Co A}' - \frac{4b^2c^2\text{Si}^2 A'}{24bcr^2} = \text{Co A}' - \frac{2}{3} e \, \text{Si A}' \cdot \text{Si 1}'' \quad \mathbf{2}$$

Setzt man aber $A = A' + x$, so wird für ein kleines x
$\text{Co A} = \text{Co A}' - x \, \text{Si A}' \cdot \text{Si 1}''$ oder $x = \frac{2}{3} e$
so dass
$$A' = A - \frac{2}{3} e \qquad \mathbf{3}$$
ist, oder ein kleines sphärisches Dreieck, nachdem man von jedem Winkel $\frac{1}{3}$ des Excesses abgezogen hat, wie ein ebenes Dreieck behandelt werden kann.

190 [86]. **Weitere Sätze.** Im sphärischen Dreiecke liegt einer gleichen oder grössern Seite auch ein gleicher oder grösserer Winkel gegenüber. Die Hauptkreise, welche die Seiten eines sphärischen Dreiecks normal halbiren, oder welche durch die Ecken normal zu den Gegenseiten gezogen werden, oder welche seine Winkel halbiren, schneiden sich je in Einem Punkte, dem Centrum der Ecken, dem Höhenpunkte und dem Centrum der Seiten. Jede sphärische Transversale schneidet die Seiten eines sphärischen Dreieckes oder ihre Verlängerungen so, dass die Produkte der Sinus der nicht aneinander liegenden Abschnitte gleich werden.

XIX. Die analytische Geometrie im Raume.

191 [93]. **Die Raumkoordinaten.** Die Lage eines Punktes m im Raume wird entweder durch rechtwinklige Koordinaten, die Abscisse (x), die Ordinate (y) und die **Applikate** (z) gegeben — oder durch Polarkoordinaten, den Radius Vektor (r) und die von ihm gebildeten Winkel (α, β, γ) oder (v, w), welche durch

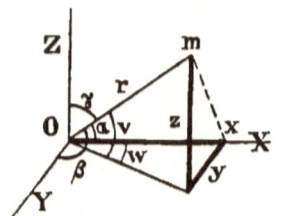

$$x = r \cdot \text{Co}\, \alpha = r \cdot \text{Co}\, v \cdot \text{Co}\, w$$
$$y = r \cdot \text{Co}\, \beta = r \cdot \text{Co}\, v \cdot \text{Si}\, w \quad \mathbf{1}$$
$$z = r \cdot \text{Co}\, \gamma = r \cdot \text{Si}\, v$$
$$r^2 = x^2 + y^2 + z^2 \quad \mathbf{2}$$
$$\text{Co}^2\, \alpha + \text{Co}^2\, \beta + \text{Co}^2\, \gamma = 1 \quad \mathbf{3}$$

zusammenhängen, während

$$d = \sqrt{(x_1 - x_2)^2 + (y_1 - y_2)^2 + (z_1 - z_2)^2} \quad \mathbf{4}$$

die Distanz der Punkte ($x_1\, y_1\, z_1$) und ($x_2\, y_2\, z_2$) giebt.

192 [93]. **Die Transformation der Koordinaten.** Hat man von einem Koordinatensysteme X Y Z auf ein paralleles Koordinatensystem X' Y' Z'

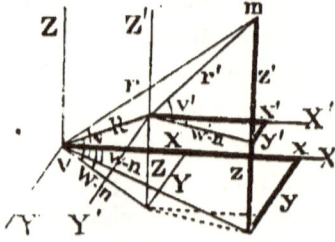

überzugehen, dessen Anfangspunkt die Koordinaten X Y Z hat, so ist offenbar

$$x' = x - X$$
$$y' = y - Y \quad \mathbf{1}$$
$$z' = z - Z$$

oder, wenn man (191) die rechtwinkligen in Polarkoordinaten umsetzt, und n eine willkürliche Grösse bezeichnet

$$r'\text{Co}\, v'\, \text{Co}\,(w'-n) = r\,\text{Co}\, v\,\text{Co}\,(w-n) - R\,\text{Co}\, V\,\text{Co}\,(W-n)$$
$$r'\text{Co}\, v'\, \text{Si}\,(w'-n) = r\,\text{Co}\, v\,\text{Si}\,(w-n) - R\,\text{Co}\, V\,\text{Si}\,(W-n)$$
$$r'\,\text{Si}\, v' = r\,\text{Si}\, v - R\,\text{Si}\, V \quad \mathbf{2}$$

Haben dagegen die beiden Koordinatensysteme gleichen Anfangspunkt, aber verschiedene Richtung der Axen, so hat man, wenn φ, ψ und θ die Winkel der X' und X mit der Knotenlinie der Ebene X'Y' in X Y und

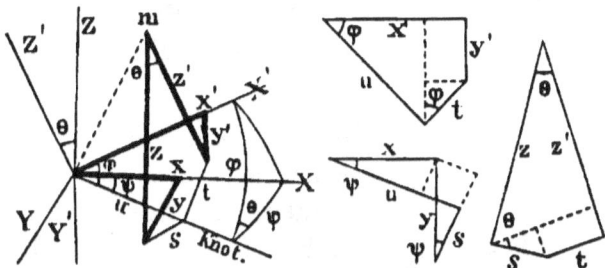

den an ihr liegenden Flächenwinkel bezeichnen, — $a_1 b_1 c_1$, $a_2 b_2 c_2$, $a_3 b_3 c_3$ aber der Reihe nach die Co. der Winkel sind, welche jede der Axen $X'Y'Z'$ mit den Axen XYZ bildet,

$$x = a_1 x' + a_2 y' + a_3 z' \qquad x' = a_1 x + b_1 y + c_1 z$$
$$y = b_1 x' + b_2 y' + b_3 z' \qquad y' = a_2 x + b_2 y + c_2 z \qquad 3$$
$$z = c_1 x' + c_2 y' + c_3 z' \qquad z' = a_3 x + b_3 y + c_3 z$$

wo die neun Grössen a, b, c durch

$$a_1 = \text{Co}\,\varphi\,\text{Co}\,\psi + \text{Si}\,\varphi\,\text{Si}\,\psi\,\text{Co}\,\theta \qquad b_1 = \text{Si}\,\psi\,\text{Co}\,\varphi - \text{Co}\,\psi\,\text{Si}\,\varphi\,\text{Co}\,\theta$$
$$a_2 = \text{Co}\,\psi\,\text{Si}\,\varphi - \text{Si}\,\psi\,\text{Co}\,\varphi\,\text{Co}\,\theta \qquad b_2 = \text{Si}\,\varphi\,\text{Si}\,\psi + \text{Co}\,\varphi\,\text{Co}\,\psi\,\text{Co}\,\theta \qquad 4$$
$$a_3 = -\,\text{Si}\,\psi\,\text{Si}\,\theta \qquad b_3 = \text{Co}\,\psi\,\text{Si}\,\theta$$
$$c_1 = \text{Si}\,\varphi\,\text{Si}\,\theta \qquad c_2 = -\,\text{Co}\,\varphi\,\text{Si}\,\theta \qquad c_3 = \text{Co}\,\theta$$

gegeben werden, und die Relationen

$$1 = a_1{}^2 + a_2{}^2 + a_3{}^2 = b_1{}^2 + b_2{}^2 + b_3{}^2 = c_1{}^2 + c_2{}^2 + c_3{}^2$$
$$= a_1{}^2 + b_1{}^2 + c_1{}^2 = a_2{}^2 + b_2{}^2 + c_2{}^2 = a_3{}^2 + b_3{}^2 + c_3{}^2 \qquad 5$$
$$0 = a_1 b_1 + a_2 b_2 + a_3 b_3 = a_1 c_1 + a_2 c_2 + a_3 c_3 = b_1 c_1 + b_2 c_2 + b_3 c_3$$
$$= a_1 a_2 + b_1 b_2 + c_1 c_2 = a_1 a_3 + b_1 b_3 + c_1 c_3 = a_2 a_3 + b_2 b_3 + c_2 c_3 \qquad 6$$

$$a_1 = b_2 c_3 - b_3 c_2 \qquad a_2 = b_3 c_1 - b_1 c_3 \qquad a_3 = b_1 c_2 - b_2 c_1$$
$$b_1 = c_2 a_3 - c_3 a_2 \qquad b_2 = c_3 a_1 - c_1 a_3 \qquad b_3 = c_1 a_2 - c_2 a_1 \qquad 7$$
$$c_1 = a_2 b_3 - a_3 b_2 \qquad c_2 = a_3 b_1 - a_1 b_3 \qquad c_3 = a_1 b_2 - a_2 b_1$$

eingehen.

193 [93]. **Die Gleichung der Ebene.** Jede Fläche wird durch eine, in einem bestimmten Punkte der Koordinatenebene errichtete Senkrechte in

94 — Analytische Geometrie im Raume —

bestimmten Abständen von dieser Ebene geschnitten, und ihr Gesetz muss sich daher durch eine Gleichung

$$z = f(x, y) \quad \text{oder} \quad F(x, y, z) = 0 \qquad \mathbf{1}$$

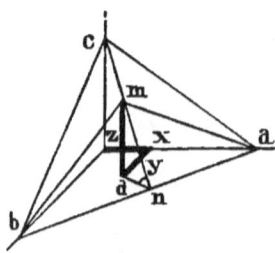

ausdrücken lassen; dabei heisst, je nachdem diese Gleichung vom Grade n oder transcendent wird, auch die Fläche vom Grade n oder transcendent. So z. B. besteht (173, 174) für jeden Punkt m einer Ebene die Gleichung

$$\frac{abc}{2\cdot 3} = \frac{abz}{2\cdot 3} + \frac{acy}{2\cdot 3} + \frac{bcx}{2\cdot 3} \quad \text{oder} \quad \frac{x}{a} + \frac{y}{b} + \frac{z}{c} = 1 \qquad \mathbf{2}$$

so dass eine Ebene durch eine Gleichung ersten Grades

$$Ax + By + Cz + D = 0 \qquad \mathbf{3}$$

dargestellt wird, für $D = 0$ durch den Pol geht, und mit XY einen Winkel n bildet, so dass (132)

$$\operatorname{Tg} n = z : d = c \cdot \sqrt{a^2 + b^2} : ab = \sqrt{A^2 + B^2} : C$$
$$\operatorname{Co} n = ab : \sqrt{a^2 b^2 + a^2 c^2 + b^2 c^2} = C : \sqrt{A^2 + B^2 + C^2} \qquad \mathbf{4}$$

194 [93]. Die Gleichung der Geraden.
Eine Linie im Raume lässt sich immer als Durchschnitt zweier Flächen denken, und durch deren Gleichungen geben, so z. B. eine Gerade durch die Gleichungen

$$x = \alpha z + \gamma \qquad y = \beta z + \delta \qquad \mathbf{1}$$

ihrer Projektionen auf die Ebenen XZ nnd YZ. Soll die Gerade durch zwei Punkte $(\alpha_1 \beta_1 \gamma_1)$ und $(\alpha_2 \beta_2 \gamma_2)$ gehen, so hat sie die Gleichungen

$$x = \frac{\alpha_1 - \alpha_2}{\gamma_1 - \gamma_2} z - \frac{\alpha_1 \gamma_2 - \alpha_2 \gamma_1}{\gamma_1 - \gamma_2}, \quad y = \frac{\beta_1 - \beta_2}{\gamma_1 - \gamma_2} z - \frac{\beta_1 \gamma_2 - \beta_2 \gamma_1}{\gamma_1 - \gamma_2} \mathbf{2}$$

Eliminiert man aus den Gleichungen zweier Geraden
$x = a_1 z + b_1$, $y = a_2 z + b_2$, $x = \alpha_1 z + \beta_1$, $y = \alpha_2 z + \beta_2$ **3**
die Koordinaten x, y, z, so erhält man die Proportion

— Analytische Geometrie im Raume — 95

$$(a_1 - \alpha_1):(a_2 - \alpha_2) = (b_1 - \beta_1):(b_2 - \beta_2) \quad \mathbf{4}$$

als Bedingung für das gleichzeitige Bestehen jener vier Gleichungen, d. h. für das Schneiden der Geraden. Die Koordinaten des Durchschnittspunktes sind

$$x = \frac{a_1 \beta_1 - b_1 \alpha_1}{a_1 - \alpha_1} \quad y = \frac{a_2 \beta_2 - b_2 \alpha_2}{a_2 - \alpha_2} \quad z = \frac{\beta_1 - b_1}{a_1 - \alpha_1} \mathbf{5}$$

so dass die beiden Geraden für $a_1 = \alpha_1$ und $a_2 = \alpha_2$ parallel werden, während sonst

$$Co(1,2) = -\frac{1 + a_1 \alpha_1 + a_2 \alpha_2}{\sqrt{1 + a_1^2 + a_2^2} \sqrt{1 + \alpha_1^2 + \alpha_2^2}} \quad \mathbf{6}$$

$$= Co(1,x) \cdot Co(2,x) + Co(1,y)Co(2,y) + Co(1,z)Co(2,z) \mathbf{7}$$

und $1 + a_1 \alpha_1 + a_2 \alpha_2 = 0$ das Senkrechtstehen bedingt.

195. Verschiedene Aufgaben. Die Gerade 194:1 steht auf der Ebene 193:3 senkrecht, wenn ihre Projektionen auf die Koordinatenebenen zu der respektiven Knotenlinie der Ebene senkrecht stehen, d. h. (194, 132) wenn $\alpha = A:C$ und $\beta = B:C$ ist, während der Abstand des Punktes (α, β, γ) von derselben

$$d = [A\alpha + B\beta + C\gamma + D] : \sqrt{A^2 + B^2 + C^2}$$

ist. Um den Winkel v einer Geraden und einer Ebene, oder den Winkel w zweier Ebenen zu bestimmen, zieht man zu jeder Ebene eine Senkrechte, und berechnet (194:6) den Winkel (90 — v) der Geraden und der einen, oder den Winkel w beider Senkrechten.

196 [96]. Der Schwerpunkt. Die für die Schwerpunkte ebener Gebilde gefundenen Gesetze, und so namentlich auch die in 133:1, 2 enthaltenen, tragen sich leicht auf den Raum über. So z. B. wird eine Schweraxe des Vierflachs (der Pyramide) erhalten, wenn man den Schwerpunkt einer der Seiten (der Basis) mit der Gegenecke (der Spitze) verbindet; der Schwerpunkt selbst steht (89, 83) um $^3/_4$ der Schweraxe von der Gegenecke (Spitze) ab, und hat eine dem Volumen proportionale Konstante.

197 [97]. Die Flächen zweiten Grades.
Eine Fläche zweiten Grades wird durch die Gleichung

$$ax^2 + by^2 + cz^2 + 2dxy + 2exz + 2fyz +$$
$$+ 2gx + 2hy + 2kz + 1 = 0 \qquad 1$$

gegeben und daher durch 9 Punkte bestimmt. Setzt man $x = x' + \alpha$, $y = y' + \beta$, $z = z' + \gamma$, und bestimmt α, β, γ so, dass

$$a\alpha + d\beta + e\gamma + g = b\beta + d\alpha + f\gamma + h =$$
$$= c\gamma + e\alpha + f\beta + k = 0 \qquad 2$$

so geht 1 in die Gleichung

$$ax'^2 + by'^2 + cz'^2 + 2dx'y' + 2ex'z' + 2fy'z' + m = 0 \quad 3$$

über, in welcher nur gerade Dimensionen der Koordinaten vorkommen, so dass ihr auch der Punkt $(-x', -y', -z')$ genügt, oder die Fläche einen **Mittelpunkt** hat. Setzt man in 3

$$x = Az + B \qquad y = Cz + D \qquad 4$$

so erhält man für die Durchschnittspunkte dieser Geraden und der Fläche zweiten Grades eine Gleichung zweiten Grades, deren halbe Summe der Wurzeln für die Mitte der entsprechenden Sehne

$$z = -\frac{aAB + bCD + d(AD + BC) + eB + fD}{aA^2 + bC^2 + c + 2dAC + 2eA + 2fC} \qquad 5$$

giebt. Eliminiert man B und D aus 4 und 5, so wird

$$x(aA + dC + e) + y(dA + bC + f) + z(eA + fC + c) = 0 \quad 6$$

d. h. der Ort der Mitten aller parallelen Sehnen ist eine durch den Mittelpunkt gehende oder **diametrale** Ebene, in Beziehung auf welche diejenige der parallelen Sehnen, welche durch den Mittelpunkt geht, **konjugierte**

— Analytische Geometrie im Raume — 97

Axe heisst. — Eine Axe, welche zu ihrer konjugierten Ebene senkrecht steht, heisst **Hauptaxe**, und man hat für sie (195)

$$A = \frac{aA + dC + e}{eA + fC + c} \qquad C = \frac{dA + bC + f}{eA + fC + c} \qquad 7$$

198 [97]. **Transformation und Einteilung.** Transformiert man nach 192 die Koordinaten in 197:3, und setzt zur Bestimmung von φ, ψ, θ die Koefficienten von x y, x z und y z gleich Null, so erhält man

$$\frac{x^2}{a^2} + \frac{y^2}{b^2} + \frac{z^2}{c^2} = 1 \qquad 1$$

wo a, b, c **Halbaxen** heissen. Vergleicht man 1 und 197:3, so findet man in Beziehung auf 1 zu der Axe x = Az, y = Cz nach 197:6 die konjugierte Ebene

$$A \cdot x : a^2 + C \cdot y : b^2 + z : c^2 = 0 \qquad 2$$

Es ergiebt sich hieraus, dass die Koordinatenaxen mit Hauptaxen zusammenfallen. Lässt man x in x — α übergehen, so erhält man nach 1 als Scheitelgleichung der Flächen zweiten Grades

$$x = \frac{x^2}{2a} + \frac{y^2}{2p_1} + \frac{z^2}{2p_2} \quad \text{wo} \quad p_1 = \frac{b^2}{a} \quad p_2 = \frac{c^2}{a} \qquad 3$$

Die Flächen zweiten Grades zerfallen, je nachdem die Grössen α, β, γ in 197 endlich oder unendlich werden, in zwei Hauptklassen: Die erste Klasse wird durch 1 dargestellt, und umfasst das sog.

Ellipsoid . . . . $\dfrac{x^2}{a^2} + \dfrac{y^2}{b^2} + \dfrac{z^2}{c^2} = 1$ **4**

Hyperboloid mit einem Mantel $\dfrac{x^2}{a^2} + \dfrac{y^2}{b^3} - \dfrac{z^2}{c^2} = 1$ **5**

Hyperboloid mit zwei Mänteln $\dfrac{x^2}{a^2} - \dfrac{y^2}{b^2} - \dfrac{z^2}{c^2} = 1$ **6**

— Analytische Geometrie im Raume —

Die zweite Klasse wird dagegen durch 3 für $a = \infty$ dargestellt und umfasst das sog.

Elliptische Paraboloid . $x = \frac{1}{2} y^2 : p_1 + \frac{1}{2} z^2 : p_2$ **7**
Hyperbolische Paraboloid $x = \frac{1}{2} y^2 : p_1 - \frac{1}{2} z^2 : p_2$ **8**

199 [98, 99]. **Das Ellipsoid und Sphäroid.** Setzt man in 197:1 eine der Koordinaten gleich Null, so erhält man für den Schnitt der zu ihr senkrechten Koordinatenebene, eine Gleichung zweiten Grades, also z. B. für jeden ebenen Schnitt eines Ellipsoides eine Ellipse. — In dem speciellen Falle, wo zwei Axen, z. B. 2a und 2b, einander gleich werden, somit alle zu ihrer Ebene parallelen Schnitte Kreise des Radius a, alle durch die dritte Axe geführten Schnitte (Meridiane) Ellipsen der Axen 2a und 2c sind, kann das Ellipsoid, das nun **Sphäroid** heisst, als durch Rotation dieser Ellipse um 2c entstanden gedacht werden. Die kürzeste Verbindungslinie zweier Punkte eines Sphäroides nennt man **geodätische Linie**, und diese schneidet jeden Meridian unter einem Winkel (Azimut), dessen Sinus zu dem Abstande des Durchschnittspunktes von der Rotationsaxe umgekehrt proportional ist. — Vgl. 200 und 205.

200 [94]. **Die tangierende Ebene.** Legt man durch einen Punkt $(x_1\, y_1\, z_1)$ einer Fläche $z = f(x, y)$ und zwei benachbarte Punkte $(x_1 + \alpha_1, y_1, z_1 + \gamma_1)$ und $(x_1, y_1 + \beta_1, z_1 + \gamma_2)$ ebenderselben, eine Ebene, so erhält man (193:3, 4) als Gleichung derselben

$$z - z_1 = (x - x_1) \gamma_1 : \alpha_1 + (y - y_1) \gamma_2 : \beta_1 \qquad \mathbf{1}$$

Sind nun α_1 und β_1, folglich auch die γ, verschwindend klein, so wird die Ebene **tangierend**, und 1 geht in

$$z - z_1 = p(x - x_1) + q(y - y_1) \text{ wo } p = dz:dx \quad q = dz:dy \; \mathbf{2}$$

über, so dass für ihre Neigung gegen X Y

— Analytische Geometrie im Raume — 99

Co $n = 1 : \sqrt{1 + p^2 + q^2}$ oder Tg $n = \sqrt{p^2 + q^2}$ **3**
folgt. Nach 2 ergiebt sich für das Ellipsoid

$$\frac{x \cdot x_1}{a^2} + \frac{y \cdot y_1}{b^2} + \frac{z \cdot z_1}{c^2} = 1 \qquad 4$$

201 [94]. **Die Krümmung der Flächen.**
Legt man durch einen Punkt einer Fläche eine Senkrechte zu der tangierenden Ebene (200), so erhält man die zugehörige **Normale**. Legt man durch diese Normale eine Ebene M, so schneidet sie die Fläche in einer Kurve, zu der man (139) den Krümmungskreis suchen kann. Dreht man M, so verändert sich im allgemeinen der Krümmungshalbmesser, nimmt aber für eine gewisse Stellung ein Maximum, für die dazu senkrechte Stellung dagegen ein Minimum an.

202 [100]. **Die Kurven von doppelter Krümmung.** Stellt man eine Linie im Raume durch zwei Gleichungen $y = \varphi(x)$ und $z = \psi(x)$ dar, so sind

$$y' - y = (x' - x) \, dy : dx \qquad z' - z = (x' - x) \, dz : dx \quad \mathbf{1}$$

die Gleichungen der Tangente im Punkte (x y z), während

$$(x' - x) \, dx + (y' - y) \, dy + (z' - z) \, dz = 0 \qquad \mathbf{2}$$

eine durch den Punkt senkrecht zu der Tangente gelegte Ebene, die sog. **Normalebene**, darstellt, und

$$(z' - z) \frac{d^2 y}{dx^2} = (x' - x) \left(\frac{dz}{dx} \cdot \frac{d^2 y}{dx^2} - \frac{dy}{dx} \frac{d^2 z}{dx^2} \right) + (y' - y) \frac{d^2 z}{dx^2} \quad \mathbf{3}$$

die Gleichung der sich der Kurve bestanschliessenden oder **Oskulationsebene** ist, welche auch die Tangente in sich fasst. Je nachdem sich letztere Ebene ändert oder nicht ändert, wenn man zu folgenden Punkten übergeht, ist die Kurve doppelt gekrümmt oder eben.

203 [100]. **Die einhüllenden und developpabeln Flächen.** — Lässt man in der eine

— Analytische Geometrie im Raume —

Fläche vorstellenden Gleichung $F(x, y, z, w) = 0$ die Grösse w successive verschiedene Werte annehmen, so erhält man eine Folge von Flächen, von denen je zwei benachbarte sich in einer Kurve, der sog. **Charakteristik** schneiden, welche ein Element der jene Flächen **einhüllenden** Fläche bildet. Ist speciell die gegebene Fläche eine Ebene, welche beständig einer Geraden parallel ist oder durch einen gegebenen Punkt geht, so ist die Charakteristik eine Gerade, während die einhüllende Fläche **cylindrisch** oder **konisch** heisst und sich (sowie überhaupt alle Flächen, welche sich als Ort einer Geraden denken lassen) auf einer Ebene ausbreiten lässt, oder developpabel ist — während dagegen Flächen, welche dieser letztern Bedingung nicht genügen, **windschief** (gauche) heissen.

204 [95]. **Die Komplanation.** Bezeichnet dO ein Flächenelement, so ist (165; 200:3)

$$dO = dx \cdot dy \sqrt{1 + p^2 + q^2} \qquad 1$$

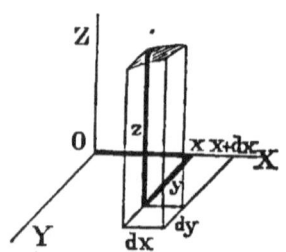

ein Ausdruck, den man, um die Oberfläche zu erhalten, zweimal, z. B. zuerst nach x und dann nach y, zu integrieren hat. Setzt man

$$dx = P \cdot d\varphi + Q \cdot d\psi$$
$$dy = P' \cdot d\varphi + Q' \cdot d\psi \qquad 2$$

so ist y für die erste Integration konstant, also $P'd\varphi + Q'd\psi = 0$ oder $dx = d\varphi (PQ' - QP'):Q'$ für die zweite dagegen φ oder $dy = Q'd\psi$, und für diese Werte wird 1 zu

$$O = \iint (PQ' - QP') \sqrt{1 + p^2 + q^2} \cdot d\varphi \cdot d\psi \qquad 3$$

So genügen der Kugelgleichung $x^2 + y^2 + z^2 = r^2$ die Werte

— Analytische Geometrie im Raume —

$$x = r\, \text{Si}\, \varphi\, \text{Co}\, \psi \quad y = r\, \text{Si}\, \varphi\, \text{Si}\, \psi \quad z = r\, \text{Co}\, \varphi$$

und für diese ergiebt sich nach 3

$$0 = r^2 \int_{\varphi=0}^{\varphi=\pi} \int_{\psi=0}^{\psi=2\pi} \text{Si}\, \varphi \cdot d\varphi \cdot d\psi = 4r^2\pi \quad \mathbf{4}$$

205 [95]. **Die Kubatur.** Bezeichnet dV das durch dO und seine Projektion auf XY bestimmte prismatische Körper-Element, so ist offenbar (204) $dV = dx \cdot dy \cdot z$ und $V = \iint (P \cdot Q' - Q \cdot P')\, z \cdot d\varphi \cdot d\psi$ **1** So z. B. genügen der Gleichung des Ellipsoides die Werte

$$x = a\, \text{Si}\, \varphi\, \text{Co}\, \psi \quad y = b\, \text{Si}\, \varphi\, \text{Si}\, \psi \quad z = c\, \text{Co}\, \varphi$$

also ist das Volumen des Ellipsoides

$$V = \int_{\varphi=0}^{\varphi=\pi} \int_{\psi=0}^{\psi=2\pi} a\, b\, c\, \text{Si}\, \varphi\, \text{Co}^2\, \varphi\, d\varphi\, d\psi = \frac{4}{3} a\, b\, c\, \pi \quad \mathbf{2}$$

206 [102]. **Die darstellende Geometrie.** Zieht man von einem Punkte (Pole) Gerade durch alle bemerkenswerten Punkte eines Gebildes, schneidet diese Geraden durch eine Ebene, und verbindet die Durchschnittspunkte genau so, wie die Punkte am Gebilde verbunden sind, so erhält man eine **Polarprojektion** des Gebildes. Ist der Punkt das Auge, so heisst die Projektion **perspektivisch**, dagegen wenn der Punkt unendlich weit von der Bildebene entfernt ist, **Parallelprojektion**, und zwar **orthogonale**, wenn die Projektionsrichtung zu der Projektionsebene senkrecht steht, speciell **Grundriss** oder **Aufriss**, wenn die Bildebene horizontal oder vertikal ist, — **axonometrisch**, wenn die Projizierenden mit drei zu einander senkrechten Hauptrichtungen des Gebildes bestimmte Winkel bilden, und zwar **isometrisch**, wenn alle drei, — **monodimetrisch**, wenn zwei dieser Winkel gleich sind.

— Die Lehre, die räumlichen Gebilde durch Projektionen darzustellen, und mit Hülfe derselben die Aufgaben durch Zeichnung zu lösen, heisst **darstellende Geometrie** (géométrie descriptive).

XX. Die Methode der kleinsten Quadrate.

207 [52]. **Grundsatz der Methode der kleinsten Quadrate.** Wird eine Grösse B unter Vermeidung konstanter Fehlerquellen wiederholt, z. B. n-mal, bestimmt, so hat man offenbar, sobald n gross genug ist um das Erscheinen jedes zufälligen Fehlers in $+$ und $-$ gleich wahrscheinlich zu machen, das arithmetische Mittel sämtlicher Bestimmungen als besten Beobachtungswert zu betrachten. Denkt man sich aber alle Werte wie Punkte im Raume verbreitet, so entspricht (196) dieser mittlere Wert ihrem Schwerpunkte, während die Entfernungen der Punkte von dem Schwerpunkte die Abweichungen der Beobachtungswerte von dem Mittel ersetzen, und die Konstanten bei gleicher Güte der Beobachtungen sämtlich gleich, also z. B. gleich einer Einheit, sind. Es muss also (133, 196) für den wahrscheinlichsten Wert die **Summe der Fehlerquadrate ein Minimum** sein, und dieses ist der Fundamentalsatz der von Gauss und Legendre eingeführten Methode der kleinsten Quadrate.

208 [52]. **Theorie der Fehler bei direkten Bestimmungen.** Hat man für eine Grösse B eine Anzahl n gleich zuverlässiger Bestimmungen $b_1 \, b_2 \ldots b_n$ der Fehler $\pm f_1 \, f_2 \ldots f_n$ erhalten, so dass immer $B = b \pm f$, so findet man durch Addition im Mittel

— Methode der kleinsten Quadrate — 103

wo M das Mittel der sämtlichen Bestimmungen und $\triangle B$ der **Fehler des Mittels** ist. Setzt man

$$v = M - b \qquad m^2 = \sum v^2 : n \qquad f^2 = \sum f^2 : n \qquad \textbf{2}$$

d. h. bezeichnet durch v die Abweichung einer Bestimmung vom Mittel, durch m die **mittlere Abweichung** einer solchen vom Mittel, und durch f den **mittlern Fehler** einer Bestimmung, so hat man nach 207 und 1

$$\sum f^2 = \sum v^2 + n \cdot \triangle B^2 \qquad \text{oder} \qquad f^2 = m^2 + \triangle B^2 \quad \textbf{3}$$

$\triangle B = \frac{1}{n} \sum (\pm f)$ also am wahrscheinlichsten $\triangle B = f : \sqrt{n}$ **4**

und somit nach 3 und 2

$$f^2 = m^2 + \frac{f^2}{n} \qquad \text{oder} \qquad f = m \sqrt{\frac{n}{n-1}} = \sqrt{\frac{\sum v^2}{n-1}} \quad \textbf{5}$$

Für Beobachtungen von verschiedenen mittlern Fehlern f_1 und f_2 mittelt man aus, welche Anzahl $1/p_1$ der einen ein ebenso gutes Resultat als eine Anzahl $1/p_2$ der andern erzeuge, d. h. man setzt nach 4

$$f_1 : \sqrt{1 : p_1} = f_2 : \sqrt{1 : p_2} \qquad \text{woraus} \qquad p_1 : p_2 = f_2^2 : f_1^2 \quad \textbf{6}$$

folgt, und diese relativen Zahlen p, die sog. **Gewichte** der Beobachtungen, treten nun an die Stelle der bisdahin gleich der Einheit gesetzten Konstanten, so dass

$$B = \frac{\sum pb}{\sum p} \pm \frac{f}{\sqrt{\sum p}} \quad \text{während} \quad m = \sqrt{\frac{\sum pv^2}{n}}, \ f = \sqrt{\frac{\sum pv^2}{n-1}} \quad \textbf{7}$$

mittlere Abweichung und mittlern Fehler in Beziehung auf die angenommene Gewichtseinheit bezeichnen. Endlich ist

$$\varphi(v) = e^{-v^2} : \sqrt{\pi} \qquad f' = 0{,}674486 \cdot m \qquad \textbf{8}$$

wo $\varphi(v)$ die sog. **Fehlerfunktion** oder die Wahrscheinlichkeit des Vorkommens eines Fehlers v, und f' den sog. **wahrscheinlichen** Fehler bezeichnet. Vgl. Tab. II^d.

209 [52]. Theorie der Fehler bei indirekten Bestimmungen. Ist eine Grösse t nach

$$t = a + a_1 t_1 + a_2 t_2 + \ldots + a_n t_n \qquad 1$$

aus beobachteten Grössen $t_1, t_2 \ldots$ der Fehler $f_1, f_2 \ldots$ und Gewichte $p_1, p_2 \ldots$ zu berechnen, so hat man offenbar $\quad \pm f = \pm a_1 f_1 \pm a_2 f_2 \pm \ldots$
also im Mittel

$$f^2 = \sum (a^2 f^2) \quad \text{oder} \quad 1 : p = \sum (a^2 : p) \qquad 2$$

und den allgemeinern Fall, wo

$$t = f(t_1, t_2, \ldots t_n) \qquad 3$$

also

$$dt = \left(\frac{dt}{dt_1}\right) dt_1 + \left(\frac{dt}{dt_2}\right) dt_2 + \ldots + \left(\frac{dt}{dt_n}\right) dt_n \qquad 4$$

ist, kann man darauf zurückführen, indem man in die partiellen Differentialquotienten die beobachteten und berechneten Werte und für die dt die f einsetzt.

210 [52]. Die überschüssigen Gleichungen. Ist $m < n$, und hat man n Gleichungen der Form

$$ax + by + cz + \ldots + h = 0 \qquad 1$$

zwischen m Unbekannten $x, y, z, \ldots$ und gewissen durch Beobachtung erhaltenen $a, b, \ldots$, so werden keine Werte von $x, y, \ldots$ allen diesen Gleichungen vollkommen genügen, sondern durch Substitution irgend solcher Werte nur auf

$$ax + by + cz + \ldots + h = f \qquad 2$$

reduzieren, wo die f kleine, von den Beobachtungsfehlern abhängige Grössen sind. Quadriert und addiert man letztere Gleichungen, so erhält man

$$x^2 \sum a^2 + y^2 \sum b^2 + z^2 \sum c^2 + \ldots + 2xy \sum ab + \\ + 2xz \sum ac + \ldots + 2x \sum ah + 2y \sum bh + \ldots = \sum f^2 \qquad 3$$

und für die besten Werte der x y z ... werden nach dem Grundsatze der Methode der kleinsten Quadrate diejenigen gelten müssen, welche $\Sigma\,f^2$ zum Minimum machen, d. h. für welche (63) die Differentialquotienten von $\Sigma\,f^2$ nach x · y ... verschwinden, so dass Letztere aus den nach 3 gebildeten m Gleichungen

$$x\,\Sigma a^2 + y\,\Sigma ab + z\,\Sigma ac + \ldots + \Sigma ah = 0$$
$$x\,\Sigma ab + y\,\Sigma b^2 + z\,\Sigma bc + \ldots + \Sigma bh = 0$$
$$\vdots \qquad \vdots \qquad \vdots \qquad \vdots$$

4

berechnet werden können, — Gleichungen, welche offenbar direkt aus den Gleichungen 1 hervorgehen, wenn man jede derselben mit dem Faktor multipliziert, welchen x_1 oder y_1 ... in derselben hat, und alle so erhaltenen Gleichungen, welche in Beziehung auf dieselbe Unbekannte gebildet worden sind, addiert.

XXI. Die Messungen mit Kette, Kreuzscheibe und Messtisch.

211. Die praktische Geometrie. Unter praktischer Geometrie (Topographie, Feldmessen), versteht man zunächst die Kunst, mit Hülfe einzelner Längen- und Winkel-Messungen und daran gelehnter Konstruktionen oder Rechnungen, eine Reihe von Punkten auf dem Felde ihrer gegenseitigen Lage nach festzulegen, und so Anhaltspunkte, sei es für die Verzeichnung oder Berechnung einzelner Grundstücke, sei es für Entwerfung eigentlicher Karten (vgl. XL und XLI) zu erhalten.

212 [321—23]. Die Setzwage und die Libelle. Da man sich sämtliche zu bestimmende Punkte auf eine horizontale Ebene projiziert denkt, so bedarf man vor Allem ein Mittel, eine solche zu erkennen oder herzustellen, so z. B. eine **Setzwage**, d. h. ein gleichschenkliges Dreieck, in dessen Scheitel ein **Loth** hängt, welches nur dann über der Mitte der Basis steht, wenn diese horizontal ist. Verändert man die Lage einer Ebene bis die Setzwage bei zwei zu einander senkrechten Stellungen einspielt, so ist sie horizontal. — Genauer ist die **Libelle,** welche aus einer cylindrischen, im Innern nach oben kreisförmig ausgeschliffenen, mit einer leicht beweglichen Flüssigkeit (Äther) bis auf eine Luftblase gefüllten Röhre besteht, und gewöhnlich in messingener Fassung über einem Lineale aufgehängt ist: Die Mitte der Luftblase nimmt

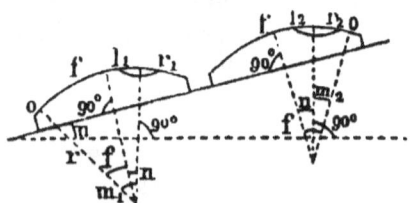

beständig den höchsten Punkt ein, und wenn man die Libelle in zwei Lagen auf eine um n geneigte Gerade aufsetzt, je an der vom einen Ende auslaufenden Teilung den Stand der beiden Blasenenden ablesend, so hat man $n = m_1 - f$ und $n = f - m_2$, also wenn v den Winkelwert eines Teilstriches bezeichnet,

$$n = \tfrac{1}{4}[l_1 + r_1 - l_2 - r_2] \cdot v \qquad f = \tfrac{1}{4}[l_1 + r_1 + l_2 + r_2] \cdot v$$

Um v zu bestimmen, befestigt man die Libelle an ein um eine Axe drehbares Fernrohr, bringt nach und nach durch Drehen dasselbe Blasenende mit zwei Teilstrichen zum Einspielen, und liest entweder an einem an der Axe befindlichen Teilkreise, oder an einer in bekannter Distanz aufgestellten Messlatte je die Stellung des Fernrohrs ab.

213 [325—27]. **Die Längenmessung.** Zum Messen der Distanzen benutzt man gewöhnlich eine

Messkette von 50' oder 10^m Länge, substituiert ihr aber, wenn die Genauigkeit über $^1/_{1000}$ betragen soll, Systeme von auf Stativen liegenden, mit Libelle und Thermometer versehenen Maßstäben, deren Zwischenräume mit Keil oder Fühlhebel bestimmt werden. Der Wert b einer, in der Höhe h über dem Meere gemessenen Basis B im Niveau des Meeres ist, wenn r den Erdradius bezeichnet, $b = B \cdot r : (r + h)$. Die zur Aufzeichnung anzuwendende Verjüngung des Maßstabes hängt von dem Zwecke ab. Nimmt man $^1/_{10}{}^{mm}$ als letzte sichtbare Grösse an, so ist z. B. die Verjüngung $^1/_{10000}$ zu wählen, wenn noch 1^m sichtbar sein soll. — Mit blosser Längenmessung kann man mit Hülfe einiger Stäbe auf dem Felde nach 93 eine Senkrechte errichten, nach 89 oder 116 eine Parallele konstruieren, nach 89 eine Höhe messen, nach 105 oder 117 die Flächen von Figuren bestimmen, nach 109 die Distanz eines unzugänglichen Punktes ermitteln, etc.

214 [330]. **Kreuzscheibe und Winkelspiegel.** Ist man mit zwei zu einander senkrechten Diopterlinealen, einer **Kreuzscheibe**, oder zwei unter 45° gegen einander geneigten Spiegeln (284), einem

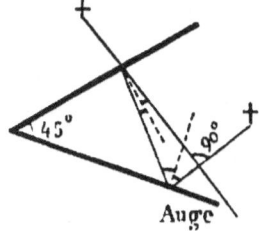

Winkelspiegel, versehen, so lassen sich Senkrechte so leicht errichten, und (durch Probieren) fällen, dass die meisten der in 213 gelösten Aufgaben noch einfachere und genauere Lösungen zulassen, so z. B. nach 93 oder 89 die Bestimmung der Distanz eines unzugänglichen Punktes. Ferner kann man nach 124 leicht Punkte einer Kreislinie von gegebenem Durchmesser auffinden, — einzelne Punkte oder eine krumme Linie nach 77 durch Koordinaten aufnehmen, etc.

215 [332]. **Der Messtisch.** Eine Tafel, welche mit Hülfe einer Libelle in horizontale Lage gebracht werden kann, und so aufgestellt ist, dass jeder Punkt und jede Gerade auf derselben mittelst der sog. **Einlothzange** und einem ein Fernrohr tragenden sog. **Diopterlineal** (Kippregel) vertikal über einen Punkt und parallel zu einer Geraden auf dem Felde zu bringen sind, kann als **Messtisch** (Mensel) dazu dienen, einen Punkt in richtiger Lage gegen zwei ihrer Distanz nach gegebene Punkte zu verzeichnen: Zuerst wird der Tisch über dem einen Endpunkte der auf ihm verzeichneten gemessenen Distanz, der **Standlinie** (Basis), aufgestellt — dann, wo nötig, das Diopterlineal so korrigiert, dass das Fadenkreuz seines Fernrohrs beim Drehen einem Lothfaden folgt, und zugleich auch die Kante des Lineals wenigstens annähernd nach dem eingestellten Objekte hinweist, — nunmehr das Diopterlineal an die verzeichnete Basis angelegt und die Tischplatte gedreht, bis der andere Endpunkt im Fadenkreuze erscheint, — und schliesslich eine Visierlinie nach dem zu bestimmenden Punkte gezogen; nachher wird entweder bei dem sog. **Polygonisieren** die Visierlinie gemessen und aufgetragen, — oder bei dem **Vorwärtsabschneiden** der Messtisch über dem zweiten Endpunkte der Basis aufgestellt, und wieder eine Visierlinie gezogen, — oder endlich bei dem **Rückwärtsabschneiden** der Messtisch über dem gesuchten Punkte mit Hülfe der ersten Visur annähernd eingestellt, und dann eine Visierlinie durch den zweiten Endpunkt der Basis gezogen.

216 [332]. **Das Princip der Multiplikation.** Der Messtisch kann auch zum Messen eines Winkels a dienen. Stellt man ihn nämlich über dem Scheitel von a auf, — visiert nach dem einen Winkelpunkte und dann nach dem andern, — stellt nun durch Drehen des Tisches den Diopterlineal wieder auf den ersten Punkt zurück, visiert nochmals auf den zweiten, etc., bis nach n Operationen die letzte Visur einen Winkel von etwas mehr als b Umdrehungen mit der ersten bildet, so hat man, wenn c die Distanz der dem Radius r entsprechenden Punkte dieser Visierlinien ist,

$$n \cdot a = b \cdot 360^0 + 2\text{Asi}\,(c:2r)$$

also a um so genauer, je grösser n ist.

217 [67]. **Die Pothenot'sche Aufgabe.**
Die Aufgabe, die Lage eines Standpunktes D gegen drei bekannte Punkte A, B, C zu bestimmen, kann mit dem Messtische auf folgende Weise gelöst werden: Man stellt denselben so über D auf, dass die auf ihm verzeichneten Geraden AB und BC den entsprechenden Geraden auf dem Felde möglichst parallel sind,

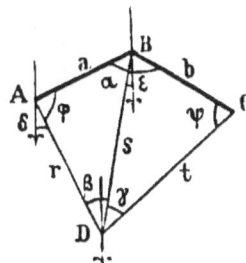

und zieht nun durch die Punkte auf dem Tische und Felde Visierlinien, welche ein sog. **Fehlerdreieck** $\alpha_1\,\beta_1\,\gamma_1$ bestimmen, dann dreht man den Tisch ein wenig und konstruiert ein zweites Fehlerdreieck $\alpha_2\,\beta_2\,\gamma_2$; die Verbindungslinien $\alpha_1\,\alpha_2$, $\beta_1\,\beta_2$, $\gamma_1\,\gamma_2$ schneiden sich sodann sehr nahe in dem gesuchten Punkte. — Kennt man a, b und hat β und γ gemessen, so kann man (98:4; 103), da $\varphi + \psi = 360^0 - (\alpha + \beta + \gamma)$ bekannt ist, nach

$$\text{Tg}\,\frac{\varphi - \psi}{2} = \text{Tg}\,(x - 45^0)\,\text{Tg}\,\frac{\varphi + \psi}{2}\quad\text{wo}\;\text{Tg}\,x = \frac{\text{Si}\,\varphi}{\text{Si}\,\psi} = \frac{b\,\text{Si}\,\beta}{a\,\text{Si}\,\gamma}$$

ist, φ und ψ, und dann r, s, t berechnen. — Für annähernde Bestimmungen (z. B. um den Standpunkt beim Lothen gegen bekannte Punkte am Ufer festzulegen) kann man nach Horners Vorschlage β und γ

auf Strohpapier auftragen, und D durch Versuch ermitteln, — oder auch, wenn man AB und ihre Orientierung ($\delta + \varphi$) kennt, die auf D an der Boussole für AD und BD gemachten Ablesungen δ und ϵ bei A und B antragen.

218 [328]. **Der Distanzmesser.** Hat das Fernrohr des Diopterlineales zu dem horizontalen Mittelfaden noch einen Parallelfaden im Winkelabstande α, und spielt eine an seiner Axe befestigte Spitze über einem geteilten Kreise, dessen Nullpunkt seiner horizontalen Lage entspricht, so kann es als **Distanzmesser aus Einem Stande** dienen; denn stellt man in der Horizontaldistanz x einen geteilten Stab vertikal auf, und fällt eine Länge a desselben zwischen die Faden, während die Spitze bei β steht, so hat man

$$x \, Tg \, (\alpha + \beta) - x \, Tg \, \beta = a \text{ oder } x = a \, Ct \, \alpha \, Co^2 \, \beta$$

Ct α wird am besten bestimmt, indem man den Stab in bekannter Distanz aufstellt. — Bei der **Stadia** der Militärs wird x bestimmt, indem man beobachtet, in welcher Distanz vom Scheitel ein gewisses a (z. B. ein Mann) zwischen die Schenkel eines in bestimmter Entfernung vom Auge gehaltenen Winkels passt.

XXII. Die Messungen mit Theodolit und Nivellierinstrument.

219 [334—7]. **Die geteilten Kreise.** Die Teilung eines Kreises kann man sich bis ins Unendliche fortgesetzt und ganz genau ausgeführt denken; aber praktisch erreicht man nur zu bald eine durch den Radius, die Teilungsmittel und das zu teilende

— Messungen —. 111

Material (früher Holz, Eisen, Messing, — jetzt gewöhnlich Silber) bedingte Grenze. Setzen wir z. B. die Bogenlänge einer Minute $2r\pi : 360 \cdot 60$ gleich einer Einheit, so wird $r = 3437,7468$, und wenn daher jene Einheit auch nur $1/_{10}{}^{mm}$ werden soll, so muss der Kreis mehr als zweifüssig sein, ja man darf mit der direkten Teilung bei 6—8zölligen Kreisen höchstens bis 10', bei 20—36zölligen bis 2' gehen.

220 [338, 9]. **Der Vernier.** Bei jedem zu Winkelinstrumenten verwendeten geteilten Kreise ist die Stellung eines Index an demselben abzulesen, wobei von Index und Teilkreis je der Eine fest, der Andere mit der Visiervorrichtung beweglich ist. Um diese Ablesung genauer zu erhalten, wendete man früher den verjüngten Maßstäben konforme **Transversalteilungen** an, während jetzt der Index durch den Nullpunkt einer Hülfsteilung, des **Vernier**, ersetzt wird: Giebt z. B. ein Kreis 10', und wünscht man dennoch auf 10'' ablesen zu können, so teilt man einen Bogen von $59 \cdot 10'$ in 60 (allgemein $n-1$ in n) gleiche Teile, so dass jeder der neuen Teile um $1 : n = 10'(1 - 59 : 60) = 10''$ kleiner als ein Teil der Hauptteilung ist, und wenn also z. B. der Nullpunkt des Vernier so zwischen $54^0 \, 30'$ und $54^0 \, 40'$ steht, dass der 7te Teilstrich desselben mit einem Teilstriche der Hauptteilung zusammenfällt, so ist die Ablesung $54^0 \, 30' + 7 \cdot 10'' = 54^0 \, 31' \, 10''$. — Für das Ablesemikroskop vgl. 327, — für Untersuchung der Teilung und Elimination der Excentricität 328.

221 [349, 50]. **Der Theodolit.** Das wichtigste Winkelinstrument ist der nach und nach aus dem **Astrolabium** der Alten (einem geteilten Kreise mit Dioptern) hervorgegangene **Theodolit**, welcher aus einem mit Hülfe von drei Fußschrauben horizontal zu stellenden geteilten Kreise, dem **Limbus**, besteht, der entweder fest ist (gemeiner Theodolit) oder um eine vertikale Axe gedreht werden kann (Repetitions-Theodolit). Auf einer über dem Limbus drehbaren Scheibe, der **Alidade**, welche mindestens ein Paar sich diametral gegenüberstehender Verniers trägt, stehen zwei gleich hohe Lager für die Axe eines geraden (terrestrischer Theodolit) oder mittelst Prisma gebrochenen Fernrohrs (astronomischer Theodolit oder Universalinstrument), an welche wieder ein geteilter Kreis, der **Höhenkreis**, angesteckt ist, dessen Vernier-Paar an einem der Lager sitzt. Jede Veränderung in der Lage des Fernrohrs wird somit von selbst in eine horizontale und eine vertikale zerlegt, und man kann daher mit demselben gleichzeitig Horizontalwinkel und Höhendifferenzen messen, sobald dasselbe gehörig aufgestellt und korrigiert ist. Zu letzterm Zwecke wird die Libelle auf die Axe des Fernrohrs gesetzt, dieses über eine der Fußschrauben gebracht, und nun die Libelle eingestellt: dann wird die Libelle verkehrt auf die Axe gesetzt, und vom allfälligen Ausschlag die Hälfte an der Fußschraube, der Rest an der Libelle selbst korrigiert; nachher dreht man die Alidade um 180°, und verbessert einen neuen Ausschlag der Libelle zur Hälfte an der Fußschraube, zur Hälfte am einen Lager; hierauf stellt man die Axe parallel zu den beiden andern Fußschrauben, und bringt mit ihnen nochmals die Libelle zum Einspielen. Sodann stellt man das Fadenkreuz des Fernrohrs genau auf einen Gegenstand ein, legt hierauf das Fernrohr in seinen Lagern um, oder führt es nach Drehen der Alidade um 180° durch Durchschlagen auf den Gegenstand zurück, und verbessert endlich die Hälfte der Abweichung an den

Stellschrauben des Fadenkreuzes oder Prisma's. Für die Messung von Höhenwinkeln vgl. 225, — für die Axenlibelle 329.

222 [352]. **Der Spiegelsextant.** Neben dem Theodoliten ist der kein Stativ erfordernde, also zur See brauchbare und auf Reisen bequeme Spiegelsextant das wichtigste Winkelinstrument. Er besteht aus einem Kreissektor, auf dessen Ebene ein (oben unbelegter) Spiegel A parallel zur Nulllinie der Teilung des Sektors fest aufsitzt. Ein zweiter Spiegel B ist auf einem drehbaren Radius befestigt, und trägt zugleich den Index

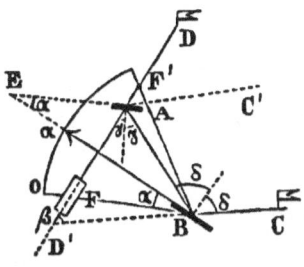

für die Ablesung. Dem Spiegel A endlich steht ein Fernrohr F so gegenüber, dass seine optische Axe und die Verbindungslinie der beiden Spiegel an A mit der Normale gleiche Winkel bilden. Visiert man nach einem Gegenstande D, und dreht dann B so, dass man nach derselben Richtung durch doppelte Reflexion einen Gegenstand C zu sehen glaubt, so erhält man aus der Ablesung α den Winkel β, welchen D und C am Auge bestimmen nach

$$\beta = 2\delta - 2\gamma = 2[90 + \delta - (90 + \gamma)] = 2\alpha$$

oder auch direkt, indem man jedem Teilstriche das Doppelte seines Wertes beischreibt, und zur Prüfung des Parallelismus von A mit der Nulllinie oder zur Auffindung des sog. **Kollimationsfehlers** hat man einfach nachzusehen, welchen Wert β für einen sehr fernen Gegenstand annimmt. — Für die Messung von Höhenwinkeln vgl. 225.

Wolf, Taschenbuch   8

223 [348]. **Die Reduktion auf Centrum und Horizont.** Kann man sich im Scheitel eines Winkels A nicht aufstellen, so misst man von einem benachbarten Punkte aus den Winkel D, und hat sodann, wenn der **Direktionswinkel** α und die **Excentricität** e ermittelt sind, nach 83 und 103

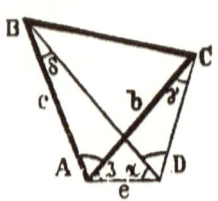

$$A = D + e\,\mathrm{Si}\,(\alpha + D) : b \cdot \mathrm{Si}\,1'' - e\,\mathrm{Si}\,\alpha : c \cdot \mathrm{Si}\,1'' \quad \mathbf{1}$$

Bezeichnet a den wahren, A den Horizontalwinkel zweier Objekte der Zenitdistanzen b und c, so hat man (160:4)

$$\mathrm{Co}\frac{A}{2} = \sqrt{\frac{\mathrm{Si}\,s \cdot \mathrm{Si}\,(s-a)}{\mathrm{Si}\,b \cdot \mathrm{Si}\,c}} \quad \text{wo} \quad s = \frac{a+b+c}{2} \quad \mathbf{2}$$

224. Die sog. Triangulationen. Verbindet man eine Reihe von Punkten untereinander und mit einer bekannten Basis durch eine Kette von Dreiecken oder ein **Dreiecksnetz**, und misst dessen Winkel, so kann man die Distanz irgend zweier dieser Punkte und die Koordinaten sämtlicher Punkte berechnen, und damit die sicherste Grundlage für eine Detailaufnahme erhalten. Meistens werden die Koordinaten auf einen der Punkte und seinen Meridian bezogen, und dafür (330, 344) das Azimut w einer ersten Seite bestimmt; dann hat man einerseits

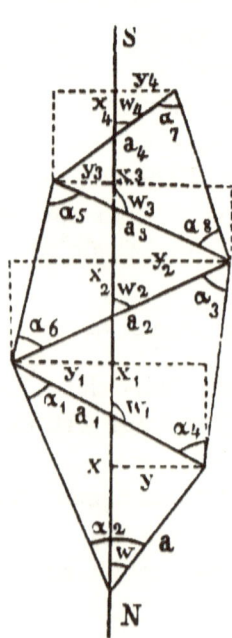

$$x = a\,\mathrm{Co}\,w, \quad x_1 = x - a_1\,\mathrm{Co}\,w_1 \text{ etc.}$$
$$y = a\,\mathrm{Si}\,w, \quad y_1 = y - a_1\,\mathrm{Si}\,w_1 \text{ etc.} \quad \mathbf{1}$$
$$w_1 = w - (\alpha_1 + \alpha_2) + 180°, \text{ etc.}$$

während anderseits

$$\frac{a}{a_1} = \frac{\text{Si } \alpha_1}{\text{Si } \alpha_2} \qquad \frac{a_1}{a_2} = \frac{\text{Si } \alpha_3}{\text{Si } \alpha_4} \text{ etc.} \qquad \mathbf{2}$$

also durch Multiplikation

$$a_n = a \frac{\text{Si } \alpha_2 \cdot \text{Si } \alpha_4 \ldots \text{Si } \alpha_{2n}}{\text{Si } \alpha_1 \cdot \text{Si } \alpha_3 \ldots \text{Si } \alpha_{2n-1}} \qquad \mathbf{3}$$

Aus 2 folgt durch Differentiation

$$da_1 = da \cdot \frac{\text{Si } \alpha_2}{\text{Si } \alpha_1} - a_1 (\text{Ct } \alpha_1 \cdot d\alpha_1 - \text{Ct } \alpha_2 \, d\alpha_2) \text{Si } 1'' \qquad \mathbf{4}$$

und man hat daher bei einer Triangulation auf möglichst gleichseitige Dreiecke zu sehen. Aus 3 aber folgt, wenn $\triangle \alpha$ den mittlern Fehler der Winkel und $\triangle a$, $\triangle a_n$ die Fehler der ersten und letzten Seite bezeichnen,

$$\triangle a_n = \pm \triangle a \cdot a_n : a \mp a_n (\text{Ct } \alpha_1 - \text{Ct } \alpha_2 + \ldots) \triangle \alpha \cdot \text{Si } 1''$$

oder durch Quadrieren und Weglassen der Glieder mit $\pm$

$$\triangle a_n^2 = a_n^2 [\triangle a^2 : a^2 + \triangle \alpha^2 \cdot \text{Si}^2 1'' \cdot \sum \text{Ct}^2 \alpha] \qquad \mathbf{5}$$

225 [354]. **Die Messung der Höhenwinkel.** Um mit einem Theodoliten Höhenwinkel oder Zenitdistanzen messen zu können, ist entweder am Fernrohr nach seiner Längenrichtung eine Libelle angehängt, um es horizontal stellen und direkt den Winkel einer Gesichtslinie mit der Horizontalen messen zu können, — oder es lässt sich das Fernrohr umschlagen, und so in zwei um 180° verschiedenen Stellungen des Horizontalkreises auf denselben Gegenstand einstellen, wo nun die halbe Summe der Ablesungen am Höhenkreise den Zenitpunkt, die halbe Differenz die Zenitdistanz giebt. — Bei dem Spiegelsextanten misst man den Abstand vom scheinbaren

Horizonte oder den, bei merklicher Entfernung sehr nahe der doppelten Höhe gleichen Winkel mit dem Spiegelbilde in einem künstlichen Horizonte. — Aus dem Höhenwinkel α kann man bei kleiner Horizontaldistanz b die Höhe nach $h = b \cdot \mathrm{Tg}\,\alpha$ berechnen, — während bei grösserer sowohl der Depression des Horizontes (378), als der terrestrischen Refraktion (390) Rechnung zu tragen ist, wenn eine **trigonometrische Höhenmessung** wesentlich besser als die barometrische (275), oder gar mit einem Nivellement (226) vergleichbar sein soll.

226 [322]. **Das Nivellirinstrument.** Zum Bestimmen kleiner Höhendifferenzen wendet man ausser der Kanalwage (268) ein auf einem Pyramidalstativ ruhendes Fernrohr mit Längslibelle an. Spielt die Libelle ein, so soll die Visur horizontal sein; gesetzt aber, sie habe noch eine Elevation, so wird sie, wenn

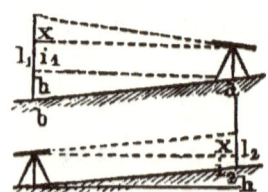

das Instrument in a und eine Messlatte (Mire) in einem um h tiefern Punkte b aufgestellt wird, letztere in $l_1 = x + i_1 + h$ treffen, wo i_1 die Höhe des Okulars über a und x den durch jene Elevation verursachten Fehler bezeichnet. Wechselt man Instrument und Mire, so erhält man $l_2 = x + i_2 - h$, so dass

$$2h = l_1 - l_2 - (i_1 - i_2) \qquad 2x = l_1 + l_2 - (i_1 + i_2)$$

Ist x gehoben, so kann man die Höhendifferenz zweier Punkte auch finden, indem man sich zwischen ihnen aufstellt, für beide Punkte die Latthöhe abliest, und die Differenz nimmt.

Die Mechanik.

Geh' jede Stunde einen Schritt, aber geh diesen Schritt jede Stunde, so wirst du bald ans Ziel gelangen. (*Börne.*)

XXIII. Die reine Statik.

227 [107]. **Vorbegriffe.** Jede Bewegung erfordert **Zeit**, und jede Veränderung eines Bewegungszustandes eine Ursache, eine sog. **Kraft**, die nach Angriffspunkt, Grösse und Richtung zu bestimmen ist. Wirken mehrere Kräfte zugleich, so nennt man sie **Komponenten**, eine sie ersetzende einzelne Kraft **Resultante**, und sagt, wenn letztere Null ist, die Kräfte stehen **im Gleichgewichte**. Die Lehre vom Gleichgewichte heisst **Statik**, diejenige von der Bewegung **Dynamik**, ihre Verbindung **Mechanik**.

228 [108]. **Das sog. Kräfteparallelogramm.** Zwei Kräfte, welche in entgegengesetzter Richtung an einem Punkte angebracht, sich Gleichgewicht halten, heissen **gleich**; fügt man daher Kräften eine ihrer Resultante gleiche, aber entgegengesetzte Kraft, eine **Gegenresultante** bei, so ist Gleichgewicht. — Der Angriffspunkt einer Kraft darf in ihrer Richtung verlegt werden, vorausgesetzt, der neue Angriffspunkt sei mit dem alten starr verbunden. — Die Resultante von Kräften, welche nach einer Geraden wirken, ist gleich ihrer algebraischen Summe. — Die

Resultante zweier gleichen Kräfte halbiert notwendig ihren Winkel; folglich steht ein Rhombus im Gleichgewichte, wenn man an zwei Gegenecken desselben je zwei gleiche, nach den Seiten wirkende Kräfte anbringt. — Teilt man die Seiten eines Parallelogrammes im Verhältnisse ihrer Länge, und verbindet die entsprechenden Teilpunkte der Gegenseiten, so zerfällt es in Rhomben. Bringt man nun an je zwei Gegenecken dieser Rhomben gleiche Kräfte an, so besteht einerseits Gleichgewicht; anderseits heben sich alle Kräfte im Innern auf, und die längs den Seiten des Parallelogrammes wirkenden Kräfte lassen sich auf zwei Paare reduzieren, welche an zwei Gegenecken wirken und im Verhältnisse der Seiten stehen. Die Resultanten dieser Paare müssen gleich sein und im Gleichgewichte stehen, also nach der Diagonale wirken, und diese fällt mit der Diagonale des von einem der Kräftepaare bestimmten Parallelogrammes zusammen, so dass diese die Richtung der Resultante darstellt. Sind drei Kräfte im Gleichgewichte, so muss jede derselben die Gegenresultante der beiden andern sein, d. h. mit der Diagonale ihres Parallelogrammes eine Gerade bilden, — was nur eintrifft, wenn jede der Kräfte gleich der Diagonale des Parallelogrammes der beiden andern ist. Die Resultante R zweier auf einen Punkt wirkenden Kräfte P und Q fällt somit der Richtung und Grösse nach mit der Diagonale des von ihnen bestimmten Parallelogrammes zusammen, und man hat (103, 104)

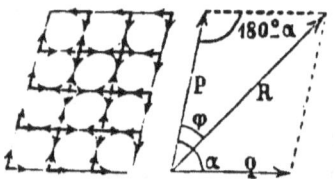

$$P : Q : R = \mathrm{Si}\,(\alpha - \varphi) : \mathrm{Si}\,\varphi : \mathrm{Si}\,\alpha \qquad \mathbf{1}$$

$$R^2 = P^2 + Q^2 + 2PQ\,\mathrm{Co}\,\alpha \qquad \mathbf{2}$$

Ist speciell $\alpha = 90°$, so wird

$$\text{Tg } \varphi = Q : P \qquad R = \sqrt{P^2 + Q^2} = P \cdot \text{Sec } \varphi \qquad 3$$

229 [108]. **Allgemeine Regeln für das Zusammmensetzen und Zerlegen der Kräfte.** Bildet man einen Zug, dessen Seiten den auf einen Punkt wirkenden Kräften gleich und parallel sind, so stellt die Schlussseite desselben der Grösse und Richtung nach die Resultante dar, und der Zug selbst heisst **Kräftepolygon**. — Von zwei (in der Ebene) oder drei (im Raume) zu einander senkrechten Komponenten ist (228) jede gleich der Resultante multipliziert mit dem Cosinus des Winkels, den sie mit ihr bildet. Mit Hülfe hievon findet man die Resultante mehrerer auf einen Punkt wirkenden Kräfte, indem man jede derselben nach zwei oder drei zu einander senkrechten Richtungen zerlegt, nach jeder dieser Richtungen die algebraische Summe nimmt und zu diesen Summen die Resultante sucht.

230 [109]. **Die sog. Momente.** Fällt man von einem Punkte eine Senkrechte auf eine Kraft, so heisst ihr Produkt in die Kraft **Moment der Kraft in Beziehung auf den Punkt**, und das Moment der Resultante zweier Kräfte in Beziehung auf einen Punkt ist (103, 97) gleich der Summe oder Differenz ihrer Momente in Beziehung auf denselben Punkt, je nachdem der Punkt ausserhalb oder innerhalb des Winkels der beiden Kräfte liegt.

231 [109]. **Der Mittelpunkt der parallelen Kräfte und der Schwerpunkt.** Zwei Kräfte P und Q, deren Angriffspunkte mit einem Stützpunkte fest verbunden sind, stehen im Gleichgewichte, wenn ihre Resultante durch denselben geht, also (230) ihre Momente in Beziehung auf denselben gleich sind. Bezeichnet α den Winkel der von dem Stützpunkte auf die Kräfte gefällten Senkrechten, so erleidet er durch sie (104) einen Druck

$$R = \sqrt{P^2 + Q^2 - 2PQ \operatorname{Co} \alpha}$$

Die Resultante paralleler Kräfte ist somit gleich ihrer Summe oder Differenz, je nachdem die Kräfte gleiche oder entgegengesetzte Lage haben; dabei teilt der Angriffspunkt der Resultante die Verbindungslinie der Angriffspunkte der Komponenten im ersten Falle von Innen, im zweiten Falle von Aussen im reciproken Verhältnisse der Kräfte, und heisst **Mittelpunkt der parallelen Kräfte** oder, wenn alle Kräfte gleich gross und gleich gerichtet sind, **Schwerpunkt**. Vgl. 133, 185 und 196.

232 [109]. **Die sog. Kräftepaare.** Die Resultierende zweier entgegengesetzten parallelen und gleichen Kräfte ist (231) Null, und wirkt in der Entfernung unendlich, — d. h. zwei solche Kräfte lassen sich nicht durch Eine Kraft ersetzen, und bilden somit ein elementares Kräftesystem, ein **Kräftepaar** (couple). Die algebraische Summe der Momente der zwei Kräfte in Beziehung auf einen Punkt ist gleich dem **Moment des Paares** genannten Produkte aus einer der Kräfte in ihren Abstand, die sog. **Breite**; dabei entspricht jedem Paare ein bestimmter Sinn, in dem es zu drehen sucht. — Haben zwei Kräftepaare einer Ebene bei entgegengesetztem Sinne gleiche Momente (P·p = Q·q)

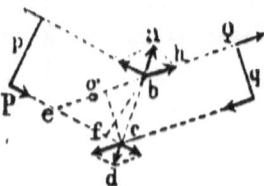

und verlegt man die Angriffspunkte der Kräfte paarweise in die Durchschnittspunkte (b und c) ihrer Richtungen, so sind die Resultierenden nicht nur gleich sondern fallen nach entgegengesetzter Richtung in dieselbe Gerade (a b c d), und es stehen somit die beiden Kräftenpaare im Gleichgewichte.

233 [109]. **Zusammensetzung der Paare.** Paare einer Ebene können (232) durch andere von gleichem Sinne und Momente ersetzt, somit auf gleiche Breite gebracht, und dann durch algebraische Summierung der Kräfte auf Ein Paar reduziert werden. — Zwei Paare in verschiedenen Ebenen lassen sich auf gleiche Breite bringen, an die Kante versetzen, und dann mit Hülfe des Kräfteparallelogrammes (228) zu einem Paare vereinigen.

234 [110]. **Die allgemeinen Gleichgewichtsbedingungen.** Wirken auf eine Reihe von Punkten der Koordinaten (A, B, C) Kräfte P, so zerlege man (229) jede nach den drei Axen in

$$X = P \cdot Co\, \alpha \qquad Y = P \cdot Co\, \beta \qquad Z = P \cdot Co\, \gamma \qquad \mathbf{1}$$

ersetze Z durch Z_1, Z_2 und Z_3, drehe das Paar $Z_2 Z_3$ um 90° nach $Z_4 Z_5$ und zerlege es (233) in die Paare $X' X''$ und $Y' Y''$, — und entsprechend verfahre man mit X und Y. Da nun die Momente der Paare

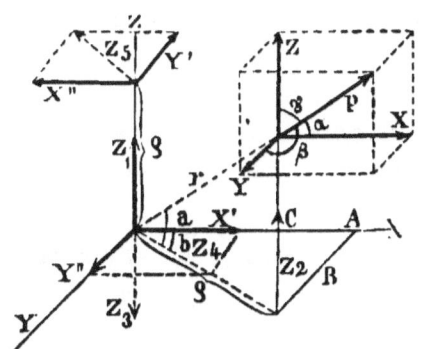

$$\rho X' = A \cdot P \cdot Co\, \gamma$$
$$\rho Y' = B \cdot P \cdot Co\, \gamma \qquad \mathbf{2}$$

etc. sind, so erhält man statt der Kräfte P, unter der Annahme, dass ein Drehen von x um y nach z, von y um z nach x, und von z um x nach y als positiv betrachtet werde, die Kräfte und Paare

$\sum P \cdot \operatorname{Co} \alpha$ $\sum P(B \cdot \operatorname{Co} \alpha - A \cdot \operatorname{Co} \beta)$
$\sum P \cdot \operatorname{Co} \beta$ $\sum P(C \cdot \operatorname{Co} \beta - B \cdot \operatorname{Co} \gamma)$ **3**
$\sum P \cdot \operatorname{Co} \gamma$ $\sum P(A \cdot \operatorname{Co} \gamma - C \cdot \operatorname{Co} \alpha)$

welche für den Fall des Gleichgewichtes sämtlich Null sein müssen. Um zu untersuchen, ob die Kräfte P, wenn sie nicht im Gleichgewichte stehen, durch eine einzelne Kraft R ersetzbar sind, fügt man ihnen die Kraft (— R) bei, und sieht, ob nun die Ausdrücke 3 wirklich Null werden.

XXIV. Die reine Dynamik.

235 [111]. **Vorbegriffe.** Den Ort eines sich bewegenden Punktes nennt man seine **Bahn**, — die Länge derselben bis zu der, einer gewissen Zeit (t) zukommenden Lage, den dieser Zeit entsprechenden **Weg** (s), — den Weg, welchen ein Punkt, infolge seines Bewegungszustandes zur Zeit t, in einer Zeiteinheit zurücklegt oder zurücklegen würde, **Geschwindigkeit** (c) zur Zeit t, — und die Geschwindigkeitszunahme in einer Zeiteinheit endlich, welche eine Kraft, bei gleichmässigem Fortwirken wie zur Zeit t, verursacht oder verursachen würde, die der Zeit t entsprechende **Beschleunigung** (g).

236 [111]. **Die gleichförmige Bewegung.** Ist bei einer Bewegung die Beschleunigung $g = 0$, so heisst sie **gleichförmig**, und für sie ist offenbar

$$c = s : t \qquad s = c \cdot t \qquad t = s : c$$

Teilt man entsprechend für irgend eine Bewegung den Weg durch die Zeit, so erhält man die ihr zukommende **mittlere Geschwindigkeit**. Bewegt sich ein Punkt gleichförmig in einem Kreise des Radius r, so heisst $v = c : r$ **Winkelgeschwindigkeit** desselben.

237 [111]. **Die gleichförmig beschleunigte Bewegung.** Ist bei einer Bewegung die Beschleunigung g konstant, so heisst sie **gleichförmig beschleunigt**, und wenn für $t = 0$ auch $c = 0$ ist, so stellt offenbar $\frac{1}{2} c = \frac{1}{2} \cdot gt$ ihre mittlere Geschwindigkeit vor. Man hat somit

$$s = \tfrac{1}{2} c \cdot t = \tfrac{1}{2} g \cdot t^2 \qquad c = gt = \sqrt{2gs} \qquad t = \sqrt{2s : g}$$

238 [111]. **Das Parallelogramm der Bewegungen.** — Bei jeder gesetzmässigen Bewegung ist der Weg s von der Zeit t abhängig, so dass man $s = F(t)$ setzen kann. — Wirken auf einen Punkt zwei Kräfte, so wird er in jedem Momente die Gegenecke des Parallelogrammes einnehmen, dessen Nebenseiten die den einzelnen Kräften entsprechenden gleichzeitigen Wege darstellen, — gerade wie wenn jede der Kräfte successive während derselben Zeit allein gewirkt hätte. — Stellen $s_1 = F_1(t)$ und $s_2 = F_2(t)$ die durch zwei unter einem Winkel α auf einen Punkt wirkende Kräfte erzeugten Wege dar, so sind (entsprechend 228) die Polarkoordinaten des Punktes zur Zeit t durch

$$\mathrm{Tg}\, v = \frac{s_1 \cdot \mathrm{Si}\, \alpha}{s_2 + s_1 \cdot \mathrm{Co}\, \alpha} \qquad r = \sqrt{s_1{}^2 + s_2{}^2 + 2 s_1 s_2 \,\mathrm{Co}\, \alpha} \quad \mathbf{1}$$

gegeben. Soll der Punkt einen geraden Weg beschreiben, so muss v von t unabhängig, also $F_2(t) = A \cdot F_1(t)$ oder

$$\mathrm{Tg}\, v = \mathrm{Si}\, \alpha : (A + \mathrm{Co}\, \alpha) \qquad r = F_1(t) \cdot \sqrt{1 + 2A\, \mathrm{Co}\, \alpha + A^2} \quad \mathbf{2}$$

sein. Es ist somit der Weg nur für gleichartig wirkende Kräfte gerade, dann aber auch durch eine ebenso wirkende einzelne Kraft darstellbar.

239 [112]. **Allgemeine Beziehungen zwischen Weg, Geschwindigkeit und Beschleunigung.** Für zunehmende oder abnehmende Geschwindigkeiten und Beschleunigungen hat man immer

$$(v + \Delta v)\Delta t \gtreqless \Delta s \gtreqless v \cdot \Delta t \quad (g + \Delta g)\Delta t \gtreqless \Delta v \gtreqless g \cdot \Delta t$$

so dass nach der Grenzmethode

$$v = \text{Lim.}\frac{\Delta s}{\Delta t} = \frac{ds}{dt} \qquad g = \text{Lim.}\frac{\Delta v}{\Delta t} = \frac{dv}{dt} = \frac{d^2s}{dt^2}$$

$$s = \int v \cdot dt \qquad v = \int g \cdot dt$$

1

Hat ein Punkt der Masse m die Koordinaten x, y, z, so sind nach 1 zur Zeit t seine Bewegungsmengen nach den Axen und deren Vermehrungen in dem folgenden Zeitelemente dt

$$m\frac{dx}{dt},\ m\frac{dy}{dt},\ m\frac{dz}{dt} \text{ und } m\frac{d^2x}{dt^2}\cdot dt,\ m\frac{d^2y}{dt^2}\cdot dt,\ m\frac{d^2z}{dt^2}\cdot dt\ \mathbf{2}$$

Ist der Punkt **frei** und wirkt auf ihn eine beschleunigende Kraft der Komponenten X Y Z, so stimmen jene Vermehrungen mit

$$m \cdot X \cdot dt \qquad m \cdot Y \cdot dt \qquad m \cdot Z \cdot dt \quad \mathbf{3}$$

überein, — ist er dagegen **nicht frei**, sondern mit andern Punkten zu einem Systeme verbunden, so wird die Einwirkung einer Kraft auf ihn, möglicherweise, durch die Verbindungen modifiziert werden, und es ergeben sich sodann Differenzen, welche aber so beschaffen sein müssen, dass sich ihre Gesamtheit für das ganze System Gleichgewicht hält, d. h. man erhält (234:3) die Gleichungen

$$\Sigma m\frac{d^2x}{dt^2} = \Sigma m\,X,\ \Sigma m\frac{d^2y}{dt^2} = \Sigma m\,Y,\ \Sigma m\frac{d^2z}{dt^2} = \Sigma m\,Z\ \mathbf{7}$$

— Reine Dynamik — 125

$$\sum m \frac{xd^2y - yd^2x}{dt^2} = \sum m (xY - yX)$$

$$\sum m \frac{yd^2z - zd^2y}{dt^2} = \sum m (yZ - zY) \qquad 8$$

$$\sum m \frac{zd^2x - xd^2z}{dt^2} = \sum m (zX - xZ)$$

oder das sog. d'Alembert'sche Princip.

240 [113]. **Das Princip der Erhaltung des Schwerpunktes.** Aus weiterer Entwicklung folgt, dass sich der Schwerpunkt eines Systemes so bewegt, wie wenn alle Massen in ihm vereinigt wären, und alle Kräfte direkt an ihm wirken würden, — und, wie ein Punkt ohne Wirkung einer äussern Ursache in seiner Bewegung beharrt, so kann auch die Bewegung des Schwerpunktes eines Systemes durch blosse Einwirkung seiner Teile aufeinander nicht verändert werden, sondern es bewegt sich derselbe mit konstanter Geschwindigkeit in einer Geraden, oder es besteht das Princip der Erhaltung des Schwerpunktes.

241 [113]. **Das Princip der Erhaltung der Flächen.** Wenn die Punkte eines Systemes nur ihrer gegenseitigen Wirkung, oder Kräften unterworfen sind, welche nach dem Anfangspunkte der Koordinaten wirken, so ergiebt sich das merkwürdige Gesetz: Projiziert man die von den Radien Vektoren während eines Zeitelementes beschriebenen Flächen auf eine durch den Anfangspunkt gelegte Ebene, und multipliziert jede Projektion mit der Masse des beschreibenden Punktes, so ist die Summe dieser Produkte immer dem Zeitelemente proportional.

242 [113]. **Die unveränderliche Ebene.** Wenn man ein System von Flächen auf die drei Koordinatenebenen projiziert, und die erhaltenen Projektionen auf irgend eine andere Ebene überträgt, so ist die Summe der drei neuen Projektionen gleich derjenigen, welche man durch unmittelbares Projizieren auf diese Ebene erhalten hätte. Ferner findet man, dass die Quadratsumme der Projektionen auf drei zu einander senkrechte Ebenen einen von der Lage dieser Ebenen unabhängigen Wert hat, während die einzelne Summe für eine bestimmte Ebene einen Maximalwert annimmt, und zwar ist die Lage dieser Letztern für die 241 zu Grunde liegenden Voraussetzungen von der Zeit unabhängig, so dass sie als eine **unveränderliche** Ebene zu betrachten ist.

243 [114]. **Die Hauptaxen.** Versteht man (264) unter dem Trägheitsmomente eines Körpers in Beziehung auf eine Axe die Summe der Produkte jedes seiner Elemente in das Quadrat seines Abstandes von derselben, so giebt es für jeden Körper drei zu einander senkrecht stehende Axen, sog. **Hauptaxen**, welche die merkwürdige Eigenschaft haben, dass Einer von ihnen das grösste und einer Andern das kleinste Trägheitsmoment zugehört. Sie fallen bei einem homogenen Ellipsoide mit den geometrischen Hauptaxen (197) zusammen.

244 [114]. **Die augenblickliche Rotationsaxe.** Alle in einem gegebenen Zeitmomente ruhenden Punkte eines rotierenden Körpers liegen in einer durch den Durchschnittspunkt der Hauptaxen gehenden Geraden, der „Axe instantané de rotation". Wirken auf den Körper keine äussern Kräfte, und dreht er sich zu einer gewissen Zeit sehr nahe um diejenige seiner Hauptaxen, der das grösste oder kleinste Trägheitsmoment entspricht, so macht jene

Rotationsaxe im Laufe der Zeit nur kleine und periodisch wiederkehrende Schwankungen um die ursprüngliche Lage und die benachbarte Hauptaxe, ja es bleibt Letztere, wenn sie es einmal war, beständig Rotationsaxe; entspricht dagegen der benachbarten Hauptaxe das mittlere Trägheitsmoment, so kann die geringste Störung die Rotationsverhältnisse total verändern. Es ist also in erstem Falle die Stabilität gesichert, während im zweiten ein labiler Zustand vorhanden ist.

Die Physik.

*Wir dringen nur bis zu der Wahrheit Pforte,
— Verhüllt bleibt, das dahinter brennt,
das Licht, — „Ursach und Wirkung" sind
nur Täuschungsworte, — die Wirkung
kennen wir, den Urgrund nicht.*
(Bodenstedt.)

XXV. Physikalische Vorbegriffe.

245 [118]. **Allgemeine Eigenschaften der Materie.** Jedes Materielle muss zu jeder Zeit einen bestimmten Raum einnehmen, d. h. ausgedehnt und undurchdringlich sein; ausserdem **scheinen** Beweglichkeit, Teilbarkeit, Trägheit oder Beharrungsvermögen, wechselseitige Anziehung, Porosität und Ausdehnbarkeit allgemeine Eigenschaften der Materie zu sein. Wirkung und Gegenwirkung sind gleich. Die Mitteilung der Bewegung erfordert Zeit.

246 [118, 151]. **Teilbarkeit und Ausdehnbarkeit.** Jeder Körper lässt sich auf verschiedene Weise in kleinere Teile zerlegen. Da er aber (248) sowohl einem solchen Zerkleinern, als auch einem Zusammenpressen einen Widerstand entgegensetzt, so nimmt man an, dass er aus sich anziehenden kleinen Teilchen, sog. **Molekülen** (250), bestehe, deren Summe seine **Masse** bilde, und dass diese von sich abstossenden Partikelchen eines den ganzen Raum erfüllenden Stoffes, des **Äthers**, umlagert seien, — dass er sich somit jeweilen in einem Gleichgewichtszustande befinde,

— Physikalische Vorbegriffe — 129

der jedoch durch eine auf ihn einwirkende Kraft abgeändert werden könne. So z. B. dehnt sich ein Körper bei Zunahme der Wärme und Abnahme des Druckes aus, und umgekehrt wird die Wärme durch die Ausdehnung einer Flüssigkeit (Weingeist, Quecksilber) in einem Gefässe mit engem, kalibriertem Halse, einem **Thermometer**, gemessen; die Fundamentalpunkte der Skale sind der **Schmelzpunkt** des Eises (bei Réaumur und Celsius mit 0, bei Fahrenheit mit 32 bezeichnet) und der **Siedepunkt** des Wassers am Meere (80° bei R., 100 bei C., 212 bei F.). Der Barometerstand (273) am Meere ist zu 760^{mm} angenommen; beträgt er $760 \pm d$, so ist die Siedehitze $(100 \pm t)$° C., wo nach Arago und Dulong

$$t = 0{,}037818 \cdot d + 0{,}000018563 \cdot d^2 \qquad \mathbf{1}$$

Entsprechen an einer sog. Echelle arbitraire des Teilwertes a dem Schmelzpunkte und der Temperatur t die Ablesungen b und τ, so ist

$$t = a(\tau - b) = A\tau + B \qquad \mathbf{2}$$

Rutherford's **Max. und Min. Thermometer** besteht aus zwei horizontal, aber entgegengesetzt liegenden Thermometern, deren eines Quecksilber und eine vor ihm liegende Stahlnadel, das andere Weingeist und ein in ihm liegendes Glascylinderchen enthält. Sicherer ist ein **Metallthermometer**, das aus zwei zusammengelöteten Metallstreifen (z. B. Stahl und Messing) besteht, die so zu einer Spirale aufgewunden sind, dass das sich stärker ausdehnende Metall (Messing) nach aussen zu stehen kömmt; das innere Ende der Spirale ist festgemacht, während das äussere zwischen zwei Zeigern oder mit einem Registrierapparate in Verbindung steht.

247 [118]. **Anziehung und Gewicht.** Die wechselseitige Anziehung der Materie ist ihrer **Masse**

direkt, dem Quadrate des Abstandes verkehrt proportioniert. Die Anziehung der Erde heisst **Schwere**, ihre Richtung **vertikal**, die dazu senkrechte Richtung **horizontal**. Die Resultante der auf einen Körper wirkenden Schwerkräfte nennt man sein **absolutes Gewicht**, — das absolute Gewicht der Volumeneinheit **specifisches Gewicht** oder **Eigengewicht**, — die Masse der Volumeneinheit **Dichte**. Als Masseneinheit dient diejenige eines Kubikcentimeters reinen Wassers bei 4⁰ C., das **Gramm**, so dass die Masse des Kubikmeters eine Million Gramme oder 10 Metercentner (eine **Last** oder Tonne) beträgt. [V^b.]

248 [118]. **Aggregationszustand, Cohäsion und Adhäsion.** Man nennt einen Körper **fest, flüssig** oder **gasförmig**, je nachdem für ihn Grösse und Form, oder nur Grösse, oder keine von beiden bestimmt ist. Bei Zunahme der Wärme und Abnahme des Druckes kann ein Körper aus dem festen Aggregationszustande bis in den gasförmigen übergeführt werden. — Die festen Körper teilen sich nach dem Widerstande gegen eine Gestaltänderung in **harte** (Diamant) und **weiche** (Talk), **dehnbare** (Zinn, Platin) und **spröde** (Glastropfen), — nach dem Bestreben, die frühere Gestalt wieder anzunehmen, in **elastische** (Stahl, Elfenbein) und **unelastische** (feuchter Thon), — nach dem Bestreben, ihre kleinsten Teile zu einem symmetrischen Ganzen zu ordnen, in **krystallinische** (Candiszucker) und **amorphe** (Gerstenzucker). Die Kraft, welche die Teilchen eines Körpers in ihrer gegenseitigen Lage erhält, heisst **Cohäsion**, — die zwischen den Teilchen zweier sich berührenden Körper sich zeigende Anziehung **Adhäsion**.

249. Festigkeit. Der auf der Cohäsion beruhende Widerstand, den ein Körper gegen äussere

Kräfte leistet, welche ihn auszudehnen, zu zerdrücken, abzubrechen oder abzudrehen streben, heisst **Zug-** (absolute), **Druck-** (rückwirkende), **Biegungs-** (relative) oder **Drehungs-** (Torsions-) **Festigkeit**. Sind die äussern Kräfte nicht gross genug, um eine Trennung der Teilchen zu bewirken, so wird doch die Gestalt des Körpers etwas verändert; sie stellt sich aber, wenn die Kräfte aufhören zu wirken, innerhalb der sog. **Elasticitätsgrenzen** wieder her; letztere werden durch das Verhältnis der grössten Längenänderung zur Länge gegeben, — die entsprechende Belastung heisst **Tragmodul**. **Elasticitätsmodul** nennt man dasjenige Gewicht, welches ein Prisma des Querschnittes 1 um seine eigene Länge ausdehnen oder zusammenpressen würde, — **Festigkeitsmodul** dagegen diejenige Kraft, welche die wirkliche Trennung der Teilchen bewirkt.

250 [118]. **Die chemische Verwandtschaft.** Viele Körper sind durch die Thätigkeit der sog. **chemischen Verwandtschaft** (Affinität) aus der Verbindung einfacher (unzerlegbarer) Körper, sog. **Elemente**, zu einem gleichartigen Ganzen hervorgegangen. Unter **Molekül** (246) die kleinste Menge eines Körpers verstehend, die für sich existieren kann, nennt man **Atom**, die kleinste Menge eines Elementes, die in einem Molekül seiner Verbindungen enthalten ist. Die chemischen Verbindungen erfolgen nach bestimmten Gewichtsverhältnissen, **Atomgewichten**, oder ihren Vielfachen, und zwar giebt die Summe der Atomgewichte der Bestandteile das **Molekulargewicht** der Verbindung. Nicht alle Atome besitzen den gleichen Wirkungswert, dieselbe **Valenz**: Der Wert des Wasserstoffatomes gleich 1 gesetzt, ergiebt als **univalente** Elemente u. A. Chlor, Brom, Jod, Kalium, Natrium, Silber; **bivalent** sind Sauerstoff, Schwefel, Calcium, Mangan, Kupfer, etc.

Zu den wichtigsten Verbindungen der Elemente gehören die **Hydrate** (Hydrooxyde), teils die **Säuren**, von denen die im Wasser löslichen sauer schmecken, und blaue Pflanzenfarben (z. B. Lacmus) röten, — teils die **Basen**, von denen die im Wasser löslichen laugenhaft schmecken und gelbe Pflanzenfarben (z. B. Curcuma) bräunen. Durch Zusammentreten von Säuren und Basen entstehen die **Salze**. — Als Beispiele für chemische Vorgänge mögen folgende dienen: Durch Erhitzen von Kaliumchlorat (chlorsaurem Kali) wird Sauerstoff abgeschieden. Übergiesst man Zinkstücke mit Wasser, dem etwas Schwefelsäure beigesetzt ist, so erhält man das brennbare Wasserstoffgas neben Zinkvitriol. Verbrennt man Phosphor unter einer mit Luft gefüllten Glasglocke, so bleibt Stickstoff übrig. Bei gelindem Erwärmen von Braunstein mit etwas Salzsäure entwickelt sich das grünliche, erstickende Chlor. Ein Gemenge von Sauerstoff mit dem doppelten Volumen Wasserstoff (das sog. Knallgas) verpufft unter Bildung von Wasser, und wenn man einer Wasserstoffflamme so viel Sauerstoff zuführt, als zur vollständigen Verbrennung nötig ist, so entsteht eine intensive Hitze. Übergiesst man Kreide mit verdünnter Salzsäure, so wird Kohlensäure ausgeschieden; tröpfelt man in den Rückstand Schwefelsäure, so fällt Gyps nieder. Etc.

XXVI. Geostatik und Geodynamik.

251 [119]. **Die Beschleunigung der Schwere.** Wegen der ungemeinen Grösse der Erde dürfen die auf die verschiedenen Punkte eines Körpers wirkenden Schwerkräfte als parallel und gleich angesehen werden, und zwar ist nach Borda die Beschleunigung der Schwere unter der Breite φ

— Geostatik und Geodynamik — 133

$$g = 9^m{,}80557\,(1 - 0{,}002588\,\text{Co}\,2\varphi)$$

und für dieses g gelten, abgesehen vom Luftwiderstande, die 237 gefundenen Gesetze als Gesetze des freien Falles.

252. Stabiles und labiles Gleichgewicht. Ein Körper dessen Schwerpunkt mit seinem Stütz- oder Aufhängepunkte in derselben Vertikalen liegt, steht im Gleichgewichte, und zwar heisst dieses **stabil**, falls der Körper nach Entfernung aus seiner Gleichgewichtslage wieder in diese zurückkehrt, — sonst **labil**.

253. Der Keil. Bezeichnet P die auf den Rücken eines Keiles des Winkels 2α wirkende Kraft, Q den senkrecht zu jeder der Seiten wirkenden Widerstand, so ist (228) für das Gleichgewicht

$$P = 2\,Q\,\text{Si}\,\alpha$$

Ist somit α klein, so kann mit kleiner Kraft ein grosser Widerstand überwunden werden.

254 [119]. Die schiefe Ebene. Liegt ein Körper des Gewichtes P auf einer schiefen Ebene A B und wird er nicht mit einer zu ihr parallelen Kraft P·Si α, **oder**, wie bei der durch Aufwinden einer schiefen Ebene auf einen Cylinder entstehenden **Schraube**, mit einer nach horizontaler Richtung wirkenden Kraft P·Tg α gehalten, so

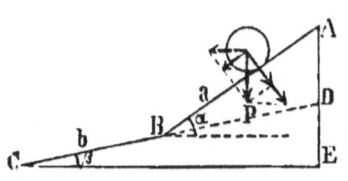

fällt er mit der Beschleunigung g·Si α längs der schiefen Ebene, wobei er (237) von A bis B die Geschwindigkeit $\sqrt{2\,\mathrm{ag}\,\text{Si}\,\alpha}$ erhält; geht er sodann auf die schiefe Ebene B C über, so nimmt er auf dieselbe die Geschwindigkeit

— Geostatik und Geodynamik —

$$v = \sqrt{2ag\,\mathrm{Si}\,\alpha}\,\mathrm{Co}\,(\alpha - \beta) \qquad 1$$

mit, welche er auf dieser selbst beim Zurücklegen des Weges

$$s = v^2 : (2g \cdot \mathrm{Si}\,\beta) = a\,\mathrm{Si}\,\alpha\,\mathrm{Co}^2(\alpha - \beta) \cdot \mathrm{Cs}\,\beta \qquad 2$$

erhalten hätte. Er langt also in C mit der Geschwindigkeit

$$c = \sqrt{2g\,(a\,\mathrm{Si}\,\alpha\,\mathrm{Co}^2(\alpha-\beta)+b\,\mathrm{Si}\,\beta)} < \sqrt{2g\,(a\,\mathrm{Si}\,\alpha + b\,\mathrm{Si}\,\beta)} \qquad 3$$

an, folglich mit einer kleinern Geschwindigkeit als er beim Falle durch dieselbe Höhe A E erlangt hätte. Diese Differenz erlischt für $\alpha = \beta$, d. h. auf geraden oder krummen Bahnen wird die gleiche Geschwindigkeit erhalten wie beim freien Falle durch dieselbe Höhe.

255 [120]. **Das mathematische Pendel.**
Giebt man einer starren Geraden l, die am einen Ende befestigt ist, am andern Ende einen schweren Punkt trägt (einem mathematischen Pendel) eine kleine Elongation α, so fällt sie wieder zurück, wobei der Punkt (254) bis zur Rückkehr nach C die Geschwindigkeit

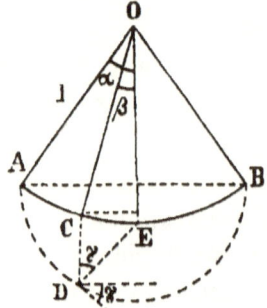

$$c = \sqrt{gl\,(\alpha^2 - \beta^2)}\,\mathrm{Si}\,1''$$

erlangt, welche für $\beta = 0$ im Maximum

$$v = \alpha\,\sqrt{gl}\,\mathrm{Si}\,1'' \qquad 1$$

wird. Mit dieser geht das Pendel über die Ruhelage hinaus, bis es, nachdem es eine entgegengesetzte Elongation α erhalten, durch die Gegenwirkung der Schwere seine Geschwindigkeit wieder verloren, eine **einfache Schwingung** vollendet hat, um sofort wieder zurückzuschwingen. — Denkt man sich über dem, für eine

— Geostatik und Geodynamik — 135

kleine Elongation zu einer Geraden werdenden Schwingungsbogen einen Halbkreis konstruiert, und lässt, im Augenblicke, wo eine Schwingung beginnt, einen Punkt mit der konstanten Geschwindigkeit v von A aus sich im Halbkreise bewegen, so findet man, dass er in dem vertikal unter C liegenden Punkte D parallel zum Schwingungsbogen die Geschwindigkeits-Komponente $v \cdot Co \gamma = c$ hat, also notwendig zur Vollendung seiner $\alpha \cdot 1 \cdot Si\ 1'' \cdot \pi$ langen Bahn die Schwingungszeit t des Pendels braucht, so dass diese

$$t = \alpha \cdot 1 \cdot Si\ 1'' \cdot \pi : v = \pi \cdot \sqrt{1 : g} \qquad 2$$

und somit von α unabhängig ist. Aus 2 folgen

$$1 = gt^2 : \pi^2 \qquad g = l\pi^2 : t^2 \qquad 2l \cdot dt = t \cdot dl \qquad 3$$

und somit für $t = 1^s$ oder für ein **Sekundenpendel**

$$L = g : \pi^2 \qquad g = L \cdot \pi^2 \qquad 2L \cdot dt = dL \qquad 4$$

Für $g = 9^m,80557$ wird z. B. $L = 0^m,99351$, und, wenn hievon die Pendellänge nur um 1^{mm} abweicht, so beträgt dies in einem Tage volle $43^s, 432$.

256 [121]. **Das physische Pendel.** Ein physisches Pendel, bei dem starre Linie und schwerer Punkt durch einen Stab mit Linse ersetzt sind, stellt eine Verbindung von unzählig vielen mathematischen Pendeln verschiedener Länge dar, von denen die meisten **gezwungen**, und nur wenige, die durch die sog. **Schwingungspunkte** bestimmten, **frei** eine mittlere Schwungzeit inne halten. Vertauscht man den Aufhängepunkt mit demjenigen Schwingungspunkte, der mit ihm und dem Schwerpunkte in einer Geraden liegt, so wird dadurch die Schwungzeit des Pendels nicht verändert, und man kann daher durch Versuch die Länge des einem physischen Pendel entsprechenden mathematischen Pendels bestimmen, indem man bei ersterm vertauschbare Aufhängepunkte aufsucht, und ihre Distanz misst.

257 [122, 3]. **Die Uhren.** Die von den Alten zur Abteilung der Zeit verwendeten **Sand-** und **Wasseruhren** wurden etwa vom 14. Jahrhundert hinweg nach und nach durch **Gewicht-** und **Federuhren** verdrängt, bei welchen die, durch die konstant wirkende Kraft erzeugte, und durch ein sog. Echappement annähernd gleichförmig erhaltene Bewegung mittelst eines Räderwerkes auf ein Zeigerwerk übergetragen wurde; aber erst als spätestens Huygens in Letztere Pendel und Unruhe einführte, wurden sie als **Regulatoren** und **Chronometer** zu brauchbaren Instrumenten.

258 [111]. **Ballistik.** Wird ein schwerer Punkt mit der Geschwindigkeit a unter dem Winkel α gegen die Horizontale geworfen, so sind (236, 237), wegen der gleichzeitigen Wirkung der Schwere, seine Koordinaten zur Zeit t

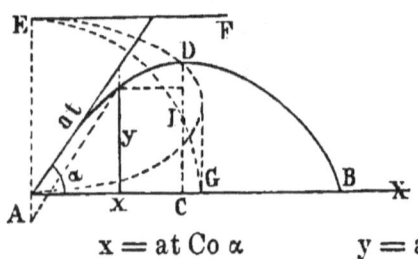

$$x = at\, \text{Co}\, \alpha \qquad y = at\, \text{Si}\, \alpha - \tfrac{1}{2} gt^2 \qquad \mathbf{1}$$

woraus durch Elimination von t

$$y = x\,(a^2 \text{Si}\, 2\alpha - gx) : 2a^2 \cdot \text{Co}^2\, \alpha \qquad \mathbf{2}$$

als Gleichung der Wurflinie folgt. Es geht hieraus hervor, dass der Punkt mit der Abscisse AB = $a^2 \text{Si}\, 2\alpha : g$, der **Wurfweite**, zur Horizontalen zurückkehrt, und dass diese Abscisse für α = 45° am grössten, für α = 45° + β und α = 45° − β aber je gleich gross wird. Ferner nimmt nach 2 die Ordinate y für AC = $a^2 \text{Si}\, 2\alpha : 2g$ einen grössten Wert CD = $a^2 \text{Si}^2\, \alpha : 2g$, die **Wurfhöhe**, an. Verlegt man den Anfangspunkt der

Koordinaten in den Scheitel D der Wurflinie, und wählt DC als Axe, so geht 2 in

$$y^2 = 2 \cdot (a^2 Co^2 \alpha : g) \cdot x \qquad 3$$

über, und es ist daher (137) die Wurflinie, abgesehen vom Luftwiderstande, eine Parabel. — Ist $AE = a^2 : 2g$, so stellt EF die gemeinschaftliche Leitlinie aller Wurflinien dar, — der aus A mit AE beschriebene Kreis den Ort aller Brennpunkte, — die mit AE als kleiner und halber grosser Axe beschriebene Ellipse den Ort aller Scheitel.

259 [119]. **Der Hebel.** Wirken zwei Kräfte P und Q auf zwei Punkte, welche mit einem in deren Ebene liegenden **Stützpunkte** starr verbunden sind, so stehen sie (231) im Gleichgewichte,

wenn die Momente Pp und Qq in Beziehung auf den Stützpunkt gleich sind. Ein solches System heisst **Hebel**, und zwar **doppelarmig**, **Winkelhebel** oder **einarmig**, je nachdem $\alpha = 180, < 180$ oder o ist; p und q nennt man **Hebelarme**. Wirkt auf einen der Endpunkte des Hebels statt einer Kraft ein zweiter Hebel, etc., so erhält man den **zusammengesetzten Hebel**, an dem Gleichgewicht ist, wenn sich Kraft zu Last wie das Produkt der Lasthebelarme zum Produkte der Krafthebelarme verhält. — Ist der Hebel materiell, so ist das Moment des im Schwerpunkte wirkenden Gewichtes dem Momente der in gleichem Sinne wirkenden Kraft beizufügen.

260 [119]. **Die Wage.** Bezeichnet G das Gewicht eines Hebels, dessen Schwerpunkt um d unter dem Stützpunkte liegt, so ist (259) derselbe bei einem **Ausschlage** φ im Gleichgewichte, wenn

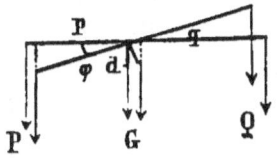

$$\text{Pp Co } \varphi = \text{Qq Co } \varphi \pm \text{Gd Si } \varphi \text{ oder Tg } \varphi = \pm(\text{Pp}-\text{Qq}):\text{Gd} \quad \mathbf{1}$$

Verändert man, wie es bei der **physikalischen Wage** geschieht, P, — oder, wie es bei der **Schnellwage** geschieht, p, bis $\varphi = 0$ wird, so ist $\text{Pp} = \text{Qq}$, so dass auf diese Weise eine unbekannte Last Q durch ein bekanntes Gewicht P ausgedrückt oder **abgewogen** werden kann. Die Wage heisst um so **empfindlicher**, je grösser φ für denselben kleinen Gewichtsüberschuss der einen Seite wird. — Eine sog. **Brückenwage** ist (259, 231) im Gleichgewichte, wenn

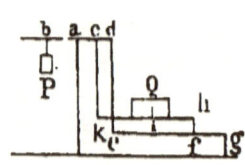

$$P \cdot ba = Q \frac{ih}{kh} ac + Q \cdot \frac{ki}{kh} \cdot \frac{fg}{ge} \cdot ad \quad \mathbf{2}$$

vorausgesetzt, die unbelastete Wage sei für sich im Gleichgewicht. Ist sie so konstruiert, dass $ge : fg = ad : ac$, so wird $P \cdot ba = Q \cdot ac$, und eine Verschiebung von Q auf der Brücke bleibt ohne Einfluss.

261 [119]. **Das Wellrad.** Durch Umdrehung eines doppelarmigen Hebels um eine durch seinen Stützpunkt gehende Axe, erhält man ein **Wellrad**, und es ist somit an diesem (259) Gleichgewicht, wenn sich Kraft zu Last wie der Radius der Welle zum Radius des Rades verhält. Sollen entsprechend dem zusammengesetzten Hebel zwei Wellräder in Verbindung gebracht werden, so versieht man die Welle des ersten und das Rad des zweiten mit entsprechenden Erhöhungen und Vertiefungen (Zähnen). Ein Wellrad heisst **Haspel** oder **Winde**, je nachdem die Axe horizontal oder vertikal ist, — ein gezahntes Rad **Stirnrad**, **Kammrad** oder **Kegelrad**, je nachdem die Zähne Verlängerungen der Radien sind, oder zu denselben senkrecht oder schief stehen.

— Geostatik und Geodynamik — 139

262 [119]. **Die Rollen und Flaschenzüge.** Eine kreisrunde, an ihrem Umfange mit einer Rinne zur Aufnahme eines Seiles versehene Scheibe heisst **feste Rolle**, wenn sie bloss um ihr Centrum, — **bewegliche**, wenn auch letzteres beweglich ist. — Die feste Rolle, bei welcher Kraft und Last an dem umgeschlagenen Seile wirken, ist ein gleicharmiger Hebel, und dient daher nur um die Richtung einer Kraft abzuändern. Die bewegliche Rolle hängt dagegen in einem Seile, an dessen Enden Kräfte wirken, während die Last am Centrum angebracht ist, so dass (228) für Gleichgewicht sich jede Kraft zur Last verhält, wie der Radius zur Berührungssehne, also im günstigsten Falle wie 1:2. Aus Verbindung von festen und beweglichen Rollen gehen die **Flaschenzüge** hervor, bei denen sich Kraft zu Last wie die Einheit zur Anzahl sämtlicher Rollen verhält.

263 [111]. **Die Centralbewegung.** Wird ein sich bewegender Punkt je nach Verlauf einer Zeit t gegen ein Centrum angezogen, so haben die von seiner Bahn mit dem Centrum bestimmten Dreiecke (107) gleiche Fläche, oder es gilt, da für ein unendlich abnehmendes t die gebrochene Bahn zur Kurve wird, das Gesetz: Bei jeder Centralbewegung werden in gleichen Zeiten gleiche Flächen beschrieben. Diejenige im Kreise ist somit notwendig eine gleichförmige Bewegung, und bedarf, um die sich infolge der Trägheit entwickelnde **Fliehkraft** f zu neutralisieren, eine ebenso grosse konstante Anziehung nach dem Mittelpunkte. Bezeichnet a die Geschwindigkeit im Kreise des Radius r und t die Umlaufszeit, so ist

$$f = a^2 : r = 4\pi^2 \cdot r : t^2 \qquad \mathbf{1}$$

worauf die durch die sog. Centrifugalmaschine dargestellten Erscheinungen beruhen. Analog ist für einen zweiten, in der Zeit T einen Kreis des Radius R durchlaufenden Punkt

$$F = 4\pi^2 R : T^2 \quad \text{so dass} \quad f : F = r \cdot T^2 : R \cdot t^2$$

und, wenn überdies (vgl. 406)

$$t^2 : T^2 = r^3 : R^3 \quad \text{speciell} \quad f : F = R^2 : r^2 \quad \textbf{2}$$

264 [119]. **Einige Definitionen.** Das Produkt aus Masse und Geschwindigkeit eines Körpers nennt man **Menge der Bewegung**, — dasjenige aus Masse und Beschleunigung **Kraft**, — dasjenige aus Kraft und Weg **mechanische Arbeit**, — die Hälfte desjenigen aus Masse und Quadrat der Geschwindigkeit **lebendige Kraft** (wohl auch kinetische Energie). Die absolute Einheit der Kraft ist das **Dyn** (Dyne), von welchem 981 auf ein Gramm kommen, — diejenige der Energie und mechanischen Arbeit ist das **Erg** (Ergon), von welchem 981 erfordert werden, um ein Gramm in einer Sekunde einen Centimeter zu heben, oder 10^5 mal soviel, wenn Gramm und Centimeter durch Kilogramm und Meter ersetzt werden. Solcher **Meterkilogramme** werden 75 auf eine **Pferdekraft** gerechnet. Die Summe der Produkte aus den Elementen eines Körpers in die Quadrate ihrer Distanzen von einer Axe oder Ebene nennt man **Trägheitsmoment** (vgl. 133 und 243).

265. Die Lehre vom Stosse. Folgt einer Kugel der Masse m und Geschwindigkeit c, eine andere Kugel der Masse M und der Geschwindigkeit $C > c$, so entsteht ein **Stoss**. Ist dieser Stoss **gerade**, d. h. geht er durch die beiden Mittelpunkte, und bezeichnen V und v die Geschwindigkeiten nach dem Stosse, so ist der Geschwindigkeitsverlust der Hinterkugel

— Geostatik und Geodynamik — 141

$$C - V = (1 + k) \cdot m (C - c) : (M + m) \quad \mathbf{1}$$
und der Geschwindigkeitsgewinn der Vorderkugel
$$v - c = (1 + k) \cdot M (C - c) : (M + m) \quad \mathbf{2}$$
wo k eine mit der Elasticität der Kugeln von 0 bis 1 zunehmende Grösse bezeichnet.

266. Reibung und Widerstand des Mittels. Die Bewegungsgesetze werden durch den Widerstand des Mittels und die Reibung modifiziert. Ersterer wächst mit der Dichte des Mittels und dem Quadrate der Geschwindigkeit, hängt aber auch sehr von der Gestalt des Körpers ab. Letztere ist bei gleitender Bewegung von der Grösse der Berührungsfläche unabhängig, dagegen dem Drucke D proportional, so dass der Widerstand gegen das Verschieben $W = f \cdot D$ ist, wo f den sog. **Reibungskoefficienten** bezeichnet. Wirkt somit eine Kraft P unter dem Winkel α mit der Normale auf die Reibungsfläche, so ist Gleichgewicht, wenn (229)

$$f \cdot P \cdot Co\,\alpha = P \cdot Si\,\alpha \quad \text{oder} \quad f = Tg\,\alpha$$

Dieser von der Grösse der Kraft unabhängige Winkel heisst **Reibungswinkel** (Abrutschungswinkel, natürliche Böschung). Durch Anwendung von Schmiermitteln oder Verwandlung der gleitenden in eine rollende Bewegung kann die Reibung sehr vermindert werden.

XXVII. Hydrostatik und Hydraulik.

267 [124]. **Hydrostatisches Grundgesetz.** In jeder Flüssigkeit pflanzt sich die Wirkung einer Kraft nach allen Seiten fort, und der Druck auf einen Teil der Wandung eines vollständig gefüllten und begrenzten Gefässes ist dessen Fläche proportional, —

ein Gesetz, auf dem z. B. die Bramah'sche Presse beruht. Wird an einer Stelle der Druck aufgehoben, so zeigt sich, wie bei Segners Wasserrad, der Gegendruck.

268 [124]. **Weitere hydrostatische Gesetze.** Die Oberfläche einer ruhenden Flüssigkeit ist infolge der Schwere und der leichten Verschiebbarkeit der Flüssigkeitsteilchen horizontal. Der Druck auf ein Teilchen im Innern der Flüssigkeit (folglich auch der Gegendruck nach oben) und auf den Boden eines Gefässes ist gleich dem Gewichte eines auf ihm ruhend gedachten Flüssigkeitscylinders, und hängt nicht von Form und Inhalt des Gefässes ab; der Druck auf eine Stelle einer Seitenwand ist gleich dem Gewichte einer Flüssigkeitssäule, welche dieselbe zur Grundfläche, und die Distanz ihres Schwerpunktes vom Niveau der Flüssigkeit zur Höhe hat. — In communizierenden Gefässen, z. B. in den Schenkeln der Kanalwage, steht dieselbe Flüssigkeit gleich hoch, während sich die Höhen verschiedener Flüssigkeiten umgekehrt wie ihre Dichten verhalten.

269 [124]. **Bestimmung der Dichte.** Das Gewicht der von einem Körper verdrängten Flüssigkeit ist gleich seinem Gewichtsverluste in derselben, und man erhält somit (246) die Dichte eines Körpers, wenn man sein absolutes Gewicht durch seinen Gewichtsverlust in reinem Wasser teilt. Ist das Gewicht eines Körpers kleiner als dasjenige der von ihm verdrängten Flüssigkeit, oder **schwimmt** er in derselben, so verbindet man ihn, um seine Dichte zu bestimmen, mit einem so dichten Körper, dass noch die Verbindung untersinkt. Je dichter eine Flüssigkeit ist, um so weniger tief sinkt ein Körper von gegebenem Gewichte in derselben ein, und um so mehr muss ein Körper belastet werden, um bis zu einer bestimmten Marke einzusinken. Auf diesen Principien beruhen die **hydrostatische Wage** und die verschiedenen **Aräometer**.

270 [124]. **Die Kapillarität.** Die sich in der Adhäsion und Cohäsion (248) zeigende Molekularanziehung bewirkt auch eine Modifikation des Gesetzes der kommunizierenden Röhren (268), die **Kapillarattraktion**. Netzt eine Flüssigkeit die Wandungen einer Röhre (Wasser in Glas), so steigt sie an denselben mit konkaver Oberfläche empor, und zwar so, dass die Höhe dem Durchmesser der Röhre umgekehrt proportioniert ist. Eine nicht netzende Flüssigkeit (Quecksilber in Glas) steht dagegen am Rande tiefer, ja sinkt in engen Röhren mit konvexer Oberfläche unter das Niveau, — und ebenso scheint sich eine bei gewöhnlicher Temperatur netzende Flüssigkeit bei sehr hohen Temperaturen zu verhalten. Eine verwandte Erscheinung ist der Flüssigkeitsaustausch durch poröse Wände oder Membranen, die sog. **Endosmose** und **Exosmose**.

271 [124]. **Die Ausflussgesetze.** Die Geschwindigkeit des Ausflusses ist bei engen Öffnungen gleich derjenigen zu setzen, welche beim freien Falle durch die Druckhöhe erhalten würde, so dass (237) die Ausflussmenge pro Sekunde durch eine Öffnung der Fläche q für die Druckhöhe h gleich $q\sqrt{2gh}$ folgt. Für weitere Öffnungen wird diese Menge durch die im Innern der Flüssigkeit entstehenden Bewegungen und die damit zusammenhängende Kontraktion sehr vermindert, so dass obiger Formel ein Erfahrungsfaktor (etwa 0,65) gegeben, oder versucht werden muss, die Ausflussmenge durch konisch sich erweiternde Ansatzröhren wieder zu vermehren. Der Stoss einer bewegten Wassermasse ist gleich dem Gewichte einer

Wassersäule, deren Basis die Druckfläche ist, und deren Höhe $a^2:2g$ der Geschwindigkeit a des Wassers als Druckhöhe entspricht.

272 [129]. **Die Wellenbewegung.** Hebt man, z. B. durch Aufsaugen, an irgend einer Stelle einer Flüssigkeit eine Säule über das Niveau empor, und lässt sie dann wieder los, so sinkt sie nach den Gesetzen der Hydrostatik nieder, und geht sogar, da die Flüssigkeit, auf welche sie fällt, nach der Seite ausweichen kann, infolge der erhaltenen Geschwindigkeit unter das Niveau, — es bildet sich ein **Thal**, während die umgebende Flüssigkeit zu einem **Berge** aufsteigt, jedoch sofort durch die Schwere wieder niedergezogen wird, dabei nach Aussen einen neuen Berg erzeugt, etc. Es entsteht so (und in ähnlicher Weise in der Luft durch den Stoss des Windes, etc.) eine **Wellenbewegung**, bei der nach den Weber'schen Versuchen jedes Flüssigkeitsteilchen in einer nahe elliptischen Bahn oscilliert, nicht eine fortschreitende Bewegung zeigt. Kreuzen sich verschiedene Wellenbewegungen, so entstehen, je nachdem dabei ein Thal teilweise oder ganz mit einem Thale, oder aber mit einem Berge zusammentrifft, sog. **Interferenz**-Erscheinungen.

XXVIII. Aerostatik, Pneumatik und Akustik.

273 [125]. **Das Barometer.** Wird eine, am einen Ende geschlossene Röhre von ca. 1^m Länge mit luftfreiem Quecksilber gefüllt und dann umgekehrt in solches getaucht, so sinkt dasjenige in der Röhre, bis

— Aerostatik, Pneumatik und Akustik — 145

sich das Gleichgewicht mit der äussern Luft hergestellt hat. Die Niveau-Differenz in Röhre und Gefäss, welche am Meere ca. 760^{mm} ($28''$ P.) beträgt, kann somit annähernd als Mass des Luftdruckes dienen, — genauer ist Letzterer nach

$$b = a : [1 + 0{,}00018018\,\tau - 0{,}00001878\,(\tau - \alpha)] \rightleftharpoons a - \beta\cdot\tau$$

zu berechnen, wo a die an einer Messingskale abgelesene Erhebung der Quecksilberkuppe über das Niveau im Gefässe, τ die in C ausgedrückte Temperatur des Quecksilbers und Messings, α die Normaltemperatur des der Skale zu Grunde liegenden Etalons bezeichnet, $\beta = 0{,}00016\cdot a$ aber Tab. V^c zu entnehmen ist. Da dieses **Gefässbarometer** wegen der Kapillarität (wenn nicht die Röhre mindestens 12^{mm} weit) etwas zu kleinen Luftdruck angiebt, und der Nullpunkt der Skale (wenn nicht das Gefäss mindestens 120^{mm} weit) beständig verschoben werden muss, so substituiert man ihm oft ein **Heberbarometer**, das aus einer cylindrischen gebogenen Röhre besteht, und eine Skale mit Nullpunkt in der Mitte hat. Als Registrierapparat wird jetzt meistens das **Wagebarometer** von Sprung, auf Reisen das **Aneroid** von Goldschmid benutzt.

274 [126]. **Das Mariotte'sche Gesetz.** Schliesst man in einer gebogenen Röhre, deren kürzerer Schenkel geschlossen ist, die Luft in diesem letztern mit Quecksilber ab, und giesst dann nach und nach in den längern Schenkel so viel Quecksilber, dass die Niveaudifferenz 1, 2, 3, ... (n — 1) Barometersäulen, also der Druck auf die abgeschlossene Luft das 2, 3, 4, ... nfache des Luftdruckes beträgt, so wird das Volumen der letztern auf $\frac{1}{2}$, $\frac{1}{3}$, $\frac{1}{4}$, $\frac{1}{n}$ des anfänglichen reduziert. Es besteht also das von Boyle und wenig später auch von Mariotte gefundene, allerdings (vgl. 301:2) konstante Temperatur voraussetzende Gesetz: „Das Volumen einer Gasmenge ist der drückenden Kraft umgekehrt proportioniert," welches auch erlaubt, aus dem Volumen rückwärts auf den Druck zu schliessen, wie es beim **Manometer** geschieht.

275 [126, 27]. **Die Hypsometrie.** Denkt man sich eine Luftsäule in Schichten abgeteilt, und bezeichnen $p\, p_1 \ldots p_n$ die Gewichte dieser Schichten, $P P_1 \ldots P_n$ aber die sie drückenden Kräfte, so hat man (274)

$$p : p_1 = P : P_1, \quad p_1 : p_2 = P_1 : P_2, \ldots p_{n-1} : p_n = P_{n-1} : P_n$$
$$P_1 = P - p_1, \quad P_2 = P_1 - p_2, \ldots \ldots P_n = P_{n-1} - p_n$$

folglich successive, wenn $P : (P + p) = \pi$ ist

$$p_1 = p \cdot \pi \quad p_2 = p \cdot \pi^2 \ldots \ldots p_n = p \cdot \pi^n$$

Sind daher B und b die Barometerstände in den Höhen m und n, so hat man für $n - m = h$

$$B : b = p_m : p_n = 1 : \pi^h \text{ oder } h = (\text{Lg B} - \text{Lg b}) : \text{Lg} \frac{1}{\pi} \quad \mathbf{1}$$

Es ist daher die Höhendifferenz zweier Stationen der Differenz der Logarithmen gleichzeitiger Barometerstände an denselben proportional, — jedoch abgesehen von dem Einflusse der Lufttemperatur. Unter Berücksichtigung dieser letztern erhält man dagegen die Deluc'sche Formel

$$h = A\,(\text{Lg B} - \text{Lg b}) \quad dh = - A \cdot db : b \cdot \text{Ln}\, 10 \quad \mathbf{2}$$

in der A den für das Argument der Summe $T + t$ der in C ausgedrückten Lufttemperaturen beider Stationen aus Tab. V^c zu entnehmenden Wert von $18393^m\,[1 + 0{,}002\,(T + t)]$ bezeichnet. Approximativ kann man zur Bestimmung der ungefähren Höhe über dem Meere ($B = 760^{mm}$ und $T = t = 15°$ angenommen) die der Formel

$$H' = 19445\,(\log 760 - \log b) \quad \mathbf{3}$$

— Aerostatik, Pneumatik und Akustik — 147

entsprechende Kolumne der Tab. V^c benutzen. — Aus 2 folgt dh = — 7988 · db : b = 11^m, wenn db = 1^{mm} und b = 725^{mm} angenommen wird.

276 [124]. **Die Luftpumpe.** Da die Dichte einer Gasmenge ihrem Volumen umgekehrt proportioniert ist, so wird eine Luftmenge A der Dichte d, welcher man noch einen Raum B eingiebt, die Dichte $d_1 = d \cdot A : (A + B)$ und nach n Wiederholungen die Dichte

$$d_n = d \cdot [A : (A + B)]^n$$

erhalten. Ein zu diesem Zwecke geeigneter Apparat heisst **Luftpumpe**, und dient zum Nachweise, dass die Luft einen Druck ausübt, — dass sie ausdehnsam, sowie zum Leben, Brennen und als Schallmittel erforderlich ist, — dass sie gegen das Fallen, Verdampfen, Entweichen von Gasen aus Flüssigkeiten, etc., einen Widerstand ausübt, — dass die Körper in ihr einen Gewichtsverlust erleiden, — etc. Lässt man den Raum B negativ werden, so geht die Luftpumpe in eine **Kompressionspumpe** über.

277 [124]. **Einige andere Apparate.** Wird in dem einen von zwei kommunizierenden Gefässen die Luft verdünnt oder verdichtet, so steigt oder sinkt die Flüssigkeit in demselben, bis der durch die Niveaudifferenz erzeugte Druck der Ab- oder Zunahme der Ausdehnsamkeit Gleichgewicht hält. Hierauf beruhen das Ansaugen, die Heber, die Pumpen, etc.

278 [124]. **Bestimmung der Dichte von Gasen.** Hat ein ausgepumpter Glasballon das Gewicht a, — mit trockener Luft gefüllt das Gewicht b, — mit einem Gase unter atmosphärischem Drucke gefüllt das Gewicht c, — mit reinem Wasser gefüllt aber das Gewicht d, so stellen

148 — Aerostatik, Pneumatik und Akustik —

(b — a) : (d — a)   (c — a) : (d — a)   (c — a) : (b — a)
der Reihe nach die Dichte der atmosphärischen Luft oder des Gases in Beziehung auf Wasser, und des Gases in Beziehung auf Luft als Einheit dar (Tab. V^a). Auf der Gewichtsdifferenz, welche verschiedene Gase unter gleichem Drucke zeigen, beruhen die **Aerostaten** oder Luftballons.

279. Die Diffusion. Die expansibeln Körper ordnen sich untereinander auf die Dauer nicht nach dem Gesetze der Schwere, sondern durchdringen sich infolge ihrer Expansivkraft. Diese Diffusion zeigt sich z. B. in der Atmosphäre, wo Sauerstoff, Stickstoff, Kohlensäure, Wasserdampf, etc., je eine eigene Atmosphäre bilden.

280 [152]. **Die Hygroskopie.** Manche feste und liquide Körper haben das Vermögen, Gase an ihrer Oberfläche zu verdichten, ja zu absorbieren. So nehmen z. B. Haare (mit Verlängern), Saiten (mit Verkürzen), etc., Wasser auf und können deshalb als **Hygroskope**, zur Not als **Hygrometer** dienen.

281 [129]. **Geschwindigkeit und Intensität des Schalles.** Jede schwingende Bewegung von hinreichender Schnelligkeit, die sich durch ein geeignetes Medium bis zu unserm Gehörorgane fortpflanzen kann, wird durch dasselbe als **Schall** (Geräusch, Ton) wahrnehmbar, und ist gewissen Gesetzen unterworfen, die in der sog. **Akustik** abgehandelt werden. So beträgt die Geschwindigkeit der Fortpflanzung des Schalles oder der, aus abwechselnd dichtern und dünnern Luftschichten bestehenden **Schallwellen** in trockener Luft und bei 0° Wärme 332,2^m, und nimmt mit der Feuchtigkeit und Wärme zu, während die Intensität des Schalles mit dem Quadrate der

Entfernung abnimmt. Das Gehörorgan vermag in der Sekunde 9 Laute zu unterscheiden, und ein Körper muss also mindestens $^{333}/_2 \cdot _9 = 18{,}5^m$ entfernt sein, um einen Schall als **Echo** (im Gegensatze zu Nachhall) zu reflektieren.

282 [129]. **Gesetze der Schwingungen.** Entfernt man eine gespannte Saite aus ihrer Ruhelage, so gerät sie in Schwingungen, welche einer entsprechenden Wellenbewegung in der Luft rufen, und so einen bestimmten Ton zur Folge haben. Die Anzahl der Schwingungen einer Saite in einer bestimmten Zeit und die Höhe des durch sie hervorgebrachten Tones sind der Quadratwurzel der Spannung direkt, der Länge aber umgekehrt proportioniert. Verkürzt man die Saite auf $^8/_9$, $^4/_5$, $^3/_4$, $^2/_3$, $^3/_5$, $^8/_{15}$, $^1/_2$, so heissen die entsprechenden Töne: Sekunde, Terz, Quart, Quinte, Sext, Septime und Oktave des ersten Tones. — Auf ähnliche Weise können gespannten Membranen, Stäben, eingeschlossenen Luftsäulen etc. durch Erregung von Schwingungen verschiedene Töne entlockt werden. — Saiten und elastische Platten schwingen in Abteilungen, indem die Bildung von Knoten und Knotenlinien dadurch bedingt wird, dass einzelne Stellen am Schwingen verhindert werden.

XXIX. Die Optik.

283 [130]. **Das Licht.** Jede durch das Sehorgan vermittelte Wahrnehmung einer Erscheinung wird dem **Lichte** zugeschrieben, welches man früher als eine **Emmission** der leuchtenden Körper betrachtete, jetzt (296) für eine durch sie bewirkte **Undulation** eines äusserst feinen und elastischen Mittels, des sog. Äthers, hält. — Trifft ein Lichtstrahl auf die Grenze eines neuen Mittels, so kehrt ein Teil desselben durch **Zerstreuung**, — ein anderer durch **Reflexion**, für welche die Winkel des einfallenden und reflektierten Strahles mit der in ihre Ebene fallenden Normale einander gleich sind, in das alte Mittel zurück, — ein dritter Teil aber geht in das neue Mittel über, oder wird, da dabei gewöhnlich eine Ablenkung erfolgt, **gebrochen**, und zwar so, dass für dieselben Mittel das Verhältnis der Sinuszahlen der Winkel des einfallenden und gebrochenen Strahles mit der in ihre Ebene fallenden Normale, der sog. **Brechungsexponent**, unveränderlich ist. — Bei derselben Lichtquelle ist die Intensität der Beleuchtung eines Körpers **einerseits** dem Quadrate der Entfernung umgekehrt proportioniert, **anderseits** hängt sie von dem Cosinus des Einfallswinkels der auffallenden Strahlen und von der Fähigkeit des Körpers, das Licht zu zerstreuen, d. h. von seiner sog. **Albedo**, ab. —, Die Geschwindigkeit des Lichtes ist (405, 427) etwa $300{,}000^{km}$, — die Dauer eines Lichteindruckes auf das Auge etwa $1/3^s$.

284 [131]. **Der ebene Spiegel.** Alle Strahlen, welche von einem leuchtenden Punkte auf einen ebenen Spiegel fallen, werden durch diesen (283) so zurückgeworfen, wie wenn sie direkt aus dem symmetrischen Punkte (88) kommen würden, und dieser letztere Punkt heisst darum **Bild** des erstern, — ist aber nur ein fingiertes, nicht ein reelles Bild, da die Strahlen nicht wirklich durch ihn gehen. — Ein Punkt wird bei einer bestimmten Stellung des Auges im Spiegel gesehen, wenn die Gesichtslinie nach seinem Bilde denselben trifft; ferner haben Gegenstand und Bild dieselbe Grösse. — Trifft ein Strahl auf die Kante zweier zu einander senkrechter Spiegel ein, so bilden die beiden reflektierten Strahlen eine Gerade, worauf der **Heliotrop** von Gauss beruht. — Bildet der Winkel α zweier Spiegel den n^{ten} Teil von 360°, so glaubt man jeden zwischen ihnen befindlichen leuchtenden Punkt n-fach zu sehen, — man hat ein **Kaleidoskop**.

285 [132]. **Hohlspiegel und Konvexspiegel.** Von einem sphärischen Hohlspiegel des Mittelpunktes C wird jeder von einem leuchtenden Punkte D einfallende Strahl DM so nach MB zurückgeworfen, dass (110)

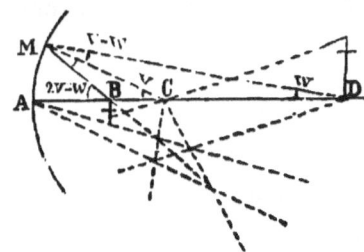

$$BC : CD = BM : MD = BA : AD$$

also (116) A, B, C, D nahe harmonische Punkte sind. Der Punkt B, in welchem die reflektierten Strahlen den in sich selbst zurückgeworfenen **Hauptstrahl** DA schneiden, ist das reelle Bild von D. Bezeichnen α, 2p, a die **Bildweite** AB, den Radius AC, und die **Gegenstandsweite** AD, so folgt aus obiger Proportion

$$\alpha = ap : (a - p) \quad \text{oder} \quad 1 : \alpha + 1 : a = 1 : p \quad \mathbf{1}$$

Ist a sehr gross, wie z. B. für die Sonne, so wird α = p, und es heisst daher p als Sonnenbildweite **Brennweite**. Für a < p wird α negativ, oder es entsteht ein hinter dem Spiegel liegendes fingiertes Bild. Gegenstand und Bild haben gleiche oder entgegengesetzte Lage, je nachdem sie auf gleicher oder entgegengesetzter Seite des Mittelpunktes liegen, — ihr Grössenverhältnis aber stimmt mit dem Verhältnis ihrer Abstände vom Mittelpunkte überein. — Wird der Radius eines sphärischen Hohlspiegels negativ, so geht er in den sphärischen Konvexspiegel (Maler-spiegel) über, so dass für diesen

$$\alpha = -ap:(a+p) \quad \text{oder} \quad 1:\alpha + 1:a = -1:p \quad \mathbf{2}$$

d. h. jedes Bild hinter dem Spiegel, aufrecht und verkleinert erscheint, während cylindrische und konische Spiegel in der Richtung der Kanten als ebene, senkrecht zur Axe als sphärische Spiegel wirken, somit Zerrbilder geben.

286 [136]. **Die totale Reflexion.** Bezeichnet α den Einfallswinkel, β den Brechungswinkel und n den Brechungsexponenten, so ist (283)

$$\text{Si } \alpha : \text{Si } \beta = n : 1$$

so dass ein Strahl im allgemeinen in Beziehung auf das Einfallslot zugebrochen, nicht gebrochen oder weggebrochen wird, je nachdem n grösser, gleich oder kleiner als Eins. Ist jedoch $n < 1$ und zugleich $\alpha > \text{Asi n}$, so wird β unmöglich, und es kehrt der Strahl durch **totale Reflexion** in das alte Mittel zurück.

287 [168]. **Die Refraktion.** Denken wir uns die Atmosphäre als eine Folge koncentrischer und homogener Schichten der Brechungsexponenten μ, so verhält sich nach 283

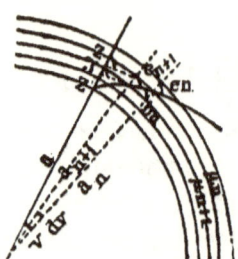

$$\text{Si } e_n : \text{Si } b_n = \mu_{n+1} : \mu_n$$

während trigonometrisch

$$\text{Si } b_n : \text{Si } e_{n+1} = a_{n+1} : a_n$$

und es ist daher

$$a_n \cdot \mu_n \cdot \text{Si } e_n = a_{n+1} \cdot \mu_{n+1} \cdot \text{Si } e_{n+1} = \gamma \quad \mathbf{1}$$

wo γ eine Konstante. Bezeichnen daher z und z' den ersten und letzten Einfallswinkel (die wahre und scheinbare Zenitdistanz), $r = z - z'$ die Ablenkung des Lichtes durch die Atmosphäre oder die **Refraktion**, und setzt man $\mu_0 = 1$, $\mu_\infty = n$, während man die Höhe der Atmosphäre gegen den Erdradius vernachlässigt, so ist

Si $z \rightleftharpoons$ n Si z' oder $r \rightleftharpoons \alpha \cdot $ Tg z' wo $\alpha = (n-1) : $ Si $1''$ **2**
eine für $z' < 75^0$ ganz brauchbare Formel (vgl. 332).

288 [136]. **Das Prisma.** Die Ablenkung a eines Lichtstrahls infolge seines Durchganges durch ein Prisma des Winkels b und des Brechungsexponenten n wird durch

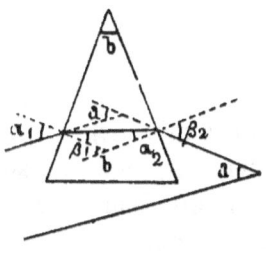

Si $\alpha_1 = $ n Si β_1 Si $\beta_2 = $ n Si α_2 **1**
$b = \beta_1 + \alpha_2$ $a = \alpha_1 + \beta_2 - b$ **2**

bestimmt. Für $\alpha_1 = \beta_2$ oder $\beta_1 = \alpha_2$ wird a ein Minimum, und wenn man daher das Prisma so lange dreht, bis der Winkel des direkten und des doppelt gebrochenen Strahles am Auge ein Minimum a_0 annimmt, so hat man

$\alpha_1 = \frac{1}{2}(a_0 + b)$ $\beta_1 = \frac{1}{2} b$ n = Si $\frac{1}{2}(a_0 + b) \cdot $ Cs $\frac{1}{2} b$ **3**

289 [137]. **Die Linsen.** Ein von zwei Kugelsegmenten der Radien R und r begrenzter durchsichtiger Körper heisst **bikonvexe Linse**, die mit der Centraldistanz zusammenfallende Gerade **Axe** derselben, der in die Linse fallende Teil d der Axe **Dicke**, und die Mitte der Dicke **Mittelpunkt.** Bezeichnet n den Brechungsexponenten, so erhält man unter Annahme, dass der einfallende Strahl einen kleinen Winkel mit der Axe bilde und d vernachlässigt werden dürfe (103, 283)

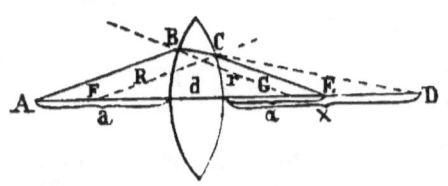

$$\frac{1}{a} + \frac{1}{\alpha} = (n-1)\left(\frac{1}{r} + \frac{1}{R}\right) = \frac{1}{p} \quad \text{oder} \quad \alpha = \frac{a \cdot p}{a-p}$$

Es gilt also für die bikonvexe Linse dasselbe Gesetz wie für den Hohlspiegel (285), folglich bietet sie auch ganz analoge Erscheinungen dar. Geht R durch das Unendliche (plankonvexe Linse) in einen negativen Wert (konkav-konvexe Linse) über, so bleibt für $R > r$ das Bestreben, die Konvergenz der Strahlen zu befördern, und sie bilden mit jenen die Klasse der **Sammellinsen** oder Brenngläser. Wird $r > R$ (konvex-konkave Linse), oder schlägt auch noch r durch das Unendliche (plankonkave Linse) in einen negativen Wert (bikonkave Linse) über, so wird p negativ, so dass diese drei Linsenarten nunmehr mit dem sphärischen Konvexspiegel (285) gleiche Eigenschaften haben, namentlich die Divergenz der Strahlen befördern und die Klasse der **Zerstreuungslinsen** bilden.

290 [143]. **Weitere Gesetze.** Um die Brennweite P einer Sammellinse zu finden, misst man die Bildweite eines sehr entfernten Gegenstandes, z. B. der Sonne. Ist dieselbe sehr gross, oder handelt es sich um die Brennweite einer Zerstreuungslinse, so verbindet man sie mit einer Sammellinse von kleiner Brennweite p, und misst die Brennweite π der Verbindung; denn, da in diesem Falle für die Hülfslinse der Gegensatz von P als Gegenstandsweite zu betrachten ist, so hat man (289:1)

$$\frac{1}{\pi} - \frac{1}{P} = \frac{1}{p} \quad \text{oder} \quad P = \frac{p\pi}{p-\pi} \qquad \mathbf{1}$$

Erzeugen sie von einem Gegenstande der Distanz a ein Bild in der Distanz α, so hat man somit

$$P = a\alpha p : [ap + \alpha p - a\alpha] \qquad \mathbf{2}$$

woraus folgt, dass für $P = a$ der Gegenstand mit der Hülfslinse wie ein unendlich ferner Gegenstand gesehen wird.

291 [145]. **Camera obscura und Auge.** Entwirft man in einem dunkeln Raume (der Camera obscura) mit Hülfe einer Sammellinse ein Bild eines äussern Gegenstandes, und fängt dieses auf einer gehörig präparierten Tafel auf, so erhält man mit Hülfe einiger weiterer Manipulationen eine sog. **Photographie** jenes Gegenstandes. — Der Camera obscura entspricht das Auge, in welchem das durch die Krystalllinse erzeugte Bild von der Netzhaut aufgefangen werden soll. Das Auge kann sich nun zwar, indem es mit Hülfe der innern Muskulatur die Form der Linse abändert, der Gegenstandsweite a etwas accomodieren; aber wenn diese, um den Sehwinkel hinlänglich gross zu machen, kleiner als die **Sehweite** h werden muss, so bedarf es einer Hülfslinse (Loupe) der Brennweite $p < h$, um die Bildweite wieder auf $(-h)$ zu reduzieren; da nämlich (289)

$$1:a - 1:h = 1:p \quad \text{oder} \quad h:a = 1 + h:p = m$$

und sich kleine Winkel wie ihre Tangenten verhalten, so wird auf diese Weise der Sehwinkel m-mal vergrössert.

292 [134]. **Das Mikroskop.** Jedes Instrument, das, wie schon die Loupe, dazu dient, einen kleinen nahen Gegenstand unter einem grösseren Gesichtswinkel zu zeigen, heisst **Mikroskop**. Gewöhnlich wird mit einer Sammellinse, dem **Objektive**, von dem Gegenstande g ein reelles Bild b erzeugt, und dieses mit einer zweiten, dem **Okulare**, betrachtet; seine Vergrösserung wird bestimmt, indem man ein Mikrometer als Objekt unterlegt, und mit einem in der Sehweite angebrachten Massstabe vergleicht. Da man g dem Objektiv bis auf die Brennweite nähern, und dadurch b (289 : 1), bis ins Unendliche entfernen und vergrössern kann, so ist es möglich, durch einen blossen gleichzeitigen Auszug der Okularröhre entweder nur irgend eine stärkere Vergrösserung zu erhalten, oder den Wert eines Umganges einer, mit dem im Brennpunkte stehenden Fadennetze verbundenen Mikrometerschraube mit einer als Objekt unterlegten Teilung (s. 328) in Einklang zu bringen. — Beim **Sonnenmikroskope** wird der mit einer Sammellinse beleuchtete Gegenstand vor den Brennpunkt einer zweiten gebracht, und das Bild an einer weissen Wand aufgefangen.

293 [135]. **Das Teleskop.** Ein Instrument, das dazu dient, einen entfernten Gegenstand unter einem grössern Gesichtswinkel zu zeigen, heisst **Teleskop** (Fernrohr, Tubus). Bei demselben wird mittelst einer Konvexlinse (Refraktor) oder einem Hohlspiegel (Reflektor) der Brennweite P von dem Gegenstande ein Bild entworfen, und dieses durch eine Loupe der Brennweite p betrachtet (astronomisches Fernrohr), so dass für sehr ferne Gegenstände die Länge des Fernrohrs gleich P + p ist. Um die Gegenstände aufrecht zu sehen, wird entweder nicht das Bild selbst, sondern ein durch eine neue Konvexlinse gebildetes verkehrtes Bild des Bildes betrachtet (Erdfernrohr) oder es werden die vom Objektiv kommenden Strahlen schon in der Distanz P — p, ehe sie sich zum Bilde vereinigt haben, mit einer konkaven Linse der Brennweite p aufgefangen (holländisches Fernrohr).

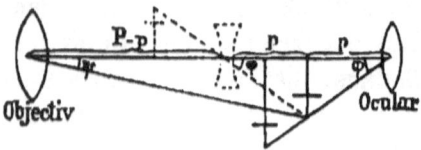

— Bei dem astronomischen und holländischen Fernrohr kann man sehr nahe die sog. **Vergrösserung** $\varphi : \psi$ durch das Verhältnis $P : p$ ersetzen, und dieses letztere beim astronomischen Fernrohr leicht bestimmen, indem man das für ferne Gegenstände ajüstierte Fernrohr gegen den Himmel richtet, und die Durchmesser des ein- und austretenden Lichtcylinders vergleicht (vgl. 297). Das Gesichtsfeld ist der Fläche des Okulars proportional, — die Helligkeit des Bildes der Fläche des Objektives.

294 [147]. **Das Spektrum.** Lässt man durch eine enge Spalte Sonnenlicht auf ein Prisma fallen, und fängt den gebrochenen Lichtbüschel mit einem weissen Schirme auf, so erhält man ein breites farbiges Bild oder Spektrum, das einerseits die Regenbogenfarben: „Rot, orange, gelb, grün, blau (hellblau), indigo (dunkelblau), violet" zeigt, so dass das Sonnenlicht aus farbigen Strahlen besteht, deren Brechbarkeit von rot bis violet beständig zunimmt, — und anderseits eine Menge dunkler Querstreifen, die sog. **Fraunhofer'schen Linien**, deren hauptsächlichste mit den Buchstaben A bis H bezeichnet werden. — Ferner ist durch neuere Untersuchungen bekannt geworden, dass, wenn man in einer Flamme kleine Mengen gewisser Salze (z. B. in einer Weingeistflamme etwas Kochsalz) verbrennt, das entstehende Spektrum aus einzelnen farbigen Linien (bei Kochsalz aus einer gelben Linie besteht, — und dass, wenn man hinter diese Flamme eine Lichtquelle von höherer Temperatur

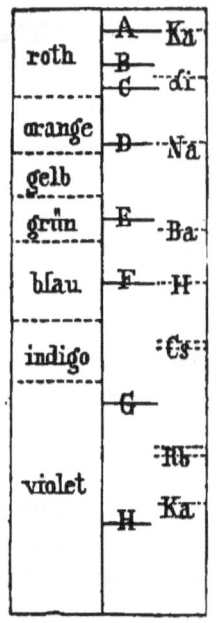

und Intensität bringt (z. B. ein durch ein Knallgasgebläse bis zur Weissglut erhitztes Stückchen gebrannten Kalkes) das Spektrum der Flamme dadurch umgekehrt wird, d. h. die hellen Linien in dunkle verwandelt erscheinen. Man muss somit einerseits schliessen, dass die dunkeln Linien im Sonnenspektrum durch Umkehrung des Spektrums der Sonnenatmosphäre entstehen, und dass diese z. B. Kalium, Natrium und Hydrogen enthält, weil genau an der Stelle der diesen Stoffen entsprechenden Linien A, D und F dunkle Querstreifen gesehen werden, dagegen kein Lithium, Barium, Cæsium, weil die diesen Stoffen entsprechenden Linien keine Repräsentanten unter den Fraunhofer'schen Linien besitzen, — und anderseits, dass drei Arten von Spektren zu unterscheiden sind: Das von undurchsichtigen, mutmasslich nur von festen oder flüssigen Körpern gelieferte **kontinuierliche Spektrum**, — das von gasförmigen Körpern gebildete **diskontinuierliche Spektrum**, — und das sog. **Absorptions-Spektrum**, welches wie oben entsteht, wenn das Licht vor dem Eintritte ins Prisma durch Dämpfe einzelner Strahlen beraubt wird. — Endlich bleibt zu erwähnen, dass sich im Spektrum ausserhalb rot noch **Wärmestrahlen**, und ausserhalb violet **chemisch wirksame Strahlen** finden, deren letztere wahrscheinlich bei einzelnen Körpern (Fluorcalcium, etc.) momentan eine als **Fluorescenz** bezeichnete Lichterscheinung erzeugen, während andere Körper (Diamant, Kalkspath, etc.) erst nach Entziehen des Lichtes leuchten oder **Phosphorescenz** zeigen.

295 [140]. **Der Achromatismus.** Nach dem Durchgange durch eine Linse treffen sich die roten Strahlen später als die violetten, — es zeigt sich die der Schärfe des Bildes schädliche **chromatische** oder **Farbenabweichung**, die jedoch gehoben werden kann, da es Körper giebt, welche bei nahe gleicher Brechung sehr verschieden zerstreuen. Lässt man z. B. einem Crownglasprisma von 25° ein verkehrt liegendes Flintglasprisma von 12° folgen, so wird die Zerstreuung, nicht aber die Brechung gehoben, und analog kann man aus einer Konvexlinse von Crownglas und einer Konkavlinse von Flintglas eine achromatische Linse zusammensetzen.

296 [148]. **Interferenz und Beugung.** Gewisse farbige Erscheinungen, die beim Zusammentreffen nahezu paralleler, durch stumpfwinklige Prismen, dünne Ölschichten, etc. erhaltenen Lichtstrahlen, oder beim Vorbeigehen solcher an Gitterwerken, an den Rändern undurchsichtiger Körper, etc. entstehen, und unter dem Namen der **Interferenz** und **Beugungsphänomene** bekannt sind, haben zunächst der Undulationstheorie (283) zum Siege verholfen, da sich jene Erscheinungen unter der Annahme, dass den verschiedenen Farben Lichtwellen entsprechen, deren Länge für rot bis violet von etwa 62 bis 42 Hundertstel-Mikron abnehme, theoretisch rekonstruieren lassen: Je nachdem nämlich die Wegdifferenz zweier Lichtwellen ein Vielfaches einer Wellenlänge, oder ein ungerades Vielfaches einer halben Wellenlänge beträgt, so verstärken oder schwächen sich dieselben, — und wie ein Teil eines Strahles aufgehoben wird, so tritt notwendig die komplementäre Farbe hervor.

297 [148]. **Die Doppeltbrechung.** Betrachtet man durch einen Doppelspath einen Punkt, so sieht man ihn doppelt, und zwar bewegt sich beim Drehen des Krystalles das eine Bild um das andere in einem Kreise, des Halbmessers $6° 12' = 372'$. Um ebensoviel wird der Mittelpunkt eines Kreises versetzt, und wenn somit die beiden Bilder eines auf einer fernen

Tafel verzeichneten Kreises, die man durch einen vor das Okular eines Fernrohrs gebrachten Doppelspath sieht, sich tangieren, so ist sein scheinbarer Durchmesser 2φ durch das Fernrohr auf 372' gebracht, d. h. es ist die Vergrösserung des Letztern gleich $372:2\varphi$. Eine Gerade erscheint, wenn sie in einer durch die stumpfen Ecken des Doppelspaths gehenden Ebene, einem **Hauptschnitte**, liegt, einfach, sonst immer doppelt.

298 [148]. **Die Polarisation.** Wenn ein Lichtstrahl unter einem Winkel von $54 \frac{1}{2}°$ auf einen geschwärzten Glasspiegel, und nach der Reflexion unter gleicher Neigung auf einen zweiten Spiegel einfällt, so wird er, je nachdem die neue Einfallsebene zu der ersten parallel oder senkrecht steht, **noch** oder **nicht mehr** reflektiert. Gelangt er dagegen nach seiner ersten Reflexion auf einen doppeltbrechenden Körper, so erleidet er nur die **gewöhnliche** oder nur die **ungewöhnliche** Brechung, je nachdem der durch ihn und die Hauptaxe gehende Hauptschnitt zur Reflexionsebene parallel oder senkrecht steht, etc. Die Undulationstheorie hat unter der Annahme, dass längs eines solchen **polarisierten** Strahles einander parallele, zur Fortpflanzungsrichtung senkrechte Vibrationen statt haben, auch diese Erscheinungen als notwendig nachgewiesen.

XXX. Die Wärmelehre.

299 [149]. **Das Wesen der Wärme.** Die sog. Wärme ist mit dem Lichte verwandt und häufig verbunden, strahlt wie dasselbe, wird nach denselben Gesetzen reflektiert und gebrochen, und ebenfalls nicht mehr als Stoff, sondern als eine Bewegungsform betrachtet. Das Ausstrahlungsvermögen warmer Körper hängt von ihrer Beschaffenheit ab, und nimmt namentlich mit der Rauhigkeit ihrer Oberfläche zu, mit der Dichte derselben ab.

300 [149]. **Die Wärmeleitung.** Das Verhalten der Körper gegen das Durchlassen von Wärmestrahlen und Lichtstrahlen ist sehr verschieden, indem z. B das Steinsalz sehr **diatherman**, der fast gleich durchsichtige Alaun sehr **atherman** ist. — In Beziehung auf das durch innere Strahlung bewirkte Verbreiten der absorbierten Wärme in einem Körper, teilen sich die Körper in gute und schlechte Wärmeleiter. Zu den erstern gehören Metalle und Steine, zu den letztern Glas, Kohle, Wolle, Erden, etc. Von unten erwärmte Flüssigkeiten und Gase scheinen bessere Wärmeleiter zu sein, als sie wirklich sind, indem Strömungen entstehen, auf denen z. B. die Luft- und Wasserheizungen beruhen.

301 [149]. **Die Ausdehnung.** Da für ein kleines d sehr nahe $(1 + d)^n = 1 + nd$, so kann die Volumenausdehnung eines Körpers durch die Wärme gleich dem Dreifachen, die Flächenausdehnung gleich dem Doppelten der Längenausdehnung gesetzt werden. — Hat ein Originalmass seine Normallänge l bei t^0 C., so ist, wenn a die Ausdehnung der Längeneinheit für 1^0 C. ist, seine Länge bei $T^0 \cdot$ C.

$$L = l [1 + a (T - t)] \qquad \mathbf{1}$$

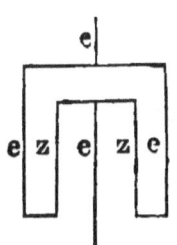

Um eine Uhr gegen die (nach 255) schädliche Einwirkung der Wärme auf die Pendellänge zu kompensieren, ersetzt man entweder nach Graham die Linse durch ein Gefäss mit Quecksilber, oder unterbricht nach Harrison die Pendelstange durch einen Rost, bei dem

die nach oben wirkenden Stäbe z aus einem Metalle (z. B. Zink) bestehen, das sich bedeutend stärker als das Metall der Pendelstange (meist Eisen) ausdehnt.
— Bezeichnen v und v' die Volumina eines Gases bei b und b' cm Barometerstand, t und t' C. Erwärmung, so ist sein Volumen bei 76^{cm} und 0°

$$x = \frac{bv}{76(1+\alpha t)} = \frac{b'v'}{76(1+\alpha t')} \text{ so dass } \frac{bv}{b'v'} = \frac{1+\alpha t}{1+\alpha t'} \text{ 2}$$

das auf verschiedene Temperaturen erweiterte Mariotte'sche Gesetz ist. Da $\alpha = 0{,}003665 = 1:273$, so korrespondieren $t = -273^{\circ}$ C. und $v = 0$, so dass man den um 273° C. unter dem Eispunkte liegenden Punkt unbedenklich als einen jeder Wärme baren **absoluten Nullpunkt** betrachten kann.

302 [149]. **Specifische Wärme.** Die Wärmemenge, welche ein Kilogramm Wasser von 0° erfordert, damit seine Temperatur auf 1° steigt, nimmt man als Wärmeeinheit oder **Calorie** an, und nennt sodann die in dieser Einheit ausgedrückte Wärmemenge s, welche irgend ein anderer Körper erfordert, damit die Temperatur einer Gewichtseinheit desselben um 1° steigt, seine **specifische Wärme** (Wärmekapacität). — Taucht man einen solchen Körper der Masse m und Temperatur t_1 in ein Kilogramm Wasser der Temperatur t_2, so hat man, wenn kein Wärmeverlust entsteht, und τ die durch die Ausgleichung entstandene Temperatur bezeichnet,

$$s \cdot m (t_1 - \tau) = \tau - t_2$$

Bei Gasen, oder eigentlich strenge genommen bei allen Körpern, hat man die specifische Wärme bei **konstantem Volumen** und die bei **konstantem Drucke** zu unterscheiden, je nachdem man bei der Wärmezuführung das Volumen der Masse, oder aber (indem man dem

Körper eine Ausdehnung gestattet) den von aussen stattfindenden Druck konstant erhält. Für atmosphärische Luft ist z. B. die specifische Wärme bei konstantem Volumen 0,1687, und diejenige bei konstantem Drucke 0,2377.

303 [149]. **Die gebundene Wärme.** Während ein Körper in einen höhern Aggregationszustand übergeht, wird alle ihm zufliessende Wärme zu dieser Formänderung verbraucht oder **gebunden** (latent) — eine Vermehrung des Wärmezuflusses hat keine Temperaturerhöhung, sondern eine Beschleunigung des Processes zur Folge. Umgekehrt wird bei Erniedrigung des Aggregationszustandes eine entsprechende Wärmemenge frei, worauf z. B. die Anwendung des Dampfes zum Kochen, Waschen, etc. beruht. — Wenn ein Körper während der Wärmezuführung sich ausdehnt, und unter einem äussern Drucke steht, so wird sog. **äussere Arbeit** verrichtet, bei welcher eine gewisse Wärmemenge **verschwindet**. Die einer Calorie entsprechende Arbeit, ein mechanisches **Wärme-Equivalent**, beträgt nahezu 427 Kilogrammeter.

304 [149]. **Die Verdunstung.** Die Flüssigkeiten gehen an der Oberfläche schon unter der Siedehitze in den expansibeln Zustand über, sie **verdunsten**, wobei Wärme gebunden und dadurch **Verdunstungskälte** erzeugt wird. Auf ähnliche Weise entsteht beim Mischen von Schnee mit Salz, — beim Auflösen von 5 T. Salmiak und 15 T. Salpeter in 16 T. Wasser, — etc., **künstliche Kälte.** — Um die Spannkraft des Wasserdampfes zu messen, lässt man in den einen zweier Barometer einen Wassertropfen steigen und beobachtet die, verschiedenen Temperaturen entsprechenden Verkürzungen seiner Säule; für höhere Temperaturen lässt man den Dampf auf ein Manometer (274) wirken.

305 [152]. **August's Psychrometer und das Hutton'sche Princip.** Bezeichnen t_1 und t_2 die Angaben eines trockenen und eines benetzten Thermometers bei b^{mm} Luftdruck, e_1 und e_2 aber die diesen Temperaturen entsprechenden Spannkräfte, so giebt nach August, wenn $t_2 > 0$

$$\dot{E} = e_2 - 0{,}000804\,(t_1 - t_2)\,b$$

die Spannkraft des in der Luft enthaltenen Wasserdampfes; E heisst **absolute**, das gewöhnlich in Procenten gegebene Verhältnis $E : e_1$ aber **relative Feuchtigkeit**. — Wenn zwei mit Feuchtigkeit gesättigte Luftmassen von ungleicher Temperatur t_1 und t_2, also auch ungleicher Spannkraft s_1 und s_2, zusammentreffen, so entspricht (vgl. Tab. V^b) ihrer Mischungstemperatur $T = \frac{1}{2}(t_1 + t_2)$ eine Spannkraft $S < \frac{1}{2}(s_1 + s_2)$, und es findet daher nach Hutton ein Niederschlag statt, sei es in Form einer Wolke, sei es als Regen, Schnee, etc.; sind sie nicht gesättigt, so werden sie zum mindesten feuchter. Ähnliche Vorgänge haben bei Bildung von Nebel, Tau, Reif, etc., statt.

306. Der Dampfdruck. Wenn bei verdunstenden oder siedenden Flüssigkeiten die entstehenden Dünste oder Dämpfe nicht weggeschafft werden, so entsteht nach kurzer Zeit ein Gleichgewicht zwischen der Expansivkraft derselben und dem auf der Flüssigkeit ruhenden Drucke. Bei vermehrtem Wärmezufluss nimmt dann einerseits die Flüssigkeit eine höhere Temperatur an, und anderseits erreichen die Dünste oder Dämpfe eine höhere Expansivkraft und Dichte (Papinianischer Topf). — Wenn 1 Kil. Wasser von $0°$ unter dem der Temperatur t entsprechenden Dampfdrucke erhalten und ihm die Wärmemenge

— Wärmelehre — 165

$$q = t + 0{,}00002\, t^2 + 0{,}0000003\, t^3 \quad \mathbf{1}$$

zugeführt wird, so steigt seine Temperatur auf t. Bei weiterer Wärmezuführung geht das Wasser in Dampf über und hiebei überwindet die Masse während der Volumenvergrösserung einen äussern Druck, verrichtet also Arbeit. Ist dieser Druck konstant, so ist die der Arbeit entsprechende latente Wärme pro 1 Kil. verdampftes Wasser

$$L = 31{,}10 + 1{,}096 \cdot t - q \quad \mathbf{2}$$

Diejenige Wärme, welche 1 Kil. gesättigter Wasserdampf **mehr** enthält als 1 Kil. Wasser von gleicher Temperatur ist

$$\rho = 575{,}40 - 0{,}791 \cdot t \quad \mathbf{3}$$

L und ρ zusammen geben den Wert, den man gewöhnlich (303) kurzweg **latente Wärme** (Verdampfungswärme) nennt, während

$$H = q + L + \rho = 606{,}5 + 0{,}305 \cdot t \quad \mathbf{4}$$

die sog. **Gesamtwärme** ist, welche man 1 Kil. Wasser von 0° zuführen muss, um es unter konstantem Drucke in gesättigten Dampf von t° zu verwandeln. Das Volumen v von 1 Kil. gesättigten Wasserdampfes findet sich, wenn p den Druck des Dampfes pro Quadratmeter bedeutet,

$$v = 427 \cdot L : p + 0{,}001^{cm} [BT - C \cdot \sqrt[4]{p}] : p \quad \mathbf{5}$$

wo $T = 273 + t$ und p in Atmosphären einzusetzen ist, die Konstanten aber $B = 0{,}0049287$, $C = 0{,}187815$ sind. Die Dichtigkeit γ des Dampfes oder das Gewicht von einem Kubikmeter ist endlich $\gamma = 1 : v$.

307. Die Dampfmaschine. Die doppelte Eigenschaft der Wasserdämpfe, einerseits einer grossen Expansivkraft fähig zu sein, anderseits dem Volumen nach durch Abkühlung plötzlich fast ganz vernichtet zu werden (1 Vol. Dampf von 1 Atm. Spannkraft giebt 0,00059 Wasser), begründet ihre technisch so wichtige Anwendung auf die Dampfmaschine, bei welcher die erzeugten Dämpfe mittelst der Steuerung abwechselnd über und unter den Kolben im Dampfcylinder und von da in den Kondensator geführt werden, wodurch eine va et vient genannte Bewegung des Kolbens entsteht, die durch Watt'sches Parallelogramm und Balancier in eine rotierende Bewegung verwandelt, und durch Schwungrad und Regulator gleichmässig erhalten wird. Da der Druck einer Atmosphäre auf 1^{qcm} nahe 1,033 Kil. beträgt, so stellt (264)

$$A = 1{,}033 \cdot n \cdot v \cdot f \text{ Kilogrammeter}$$

für eine Druckfläche von f^{qcm} und eine Geschwindigkeit von v^m die mechanische Arbeit von n Atmosphären in 1^s vor.

308. Die Wärmeerzeugung. Ausser dem Erzeugen der Wärme durch mechanische Arbeit (pneumatisches Feuerzeug, Feuermachen der Indianer), und ihrem Freiwerden bei Erniedrigung des Aggregationszustandes (303), wird bei Concentration und Absorption der Sonnenstrahlen (Brennpunkt, schwarze Tücher), bei chemischen Processen (Zündlampe), etc., Wärme erhalten. Besonders wichtig aber ist die Erzeugung der Wärme beim Verbrennen, das aber nur fortdauern kann, wenn Brennstoff und Zündstoff genügend vorhanden sind, und Ersterer durch das Verbrennen hinlänglich erwärmt wird.

XXXI. Der Magnetismus.

309 [153]. Die magnetischen Körper. Manche Körper, besonders der Magneteisenstein, besitzen die Eigenschaft, kleine Stücke Eisen, Stahl, etc. anzuziehen, und bei freier Beweglichkeit eine bestimmte Richtung gegen die Weltgegenden anzunehmen, — sie heissen **magnetisch**. An jedem Magnete sind Paare von Stellen vorhanden, in denen sich diese Anziehungskraft concentriert, die **Pole**, von denen der eine **Nordpol**, der andere **Südpol** heisst, — und wenn man einen Magnet zerbricht, so zeigt jedes Bruchstück wieder beide Pole.

310 [153]. **Die Grundeigenschaften.** Nähert man dem einen Pole eines Magneten den einen Pol eines andern, so findet Anziehung oder Abstossung statt, je nachdem die beiden Pole ungleichnamig oder gleichnamig sind; nähert man ihm dagegen das eine Ende eines des Magnetismus fähigen Stabes, so findet nicht nur immer Anziehung statt, sondern das andere Ende zeigt sofort gleichnamigen Magnetismus mit dem diese sog. **Verteilung** bewirkenden Pole, — wenn man aber den Stab zurückzieht, so behält oder verliert er seine magnetischen Eigenschaften, je nachdem er aus Stahl oder weichem Eisen besteht.

311 [153]. **Die künstlichen Magnete.** Künstliche Magnete werden aus Stahlstäben durch Streichen mit einem Magnete erzeugt: Beim sog. **einfachen Striche** wird der Magnet wiederholt mit dem einen Pole auf die Mitte des zu magnetisierenden Stabes aufgesetzt, und dann bis ans Ende fortgeführt, wodurch dies Ende den ungleichnamigen Pol erhält. Beim sog. **Doppelstriche** setzt man dagegen die beiden Pole eines Hufeisenmagneten in der Mitte des zu magnetisierenden Stabes auf, bewegt beide Pole bis an das eine Ende des Stabes, von da bis an das andere Ende, und noch bis zur Mitte zurück, wodurch jedes Ende einen mit dem ihm zunächst gekommenen Pol ungleichnamigen Pol erhält. Verbindet man die beiden

Pole durch ein Stück weiches Eisen, einen **Anker**, und belastet letztern von Zeit zu Zeit etwas mehr (oder speist den Magneten), so steigert sich die magnetische Kraft, während das Abreissen des Ankers sie schwächt.

312 [153]. **Der Diamagnetismus.** Während sich ein zwischen die Pole eines Hufeisen-Magneten gebrachter magnetischer Körper **axial** stellt, so nehmen dagegen manche andere Körper (Wismut, Holz etc.), eine dazu senkrechte **equatoriale** Lage an, und heissen **diamagnetisch**.

313 [154]. **Der Erdmagnetismus.** Hängt man eine Stahlnadel in ihrem Schwerpunkte an einem ungedrehten Coconfaden auf, und macht sie sodann magnetisch, so nimmt sie nach einer Reihe von Schwingungen nicht nur eine Ruhelage an, welche gewisse Abweichungen vom Meridiane und von der Horizontalen, die **Deklination** und **Inklination** zeigt, sondern setzt auch einen von bestimmter **Intensität** zeugenden Widerstand entgegen, wenn man sie aus dieser Lage entfernen will. Bezeichnet I diese Letztere, H ihre horizontale, V ihre vertikale Komponente, K das Trägheitsmoment, m die Masse und d die Entfernung eines Poles der Magnetnadel von ihrer Drehaxe, also $d \cdot m = M$ das sog. **magnetische Moment** der Nadel, so hat man, da eine Magnetnadel offenbar wie ein Pendel schwingt,

$$t_1 = \pi \sqrt{\frac{K}{M \cdot H}} \quad t_2 = \pi \sqrt{\frac{K}{M \cdot I}} \quad t_3 = \pi \sqrt{\frac{K}{M \cdot V}} \quad \mathbf{1}$$

wo t_1 die Schwungzeit einer horizontal, t_2 die einer in der Inklinationsrichtung und t_3 die einer lotrecht schwingenden Nadel ist. Für die Inklination i hat man sodann

$$\text{Si } i = V : I = t_2{}^2 : t_3{}^2 \qquad \mathbf{2}$$

und wenn ein Stäbchen von a^{cm} Länge, b^{cm} Breite und p^{gr} Gewicht zu einer einfachen Schwingung t' braucht, und in der zum magnetischen Meridiane senkrechten Lage eine in der Entfernung r befindliche Nadel um den Winkel v ablenkt, so setzt man nach Gauss

$$H = \frac{\pi}{rt}\sqrt{\frac{a^2+b^2}{6r\,Tg\,v}\,p} \qquad V = H \cdot Tg\,i \qquad I = \frac{H}{Co\,i}:\mathfrak{F}$$

Deklination, Inklination und Intensität sind verschiedenen, an längere und kürzere Perioden gebundenen Variationen unterworfen (vgl. 392), zu deren genauerer Bestimmung Gauss ein **Unifilar** — und ein **Bifilar-Magnetometer** mit Spiegelablesung konstruiert hat.

314 [153]. **Die Boussole.** Eine über einem Horizontalkreise mit Diopterlineal oder Fernrohr schwingende, gegen die Inklination equilibrierte Magnetnadel heisst **Boussole (Kompass)** und kann teils bei Kenntnis der Deklination dazu dienen, die Weltgegenden oder die Orientierung irgend eines Punktes aufzufinden, — teils, (wenn etwa Fehler von 10' übersehen werden können) zum Winkelmessen, indem man am Kreise die Differenz des Standes der Nadel abliest, welche entsteht, wenn man Diopter oder Fernrohr successive auf zwei Winkelobjekte einstellt.

XXXII. Elektricität und Galvanismus.

315 [157]. **Die elektrische Anziehung.** Manche Körper, namentlich Glas und Harze erhalten durch Reiben mit Seide und Wolle, eine sog. elektrische Anziehungskraft, welche sich von der magnetischen dadurch unterscheidet, dass sie auf jeden leichten Körper wirkt, nicht an Pole gebunden, aber auf die geriebene Stelle beschränkt ist. — Andere Körper, wie Metalle und Kohle, werden dagegen durch Reiben, wenigstens scheinbar, nicht elektrisch; nähert man ihnen aber einen elektrischen Körper, so teilt sich die Elektricität ihrer ganzen Oberfläche mit. Sie heissen **Leiter** oder **Konduktoren**, — Körper der ersten Art dagegen, wie auch Seide, trockene Luft, etc. **Nichtleiter** oder **Isolatoren**.

316 [157]. **Grundeigenschaften.** Um diese Erscheinungen zu erklären, nimmt man gewöhnlich zwei Flüssigkeiten, die **positive** oder **Glas-Elektricität**, und die **negative** oder **Harz-Elektricität** an, deren Trennung den elektrischen Zustand begründet; dabei stösst sich gleichnamige Elektricität ab, während sich ungleichnamige anzieht, wie sich dies z. B. bei den sog. **Elektroskopen** aus Hollundermarkkügelchen, etc. zeigt. — Nähert man einem elektrischen Körper einen isolierten Leiter, so wird Letzterer durch Verteilung ebenfalls elektrisch, — die ungleichnamige Elektricität wird angezogen, die gleichnamige abgestossen. Bei grösserer Annäherung wächst die elektrische Spannung, und wird am Ende stark genug, um die schlechtleitende Luft zu durchbrechen, — es entsteht ein Funke, und der Leiter ist nun ganz mit derselben Elektricität bedeckt, wie der elektrische Körper. Hätte man aber vor dem Überschlagen den Leiter zurückgezogen, so hätte er keine Spur von Elektricität gezeigt, — dagegen die dem elektrischen Körper entgegengesetzte, wenn man ihm vor dem Zurückziehen durch Berührung des abgewandten Teiles die abgestossene Flüssigkeit entzogen hätte. Hierauf beruht das sog. **Laden** des einer, z. B. durch Lederkissen mit Mussivgold geriebenen Glastafel gegenüberstehenden Konduktors der **Elektrisiermaschine** und einer beidseitig metallisch be-

legten sog. **Franklin'schen Tafel** oder der **Leidnerflasche,** — ebenso der **Elektrophor,** — die **Influenzmaschine,** etc.
317 [157]. **Die galvanischen Ströme und Batterien.** Wie in dem Augenblicke, wo entgegengesetzt elektrische Körper durch einen Leiter, so z. B. die beiden Belegungen einer Leidnerflasche durch einen sog. Auslader, verbunden werden, ein momentaner elektrischer Strom entsteht, so können auch dauernde elektrische, oder nach ihrem Entdecker **Galvani'sche** geheissene Ströme durch chemische Wirkung erregt werden: Taucht man nämlich eine Zinkplatte in verdünnte Schwefelsäure, so entwickelt sich Wasserstoffgas, das zunächst an der Platte aufsteigt, — amalgamiert zeigt sie sich fast unempfindlich gegen die Säure, — setzt man aber noch eine Kupferplatte (—) in die Säure und verbindet sie metallisch mit der Zinkplatte (+), so entsteht ein elektrischer Strom, der durch das nunmehrige Aufsteigen des Wasserstoffgases am Kupfer sichtbar wird. Einen kräftigern Strom erhält man durch Vereinigung mehrerer Elementenpaare zu einer Kette: Entweder baut man eine Säule, bei welcher in gleicher Folge Zink, Kupfer und eine mit einem Leiter (Salzwasser oder stark verdünnte Säure) befeuchtete Tuchscheibe wechseln, eine sog. **Volta'sche Säule,** — oder man taucht in eine Reihe mit verdünnter Schwefelsäure gefüllter Zellen je ein Zink- und ein Kupferelement, und verbindet die Zinkplatte einer Zelle metallisch mit der Kupferplatte der folgenden Zelle, — oder man teilt, um eine Batterie von etwas konstanterer Wirkung zu erhalten, jede Zelle durch eine poröse Scheidewand ab, setzt in den einen Teil ein Zinkelement in eine Lösung von Kochsalz, in den andern ein Kupferelement in eine Lösung von Kupfervitriol, — etc. In allen Fällen entsteht der

— Elektricität und Galvanismus —

Strom, sobald die äussersten Elemente durch den sog. **Polardraht** miteinander verbunden werden. — Ebenso entstehen elektrische Ströme, wenn man, wie bei der **Erdbatterie**, in die feuchte Erde eine Zinkplatte, an einer andern Stelle eine Kupferplatte eingräbt, und beide Platten durch einen Draht verbindet, — oder, wenn man, wie bei der **thermo-elektrischen Säule**, aus zwei Streifen verschiedener Metalle einen Ring zusammenlötet, und den Lötstellen verschiedene Temperaturen giebt, — etc.

318 [157]. **Das Ohm'sche Gesetz.** Bezeichnet s die Stärke eines elektrischen Stromes, ausgedrückt in sog. „Ampère", e die in sog. „Volt" ausgedrückte elektromotorische Kraft der verwendeten Elemente, die um so grösser ist, je weiter die dazu verwendeten Stoffe in der Spannungsreihe (+ Zink, Blei, Zinn, Eisen, Wismuth, Kupfer, Platin, Gold, Silber, Kohle, Graphit —) voneinander abstehen, m die Anzahl der Elemente, f ihre in Quadratdecimetern gegebene Oberfläche, w_1 den in sog. „Ohm" ausgedrückten (für Wasser sehr grossen, durch Zusatz von Säuren, Salzen, etc. zu vermindernden) Widerstand eines Elementes der Oberfläche 1, l die Länge des Schliessungsdrahtes in Metern, d die Dicke desselben in Millimetern, und w_2 den (für Eisen 6, Platin 7, Quecksilber 39 mal so gross als für Kupfer gefundenen) Widerstand eines Schliessungsdrahtes der Dimensionen 1, so ist nach Ohm

$$s = \frac{md^2 ef}{md^2 w_1 + fl w_2} = \frac{\text{Summe der elektromot. Kräfte}}{\text{Summe der Widerstände}}.$$

Für Elemente bestimmter Art ist, je nachdem l klein oder gross, das erste oder das zweite Glied im Nenner von überwiegender Bedeutung, und somit im erstern

Falle s nahe proportional der Grösse, in letzterm aber
der Anzahl der Elemente, so dass man z. B. für Lokalbatterien wenige grosse, für Linienbatterien dagegen
viele kleine Elemente verwendet.

319 [157]. **Weitere Eigenschaften.** Der
galvanische Strom erhitzt dünne Leitungs-Drähte,
durchläuft sie mit einer zu 60000 Meilen angeschlagenen
Geschwindigkeit, — erregt beim Schliessen oder Öffnen
in einem benachbarten Leiter einen sog. **induzierten
Strom**, der z. B. in den zur Zeit vielfach medizinisch
verwendeten Erschütterungsapparaten benutzt werden
konnte, weil er fortwährend seine Richtung ändert,
nämlich als Öffnungsstrom gleiche, als Schliessungsstrom entgegengesetzte Richtung wie der erregende
Strom besitzt, — etc. Auch ist der galvanische Strom
als chemische Kraft thätig, kann, wie z. B. im Volta'
schen **Eudiometer**, Wasser bilden, oder auch zersetzen,
— Kupfer aus Kupfervitriollösung in Wasser, Gold
aus Goldchloridlösung in Wasser mit unreinem Cyankalium, etc. metallisch niederschlagen, und so zur sog.
Galvanoplastik behülflich sein, — etc. Zwei parallele
Polardrähte ziehen sich an oder stossen sich ab, je
nachdem der Strom sie in gleichem oder entgegengesetztem Sinne durchläuft.

320 [157, 8]. **Der Elektromagnetismus
und die Telegraphie.** Bringt man den Polardraht in den magnetischen Meridian, so wird das Nordende einer über demselben schwebenden Magnetnadel
für einen nach ihr sehenden, Kopf voran im Strome
sich schwimmend denkenden Beobachter links abgelenkt. Wird ein weiches Eisen mit einem durch umsponnene Seide isolierten Polardrahte umwunden, so
wird es zum **Elektromagnete**, verliert aber beim Öffnen
der Kette seinen Magnetismus augenblicklich wieder,

— während ein Stahlstab, den man (analog 311) durch eine solche Drahtspirale zieht, dauernde magnetische Sättigung erhält. Umgekehrt entsteht, wenn einem Hufeisenmagnete gegenüber ein mit einem isolierten Kupferdrahte umwundener hufeisenförmiger Anker rotiert, eine **Magneto-Elektrisiermaschine.** — Die Ablenkung der Magnetnadel durch galvanische Ströme wird zum Messen der Letztern durch eine Boussole verwendet. — Da der Strom auch den längsten Polardraht fast augenblicklich durchläuft, und dieser überdies nach Steinheils folgenschwerer Entdeckung zur Hälfte durch die Erde ersetzt werden kann, so wird es möglich, in kürzester Zeit auf beliebige Distanzen Zeichen zu geben oder **elektrische Telegraphen** einzurichten, indem man an der einen Station den Strom mit Hülfe eines sog. **Tasters** abwechselnd herstellt und unterbricht, dadurch auf der zweiten Station einen Elektromagneten befähigt, einen Anker abwechselnd anzuziehen und loszulassen, folglich auch jeden mit Letzterm in geeigneter Verbindung stehenden Apparat, sei es ein Schreibapparat, ein Läutwerk, eine sympathische Uhr, ein Chronoskop oder Chronograph, etc., in Thätigkeit zu setzen. Von den Schreibapparaten ist der von Morse mit den aus · (di) und — (doo) kombinierten Buchstaben und Ziffern am gebräuchlichsten.

Geodäsie und Astronomie.

Astronomische Vorbegriffe.

O blicke, wenn den Sinn dir will die Welt
verwirren, — zum Himmel auf, wo nie
die Sterne irren. *(Rückert.)*

XXXIII. Einleitung.

321 [1, 2]. **Aufgabe der Geodäsie und Astronomie.** In der Morgendämmerung von einem freien Standpunkte aus eine Umschau beginnend, glaubt man unter einem hohen Kugelgewölbe, mitten auf der durch eine kreisrunde Linie, den zur Lotrichtung Zenit-Nadir senkrechten **Horizont**, begrenzten Erde zu stehen, — sieht dann gegen Aufgang (Morgen, Ost) die Sonne erscheinen, sie in einem Bogen zu der dem kürzesten Schattenwurfe längs der **Mittagslinie** Süd-Nord entsprechenden **Kulmination** aufsteigen, nachher dem Niedergange (Abend, West) zueilen. Bald nachdem die Sonne ihren sog. **Tagbogen** vollendet, tauchen Sterne verschiedener Art (Fixsterne, Planeten, Monde, etc.) auf, bewegen sich ähnlich wie die Sonne, und werden von Osten her immer wieder durch neue ersetzt, — scheinbar und abgesehen von einzelnen Eigenbewegungen, wie wenn sie am Himmelsgewölbe fest wären, und dieses sich in einem Tage um einen **Pol** oder vielmehr um den entsprechenden Durchmesser, die gegen die Mittagslinie um die **Polhöhe** geneigte und mit ihr die Ebene des **Meridians** bestimmende **Weltaxe**, drehen würde. Die sich hieran knüpfende

— Einleitung —

Aufgabe, die Grösse, Gestalt, Masse und physische Beschaffenheit der Erde und aller dieser Gestirne, sowie die wirklichen Gesetze ihrer Bewegung und ihres Einflusses aufeinander zu bestimmen, fällt der von der Sterndeuterei (Astrologie) wohl zu unterscheidenden **Astronomie** anheim, in welche die ausschliesslich die Erdmessung behandelnde, sich der praktischen Geometrie (211—226) anschliessende **Geodäsie** als integrierender Teil einzuschalten ist.

322 [3—6]. **Die Astronomie der ältesten Völker.** Die ersten Astronomen bedienten sich zur Beobachtung ausschliesslich ihrer Sinne, und führten Register über ihre Wahrnehmungen, — erfanden jedoch bald den zur Sonnenuhr führenden Gnomon. Die Erde erschien ihnen als unbeweglicher Mittelpunkt der täglichen Bewegung des Himmelsgewölbes und der den Wechsel der Jahreszeiten herbeiführenden Eigenbewegung der Sonne. Letztere gab ihnen in Verbindung mit den sich regelmässig folgenden Lichtgestalten des Mondes Grundlagen für die Zeitrechnung, und in den Finsternissen erkannten sie periodisch wiederkehrende Erscheinungen. Zwischen Sonne und Mond fanden sie noch zwei, und über der Sonne drei Wandelsterne auf, welche sie nebst jenen zu Zeitregenten einsetzten, und zuweilen sahen sie diesen sich noch einen unheimlichen Haarstern beigesellen. — Die Griechen hatten bereits Sand- und Wasseruhren und geteilte Kreise (Astrolabien), mit denen sie Koordinaten der in Bilder abgeteilten Sterne massen. Pythagoras lehrte die Kugelgestalt der Erde und Eratosthenes versuchte ihre Grösse zu messen, — Plato und Aristarch vermuteten die Axendrehung der Erde und ihre Bewegung um die Sonne, während Eudoxus und Aristoteles das geocentrische System weiter ausbauten. Hipparch schlug

— Einleitung — 179

vor, die Lage auf der Erde durch Länge und Breite zu bestimmen, ermittelte die Grössen und Distanzen von Sonne und Mond, fand das sog. Vorrücken der Nachtgleichen, und suchte für die scheinbare Bewegung der Wandelsterne um die Erde eine zu Tafeln führende Theorie aufzustellen, welche sodann Ptolemäus vollendete, und in seinem Almagest zu einem Lehrgebäude abrundete, das die Astronomie der Griechen durch Vermittlung der, namentlich ihre praktischen Teile wesentlich vervollkommnenden arabischen Astronomen Albategnius, Abul Wefa, Ibn Junis, etc. nach dem Abendland brachte, wo sie durch Purbach, Regiomontan und Walther ihre letzte Ausbildung erhielt. [XII^b].

323 [7—10]. **Die Reformation der Sternkunde.** Mit den Fortschritten der Mathematik und Physik (vgl. 3), korrespondierten diejenigen der Geodäsie und Astronomie: Die Instrumente, Beobachtungs- und Berechnungsmethoden wurden verbessert, und die Grundlagen geschaffen, auf welche Copernicus durch die nach ihm benannte Lehre die Reformation der Sternkunde begann, Kepler durch Aufstellung seiner Gesetze fortführte, und Newton durch Nachweis der allgemeinen Gravitation vollendete. — Snellius und Picard massen die Erde, — Galilei, Fabricius, Hevel, Cassini, Huygens, Fatio, etc., entdeckten die Rotation der Sonne und der Planeten, die Phasen der Venus, die Trabanten von Jupiter, den Ring Saturns, die Beschaffenheit der Mondoberfläche, das Zodiakallicht, die Existenz von Nebelflecken und veränderlichen Sternen, die Konstitution der Milchstrasse, etc., — Cysat, Borelli, Dörfel, Halley, etc. brachten die Kometen zu Ehren, — Römer bestimmte die Geschwindigkeit des Lichtes, Richer die Marsparallaxe, — und Gregor XIII.

bahnte die von der Kirche längst verlangte Kalenderreform an. [XII^b.]

324 [11—14]. Die neuere Astronomie.
Das Bedürfnis vergleichbarer Masse, genauer Karten, sicherer Ortsbestimmungen zu Land und Wasser, zuverlässiger Anhaltspunkte für Chronologie, etc., und das sich mehrende Interesse für allseitige Kenntnis des Weltgebäudes förderten die Astronomie auch in der neuern Zeit ungemein: Die frühern Instrumente wurden nicht nur verbessert, und durch die Brander, Ramsden, Dollond, Reichenbach, Fraunhofer, etc. um Theodolit, Meridiankreis, parallaktisch-montierte Achromaten mit Ring- und Schraubenmikrometern, Heliometer, Registrier-Apparate, etc. vermehrt, sondern die Mayer, Bradley, Bessel, Gauss, etc. erfanden Beobachtungs- und Rechnungsmethoden zur Bestimmung oder Elimination ihrer Fehler, — die Sternwarten wurden zweckmässiger eingerichtet, über die ganze Erde verbreitet und zum Teil durch Telegraphen verbunden, und die astronomischen Tafeln und Sternkarten durch Bouvard, Lindenau, Hansen, Argelander etc. vervollkommnet; Weidler, Montucla, Lalande, Littrow, etc. sorgten für Geschichtswerke und Lehrbücher, — Bode, Zach, Bohnenberger, Schumacher, etc. für raschen Austausch der Arbeiten. Grösse, Gestalt und Gewicht der Erde wurden durch Bouguer, La Condamine, Maskelyne, Cavendish, etc., immer genauer ermittelt, — die tägliche und jährliche Bewegung derselben teils durch Benzenbergs und Foucaults Fall- und Pendel-Versuche, teils durch Bradleys Entdeckung der Aberration des Lichtes erwiesen; Lacaille und die zahlreichen Beobachter der Venusdurchgänge von 1761 und 1769 massen die Parallaxen von Mond und Sonne, — Bessel, Struve, etc. sogar diejenigen einiger Fixsterne;

Herschel begann mit Uranus die sodann durch Piazzi,
Olbers, Hencke, etc. aufgenommene lange Reihe neuer
Planetenentdeckungen, leitete durch seine Studien über
Sonne, Mars, etc. die seither durch Schröter, Schwabe,
Mädler, Schiaparelli, etc., sowie durch Photographie
und Spektralanalyse geförderte Kenntnis der physischen
Beschaffenheit der Weltkörper ein, erstellte lange,
durch Struve, d'Arrest, Secchi, etc. wesentlich vervollständigte Verzeichnisse von Himmelsnebeln und
Doppelsternen, und führte durch Nachweis der fortschreitenden Bewegung der Sonne, durch Aichungen,
etc. die Arbeiten der Kant und Lambert über den Bau
des Himmels energisch weiter, — Laplace endlich
sammelte die von Euler, d'Alembert, Clairaut, etc.
auf Newtons Grundlage fortgeführten Untersuchungen,
und verband sie mit eigenen Forschungen zu einem
grossen Ganzen, der Mécanique céleste, die bereits,
z. B. in Leverriers Neptun-Entdeckung, die schönsten
Triumphe gefeiert hat. [XII^b.]

XXXIV. Die ersten Messungen und die sog. tägliche Bewegung.

325 [329]. **Die Instrumente.** Um ihre Aufgabe auf dem einzig zuverlässigen Wege, d. h. durch
Messung und Berechnung, lösen zu können, bedarf die
Astronomie vor Allem zweckmässiger Instrumente zur
Bestimmung von Längen-, Richtungs- und Zeit-Unterschieden. Für Erstere kann nun zwar auf (213), für
die Winkelinstrumente auf (219—222), und für die
Uhren auf (257) verwiesen werden, — jedoch bleibt
noch Verschiedenes nachzutragen.

326 [329—31]. **Das Fernrohr und sein Fadenkreuz.** Das Messen eines Winkels besteht meistens darin, dass man den Mittelpunkt eines geteilten Kreises über den Scheitel bringt, — ein mit dem Kreise oder einem auf demselben spielenden Index verbundenes Absehen successive auf die beiden Winkelobjekte richtet, je die gegenseitige Stellung von Kreis und Index abliest, — und schliesslich die Differenz der Ablesungen als Mass des Winkels betrachtet. Die Genauigkeit der Winkelmessung hängt also zunächst von der Schärfe ab, mit welcher die Visuren gemacht werden können, und wurde daher wesentlich vergrössert, als man die **Diopter** durch ein Fernrohr mit **Fadenkreuz** ersetzen konnte. Die Fadenplatte muss jedoch genau mit der Bildebene des Objektives zusammenfallen, sonst wechselt die gegenseitige Stellung von Faden und Bild mit der Lage des Auges, oder es entsteht eine **Fadenparallaxe.** Ferner muss man das Gesichtsfeld oder die Faden Nachts durch Hülfsprismen oder durch Seitenöffnungen am Okularkopfe beleuchten können.

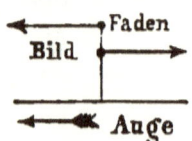

327 [339, 40]. **Das Ablesemikroskop.** Die Genauigkeit der Winkelmessung hängt ferner von der Sicherheit der Ablesung ab, die allerdings schon beim Vernier (220) nicht unbedeutend ist. Immerhin wird dieser jetzt häufig durch ein Mikroskop mit beweglichem Faden ersetzt, das (292) so reguliert ist, dass die mit einer geteilten Trommel versehene **Mikrometerschraube** eine bestimmte Anzahl von Umgängen macht, um den Faden durch einen Teil der Hauptteilung zu bewegen. — Führt man den beweglichen Faden vom Index zum nächsten Teilstriche, so giebt die Ablesung an der Trommel an, um wie viel der Wert jenes Teil-

— Erste Messungen — 183

striches zu vermehren oder zu vermindern ist, um die Stellung des Index zu erhalten.

328 [341—45]. Die Excentricität und die Teilungsfehler. Die Differenz der Ablesungen am Kreise giebt nur dann ein richtiges Mass für den Stellungsunterschied des Fernrohrs, wenn dessen Drehpunkt keine merkliche Excentricität zum Kreise, und dieser keine erheblichen Teilungsfehler hat. Bezeichnet nun A den Stand des Index, bei welchem er mit seinem Drehpunkt D und dem Mittelpunkt C des Kreises in einer Geraden liegt, — A_1 den Stand, welchen er an der Teilung nach einer Drehung um β einnimmt, — A_2 denjenigen, welchen er annehmen sollte, um diese Drehung wirklich zu zeigen, — und e die (bei guten Instrumenten nie $1/_{50}{}^{mm}$ betragende) Excentricität, so hat man nahe

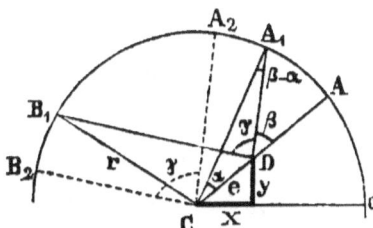

$$A_2 = A_1 + \beta - \alpha = A_1 + \frac{e\,Si(A_2-A)}{r\,Si\,1''} = A_1 + \frac{x\,Si\,A_2 - y\,Co\,A_2}{r\,Si\,1''} \quad \mathbf{1}$$

und für einen zweiten Index B des Abstandes $\gamma = B_2 - A_2$ vom ersten, entsprechend

$$B_2 = B_1 + \frac{e\,Si\,(B_2 - A)}{r\,Si\,1''} = B_1 + \frac{x\,Si\,B_2 - y\,Co\,B_2}{r\,Si\,1''} \quad \mathbf{2}$$

Ist B nahe diametral von A, also $B_2 - A_2 = 180^0 + \varepsilon$, wo ε eine kleine Grösse ist, so hat man nach 1 und 2

$$1/_2\,(A_2 + B_2) = 1/_2\,(A_1 + B_1) - e\,\varepsilon\,Co\,(A_2 - A):2r \quad \mathbf{3}$$

Das zweite Glied rechts hat den Maximalwert

$$m = \pm\,e\,\varepsilon:2r \text{ der viel kleiner als } M = \pm\,e:r\,Si\,1'' \quad \mathbf{4}$$

d. h. nach 1 als der Maximalfehler einer einzelnen Ablesung ist, so dass $A_1 + B_1 = A_2 + B_2$ gesetzt werden darf. — Setzt man ferner die beliebig oft, am besten aus 12 Einstellungen von 30 zu 30°, zu ermittelnde Grösse

$$B_1 - A_1 - 180° = D \text{ und } x : r \operatorname{Si} 1'' = x' \quad y : r \operatorname{Si} 1'' = y' \quad \mathbf{5}$$

so ergiebt sich mit Hülfe von 1 und 2 sehr nahe

$$D = \varepsilon + 2x' \operatorname{Si} A_1 - 2y' \operatorname{Co} A_1 \qquad \mathbf{6}$$

und hier successive α und $180° + \alpha$ für A_1 einsetzend und die beiden Gleichungen addierend, erhält man

$$D_1 + D_2 = 2\varepsilon \quad \text{oder} \quad \sum D = 12\varepsilon \qquad \mathbf{7}$$

Man kann somit nach 7 ε ermitteln, und sodann nach 6 und (210)

$$x' = \tfrac{1}{12} \sum (D - \varepsilon) \operatorname{Si} A_1 \quad y' = - \tfrac{1}{12} \sum (D - \varepsilon) \operatorname{Co} A_1 \quad \mathbf{8}$$

$$\operatorname{Tg} A = y : x = y' : x' \quad e = y \operatorname{Cs} A = y' \cdot r (\operatorname{Cs} A) \operatorname{Si} 1'' \quad \mathbf{9}$$

setzen. Berechnet man mit diesen Werten nach 6 rückwärts die Grössen D, so lässt sich aus der Differenz zwischen den berechneten und den beobachteten D schliessen, in wie weit sich Letztere durch die Excentricität erklären lassen, und ob merkliche Teilungsfehler vorhanden zu sein scheinen. Ist Letzteres der Fall, so sucht man sie bei geodätischen Beobachtungen mit einem Repetitionstheodoliten durch Multiplikation (216) einigermassen zu eliminieren, — bei grössern astronomischen Instrumenten dagegen wirklich auszumitteln. Zu letzterm Zwecke stellt man zwei Ablese-

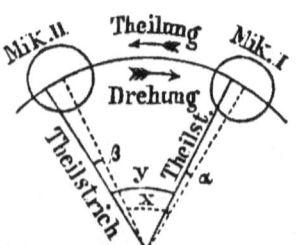

mikroskope so auf, dass ein bestimmter Teilstrich in das erste, ein von ihm im Sinne der Teilung um $Z = 360 : n$ entfernter Teilstrich in das zweite Mikroskop fällt, und misst mit dem beweglichen

Faden, um wie viel jeder der Teilstriche von dem Index des betreffenden Mikroskopes **vorwärts** liegt. Bezeichnet man sodann mit y die Distanz der beiden Teilstriche, mit x die Distanz der Mikroskope, und mit α, β die erwähnten Verschiebungen des beweglichen Fadens, so hat man offenbar $y = x - \alpha + \beta$, und ähnliche Gleichungen werden sich ergeben, wenn man bei unverändertem Stande der Mikroskope durch Drehen des Kreises den Teilstrich Z in das erste, folglich 2Z in das zweite Mikroskop bringt, etc., bis der Kreis erschöpft ist. Durch Addition aller dieser n Gleichungen folgt aber

$$360^0 = n \cdot x - \textstyle\sum \alpha + \textstyle\sum \beta \qquad \textbf{10}$$

und man kann somit x, folglich aus den einzelnen Gleichungen die wirklichen Winkeldistanzen y berechnen. Alsdann kann man in ähnlicher Weise, sei es für andere Werte von n, sei es durch Anknüpfen an zwei schon bekannte Teilstriche, auch andere bestimmen, etc.

329 [324]. **Die Axenlibelle.** Die Erfüllung aller erwähnten Vorschriften sichert aber natürlich die Genauigkeit nur in dem Falle, wo das betreffende Instrument richtig aufgestellt wird, und hiezu muss (vgl. 221, 339) meist die Libelle helfen. Soll aber diese

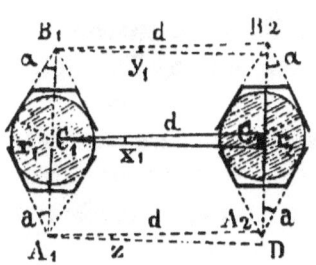

zum Nivellieren einer Axe dienen, so kann sie nur auf die, die eigentliche Axe umhüllenden Stahlzapfen, deren Radien immer eine kleine Ungleichheit $\Delta r = r_2 - r_1$ haben, aufgesetzt werden. Bezeichnet nun α den halben Winkel der Libellenfüsse und a den halben Winkel der Lager, so hat man sehr nahe

$x_1 = z + n \cdot \triangle r$ wo $n = 1 : d \cdot \operatorname{Si} a \cdot \operatorname{Si} 1''$
$y_1 = z + (m + n) \triangle r$ $\quad m = 1 : d \cdot \operatorname{Si} \alpha \cdot \operatorname{Si} 1''$ **1**

und analog bei umgelegter Axe, da hiefür nur das Vorzeichen von $\triangle r$ wechselt,

$x_2 = z - n \cdot \triangle r \qquad y_2 = z - (m + n) \triangle r$ **2**

Aus 1 und 2 aber ergeben sich

$\triangle r = \frac{1}{2}(y_1 - y_2):(m+n) \quad x_1 = y_1 - m \cdot \triangle r \quad x_2 = y_2 + m \cdot \triangle r$ **3**

und man kann daher, da sich (212) y_1 und y_2 aus den Ablesungen an der Libelle direkt finden lassen, sowohl die Zapfenungleichheit, als die für sie korrigierten Neigungen der Drehaxe berechnen. — Dreht man ein Prisma e f in der Richtung des Pfeiles um a b, und

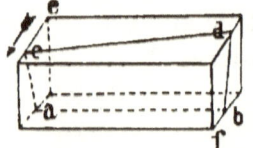

ist c d nicht parallel a b, sondern c näher, d ferner, so sinkt c, während d steigt. Entsprechend wird, wenn die Axe der Libelle derjenigen des Instrumentes nicht parallel ist, oder eine sog. **Lateralabweichung** hat, die Blase, sobald man die Libelle ein wenig um die Aufsetzlinie dreht, sich dem **fernern Ende nähern**.

330 [165, 6]. **Die erste Bestimmung des Meridianes.** Misst man mit einem Theodoliten (221, 225) die Horizontalwinkel a und b, welche ein Stern bei gleichen oder sog. **korrespondierenden Höhen** vor und nach seiner Kulmination mit einem terrestrischen Gegenstande bildet, so stellt, unter Voraussetzung der (321) angenommenen täglichen Bewegung,

$$w = \tfrac{1}{2}(a + b)$$

die Winkeldistanz des Gegenstandes vom Meridiane oder sein sog. **Azimut** vor, und da wiederholte Bestimmung w als unabhängig von der Wahl des Tages, Sternes und seiner Anfangshöhe erzeigt, so ist auch die Zulässigkeit der Voraussetzung dargethan. Mit Hülfe von w kann man aber den Höhenkreis des Theodoliten in den Meridian bringen, und ein **Meridianzeichen** einvisieren.

331 [167]. **Die erste Bestimmung der Polhöhe des Beobachters und der Poldistanz eines Sternes.** Beobachtet man mit dem im Meridiane aufgestellten Theodoliten die Höhen $h = 90^0 - z$ eines Circumpolarsternes bei seinen beiden Kulminationen, so giebt unter der frühern Voraussetzung ihre halbe Summe die Polhöhe φ des Beobachters, ihre halbe Differenz aber die Poldistanz p des Sternes. Ist erstere einmal gefunden, so giebt wegen

$$p = 90^0 - \varphi \pm z$$

jede Beobachtung der kleinsten, auch ohne genaue Kenntnis des Meridianes und schon mit dem Sextanten (222—225) durch Verfolgen eines aufsteigenden Sternes erhältliche Zenitdistanz desselben seine Poldistanz.

332 [168—70]. **Die Refraktion.** Jede gemessene Zenitdistanz ist für die (287) ihrer Tangente nahe proportionale Refraktion zu verbessern. Bezeichnet α die Refraktionskonstante (Refraktion bei 45^0), so ist somit für einen Circumpolarstern

$$90^0 - \varphi = z + \alpha \cdot \mathrm{Tg}\, z \pm p \qquad \mathbf{1}$$

zu setzen, je nachdem er in oberer oder unterer Kulmination steht, — für einen südlich kulminierenden Stern aber

$$90 - \varphi = p - z - \alpha\, \mathrm{Tg}\, z \qquad \mathbf{2}$$

Kann man keine der Grössen p, φ, α als bekannt voraussetzen, so beobachtet man zwei Circumpolarsterne in ihren beiden Kulminationen, und bestimmt jene aus den sich nach 1 ergebenden 4 Gleichungen.

Kennt man dagegen p bereits für einzelne Sterne, so genügt es zur Bestimmung von α und φ, einen zenitalen und einen etwas tief kulminierenden Stern je einmal zu beobachten.

333 [171, 2]. **Die Regulierung einer Uhr nach den Sternen.** Bringt man eine Uhr durch Korrektion an ihrem Pendel oder ihrer Unruhe (257) dahin, dass sie bei successiven Kulminationen eines Sternes nahezu dieselbe Zeit zeigt, so heisst sie **auf Sternzeit reguliert**, und die Korrektion, welche eine ihrer Angaben bedarf, um die entsprechende des vorhergehenden Tages zu ergeben, stellt ihren, von der Uhrkorrektion (342) wohl zu unterscheidenden sog. **täglichen Gang** vor, der nahe konstant sein soll. Besitzt eine gute Uhr ein Kompensationspendel (301) oder steht sie in einem Raume mit konstanter Temperatur, so wird die **Variation** ihres Ganges von einem Tage zum andern nie eine volle Sekunde betragen.

334 [173, 4]. **Das parallaktisch montierte Fernrohr.** Verbindet man ein Fernrohr so mit einer Axe, dass es unter jedem beliebigen Winkel zu derselben festgehalten werden kann, und bringt dann diese Axe in die Richtung der Weltaxe, so heisst das Fernrohr **parallaktisch montiert**. Richtet man es auf irgend einen Stern, und dreht die Axe durch ein Uhrwerk in einem Tage einmal gleichförmig um, so bleibt der Stern, solange er über dem Horizonte ist, beständig im Fernrohr, und kann, wenn er etwas helle ist und nicht gar zu nahe an der Sonne steht, auch am Tage (was früher trotz allen Sagen kaum möglich war) fortwährend gesehen werden. Es ist damit offenbar der faktische Beweis geleistet, dass die tägliche Bewegung wirklich genau so vor sich zu gehen scheint, wie wenn sich die scheinbare Himmelskugel in einem Tage umdrehen würde.

— Tägliche Bewegung — 189

335 [176]. **Die Sternkoordinaten.** Um einen Punkt der scheinbaren Himmelskugel seiner Lage nach zu bestimmen, wendet man seit den ältesten Zeiten sphärische Koordinaten an: Entweder bezieht man sich auf den Horizont, d. h. giebt die zur Zenitdistanz (z) komplementäre **Höhe** (h) als Ordinate, das im Sinne der täglichen Bewegung von Süd bis 360° gezählte **Azimut** (w) als Abscisse, — oder man benutzt den Equator, d. h. giebt die zur Poldistanz (p) komplementäre **Deklination** als Ordinate, und die entgegengesetzt zur täglichen Bewegung von einem festen Punkte desselben, dem sog. Frühlingspunkte ♈ (350) bis 360° oder 24ʰ gezählte Rektascension (.R, a) als Abscisse. Ein Parallelkreis zum Horizonte heisst **Almucantarat**, ein ebensolcher zum Equator schlechtweg **Parallel**, — jeder durch den Zenit gehende grösste Kreis **Höhenkreis** oder **Vertikal**, jeder durch den Pol gehende aber **Deklinationskreis** und sein im Sinne der täglichen Bewegung gezählter Winkelabstand vom Meridiane **Stundenwinkel** (s), — der zum Meridiane senkrechte Höhenkreis **erster Vertikal**, der Deklinationskreis des Frühlingspunktes **Colur der Nachtgleichen** und sein Stundenwinkel **Sternzeit** ($t = a + s$).

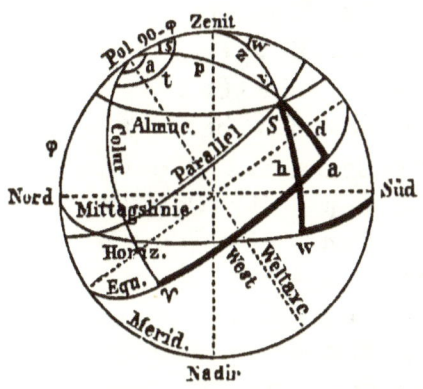

336 [177]. **Das Dreieck Pol-Zenit-Stern.** Durch Anwendung der sphärischen Trigonometrie auf das Dreieck Pol-Zenit-Stern, den Winkel am Stern als **Variation** (v) einführend, erhält man die Formeln

— Tägliche Bewegung —

$$\text{Si } s : \text{Si } w : \text{Si } v :: \text{Si } z : \text{Si } p : \text{Co } \varphi \qquad \mathbf{1}$$

$$\text{Co } p = \text{Si } \varphi \cdot \text{Co } z - \text{Co } \varphi \cdot \text{Si } z \cdot \text{Co } w$$
$$\text{Co } z = \text{Si } \varphi \cdot \text{Co } p + \text{Co } \varphi \cdot \text{Si } p \cdot \text{Co } s \qquad \mathbf{2}$$
$$\text{Si } \varphi = \text{Co } p \cdot \text{Co } z + \text{Si } p \cdot \text{Si } z \cdot \text{Co } v$$

$$\text{Co } s = \text{Co } w \cdot \text{Co } v + \text{Si } w \cdot \text{Si } v \cdot \text{Co } z$$
$$\text{Co } w = \text{Co } s \cdot \text{Co } v - \text{Si } s \cdot \text{Si } v \cdot \text{Co } p \qquad \mathbf{3}$$
$$\text{Co } v = \text{Co } s \cdot \text{Co } w + \text{Si } s \cdot \text{Si } w \cdot \text{Si } \varphi$$

$$\text{Co } s \cdot \text{Si } p = \quad \text{Co } z \cdot \text{Co } \varphi + \text{Si } z \cdot \text{Si } \varphi \cdot \text{Co } w$$
$$\text{Co } s \cdot \text{Co } \varphi = \quad \text{Co } z \cdot \text{Si } p - \text{Si } z \cdot \text{Co } p \cdot \text{Co } v$$
$$\text{Co } w \cdot \text{Si } z = -\text{Co } p \cdot \text{Co } \varphi + \text{Si } p \cdot \text{Si } \varphi \cdot \text{Co } s$$
$$\text{Co } w \cdot \text{Co } \varphi = -\text{Co } p \cdot \text{Si } z + \text{Si } p \cdot \text{Co } z \cdot \text{Co } v \qquad \mathbf{4}$$
$$\text{Co } v \cdot \text{Si } z = \quad \text{Si } \varphi \cdot \text{Si } p - \text{Co } \varphi \cdot \text{Co } p \cdot \text{Co } s$$
$$\text{Co } v \cdot \text{Si } p = \quad \text{Si } \varphi \cdot \text{Si } z + \text{Co } \varphi \cdot \text{Co } z \cdot \text{Co } w$$

$$\text{Si } s \cdot \text{Co } p = -\text{Co } w \cdot \text{Si } v + \text{Si } w \cdot \text{Co } v \cdot \text{Co } z$$
$$\text{Si } s \cdot \text{Si } \varphi = \quad \text{Co } v \cdot \text{Si } w - \text{Si } v \cdot \text{Co } w \cdot \text{Co } z$$
$$\text{Si } w \cdot \text{Co } z = \cdot \quad \text{Co } s \cdot \text{Si } v - \text{Si } s \cdot \text{Co } v \cdot \text{Co } p$$
$$\text{Si } w \cdot \text{Si } \varphi = \quad \text{Co } v \cdot \text{Si } s + \text{Si } v \cdot \text{Co } s \cdot \text{Co } p \qquad \mathbf{5}$$
$$\text{Si } v \cdot \text{Co } p = -\text{Co } w \cdot \text{Si } s + \text{Si } w \cdot \text{Co } s \cdot \text{Si } \varphi$$
$$\text{Si } v \cdot \text{Co } z = \quad \text{Co } s \cdot \text{Si } w - \text{Si } s \cdot \text{Co } w \cdot \text{Si } \varphi$$

$$dp = \text{Co } v \cdot dz - \text{Co } s \cdot d\varphi - \text{Si } v \cdot \text{Si } z \cdot dw$$
$$dz = \text{Co } w \cdot d\varphi + \text{Co } v \cdot dp + \text{Si } w \cdot \text{Co } \varphi \cdot ds \qquad \mathbf{6}$$
$$d\varphi = \text{Co } w \cdot dz - \text{Co } s \cdot dp - \text{Si } s \cdot \text{Si } p \cdot dv$$

deren Wichtigkeit die Folge bewähren wird.

337 [178]. **Die Transformation der Koordinaten.** Die Alten benutzten für die Transformation der Koordinaten einen Globus, während man jetzt die Rechnung vorzieht, für welche nach 336:2, 4, wenn die Hülfsgrössen x und y durch

$$\text{Co } z = x' \cdot \text{Co } y' \qquad \text{Si } z \cdot \text{Co } w = x' \cdot \text{Si } y' \qquad \mathbf{1}$$
$$\text{Co } p = x'' \text{Co } y'' \qquad \text{Si } p \cdot \text{Co } s = x'' \text{Si } y'' \qquad \mathbf{2}$$

eingeführt werden, die Formeln

$$\text{Co } p = x' \cdot \text{Si}(\varphi - y'), \quad \text{Co } s \cdot \text{Si } p = x' \cdot \text{Co}(\varphi - y') \qquad \mathbf{3}$$
$$\text{Co } z = x''' \cdot \text{Si}(\varphi + y'''), \quad \text{Co } w \cdot \text{Si } z = -x'' \text{Co}(\varphi + y''') \qquad \mathbf{4}$$

folgen, nach welchen man für bekannte Werte von φ und t, und unter Berücksichtigung, dass p und z beständig konkav, s und w aber beide gleichzeitig entweder konkav oder konvex sind, sowohl $d = 90^0 - p$ und $a = t - s$ aus z und w, als z und w aus d und a leicht berechnen kann.

338 [179, 80]. **Auf- und Untergang; Elongation.** Für $z = 90^0$, erhält man nach 336:2

$$\text{Co s} = -\text{Ct p} \cdot \text{Tg }\varphi \qquad \text{Co w} = -\text{Co p} \cdot \text{Se }\varphi \qquad \mathbf{1}$$

wo nun s den halben **Tagbogen** des Gestirnes misst, w aber die Entfernung des Auf- oder Untergangspunktes vom Südpunkte, deren Differenz von 90^0 **Morgen-** oder **Abendweite** heisst. Für $p = 90^0$ wird für jedes φ, oder für $\varphi = 0$ (Sphæra recta der Alten) für jedes p, Tagbogen gleich Nachtbogen, — für $0 < \varphi < 90^0$ (Sphæra obliqua) hat für $p > 180^0 - \varphi$ gar kein Aufgang, für $p < \varphi$ kein Untergang mehr statt, und für $p \gtreqless 90^0$ wird $s \lesseqgtr 90^0$, — für $\varphi = 90^0$ endlich (Sphæra parallela) kommen überhaupt Auf- und Untergang höchstens noch bei Wandelsternen vor. In dem den nördlich vom Zenit kulminierenden Sternen entsprechenden Falle $p < 90^0 - \varphi$ erreicht nach 336:1, 2, 4 das Supplement von w für $v = 90^0$ ein Maximum oder der Stern eine sog. **Elongation,** für welche somit

$$\text{Co z} = \text{Si }\varphi \cdot \text{Se p} \qquad \text{Co s} = \text{Tg }\varphi \cdot \text{Tg p} \qquad \mathbf{2}$$

XXXV. Die Bestimmungen im Meridiane.

339 [376, 7]. **Der Meridiankreis.** Da für den Meridian der Stundenwinkel Null, also die Sternzeit gleich der Rektascension wird, und die Zenitdistanz mit der Differenz zwischen Polhöhe und Deklination übereinstimmt, so eignet er sich ganz besonders teils für Regulierung der Uhren und Ermittlung der Polhöhe, teils für Bestimmung der Rektascension und Deklination, und es sind für ihn eigene Instrumente, zuerst schon im Altertum **Mauerquadranten**, sodann durch Römer die sie ergänzenden **Passageinstrumente**, ja auch die beide vereinigenden **Meridiankreise** konstruiert worden. Letztere bestehen im Wesentlichen aus einem im Meridiane spielenden, mit sofort zu beschreibendem Fadennetze versehenen Fernrohr, und einem an seiner Drehaxe befestigten Teilkreise, erlauben also, Moment und Zenitdistanz der Kulmination eines Gestirnes zu beobachten: Symmetrischer und möglichst stabiler Bau, — gute, von unten wirkende Balancierung, — solide Lager mit Coulissen für vertikale und azimutale Verschiebung der Axe, — sichere Klemmung und feine Bewegung, — freier, mit mikroskopischer Ablesung versehener Kreis, — bequemer Umlegewagen und Beobachtungsstuhl, — etc. zeichnen zumal die neuern dieser, für absolute Bestimmungen jetzt fast ausschliesslich gebrauchten, Instrumente aus.

340 [378, 79, 82]. **Das Fadennetz.** Dasselbe besteht zunächst aus einem gewöhnlichen Fadenkreuze: Der zu beobachtende Stern wird in den Horizontalfaden eingestellt, sein Durchgang durch den Vertikalfaden abgewartet, und sodann auch der Kreis abgelesen. Meistens sind zu beiden Seiten des Vertikalfadens noch

einige equidistante Seitenfaden gespannt, an welchen die Uhrzeit des Durchganges ebenfalls notiert und sodann in folgender Weise auf den Mittelfaden reduziert wird: Bezeichnet t die Zeit, welche ein Stern der Deklination d nötig hat, um die Distanz 15 x eines

— Bestimmungen im Meridiane — 193

Seitenfadens vom Mittelfaden zu durchlaufen, so hat man

$$\mathrm{Si}\ 15\,x : \mathrm{Co}\ d = \mathrm{Si}\ 15\,t : \mathrm{Si}\ 90°$$

folglich mit hinlänglicher Annäherung

$$x = \mathrm{Co}\ d \cdot \mathrm{Si}\ 15\,t : 15 \cdot \mathrm{Si}\ 1'' \rightleftharpoons t \cdot \mathrm{Co}\ d \qquad \mathbf{1}$$

und entsprechend, wenn t' die Zeit ist, welche ein anderer Stern der Deklination d' braucht, um dieselbe Distanz zurückzulegen

$$\mathrm{Si}\ 15\,t' = 15\,x \cdot \mathrm{Si}\ 1'' \cdot \mathrm{Se}\ d' \quad \text{oder} \quad t' \rightleftharpoons x \cdot \mathrm{Se}\ d' \qquad \mathbf{2}$$

Hat man daher einmal nach 1 die x für alle n Faden bestimmt und beobachtet nun einen Stern an denselben, so ist die wahrscheinlichste Durchgangszeit durch den Mittelfaden

$$t = \tfrac{1}{n} \sum t \quad + \tfrac{1}{n} (\sum x_o - \sum x_w) \cdot \mathrm{Se}\ d' \qquad \mathbf{3}$$
$$= \text{Fadenmittel} + \text{Fadenkorrektion}$$

wo $\sum t$ die Summe aller Uhrzeiten, $\sum x_o$ die Summe der östlichen, $\sum x_w$ die der westlichen Fadendistanzen bezeichnet. W. Struve hat für den wahrscheinlichen Fehler bei Angabe der Durchgangszeit eines Sternes der Deklination d durch einen Faden bei n maliger Vergrösserung die Formel

$$w_n = \sqrt{0^s{,}072^2 + (180:n)^2 \cdot 0{,}016^2 \cdot \overline{\mathrm{Se}^2\,d}} \qquad \mathbf{4}$$

aufgestellt, aus welcher, da $dx = w \cdot \mathrm{Co}\ d \cdot \sqrt{2}$ den auf die Fadendistanz übergehenden Fehler giebt, hervorgeht, dass namentlich bei stärkern Vergrösserungen die polaren Sterne zur Bestimmung der Fadendistanz am vorteilhaftesten sind. — Hat das Fadennetz noch bewegliche Horizontal- und Vertikalfaden, um die Koordinaten irgend eines Punktes im Gesichtsfelde gegen das feste Netz bestimmen zu können, so findet man den Wert des Ganges der zugehörenden Schrauben z. B. indem man mit derjenigen des Vertikalfadens eine

— Bestimmungen im Meridiane —

der bereits bekannten Fadendistanzen misst. — Um aus der Kreisablesung die scheinbare Zenitdistanz des Sternes erhalten zu können, muss der Zenitpunkt des Kreises bestimmt werden. Meist giebt man hiefür nach **Bohnenbergers** Vorschlage dem Fernrohr annähernd die Richtung nach einem im Nadir aufgestellten Quecksilbergefässe, beleuchtet (z. B. mit Hülfe eines vorgesteckten Glimmerblättchens) die Faden intensiv, bringt durch Drehen des Fernrohres den festen Horizontalfaden mit seinem Spiegelbilde zur Deckung und liest den Kreis ab, wodurch man sofort den Nadir und daraus den Zenitpunkt erhält. — Stellt man einen Stern schon an einem Seitenfaden ein, so ist die aus der Ablesung am Höhenkreise abgeleitete Zenitdistanz z für den betreffenden Stundenwinkel s und die allfällige Neigung ω des Horizontalfadens um

$$\triangle z = \tfrac{1}{4} \operatorname{Si} 2p \cdot \operatorname{Si} 1'' \cdot s^2 + s \cdot \operatorname{Si} p \cdot \operatorname{Tg} \omega \qquad 5$$

zu korrigieren, wobei sich aber das zweite Glied im Mittel aus korrespondierenden Faden hebt.

341 [382]. **Die Personalgleichung und der Chronograph.** Während ein geübter Beobachter a den Durchgang eines Sternes durch einen Faden mit einer Sicherheit von ca. $0^s,1$ zu bestimmen glaubt, kann er gegen einen zweiten b um eine weit grössere Zahl $a - b = p$ differieren. Um diese sog. **Personalgleichung**, welche offenbar aus einem ungleich verspäteten Auffassen mit Auge und Ohr resultiert, zu bestimmen, notieren a und b die Durchgangszeiten α und β zweier equatorealer Sterne in der Weise, dass a den Stern α an den ersten Faden, den Stern β an den letzten Faden, — b aber je das Übrige beobachtet. Man hat dann nämlich offenbar

$$p = \tfrac{1}{2} (\alpha_a + \beta_a - \alpha_b - \beta_b)$$

Um den Hörfehler zu eliminieren (eigentlich mit dem gegen ihn fast verschwindenden Tastfehler zu vertauschen), hat man in neuerer Zeit unter dem Namen **Chronograph** folgende Einrichtung getroffen: Es geht ein Papierstreifen ohne Ende (oder eine Walze) mittelst eines Räderwerkes an zwei Stiften vorüber, deren jeder mit dem Anker eines Elektromagneten verbunden ist, und somit eine Ausweichung macht, sobald ein Strom durchgeleitet wird, — für den einen bei jeder Elongation eines Sekundenpendels, für den andern durch Niederdrücken eines Tasters im Momente der Beobachtung.

342 [380, 1]. **Bestimmung der Grösse und des Einflusses der Fehler.** Auch bei sorgfältig aufgestelltem Meridiankreise hat man anzunehmen, dass der in Verlängerung der Axe liegende sog. **Westpunkt** des Instrumentes nicht genau mit dem eigentlichen Westpunkte zusammenfalle, also die von ihm mit Pol, Zenit und Meridian bestimmten Bogen und Winkel um kleine Grössen a, b, m, n von 90° abweichen werden, — und dass ferner der von der optischen Axe mit der Drehaxe gebildete Winkel ebenfalls um eine kleine Grösse c von 90° verschieden sei. Um diese kleinen Fehler bestimmen und in Rechnung bringen zu können, erhalten wir vorerst aus Dreieck P S W die Beziehung

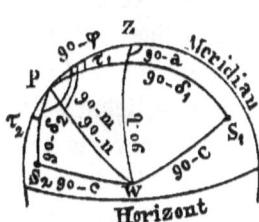

$$\text{Si } c = \text{Si } n \cdot \text{Si } \delta + \text{Co } n \cdot \text{Co } \delta \cdot \text{Si } (\tau \pm m) \qquad \mathbf{1}$$

wo das untere Zeichen für untere Kulminationen gültig ist, und hieraus folgt, da neben c, m, n auch τ eine kleine Grösse ist, sehr nahe

— Bestimmungen im Meridiane —

$$\tau = c \cdot \mathrm{Se}\,\delta - n \cdot \mathrm{Tg}\,\delta \mp m \qquad 2$$

Auf ähnliche Weise erhält man aus Dreieck PZW

$$n = b \cdot \mathrm{Si}\,\varphi - a \cdot \mathrm{Co}\,\varphi \qquad b = n \cdot \mathrm{Si}\,\varphi + m \cdot \mathrm{Co}\,\varphi \qquad 3$$

und aus ihnen durch Elimination von n

$$m = b \cdot \mathrm{Co}\,\varphi + a \cdot \mathrm{Si}\,\varphi \qquad 4$$

Bezeichnet man durch T die (für untere Kulminationen um 12^h vermehrte) Rektascension des Sternes, durch t die Uhrzeit seines Durchganges durch den Mittelfaden, und durch Δt die Korrektion der Uhr gegen Sternzeit, so hat man mit Hülfe von 2—4 die Formeln

$$T = t + \Delta t + \tfrac{1}{15}[m \pm n\,\mathrm{Tg}\,\delta \mp c\,\mathrm{Se}\,\delta] \qquad 5$$
$$= t + \Delta t + \tfrac{1}{15}[a\,\mathrm{Si}\,(\varphi \mp \delta) + b\,\mathrm{Co}\,(\varphi \mp \delta) \mp c] \cdot \mathrm{Se}\,\delta \quad 6$$

von denen 5 **Bessel'sche**, 6 aber **Mayer'sche** Formel heisst, und bei welchen man das untere Zeichen durch die Regel ersetzen kann, dass für untere Kulminationen die Deklination des Sternes in ihr Supplement übergehe. — Die Konstanten a, b, c, aus denen sodann m und n nach 3 und 4 berechnet werden können, bestimmt man am besten auf folgende Weise: Man beobachtet die Durchgangszeiten eines polaren und eines equatorealen Sternes, — ferner, um die möglichst selten vorzunehmende Umlegung des Fernrohrs zu vermeiden, die Abweichung 2β des vertikalen Mittelfadens von seinem Spiegelbilde im Nadirhorizonte (340), — endlich vor Beginn und nach Beendigung dieser Operationen das Niveau, um daraus den mittlern Wert von b und $c = \beta - b$ abzuleiten, — und kann sodann nach 6 zwei Gleichungen zur Bestimmung von a und Δt aufstellen. Kennt man aber Δt und die Konstanten, so dienen 5 oder 6 offenbar auch zur Rektascensionsbestimmung anderer Sterne aus ihrer Durchgangszeit, während sich die entsprechende Deklinationsbestimmung aus 340 ergiebt, jedoch zu erinnern bleibt, dass die gemessene Zenitdistanz auch für die in der Regel merkbare sog. **Durchbiegung** des Fernrohrs, welche man dem Sinus der Zenitdistanz proportional setzen darf, verbessert werden muss. Kann man bei dem betreffenden Fernrohr Okularkopf und Objektivkopf verwechseln, so hat man nur vor und nach Umtausch eine im Horizonte befindliche Mire und den Nadir-Horizont abzulesen, um aus der halben Differenz der so erhaltenen zwei Zenitdistanzen der Mire die hiefür nötige Biegungskonstante zu finden.

XXXVI. Die Bestimmungen ausserhalb des Meridianes.

343 [355, 7, 8]. **Die Bestimmung der Zeit.** Stehen bereits einzelne nach Rektascension (a) und Deklination (d = 90 — p) bekannte Sterne zur Verfügung, und kennt man von Uhrkorrektion, Azimuth einer Mire und Polhöhe wenigstens die Einen annähernd, so kann man die Übrigen, ohne sich ausschliesslich an den Meridian zu halten, auf verschiedene Weise genauer bestimmen. So z. B. kann man unter Voraussetzung der Polhöhe eine Zeitbestimmung, d. h. die Korrektion der im Momente der Beobachtung notierten Uhrzeit erhalten, wenn man die Höhe (h = 90 — z) eines bekannten Sternes misst, sodann s nach der aus dem Dreiecke Pol-Zenit-Stern folgenden Formel

$$\mathrm{Tg}\,\frac{s}{2} = \sqrt{\frac{\mathrm{Si}\,(\varphi - g)\,\overline{\mathrm{Si}\,(d - g)}}{\mathrm{Co}\,g \cdot \overline{\mathrm{Co}\,(z + g)}}} \quad \text{wo } g = \tfrac{1}{2}(\varphi + d - z)\,\mathbf{1}$$

und daraus die Sternzeit t = a + s der Beobachtung berechnet, — nur hat man, weil (336 : 6)

198 — Bestimmungen ausserh. d. Meridianes —

$$\text{Si } w \cdot \text{Co } \varphi \, ds = dz - \text{Co } w \cdot d\varphi \qquad \mathbf{2}$$

folgt, bei der Beobachtung die Nähe des Meridianes zu vermeiden. — Eine andere Methode der Zeitbestimmung unter gleicher Voraussetzung besteht darin, dass man die Uhrzeiten t_1 und t_2 der Durchgänge zweier bekannten Sterne durch denselben, wenn auch unbekannten Vertikal des Azimuths w oder $180^0 + w$ beobachtet. Man hat nämlich

$$s_1 = t_1 + \Delta t - a_1 \cdot \qquad s_2 = t_2 + \Delta t - a_2 \qquad \mathbf{3}$$

also $\qquad s_2 - s_1 = (t_2 - a_2) - (t_1 - a_1) \qquad \mathbf{4}$

Setzt man ferner

$$\text{Si}(d_2 + d_1)\,\text{Si}\,{}^1\!/_2\,(s_2 - s_1) = m\,\text{Si M}$$
$$\text{Si}(d_2 - d_1)\,\text{Co}\,{}^1\!/_2\,(s_2 - s_1) = m\,\text{Co M} \qquad \mathbf{5}$$

so erhält man mit Hülfe von 336:4, 1

$$\text{Si}(M - {}^1\!/_2\,(s_2 + s_1))\,\text{tg}\,d_1 = \text{Si}(M - {}^1\!/_2\,(s_2 - s_1))\,\text{tg}\,\varphi \qquad \mathbf{6}$$

und kann daher nach 4, 5, 6 successive $s_2 - s_1$, M und $s_2 + s_1$, also auch s_1 und sodann Δt nach 3 berechnen. Da aber mit Hülfe von 336:6, wenn die Fehler der Sternpositionen vernachlässigt werden,

$$d(\Delta t) = \frac{\text{Tg } w}{\text{Co } \varphi} \cdot d\varphi + \frac{\text{Si } z_1\,\text{Si } z_2\,[dw + \text{Si } \varphi \cdot d(t_2 - t_1)]}{\text{Si}(z_2 \mp z_1)\,\text{Co } \varphi\,\text{Co } w} -$$
$$- \frac{\text{Co } z_1\,\text{Si } z_2\,dt_1 \mp \text{Co } z_2\,\text{Si } z_1\,dt_2}{\text{Si}(z_2 \mp z_1)} \qquad \mathbf{7}$$

folgt, wo dw den Unterschied der beiden Azimuthalfehler bezeichnet, und das obere oder untere Zeichen gilt, je nachdem der zweite Stern im Azimuthe w des ersten oder im Azimuthe $180^0 + w$ steht, so ist nach dieser Methode nur in der Nähe des Meridianes eine gute Zeitbestimmung erhältlich, und sind die Sterne so zu wählen, dass sie bald nacheinander in möglichst verschiedener Höhe durch den Vertikal gehen. Besonders vorteilhaft ist die Verbindung des Polarsternes mit einem aequatorealen, die sog. Zeitbestimmung im Vertikal des Polarsterns, und man kann so z. B. sogar ohne Instrumente die Uhrkorrektion finden, indem man sich zu einem Lotfaden so stellt, dass er den Polarstern deckt, und nun den Moment abpasst, wo ein der untern Kulmination naher Stern ebenfalls hinter ihn tritt. — Eine dritte, namentlich bei Anwendung des Sextanten und auf Reisen zu empfehlende Methode besteht darin, dass man die Uhrzeiten t_1 und t_2 notiert, zu denen ein Stern der Rektascension a vor und nach der Kulmination dieselbe, wenn auch unbekannte, Höhe hat, und sodann nach

$$\Delta t = a - \tfrac{1}{2}(t_1 + t_2) \qquad 8$$

die Uhrkorrektion sucht. Es ist hiebei zweckmässig, die Nähe des Meridianes zu vermeiden, und die Beobachtung zu vervielfältigen.

344 [362]. Bestimmung des Azimuthes. Schreibt man die Zeit der Visur nach einem Sterne auf, so findet man unter Voraussetzung der Uhrkorrektion und bei angenähert bekannter Polhöhe nach der aus 336:1, 4 folgenden Formel

$$\text{Tg } w = \text{Tg } s \cdot \text{Co } \alpha : \text{Si}(\varphi - \alpha) \quad \text{wo } \text{Ct } \alpha = \text{Tg } p \cdot \text{Cos} \qquad 1$$

einen guten Wert für das Azimuth des Sternes, also bei gemessenem Horizontalabstande auch für dasjenige einer Mire, namentlich wenn man, da nach 336:6

$$dw = \frac{\text{Co } v \cdot \text{Si } p}{\text{Si } z} \cdot ds - \text{Si } w \cdot \text{Ct } z \cdot d\varphi \qquad 2$$

ist, einen Circumpolarstern beobachtet. — Steht Letzterer in seiner Elongation, so hat man (338)

$$\text{Si } w = \text{Si } p \cdot \text{Se } \varphi, \quad \text{Co } z = \text{Si } \varphi \cdot \text{Se } p, \quad \text{Co } s = \text{Tg } p \cdot \text{Tg } \varphi \qquad 3$$

und kann daher aus einer solchen Beobachtung, indem man einfach die entsprechende Ablesung am Horizontalkreise macht, unter Voraussetzung der Polhöhe das Azimuth, ja zur Erleichterung annähernd die der Elongation zukommende Einstelluug und Zeit berechnen, während (336:6)

$$dw = \frac{Si\, p \cdot Co\, v}{Co\, w \cdot Co\, \varphi} \cdot dv + Tg\, w \cdot Tg\, \varphi \cdot d\varphi \qquad 4$$

ist, so dass (abgesehen von ganz zenitalen Sternen) eine kleine Abweichung der Variation von 90° oder eine kleine Unsicherheit in der Polhöhe wenig Einfluss auf das Resultat hat. Beobachtet man zwei Circumpolarsterne, die bald nacheinander, der eine seine östliche, der andere seine westliche Elongation hat, und ergiebt sich hieraus eine Azimuthaldifferenz a, so ist

$$w_1 + w_2 = a, \quad Si\, p_1 = Co\, \varphi \cdot Si\, w_1, \quad Si\, p_2 = Co\, \varphi \cdot Si\, w_2 \qquad 5$$

also

$$Tg\, w_1 = Si\, a \cdot Si\, x : Si\,(a+x) \quad \text{wo} \quad Tg\, x = \frac{Si\, p_1}{Si\, p_2} Si\, a \qquad 6$$

und man kann somit w_1 oder den Meridian nach 6, und sodann nach 5 sogar noch φ finden.

345 [367—69, 85]. **Bestimmung der Polhöhe.** Beobachtet man die Uhrzeiten t_1 und t_2 der Durchgänge zweier Sterne durch denselben, wenn auch unbekannten Vertikal, so kann man, wenn die Uhrkorrektion Δt bekannt ist, nach 343:3, 5, 6 successive s_1, s_2, M, φ finden, nur ist (343:7) die Nähe des Meridianes zu vermeiden. Wird derselbe Stern in den Azimuthen $180° + w$ und w beobachtet, so ist $d_2 = d_1$, also $M = 90°$; ist überdies $w = 90°$, d. h. beobachtet man, was (343:7) der günstigste Fall ist, im ersten Vertikale, so wird $s_2 = -s_1$, $z_2 = z_1$, $v_2 = -v_1$, und

$$Si\, v = Co\, \varphi : Si\, p \qquad Co\, z = Co\, p : Si\, \varphi \qquad 1$$

während sich 343:4, 5, 7 auf

$$s = {}^1/_2 (t_2 - t_1) \qquad \textbf{2}$$

$$\operatorname{Ct} \varphi = \operatorname{Ct} d \cdot \operatorname{Co} s \quad \text{oder} \quad \operatorname{Co} s = \operatorname{Tg} d : \operatorname{Tg} \varphi \qquad \textbf{3}$$

$$d\varphi = -{}^1/_2 \operatorname{Tg} z \,[dw + \operatorname{Si} \varphi \cdot d(t_2 - t_1)] - \frac{\operatorname{Si} 2\varphi}{\operatorname{Si} 2p} dp \qquad \textbf{4}$$

reduzieren, so dass man nach 1 und 3 zur Erleichterung der Beobachtung z und s mit vorläufigem φ vorausberechnen, und sodann nach 2 und 3 die Polhöhe um so sicherer bestimmen kann, je kleiner z ist. — Eine andere Methode besteht darin, abwechselnd bei Okular Ost und Okular West Höhen eines dem Pole nahen Sternes, und ebenso Circummeridianhöhen eines südlich nahe in gleicher Höhe kulminierenden Sternes zu messen, diese Höhen nach

$$\operatorname{Si} \frac{\Delta z}{2} = \operatorname{Co} \varphi \cdot \operatorname{Co} d \cdot \operatorname{Cs}\!\left(z - \frac{\Delta z}{2}\right) \operatorname{Si}^2 \frac{s}{2} \qquad \textbf{5}$$

auf Kulminationshöhen zu reduzieren, aus diesen in schon bekannter Weise auf die Polhöhe zu schliessen, und endlich durch Kombination der erhaltenen Werte ein von Zenitpunkt und Biegung freies Schlussresultat abzuleiten. Ebenso einfach als sicher endlich bestimmt man die Polhöhe nach der sog. Horrebow-Talcott'schen Methode, indem man für zwei Sterne, welche bald nacheinander den Meridian in nahe gleichen südlichen und nördlichen Zenitdistanzen passieren, den Unterschied dieser Zenitdistanzen mikrometrisch misst und dessen Hälfte dem arithmetischen Mittel der beiden Deklinationen hinzufügt.

346 [387—88]. **Das Equatoreal.** Zur unmittelbaren Messung von Sternkoordinaten eignet sich ganz besonders das sog. Equatoreal, d. h. ein parallaktisch montiertes Fernrohr (334), mit dessen Axen der optischen Kraft desselben entsprechende Kreise, **Stundenkreis** und **Deklinationskreis** verbunden sind, und zu dessen Ajüstierung folgende Operationen ausreichen: Man hängt an die Axe des Deklinationskreises eine Libelle, — stellt sie durch Drehen am Stundenkreise ein, — kehrt sie um, und verbessert an ihr den halben Ausschlag. Dann dreht man den Stundenkreis um 12^h, d. h. verwechselt die Lager, und verbessert den halben Ausschlag an ihnen. Hat das Fernrohr ein Fadenkreuz, so centriert man dasselbe, stellt es sodann auf ein Objekt ein, legt das Fernrohr in den Lagern um oder schlägt es nach Drehen um 12^h durch, und korrigiert die halbe Abweichung an den betreffenden Korrektionsschrauben. Da die Fernrohraxe infolge der zwei ersten Operationen horizontal und dem Stundenkreise parallel ist, so muss sie, wenn Letzterer im Equator liegt, der einzigen horizontalen Richtung des Equators, der Linie Ost-West, parallel sein, folglich die nach der dritten Operation zur Drehaxe senkrechte optische Axe des Fernrohrs im Meridiane spielen oder das Fadenkreuz das Meridianzeichen treffen. Es wird nun der Meridianpunkt des Stundenkreises abgelesen, beziehungsweise auf Null gebracht. Endlich stellt man das Fadenkreuz auf einen im Meridiane befindlichen Punkt bei normaler Lage des Fernrohrs, und dann nach Drehen um 180^0 und Durchschlagen nochmals ein; die halbe Summe der Ablesungen am Deklinationskreise giebt sodann den Polpunkt des Instrumentes, und es soll daher die mit seiner Hülfe für einen dem Zenite nahen, also durch die Refraktion unbeeinflussten, kulminierenden Stern ermittelte Poldistanz die Deklination desselben zu einem Quadranten ergänzen, — geschieht es nicht, so ist die Neigung der Hauptaxe des Instrumentes entsprechend zu verändern. — Die kleinen übrigbleibenden Fehler sind in ähnlicher Weise wie beim Meridiankreise zu ermitteln und in Rechnung zu

— Bestimmungen ausserh. d. Meridianes — 203

bringen: Bestimmen nämlich μ, $180° - \gamma$ und m die Lage von Pol und Meridian des vorläufig korrigierten Equatoreals gegen den wirklichen Pol und Meridian, so hat man zwischen den instrumentalen und wirklichen Werten von Stundenwinkel und Deklination eines Sternes S aus Dreieck P P' S die Beziehungen

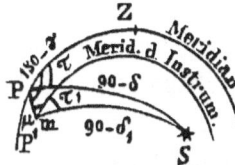

$$\text{Si } \delta = \text{Si } \delta_1 \text{ Co } \mu + \text{Co } \delta_1 \text{ Si } \mu \text{ Co } (\tau_1 + m) \qquad 1$$
$$\text{Si } \delta_1 = \text{Si } \delta \text{ Co } \mu - \text{Co } \delta \text{ Si } \mu \text{ Co } (\tau + \gamma) \qquad 2$$
$$\text{Co } \delta \text{ Co } (\tau + \gamma) = \text{Co } \delta_1 \text{ Co } \mu \text{ Co } (\tau_1 + m) - \text{Si } \delta_1 \text{ Si } \mu \qquad 3$$
$$\text{Co } \delta_1 \text{ Co } (\tau_1 + m) = \text{Co } \delta \text{ Co } \mu \text{ Co } (\tau + \gamma) + \text{Si } \delta \text{ Si } \mu \qquad 4$$
$$\text{Co } \delta \text{ Si } (\tau + \gamma) = \text{Co } \delta_1 \text{ Si } (\tau_1 + m) \qquad 5$$

von denen 1, 3, 5 oder 2, 4, 5 die einen oder andern unter Voraussetzung von μ, γ, m berechnen lassen. Da μ klein und nahe $\delta = \delta_1$, sowie $m + \tau_1 = \gamma + \tau$, so ist nach 1 und 5 auch nahe (mit Ausnahme sehr polarer Sterne)

$$\delta = \delta_1 + \mu \text{ Co } (\tau_1 + m) \qquad 6$$
$$\tau = \tau_1 + m - \gamma + \mu \text{ Tg } \delta_1 \text{ Si } (\tau_1 + m) \qquad 7$$

Beobachtet man nun, nachdem man, mit Hülfe des Niveaus auf der Axe des Deklinationskreises, den $\tau_1 = 0$ entsprechenden Punkt des Stundenkreises aufgesucht hat, 4 bekannte Sterne der Deklinationen δ^I δ^{II} δ^{III} δ^{IV} bei Einstellung des Stundenkreises auf $\tau_1 = 0, 90, 180, 270$ (wobei, wenn man nicht die Refraktion anbringen will, die Sterne so zu wählen sind, dass die im Meridiane und die im 6^hkreise beobachteten je unter sich nahe gleiche Höhe haben), und liest man je den Wert von δ_1 ab, so hat man nach 6

$$2\mu \text{ Co } m = \delta^I - \delta^{III} - (\delta_1^I - \delta_1^{III})$$
$$2\mu \text{ Si } m = \delta^{IV} - \delta^{II} - (\delta_1^{IV} - \delta_1^{II}) \qquad 8$$

woraus sich μ und m berechnen lassen. Notiert man beim Durchgange des ersten Sternes noch die Sternzeit, so kennt man mit Hülfe der R auch τ, und kann nach 7 noch γ bestimmen. Findet man so μ, γ, m wirklich klein, so kann man fortan 6 und 7 zur Reduktion der Ablesungen benutzen.

347 [394—98]. **Das Kreismikrometer.** Will man sich nicht auf die Unveränderlichkeit der Aufstellung verlassen, oder entsprechen die Kreise des Equatoreals der optischen Kraft des Fernrohrs nicht, so thut man besser, dasselbe nicht zu absoluten Bestimmungen zu verwenden, sondern mit ihm nur Positionsunterschiede zu messen. Zu diesem Zwecke dient unter Anderm das sog. Kreismikrometer, d. h. ein in die Bildebene des Objektives eingesetzter Stahlring: Beobachtet man nämlich die Zeiten t und τ, zu welchen ein Gestirn der Deklination d in den Ring eintritt, und bei unveränderter Lage des Fernrohrs denselben wieder verlässt, so entspricht die halbe Summe derselben dem Durchgange durch die Mitte der beschriebenen Sehne, während die Sehne in 15 (τ—t) Co d ein Mass erhält. Lässt man daher zwei Sterne von bekannter Deklination durchgehen, so kennt man zwei Sehnen des Kreises und ihren der Deklinationsdifferenz gleichen Abstand, kann somit (130) den Radius des Kreises berechnen. Einmal aber dieser bekannt, lässt sich (130) aus ihm und zwei Sehnen durch Näherung ihr Abstand, folglich die Ortsdifferenz eines Gestirnes und eines bekannten Sternes finden, wobei allerdings, wenn die beiden Gestirne dem Pole so nahe sind, dass die von ihnen beschriebenen Wege nicht mehr als Sehnen betrachtet werden dürfen, oder das eine Gestirn eigene Bewegung hat, noch einige Korrektionen anzubringen sind.

348 [402]. Das Positionsmikrometer.
Eine andere mikrometrische Vorrichtung, bei der die
Rechnung vermieden, dagegen Beleuchtung notwendig
wird, ist das sog. Positionsmikrometer, das meist ein
aus zwei festen und zu einander senkrechten Faden
(a, b) und einem (z. B. zu a) parallelen beweglichen

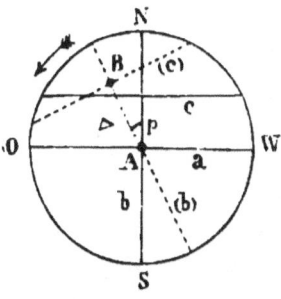

Faden (c) bestehendes Netz hat,
das in seiner Ebene messbar
gedreht werden kann. — Soll
das Mikrometer zur Bestimmung
von Rektascensions- und Dekli-
nationsdifferenzen dienen, so
dreht man dasselbe so, dass
der eine Stern dem Faden a
folgt, und stellt nunmehr mit
der Mikrometerschraube c auf den andern Stern ein:
Die Differenz der Durchgangszeiten durch b giebt die
Rektascensionsdifferenz, und die nötige Drehung der
Mikrometerschraube, um c zur Koincidenz mit a zu
bringen, die Deklinationsdifferenz. — Will man dagegen die Lage von B gegen A und dessen Deklinationskreis durch Polarkoordinaten festlegen, so wird
die Lage von a abgelesen, A in das Fadenkreuz gebracht, und dort (allfällig mit Hülfe des Uhrwerks)
festgehalten, b nach B gedreht und auch c nach B

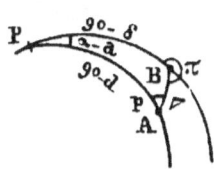

gebracht. Die Ablesungen an der
Mikrometerschraube und an dem
gewöhnlich von N über O laufenden
Positionskreise geben sodann die
Distanz $AB = \Delta$ und den Positions-
winkel p. — Zur Vermittlung beider
Bestimmungsweisen dienen die nach den sog. Gauss'-
schen Formeln (161) erhaltenen Näherungsformeln

$$\zeta - d = \Delta \cdot \text{Co } p \qquad (\alpha - a) \text{Co } d = \Delta \text{ Si } p$$

XXXVII. Die Fixsterne und Wandelsterne.

349 [181—88]. **Die Sternbilder.** Da die Sterne in ihrer grossen Mehrzahl ihre durch Rektascension und Deklination bestimmte relative Lage beibehalten oder sog. **Fixsterne** sind, so lag es nahe, sie in Gruppen, sog. **Sternbilder** einzuteilen, und wirklich stellten schon die Griechen 48 solche Sternbilder auf, — eine Anzahl, welche sodann später auf 84 erhöht wurde. — Die einem Sternbilde zugeteilten Sterne wurden in älterer Zeit nach ihrer Lage in demselben beschrieben, während später nach Bayers Vorschlage jedem Sterne ein Buchstabe oder eine Zahl beigeordnet wurde, bei den helleren Sternen die ersten Buchstaben des griechischen Alphabets verwendend. — Ferner wurden nach dieser Helligkeit, der **scheinbaren Grösse**, die Sterne in Klassen eingeteilt, von denen etwa die 6 ersten mit freiem Auge, die 6 folgenden mit 6füssigen Refraktoren, und wieder die 6 folgenden mit den lichtstärksten Fernröhren sichtbar sind, — und später noch Zwischenstufen in der Weise eingeschaltet, dass man einer Grössennummer noch die vorhergehende oder nachfolgende anhängt e nachdem man verstärken oder schwächen will, so dass z. B. starke, mittlere und schwache Sterne zweiter Grösse mit $2 \cdot 1$, 2 und $2 \cdot 3$ bezeichnet werden. — Unter Berücksichtigung dieser Sterngrössen hat die sog. **Astrognosie** keine Schwierigkeit, wenn man sich mit Hülfe von Sternkarten einige Konstellationen von auffallender Gestalt, wie z. B. die beiden Bären, Cassiopeia, Orion, etc. merkt, dann unbekannte Sterne durch Alignements mit Bekannten verbindet, diese wieder in der Sternkarte aufsucht, etc.

350 [191]. **Die jährliche Bewegung der Sonne.** Die Sonne nimmt im allgemeinen an der täglichen Bewegung des Himmels teil, hat aber ausserdem noch eine entgegengesetzte Bewegung, welche sie in einem zum Equator etwas geneigten, vom aufsteigenden Knoten, dem **Frühlingspunkte**, aus in 12 sog. **Zeichen** (Widder ♈, Stier ♉, Zwillinge ♊, Krebs ♋, Löwe ♌, Jungfrau ♍, — Wage ♎, Scorpion ♏, Schütze ♐, Steinbock ♑, Wassermann ♒, Fische ♓) von je 30° geteilten grössten Kreise, der **Ekliptik**, um die Erde führt, und dadurch täglich um nahe 4^m, in einem ca. $365^1/_4$ Tage langen Zeitraume, dem **Jahre**, um einen vollen Tag gegen die Sterne verspätet. Man erkannte diese Eigenbewegung nebst der demselben Cyclus unterworfenen Veränderung der Mittagshöhe schon sehr frühe, — teils durch Beobachtung der Schattenlänge an dem aus einem vertikalen Stabe und einer durch seinen Fusspunkt gezogenen Mittagslinie bestehenden **Gnomone**, teils durch Notieren der Tageslänge und des sog. **helischen**, d. h. je zum erstenmal vor Tagesanbruch sichtbaren Aufganges gewisser Sterne, etc. Auch merkte man auf die Zeitpunkte der sog. Sonnenwenden oder **Solstitien**, der Nachtgleichen oder **Equinoctien**, von denen erstere den grössten und kleinsten, letztere den mittlern Mittagshöhen korrespondierten, — und teilte das Jahr in die **vier Jahreszeiten**: Frühling, Sommer, Herbst und Winter. Die mit der halben Distanz der die Ekliptik zwischen sich schliessenden Parallelkreise, der sog. **Wendekreise** des Krebses und Steinbocks, oder mit der halben Differenz der Solstitialhöhen übereinkommende Neigung der Ekliptik gegen den Equator, die **Schiefe der Ekliptik**, nimmt nach den Beobachtungen langsam ab, beträgt im Jahre $1850 + t$

$$e = 23°27'29{,}''6 - 0{,}''48 \cdot t$$

und wird nach Lagrange A · 6000 im Min. 22° 54' betragen, während sie etwa 2000 v. Chr. ein Max. 23° 53' erreichte.

351 [191—93]. **Der Sonnentag.** Das Interval zwischen zwei aufeinander folgenden Kulminationen der Sonne nennt man Sonnentag, — teilt diesen fast allgemein in 24^h à 60^m à 60^s ein, und beginnt ihn entweder **astronomisch** nach alt-arabischem Gebrauche wirklich um Mittag, oder **bürgerlich** nach alt-egyptischem Gebrauche 12^h früher um Mitternacht. Da ferner die Beobachtung gezeigt hat, dass die verschiedenen Sonnentage nicht genau gleich lang sind, so hat man in neuerer Zeit zu Gunsten guter Uhren einen **mittlern** Sonnentag eingeführt, d. h. der wirklichen, sich in der Ekliptik etwas ungleichförmig bewegenden Sonne in Gedanken eine sich im Equator gleichförmig bewegende Sonne (416) substituiert, und hat darum der aus Sonnenbeobachtungen folgenden **wahren** Zeit (Apparent Time) eine zwischen den Grenzen $\pm 16^m$ schwankende, aber (416) für jede Zeit vorausbestimmbare Korrektion, die **Zeitgleichung**, zuzufügen, um die der fingierten Sonne entsprechende **mittlere** Zeit (Mean Time) zu erhalten, und sodann noch, wo als **bürgerliche Zeit** die mittlere Zeit eines bestimmten Ortes oder (wie bei der Stundenzonenzeit) Meridianes eingeführt ist, den Mittagsunterschied (366—368) beizulegen. — Mit Hülfe einer Uhr findet man im Mittel

1 Sonnentag $= 24^h 3^m 56^s{,}55 = 1^d{,}0027379$ Sternzeit

1 Sterntag $\; = 23^h 56^m 4^s{,}09 = 0^d{,}9972696$ Sonnenzeit

und bezeichnet T die Sonnentage, in denen die Verspätung der Sonne zu einem Tage aufläuft, so ist

— Fixsterne und Wandelsterne — 209

$$T = 365^d,25636 = 365^d\, 6^h\, 9^m\, 9^s.0$$

die Länge des sog. **siderischen Jahres**.

352 [194—96]. **Die Gnomonik.** Zur Bestimmung der wahren Zeit sind nach und nach viele, in der sog. Gnomonik beschriebene kleine Apparate konstruiert worden. Die Einen derselben geben entsprechend dem Gnomone (350) direkt die Zeit des Mittags, so z. B. das Dipleidoskop, das Passagenprisma, etc., — die Andern, sei es aus der Höhe der Sonne, sei es aus der Länge oder Richtung des von ihr erzeugten Schattens, bald durch Rechnung, bald durch unmittelbare Ablesung, ihren Stundenwinkel, so z. B. der Sonnensextant, das Horoskop, und vor Allen die verschiedenen **Sonnenuhren**, bei denen man je nach der Auffangsfläche: Equatorealuhren, Horizontaluhren, Vertikaluhren, etc. unterscheidet.

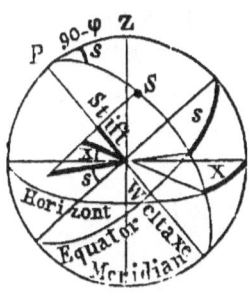

Eine **Equatorealuhr** erhält man, indem man eine Tafel mit einem dazu senkrechten Stifte und einer von seinem Fusspunkte auslaufenden, ihren Nullpunkt im Meridian besitzenden Winkelteilung so aufstellt, dass der Stift die Lage der Weltaxe erhält, folglich der Schatten in jedem Augenbicke den Stundenwinkel der Sonne zeigt. Bei gleicher Lage des Stiftes bildet dagegen unter der Polhöhe φ sein Schatten auf einer Horizontalebene einen Winkel

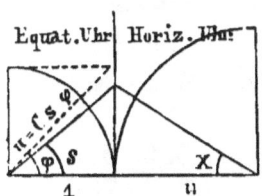

A tg (Si φ Tg s)

mit der Mittagslinie, der auch durch beistehende Konstruktion erhalten wird und die **Horizontal-**

210 — Fixsterne und Wandelsterne —

uhr ergiebt. Zur Konstruktion einer **Vertikaluhr** wird an der dafür bestimmten Wand eine Lotlinie gezogen, und ein Stab, unter dem Winkel $90 - \varphi$ zur Wand, so festgemacht, dass sein Schatten die Lotlinie im wahren Mittag deckt; die übrigen Stundenlinien werden am leichtesten mit Hülfe einer am Gnomon nach wahrer Zeit regulierten Taschenuhr gezogen.

353 [197]. **Die Ekliptikkoordinaten.** Um ein Gestirn auf die Ekliptik zu beziehen, giebt man seinen Abstand von derselben, die **Breite** b als Ordinate, den Abstand ihres Fusspunktes vom Frühlingspunkte, die entsprechend der Rektascension gezählte **Länge** l als Abscisse. — Da der Frühlingspunkt Pol des Colurs der Solstitien ist, so lassen sich die Equator- und Ekliptik-Koordinaten leicht in Dreieck P·EP·S vereinigen, und aus diesem folgen, wenn u den Winkel an S, die **Position** bezeichnet

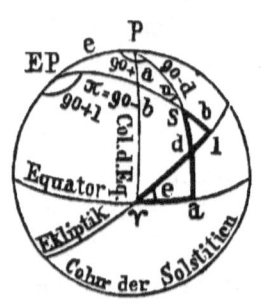

Si e : Co b : Co d :: Si u : Co a : Co l　　　　**1**

Co u = Si l · Si a + Co l · Co a · Co e
Si l = Si a · Co u + Co a · Si u · Si d
Si a = Si l · Co u — Co l · Si u · Si b
Si b = Co e · Si d — Si e · Co d · Si a　　　　**2**
Si d = Co e · Si b + Si e · Co b · Si l
Co e = Si b · Si d + Co b · Co d · Co u

Si e · Si l =　　Si d · Co b — Co d · Si b · Co u
Si e · Si a = —　Si b · Co d + Co b · Si d · Co u
Co b · Co u =　　Co e · Co d + Si e · Si d · Si a
Co d · Co u =　　Co e · Co b — Si e · Si b · Si l
Si l · Co b =　　Si e · Si d + Co e · Co d · Si a

— Fixsterne und Wandelsterne — 211

$$\text{Co d} \cdot \text{Si a} = -\text{Si e} \cdot \text{Si b} + \text{Co e} \cdot \text{Co b} \cdot \text{Si l}$$
$$\text{Co l} \cdot \text{Si b} = -\text{Si a} \cdot \text{Si u} + \text{Co a} \cdot \text{Co u} \cdot \text{Si d} \qquad 3$$
$$\text{Si u} \cdot \text{Si b} = -\text{Si a} \cdot \text{Co l} + \text{Co a} \cdot \text{Si l} \cdot \text{Co e}$$
$$\text{Co l} \cdot \text{Co e} = \quad \text{Co u} \cdot \text{Co a} - \text{Si u} \cdot \text{Si a} \cdot \text{Si d}$$
$$\text{Si u} \cdot \text{Si d} = \quad \text{Si l} \cdot \text{Co a} - \text{Co l} \cdot \text{Si a} \cdot \text{Co e}$$
$$\text{Co a} \cdot \text{Co e} = \quad \text{Co u} \cdot \text{Co l} + \text{Si u} \cdot \text{Si l} \cdot \text{Si b}$$
$$\text{Co a} \cdot \text{Si d} = \quad \text{Si l} \cdot \text{Si u} + \text{Co l} \cdot \text{Co u} \cdot \text{Si b}$$

sowie die Fehlergleichungen

$$db = \text{Co u} \cdot dd - \text{Si l} \cdot de - \text{Co d} \cdot \text{Si u} \cdot da$$
$$dd = \text{Co u} \cdot db + \text{Si a} \cdot de + \text{Co b} \cdot \text{Si u} \cdot dl \qquad 4$$
$$de = \text{Si a} \cdot dd - \text{Si l} \cdot db + \text{Co a} \cdot \text{Co d} \cdot du$$

Für die Sonne ist $b = 0$ und daher speciell

$$\text{Co l} = \text{Co a} \cdot \text{Co d}, \quad \text{Tg u} = \text{Tg e} \cdot \text{Co l}, \quad \text{Si a} = \text{Si l} \cdot \text{Co u}$$
$$\text{Co e} = \text{Co d} \cdot \text{Co u}, \quad \text{Si d} = \text{Si e} \cdot \text{Si l}, \quad \text{Tg a} = \text{Co e} \cdot \text{Tg l} \quad 5$$
$$\text{Si u} = \text{Co a} \cdot \text{Si e}, \quad \text{Tg d} = \text{Tg e} \cdot \text{Si a}, \quad \text{Tg a} = \text{Ct u} \cdot \text{Si d}$$

Aus 1—3 endlich erhält man, wenn

$$\text{Tg m} = \text{Ct d} \cdot \text{Si a} \qquad \text{Tg n} = \text{Ct b} \cdot \text{Si l} \qquad 6$$

gesetzt wird,

$$\text{Si b} = \text{Si d} \cdot \text{Co}(m+e) \cdot \text{Se m} \quad \text{Tg l} = \text{Tg a} \cdot \text{Si}(m+e) \cdot \text{Cs m} \quad 7$$
$$\text{Si d} = \text{Si b} \cdot \text{Co}(n-e) \cdot \text{Se n} \quad \text{Tg a} = \text{Tg l} \cdot \text{Si}(n-e) \cdot \text{Cs n} \quad 8$$

so dass man leicht von Equator auf Ekliptik, und umgekehrt transformieren kann, zumal a und l notwendig immer gleichzeitig 90° oder 270° werden.

354 [198, 372—74]. **Die Bestimmung einer ersten Rektascension.** Der als Anfangspunkt gewählte Frühlingspunkt, dessen Kulmination den Anfang des Sterntages bezeichnet, kann bestimmt werden mit Hülfe der Sonne, indem man nach dem Vorschlage von Wilhelm IV. an einer Sternuhr die Uhrzeit t ihrer Kulmination beobachtet, zugleich ihre Deklination misst, und (339; 353:5) daraus nach

212 — Fixsterne und Wandelsterne —

Si a = Tg d · Ct e   und $\Delta t = \frac{1}{15} a - t$

ihre Rektascension a, sowie die Uhrkorrektion Δt berechnet. — Die Alten, welche keine zuverlässigen Uhren hatten, bestimmten dagegen Sonnendeklination und Rektascensionsdifferenzen mit Hülfe ihrer Armillarsphäre und einem zwischen Sonne und Stern (Tag und Nacht) vermittelnden Gestirne (Mond oder Venus), und noch Tycho behielt, um nicht von den Uhren abhängig zu sein, letzteres Hülfsmittel bei, berechnete aber die Deklinationen aus Zenitdistanz und Azimuth, die Rektascensionsdifferenz zweier Gestirne aus deren Deklinationen und dem direkt gemessenen Abstande.

355 [200—02, 609]. **Die Präcession und das tropische Jahr.** Als Hipparch seine Sternpositionen mit denjenigen seiner Vorgänger verglich, ergab sich ihm die wichtige Thatsache, dass zwar die Breite der Sterne im Laufe der Zeit nahe unverändert bleibt, dagegen die Länge derselben jährlich um mindestens 36″ zunimmt, gerade wie wenn sich der Ausgangspunkt der Länge im Sinne der täglichen Bewegung langsam verschieben, oder ein **Vorrücken der Nachtgleichen** statt haben würde. — Nach den neuern Untersuchungen von Laplace und Bessel geben

$$\psi_0 = 50'',37572 \cdot t - 0,0001217945\, t^2$$
$$\psi = 50\ ,21129 \cdot t + 0,0001221483\, t^2$$

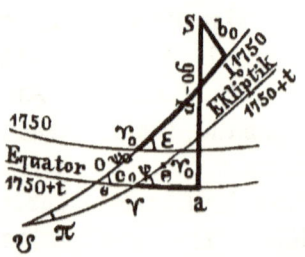

genauer an, um wie viel sich während t Jahren von der Epoche 1750 hinweg der Frühlingspunkt in der sog. **festen** (1750) oder **wahren** (1750 + t entsprechenden) Ekliptik verschoben hat, oder wie viel die **Lunisolarpräcession** und die **allgemeine Präcession** beträgt, während

— Fixsterne und Wandelsterne — 213

$e_0 = 23°28'18'',0 + 0'',0000098423 \cdot t^2$
$e = 23\ 28\ 18\ ,0 - 0'',48368 \cdot t - 0,0000027229 \cdot t^2$ **2**

die Winkel der festen und wahren Ekliptik mit dem Equator von 1750 +- t sind, und

$da:dt = m + n\ Si\ a \cdot Ct\ p \qquad dp:dt = -n \cdot Co\ a$ **3**

wo $\quad m = 46'',02824 + 0'',0003086450 \cdot t$
$\qquad n = 20\ ,06442 - 0\ ,0000970204 \cdot t$ **4**

ist, die jährlichen Beträge der Präcession in Rektascension und Deklination darstellen, die dann allerdings noch durch eine mit der Neigung der Mondbahn gegen die Ekliptik zusammenhängende, an die Mondsknotenperiode von 18,6 Jahren gebundene, in Länge im Max. etwa 18'' betragende Störung, die sog. **Nutation**, etwas verändert werden. — Die Präcession, in deren Folge der Frühlingspunkt in ca. 26000 Jahren die ganze Ekliptik durchläuft, während der Pol des Equators denjenigen der Ekliptik umkreist, bewirkt auch, dass die Sonne etwas früher zu dem Frühlingspunkte zurückkehrt als zu demselben Sterne, dass also zwischen dem siderischen (351) und dem, dieselben Jahreszeiten zurückführenden **tropischen** Jahre unterschieden werden muss. In der That fand schon Hipparch, dass Letzteres nur $365^d,24667$ betrage, und die neusten Bestimmungen haben dafür

$365^d,24220 = 365^d\ 5^h\ 48^m\ 46^s$

ergeben.

356 [203—05]. **Hipparchs Theorie der Sonne.** Schon Hipparch fand, dass die Ekliptik durch ihre Kardinalpunkte in ungleiche Teile geteilt werde, — dass damals dem Frühjahr 94½, dem Sommer 92½, dem Herbst 88, und dem Winter 90 Tage (jetzt 93, 93½, 89½, 89) zufielen. Er stellte diese Ungleichheit dadurch dar, dass er den Mittelpunkt der Sonnenbahn

— Fixsterne und Wandelsterne —

um $^1/_{24}$ ihres Radius aus dem durch die Erde eingenommenen Centrum des Fixsternhimmels gegen den 6. Grad der Zwillinge (66° Länge, jetzt 101°, so dass eine jährliche Bewegung von ca. $^1/_{57}{}^0$ oder ein Umlauf in etwa 20000 Jahren statt hat) hin verlegte, — wodurch er zugleich nicht nur die Lage des **Apogeum** und **Perigeum** fixierte, sondern auch die Möglichkeit erhielt, eine erste Sonnentafel zu berechnen: Bezeichnet nämlich t die seit dem Durchgange durch das Apogeum (damals V 28, jetzt VII 1) verflossene Anzahl von

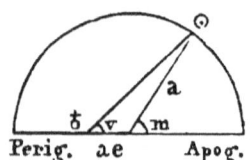

Tagen, — m die sog. **mittlere Anomalie** oder die vom Mittelpunkte der Bahn, v die **wahre Anomalie** oder die von der Erde aus gesehene Entfernung der Sonne vom Apogeum, so kann man, wenn $e = {}^1/_{24}$ jene Excentricität bezeichnet, m und v aus

$$m : 360° = t : 365\tfrac{1}{4} \quad \text{oder} \quad m = 0°{,}9856 \cdot t \quad \mathbf{1}$$

$$a : ae = \operatorname{Si} v : \operatorname{Si}(m-v) \quad \operatorname{Tg}(m-v) = e \operatorname{Si} m : (1 + e \operatorname{Co} m) \quad \mathbf{2}$$

berechnen, und folglich eine Tafel entwerfen, welche v für das Argument t giebt. Die Differenz (m — v), welche im Max. ± 2° 13′ beträgt, nannten die Alten **Gleichung.** — Hipparch nahm mit Aristarch an, dass die sog. **scheinbare Grösse** der Sonne, oder der Winkel, unter dem man von der Erde aus ihren Radius sieht, $1\tfrac{1}{4}°$ betrage, sah aber gewiss ein, dass seine Theorie der Sonne eigentlich denselben als veränderlich erkläre, wie man denn auch jetzt weiss, dass derselbe zwischen 945″,0 und 977″,3 schwankt.

357 [207—09]. **Der Mond.** Neben der Sonne erschien der Mond als das Hauptgestirn, — war er ja das Einzige, das ihr an scheinbarer Grösse gleichkam, neben ihr sichtbar zu bleiben und die Nacht zu erhellen vermochte. Seine Verschiebung gegen die Sterne machte sich schon im Laufe einer einzigen Nacht bemerklich, und seine **Phasen** (der Neu- und Vollmond und die beiden Viertel), in denen sich die Stellungsänderung gegen die beleuchtende Sonne abspiegelte, veranlassten durch ihre regelmässige Folge schon frühe die Einführung der **Woche** von 7 Tagen und des **Monats** von ca. 4 Wochen. Bezeichnet

$$t = 29^d,53059 = 29^d\ 12^h\ 44^m\ 2^s,8$$

die z. B. aus weit entlegenen Neumonden geschlossene Zeit, welche Sonne und Mond in dieselbe gegenseitige Lage zur Erde zurückführt oder die sog. **synodische Umlaufszeit** des Mondes, — τ die Länge eines Mondtages oder die mittlere Zwischenzeit zwischen zwei Mondkulminationen, — t' und T endlich die siderischen Umlaufszeiten des Mondes und der Sonne, so hat man, da nach Definition t die Zeit ist, welche der Mond braucht, um gegenüber der Sonne eine Kulmination zu ersparen oder gegen sie um eine volle Umdrehung zurückzubleiben

$$\tau(t-1) = t \quad \text{oder} \quad \tau = 1^d,03505 = 1^d\ 0^h\ 50^m\ 28^s,3$$

und

$$t \cdot 360 : T + 360 = t \cdot 360 : t' \quad \text{oder} \quad t' = 27^d,32166$$

Die scheinbare Grösse des Mondes wurde von Aristarch gleich derjenigen der Sonne gesetzt; später wurde sie ebenfalls als veränderlich erkannt, und in den neusten Zeiten nimmt man den scheinbaren Mondradius als zwischen 885'',0 und 987'',7 schwankend an, so dass der Mond bald kleiner, bald grösser als die Sonne erscheint.

358 [211—14]. **Die übrigen Wandelsterne und die Astrologie.** Ausser Sonne und Mond fanden schon die Alten noch 5 andere, in ähnlicher

— Fixsterne und Wandelsterne —

Weise wie diese allmählich gegen die Sterne zurückbleibende Wandelsterne auf, die sog. **Planeten** Merkur, Venus, Mars, Jupiter und Saturn, — und es schien ihnen, dass, weil nun die Gesamtzahl gerade der Anzahl der Wochentage entsprach, ihre Reihe komplet sei, — dass sie gewissermassen Zeitregenten sein möchten, — und dass ihre gegenseitigen Stellungen, voraus ihre Konjunktionen, kaum ohne Einfluss auf die Erde und ihre Bewohner bleiben dürften. Die neuere Zeit hat letztere Ansichten, welche zur Grundlage der sog. **Astrologie** geworden waren, beseitigt, und auch den Wandelsternen der Alten noch manche Andere beigefügt. — Vgl. (425—40).

XXXVIII. Die Zeitrechnung.

359 [301—03]. **Die Zeitrechnung nach dem Monde.** Die ältesten Völker scheinen übereinstimmend ihre Zeitrechnung nach dem Mondlaufe geordnet und ihren **Monat** je mit dem Tage begonnen zu haben, an welchem sie Abends die Mondsichel zum erstenmale wahrnehmen konnten. Der Monat umfasste 30 Tage und 12 Monate bildeten ein **Jahr**, das z. B. die Griechen mit dem ersten Monate nach dem Sommersolstitium begannen. Dann wurde etwa 600 v. Chr. die Regel eingeführt, **volle** Monate von 30 Tagen mit **leeren** Monaten von 29 Tagen abwechseln zu lassen, dadurch aber das Jahr nur auf 354 Tage gebracht. Durch Hinzufügen von **Schaltmonaten** suchte man mehrmals eine bessere Übereinstimmung mit dem Sonnenlaufe herzustellen, bis es endlich **Meton** 433 v. Chr. gelang, durch Einführung eines dem Tchong der Chinesen entsprechenden Cyklus von **einerseits**

125 vollen und 110 leeren Monaten, und anderseits 12 gemeinen Jahren zu 12 Monaten und 7 Schaltjahren zu 13 Monaten, Monat und Jahr auf $29^d,532$ und $365^d,263$ zu bringen, und so die Zeitrechnungen nach Mond und Sonne in befriedigender Weise zusammenzufassen. Dieser Cyklus spielt noch jetzt im Kalenderwesen eine gewisse Rolle, — namentlich der im Mittelalter mit dem Namen der **goldenen Zahl** belegte Divisionsrest

$$g = [(n + 1) : 19]$$

der angiebt, das wievielte in demselben das Jahr n ist, sofern man ihn mit dem Jahre 0 beginnt.

360 [304—10]. **Die Zeitrechnung nach der Sonne.** Die Römer, welche anfänglich ebenfalls nach dem Monde rechneten, liessen sich von Julius Cäsar belieben, vom Jahre 708 der Stadt Rom (46 v. Chr.) hinweg, ähnlich wie es schon früher die Egypter machten, ausschliesslich der Sonne zu folgen; während aber Letztere die Jahreslänge auf 365^d abrundeten, wodurch ihr ursprünglich mit dem helischen Aufgange des Sirius zusammenfallender Jahresanfang in der **Sothischen Periode** von 1460 Jahren alle Jahreszeiten durchwanderte, führte Cäsar den Gebrauch ein, jedem vierten Jahre nach II 23 einen Schalttag einzufügen. Dieser sog. **Julianische Kalender** fand bald grosse Verbreitung, und wird noch gegenwärtig von den Anhängern der griechischen Kirche unverändert benutzt, obschon bei ihm wegen der etwas zu starken Einschaltung der Jahresanfang sich langsam verspätet. Die übrigen Christen haben ihm dagegen seit 1582, wo der Fehler auf 10^d angewachsen war, nach und nach den damals von Lilio und Clavius dem Papste Gregor XIII. beliebten und darum **Gregorianischen** genannten substituiert, d. h. zur Zeit ihrer sog. Kalenderverbesserung die bisdahin aufgelaufene Verspätung durch Weglassen einer betreffenden Anzahl von Tagen gehoben, und durch die Verordnung, jedem nicht durch 4 teilbaren Sekularjahre den Schalttag zu nehmen, eine neue merkliche Verspätung auf Jahrtausende hinaus verschoben. Er wurde 1582 in Italien, Spanien und Frankreich, — 1584 in den katholischen Teilen von Deutschland und der Schweiz, — 1586 in Polen, — 1587 in Ungarn, — 1700 in Dänemark, den Niederlanden und dem evangelischen Deutschland, — 1701 in Zürich, Bern, Basel, Genf, etc., — 1724 in St. Gallen, — 1752 in England, — 1753 in Schweden, — 1784 in Chur, — und endlich 1798 auch in Glarus, etc. eingeführt. — Während die Ägypter dem Jahre (entsprechend wie die Franzosen bei ihrem von 1792—1805 gebrauchten sog. Revolutionskalender; s. XI^c) 12 gleiche Monate zu 30 Tagen gaben, und diese durch 5 Supplementartage (entsprechend den 5 Sansculottides der Schreckensmänner) ergänzten, teilten die Römer das Jahr in die noch jetzt gebräuchlichen 12 ungleichen Monate (s. XI^a). Der Jahresanfang ist wiederholt und von verschiedenen Völkern verschieden verlegt worden, bis es endlich gelang, ihn auf den ersten Januar zu fixieren.

361 [311—12]. **Die Cykeln.** Ausser dem Meton'schen Mondcirkel von 19 Jahren (359) haben seit alter Zeit noch zwei andere Cykeln Geltung: Der sog. **Sonnencirkel** von 28 Jahren, der die Wochentage wieder dauernd auf dieselben Jahrestage zurückführt, und nach getroffener Übereinkunft so (z. B. mit 1868) beginnt, dass

$$s = [(n + 9) : 28] \qquad \mathbf{1}$$

angiebt, welches Jahr im Sonnencirkel unser Jahr n ist, — und der sog. **Indiktionscirkel** von 15 Jahren,

— Zeitrechnung — 219

eine römische Steuerperiode, die so (z. B. mit 1858) beginnt, dass die sog. **Indiktion** oder **Römerzinszahl**

$$z = [(n+3) : 15] \qquad 2$$

ist. — Zur Vermittlung dieser drei Cirkel führte Scaliger noch die sog. **Julianische Periode** von $19 \cdot 28 \cdot 15 = 7980$ Jahren ein, die mit dem Jahre 3960 vor Erbauung der Stadt Rom (4714 v. Chr. Geburt, oder — 4713, da das Jahr 0 fehlt), auf welches in allen drei Cirkeln das Jahr Null fällt, beginnt, und in welcher der Divisionsrest

$$x = [(4845 \cdot s + 4200 \cdot g + 6916 \cdot z) : 7980] \qquad 3$$

den Zahlen g, s und z entspricht.

362 [314—20]. **Die Festrechnung, der Sonntagsbuchstabe und die Epakte.** Eine Hauptaufgabe der Kalendariographie ist die Vorausbestimmung der **Ostern**, die nach alter Kirchensatzung je auf den Sonntag fallen soll, welcher dem ersten Vollmonde nach der Frühlingsnachtgleiche folgt. Setzt man die Divisionsreste

$$[n:19] = a \qquad [n:4] = b \qquad [n:7] = c$$
$$[(19 \cdot a + x) : 30] = d \qquad [(2b + 4c + 6d + y) : 7] = e \qquad 1$$

so ist Ostern nach Gauss im Jahre n unserer Zeitrechnung am $(22 + d + e)^{\text{ten}}$ März oder am $(d + e - 9)^{\text{ten}}$ April zu feiern, — und je 7 Wochen vorher der sog. Fastensonntag, 40 und 50^{d} nachher aber (Ostern als erster Tag gezählt) Auffahrt und Pfingsten. Dabei ist für den Julianischen Kalender beständig $x = 15$ und $y = 6$ zu setzen, für den Gregorianischen aber

von	1583—1699,	1700—1799,	1800—1899,	1900—2099
x =	22	23	23	24
y =	2	3	4	5

und zugleich ist für letztern Kalender, wenn die

Rechnung Ostern auf IV 26 bringt, immer IV 19, — wenn sie Ostern auf IV 25 bringt, und zugleich d = 28 und a > 10 wird, IV 18 zu nehmen. Es kann also Ostern von III 22 bis IV 25 oder um volle 34 Tage variieren. — Bezeichnet man die Tage des Jahres fortlaufend mit den Buchstaben a b c d e f g, a b c d e f g,..., so werden diese offenbar während jedem gemeinen Jahre immer denselben Wochentagen entsprechen, und derjenige beständig auf Sonntag fallen oder **Sonntagsbuchstabe** sein, der dem Osterdatum zukömmt. In Schaltjahren wird vor II 29 der folgende Buchstabe den Sonntagen entsprechen. — Die Anzahl der dem letzten Neumonde eines Jahres noch folgenden Jahrestage, das sog. **Alter** des Mondes am Schlusse des Jahres, heisst **Epakte**, und ist nach Delambre für das Jahr $n = 100 \cdot s + m$ und die ihm entsprechende goldene Zahl g

$$e = [11(g-1):30] + 8 + 1/4\, s + 1/3\, s - s \qquad \textbf{2}$$

wo bei $1/4\, s$ und $1/3\, s$ je nur die Ganzen in Rechnung zu bringen sind. Setzt man den Buchstaben a b c ... die Zahlen 29, 28, 27, ... 0 (bei jeder zweiten Folge die Zahl 25 ausschaltend) bei, so fallen die der Epakte entsprechenden Zahlen jeweilen annähernd auf Neumond. [XIª, XIᵇ].

Die Erde und ihr Mond.

Sage nicht immer was du weisst, aber wisse
immer was du sagst. *(Claudius.)*

XXXIX. Die mathematische Geographie.

363 [215—16]. **Die Gestalt der Erde.** Die ältesten Griechen beschrieben die Erde als eine flache, vom Strome Okeanos umflossene Scheibe, ohne sich um die nötige Unterlage zu bekümmern oder daran zu denken, dass die Tageslänge im Sommer nach Norden, im Winter nach Süden wächst, — dass ein an einem gewissen Orte noch in merklicher Höhe kulminierendes südliches Gestirn etwas nördlicher gar nicht mehr zum Aufgange kömmt, — dass die Erde bei Mondfinsternissen immer einen runden Schatten auf den Mond wirft, und dass solche im Osten bisweilen sichtbar sind, während im Westen der Mond noch gar nicht aufgegangen ist, — dass man am Meere den Mast eines heransegelnden Schiffes früher als den Rumpf, von jedem freien Aussichtspunkte den sichtbaren Teil der Erde rund begrenzt sieht, und entsprechend, wie man weiter geht, auch der Horizont weiter rückt, nie eine Grenze erreicht werden kann, — etc., was sich mit einer solchen Gestalt schlecht genug reimen würde. Als dann aber durch Pythagoras und seine Zeitgenossen die jene Erscheinungen bedingende Lehre von der **freischwebenden Erdkugel** entstand, gewann diese bald so festen Boden, dass sie sogar während des Verfalles der Wissenschaften nie ernstlich beanstandet wurde, und kaum noch der faktischen Bestätigung durch die im 16. Jahrhundert beginnenden Erdumsegelungen, oder die im folgenden Abschnitte zu behandelnden Erdmessungen bedurfte.

364 [217]. Übertragung der Kreise von der scheinbaren Himmelskugel auf die Erde. Stellt man sich nach dem Vorhergehenden die Erde als eine zum Himmelsgewölbe concentrische Kugel vor, so liegt es nahe, auch die Weltaxe, den Equator, die Parallelkreise und Meridiane von der Himmelskugel auf die Erdkugel überzutragen. Die den Wendekreisen der Himmelskugel entsprechenden Parallelkreise der Erde, und die sog. **Polarkreise**, d. h. diejenigen Parallelkreise, welche ebensoweit vom Pole abstehen als die erstern vom Equator, teilen die Erde in fünf Zonen: Die sog. **heisse Zone** zwischen den beiden Wendekreisen, — die zwei **gemässigten Zonen** zwischen je einem Wendekreise und dem entsprechenden Polarkreise, und die zwei **kalten Zonen**, welche die Polarkreise als Grenze und die Pole als Mittelpunkte haben.

365 [217—18]. Die geographischen Koordinaten. Um die Lage eines Ortes auf der Erde zu bestimmen, giebt man seit den Zeiten Hipparchs seine Entfernung vom Equator, die (wie die beistehende Figur zeigt) mit der Polhöhe übereinstimmende **Breite** ($b = \varphi$), und die Distanz seines Meridianes von einem beliebig gewählten ersten oder Ausgangs-

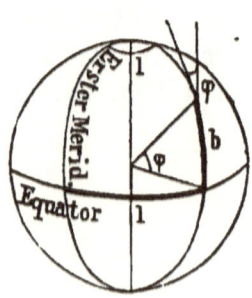

Meridiane an, die **Länge** (l), welche sich, wegen der gleichförmigen Bewegung des Himmelsgewölbes um die Weltaxe, zu dem Mittagsunterschiede, oder dem Unterschiede der Ortszeiten in demselben Momente, gerade so verhält, wie der volle Umkreis zu einem Tage. — In den ältesten Zeiten legte man den ersten Meridian schlechtweg durch die canarischen Inseln, als die äussersten bekannten Punkte nach Westen, — später bestimmter durch den Pic von Teneriffa, — endlich infolge eines 1630 durch Richelieu versammelten Kongresses durch die Westspitze von Ferro. Letzterer Ausgangsmeridian erhielt bald fast allgemeine Geltung, musste dann aber ein Jahrhundert später für astronomische Zwecke den Meridianen von Paris oder Greenwich weichen, während die Geographen meist einen fingierten Meridian von Ferro in genau 20^0 westlicher Länge von Paris benutzten.

366 [406]. **Bestimmung des Mittagsunterschiedes durch gleichzeitige Erscheinungen.** Die Polhöhe zu bestimmen wurde (331, 332, 345) bereits gelehrt, — ebenso (342, 343, 354) die Bestimmung der Uhrkorrektion auf Ortszeit; es frägt sich also bloss noch, um eine vollständige geographische Ortsbestimmung machen zu können, wie die demselben Momente entsprechenden Ortszeiten behufs einer Längenbestimmung zu vergleichen sind, und hiefür ist wohl die älteste und dem Begriffe nach einfachste Methode die, eine für beide Orte wirklich gleichzeitige Erscheinung, wie das Eintreten eines Weltkörpers in den Schatten eines andern, das Aufblitzen einer Sternschnuppe oder eines Pulversignales, etc., an beiden Uhren zu notieren, an deren Angaben die Uhrkorrektion anzubringen und die Differenz zu nehmen.

367 [407—08]. **Bestimmung des Mittagsunterschiedes durch den Mond.** Andere Methoden für Uhrvergleichung liefert der rasch rückläufige Mond: Entweder misst man an beiden Orten zu bestimmten Zeiten die Distanzen des Mondes von einem Sterne, und leitet daraus (mit Hülfe von 387) die Ortszeiten ab, zu welchen die geocentrische Distanz an beiden Orten dieselbe war. Oder man bestimmt durch Vergleichung mit einem Sterne die Verspätung des Mondes von dem einen Meridiane zum andern, und dividiert sie durch seine stündliche Bewegung in Rektascension. Oder man beobachtet an beiden Orten die Bedeckung der Sonne oder eines Sternes durch den Mond, und leitet (400) aus den für eine gewisse Phase der Erscheinung erhaltenen Ortszeiten die augenblickliche Zeitdifferenz durch Rechnung ab.

368 [409—10]. **Bestimmung des Mittagsunterschiedes durch direkte Zeitübertragung.** Sehr einfach macht sich die Uhrvergleichung, wenn man die Ortszeit des einen Beobachters mit einem Chronometer an den andern Ort überträgt, — oder wo es infolge telegraphischer Verbindung angeht, eine Erscheinung sowohl an seinem eigenen, als als an dem Chronographen des andern Beobachters notiert. Von letzterm Verfahren giebt Folgendes einen nähern Begriff: Wenn der Beobachter an der östlichern Station O durch Niederdrücken des Tasters in einem beliebigen Momente oder beim Durchgange eines Sternes durch den Mittelfaden seines Meridianinstrumentes den Strom schliesst, so wird bei gehöriger Verbindung auf beiden Chronographen ein Zeichen entstehen, und es werden die demselben Momente entsprechenden Sternzeiten der beiden Beobachter

$$t_o = u_o + (\Delta t_o + o) - o + i_o$$
$$t_w = u_w + (\Delta t_w + w) - o + i_o - x$$

sein, wo u die abgelesene Uhrzeit, Δt die Uhrkorrektion, o und w die Personalfehler der beiden Beobachter, i die Instrumentalkorrektion, und x die Verspätung des Zeichens auf der Linie bezeichnen. Entsprechend ist, wenn der Beobachter an der westlichern Station ein Zeichen giebt oder denselben Stern beobachtet,

$$t'_o = u'_o + (\Delta t_o + o) - w + i_w - x$$
$$t'_w = u'_w + (\Delta t_w + w) - w + i_w$$

und hieraus folgt, wenn l die Längendifferenz der beiden Stationen ist, aus dem von O oder W gegebenen Zeichen

$$l = t_o - t_w = u_o - u_w + o - w + \Delta t_o - \Delta t_w + x \quad \mathbf{1}$$
$$l = t'_o - t'_w = u'_o - u'_w + o - w + \Delta t_o - \Delta t_w - x \quad \mathbf{2}$$

aus den Sternaufzeichnungen in O oder W dagegen

$$l = t'_o - t_o = u'_o - u_o + o - w + i_w - i_o - x \quad \mathbf{3}$$
$$l = t'_w - t_w = u'_w - u_w + o - w + i_w - i_o + x \quad \mathbf{4}$$

also im Mittel aus 1 und 2 oder 3 und 4

$$l = \tfrac{1}{2}[u_o + u'_o - u_w - u'_w] + \Delta t_o - \Delta t_w + o - w \quad \mathbf{5}$$
$$l = \tfrac{1}{2}[u'_o + u'_w - u_o - u_w] + i_w - i_o + o - w \quad \mathbf{6}$$

von welchen Werten der Letztere somit von der Uhrkorrektion, der Erstere aber von der Instrumentalkorrektion (soweit sie nicht zur Bestimmung der Uhrkorrektion beigetragen hat) frei ist.

XL. Die Geodäsie.

369 [219, 412—15]. **Die ältesten Erdmessungen.** Unter Voraussetzung der Kugelgestalt der Erde genügt es offenbar, um ihre Grösse zu ermitteln, einen durch die Differenzen der Polhöhen oder Längen der Endpunkte gegebenen Teil eines Meridianes oder Parallels zu messen, — und wenn aus verschiedenen Messungen für den Erdradius dieselbe Grösse hervorgeht, so ist damit zugleich die Richtigkeit der Voraussetzung zum allerwenigsten sehr wahrscheinlich gemacht. — Eine erste Erdmessung dieser Art machte um 220 v. Chr. Eratosthenes, indem er zur Zeit des Sommersolstitiums, wo die Sonne sich um Mittag zu Syene in einem tiefen Brunnen spiegelte, also im Zenite stand, ihre Zenitdistanz in dem nach den Angaben der königl. Wegmesser ca. 5000 Stadien (à $184^m,97$) nördlicher gelegenen Alexandrien zu $1/50$ des Kreises bestimmte, somit für den Erdumfang 250000 Stadien (46242500^m) erhielt. Dann folgten die Araber, welche um 827 auf Befehl des Kalifen Al-Mamoun in der Ebene Sinjar bei Bagdad mit Stäben zwei Meridiangrade massen, und im Mittel für einen Grad $56^2/_3$ arabische Meilen (ca. 58700') fanden, — und 1525 unternahm oder fingierte Jean Fernel eine neue Bestimmung, indem er von Paris aus einen Grad nach Norden abgesteckt, und für die Länge desselben durch Abfahren 57070' gefunden haben will.

370 [416—18]. **Die Messungen von Snellius und Picard.** Eine bessere Methode der Gradmessung führte etwas später Willebrord Snellius ein: Er bestimmte die Polhöhendifferenz zweier ungefähr unter demselben Meridiane liegenden Punkte, — verband dieselben durch ein Dreiecksnetz (224), in dem er sämtliche Winkel und mittelst einer sorgfältig gemessenen Basis auch die Seiten ermittelte, — suchte das Azimuth einer ersten Seite (344), — und berechnete sodann die Koordinaten sämtlicher Eckpunkte auf den

Meridian des Anfangspunktes. Die letzte Abscisse gab ihm offenbar die Distanz von diesem Anfangspunkte zum Parallel des Endpunktes, und in Vergleichung mit der Polhöhendifferenz die Länge eines Grades. Der praktische Erfolg dieser Methode liess zwar allerdings bei einer von Snellius selbst im Jahre 1615 ausgeführten Messung noch zu wünschen übrig; dagegen erhielt Picard 1671 nach derselben zwischen Sourdon und Malvoisine mit bessern Hülfsmitteln ein ganz vorzügliches, durch die spätern Arbeiten auf's Schönste bestätigtes Resultat, nämlich einen Grad von 57060 Toisen.

371 [419—20]. **Der Streit über die Gestalt der Erde.** Als Newton die von Copernicus (403) aufgestellte Lehre von der Rotation der Erde mit der von ihm (406) entdeckten allgemeinen Gravitation zusammenhielt, wurde ihm klar, dass die Resultierende der Anziehung eines Punktes der Oberfläche nach dem Mittelpunkte, und der auf ihn wirkenden Centrifugalkraft bei einer Kugel nicht mit der Normale zusammenfallen könne, wohl aber bei einem an den Polen abgeplatteten Rotationsellipsoide, dass aber bei einem solchen die Meridiangrade vom Equator nach den Polen hin an Länge zunehmen müssten, — und als Richer (385) in Cayenne fand, dass die Länge des Sekundenpendels gegen den Equator hin abnehme, sah Newton darin eine notwendige Folge der Rotation und Gestalt der Erde. Auf der andern Seite erhielten aber die Cassini, als sie die Picard'sche Gradmessung nach Süden fortsetzten, gegenteils einen etwas grössern Grad, und daraus entstand ein langer und bitterer Streit über die Gestalt der Erde.

372 [421—23]. **Die Messungen in Peru und Lappland.** War Newtons Lehre von der Ge-

stalt der Erde richtig, so musste sich zwischen einem
Meridiangrade in der Nähe des Equators und einem
solchen im hohen Norden ein so erheblicher Unterschied ergeben, dass er bei irgend sorgfältiger Messung
durch die unvermeidlichen Fehler derselben nicht verwischt werden konnte, und es war daher von hoher
Bedeutung, dass einerseits La Condamine und Bouguer
mit einer Gradmessung in Peru beauftragt wurden,
und anderseits Maupertuis zu einer entsprechenden
Operation nach Lappland abgieng. Die Resultate der
beiden Messungen, nämlich Grade von

57438^t unter 66^0 20' nördlicher Breite
56734 -   1 31 südlicher   -

bestätigten nun Newtons Lehre auf das Schönste, und
eine neue Messung in Frankreich, die einen Grad von

57012^t unter 45^0 0' nördlicher Breite

ergab, hob auch den frühern Widerspruch auf.

373 [424—27]. **Die neuern Breitengradmessungen.** Seit den Expeditionen nach Peru und
Lappland haben sich die Gradmessungen ungemein
vervielfältigt. Nicht nur unternahmen Maire und Boscovich solche im Kirchenstaate, Liesganig in Ungarn
und Österreich, Beccaria und Canonica in Piemont,
Mason und Dixon in Pennsylvanien, Lacaille und später
Maclear am Cap der guten Hoffnung, Burrow in Bengalen, Gauss in Hannover, Schumacher in Dänemark,
Bessel und Baeyer in Preussen, Roy, Mudge und James
in England, etc., sondern es wurden auch drei ganz
grosse Operationen dieser Art durchgeführt, — die
französische, die ostindische und die russische Gradmessung: Die Ersterwähnte, welche in den Jahren 1791
bis 1808 durch Méchain, Delambre, Biot und Arago zur
Bestimmung der Länge des dem metrischen Systeme

zu Grunde gelegten Meridianquadranten unternommen wurde, umfasst nämlich nicht weniger als $12^{1}/_{2}$ Grade, — die von Lambton und Everest von 1802 bis 1843 in Ostindien Ausgeführte über 21 Grade, und die von Tenner, Hansteen, Selander und Struve 1816 bis 1855 vom Eismeer bis an die Donau durchgeführte Messung sogar über 25 Grade. Alle diese Messungen vereinigen sich auf das Schönste mit den Ergebnissen der beiden erst-erwähnten Expeditionen, und es darf wohl als dadurch erwiesen angesehen werden, dass die Erde wenigstens sehr nahe die Gestalt eines Rotationsellipsoides besitzt.

374 [427]. **Die Längengradmessungen.** Alle bis jetzt besprochenen Gradmessungen bezogen sich auf Breiten-Grade; aber neben ihnen wurden auch einige Messungen von Längen-Graden unternommen, namentlich die von 1811 bis 1823 durch Brousseau, Henri, Carlini, Plana, etc, quer durch Frankreich und Italien bis nach Istrien Geführte. Auch diese bestätigten im allgemeinen die früheren Resultate; aber ergaben auch das Vorkommen kleiner Anomalien, sei es infolge von wirklichen Unregelmässigkeiten in der Gestalt, sei es als Wirkung besonderer Lokalanziehungen. Letztere zeigten sich namentlich in auffallender Weise bei dem durch Carlini und Plana auf der Südseite der Alpen bestimmten Meridiangrade, indem man dadurch gezwungen wurde, an den beiden Enden desselben eine Differenz der Lotablenkung von vollen $42''{,}5$ anzunehmen. Seither hat Schweizer bei Moskau eine gewissermassen entgegengesetzte Erscheinung wahrgenommen, die auf eine grosse Höhlung in der Erde schliessen lässt.

375 [432]. **Die Bestimmungen mit dem Sekundenpendel.** Die Länge des Sekundenpendels hängt für jeden Ort teils von seiner geographischen Lage, teils von der Gestalt und den Schichtungsverhältnissen der Erde ab, — und umgekehrt muss es daher auch möglich sein, aus den an zwei und mehr Orten gemessenen Pendellängen auf Dimension, Gestalt, ja sogar auf die innere Struktur der Erde zu schliessen. Die Länge l des Sekundenpendels ist nämlich (255:4) gleich $g:\pi^2$, wo g (371) die nach der Normale wirkende Resultierende aus der Anziehung nach dem Mittelpunkte und der Centrifugalkraft ist. Nun schneidet aber die Normale von der grossen Axe ein Stück ab, das (143:10; 263:1) der Centrifugalkraft proportional ist, also kann auch die Schwere dem von der grossen Axe abgeschnittenen Stücke der Normale proportional gesetzt werden. Bezeichnet daher g_φ die Schwere unter der Breite φ, so ist (143:12)

$$g_\varphi : g_0 = (1 + \tfrac{1}{2} e^2 \operatorname{Si}^2 \varphi) : 1$$
$$g_\varphi = A + B \cdot \operatorname{Si}^2 \varphi = C(1 - D \cdot \operatorname{Co} 2\varphi) \quad \mathbf{1}$$
$$A = g_0 \quad B = \tfrac{1}{2} g_0 \cdot e^2 \quad C = \tfrac{1}{2}(2A+B) \quad D = B:(2A+B) \quad \mathbf{2}$$

und daher die Länge des Sekundenpendels

$$l_\varphi = (A + B \operatorname{Si}^2 \varphi):\pi^2 \quad l_\psi = (A + B \operatorname{Si}^2 \psi):\pi^2 \quad \mathbf{3}$$

woraus bei bekannten Werten von l_φ und l_ψ

$$B = \frac{\pi^2 (l_\varphi - l_\psi)}{\operatorname{Si}(\varphi + \psi) \operatorname{Si}(\varphi - \psi)} \quad A = \pi^2 \cdot l_\varphi - B \operatorname{Si}^2 \varphi \quad \mathbf{4}$$

folgen, also nach 2 auch g_0 und e, sowie (143:5) die Abplattung α bestimmt werden kann, — Letztere jedoch nach Clairauts Untersuchung, da die Voraussetzung eines homogenen Ellipsoides bei der Erde nicht statthaft ist, besser nach der Formel

$$\alpha = [10\,a \cdot \pi^2 : T^2 - B] : A \quad \mathbf{5}$$

wo a die halbe grosse Axe des Equators in der A und B zu Grunde liegenden Längeneinheit, und T die auf einen Sterntag fallende Anzahl mittlerer Zeitsekunden bezeichnet. Mit Hülfe dieser Formeln fand Pouillet 1854 aus zahlreichen Pendelmessungen, für deren Princip auf 256 zu verweisen ist,

$$g_\varphi = 9^m{,}781027 + 0{,}0500574 \cdot \mathrm{Si}^2\,\varphi$$
$$l_\varphi = 0{,}991026 + 0{,}0050719 \cdot \mathrm{Si}^2\,\varphi \qquad \alpha = \frac{1}{283{,}3} \qquad \mathbf{6}$$

376 [428]. Die Berechnung der Grösse und Gestalt der Erde aus zwei und mehr Gradmessungen. — Jede einzelne Messung eines Meridiangrades G giebt die Grösse des Krümmungshalbmessers unter seiner mittlern Breite φ

$$R = 180 \cdot G : \pi \qquad \mathbf{1}$$

und da man (143:15) für jede zwei solche

$$R_1 = \frac{a(1-e^2)}{(1-e^2\,\mathrm{Si}^2\,\varphi_1)^{3/2}} \qquad R_2 = \frac{a(1-e^2)}{(1-e^2\,\mathrm{Si}^2\,\varphi_2)^{3/2}} \qquad \mathbf{2}$$

hat, so kann man somit aus ihnen nach

$$e^2 = \frac{1-A}{\mathrm{Si}^2\,\varphi_2 - A\cdot\mathrm{Si}^2\,\varphi_1} \quad \text{wo} \quad A = \left(\frac{R_1}{R_2}\right)^{2/3} = \left(\frac{G_1}{G_2}\right)^{2/3} \qquad \mathbf{3}$$

die Excentricität e, nach 2 sodann a, und nach 143 auch b und die Abplattung $\alpha = (a-b):a$ berechnen. In solcher Weise fand Maupertuis aus seiner Messung und derjenigen von Cassini

$$e^2 = 0{,}0145031, \quad a = 3278631^t, \quad b = 3254768^t, \quad \alpha = {}^1\!/_{137}$$

während sich aus der Peruanischen und der von Svanberg revidirten Lappländischen Messung, welche nun für einen Grad unter $66^0\,20'\,10''$ nur noch $57196^t{,}15$ abwarf,

$$e^2 = 0{,}0064376, \quad a = 3271651^t, \quad b = 3261103^t, \quad \alpha = {}^1\!/_{310}$$

ergeben. — Hat man mehr als zwei Messungen, so kann man diese Werte nach der Methode der kleinsten Quadrate so bestimmen, dass sie der Gesamtheit der

Messungen möglichst gut entsprechen, und so fand Bessel 1837 unter Benutzung aller damals vorhandenen guten Gradmessungen, dass

$$a = \overline{6{,}5148235337} = 3272077^t{,}14 \quad \alpha = 1:299{,}153$$
$$b = \overline{6{,}5133693593} = 3261139{,}33 \quad {}^1/_{15}{}^0 = 3807^t{,}23463$$
$$\text{Lg } e = 8{,}9122052075 \quad \text{Lg } \sqrt{1-e^2} = 9{,}9985458202$$

ihrer Gesamtheit so ziemlich innerhalb der Grenzen der Beobachtungsfehler genügen, — nahe so gut, als ein nachher von Schubert ermitteltes dreiaxiges Ellipsoid, und ein von Ritter aufgesuchter Rotationskörper, dessen Erzeugende etwas von der Ellipse abweicht. Man darf daher annehmen, dass das **Geoid** sehr nahe ein Rotationsellipsoid sei, zu praktischen Zwecken ihm sehr häufig sogar eine Kugel substituieren, deren Radius

$$r = 3266330^t = 6366197^m = 859{,}4268 \text{ g. M.}$$

oder deren Quadrant 10 Millionen Meter beträgt.

377 [428]. **Die geocentrischen Koordinaten.** Ist die Erde ein Rotationsellipsoid, so entsprechen verschiedenen Breiten auch verschiedene Entfernungen vom Erdmittelpunkte, und diese in Beziehung auf a als Einheit gegebenen Radien Vektoren ρ bilden mit dem Equator Winkel (υ), welche merklich kleiner als die geographischen Breiten (φ) sind, zur Unterscheidung **geocentrische** oder **verbesserte** Breiten heissen, und mit den Radien Vektoren zusammen die **geocentrischen Koordinaten** bilden. Sie werden (143), nebst dem Radius R der Krümmung und der Normale N bis zur Umdrehungsaxe, nach den Reihen

$$\upsilon = \varphi - 11' \, 30''{,}65 \cdot \text{Si } 2\varphi + 1''{,}16 \, \text{Si } 4\varphi - \ldots \quad \mathbf{1}$$
$$\text{Lg } \rho = 9{,}9992747 + 0{,}0007215 \, \text{Co } 2\varphi - 0{,}0000018 \, \text{Co } 4\varphi + \ldots \, \mathbf{2}$$

— Geodäsie — 233

Lg R = 9,9992711−0,0021813 Co 2φ+0,0000018 Co 4φ−... **3**
Lg N = 0,0007265−0,0007271 Co 2φ+0,0000006 Co 4φ−... **4**
berechnet. Die Länge einer Meridiansekunde ist sodann offenbar R a Si 1″, die einer Sekunde des Parallels N a Co φ Si 1″, so dass für φ = 45° dafür die Werte 30^m,86 und 21^m,89 folgen. [VII^a.]

378 [431]. **Weitere geodätische Entwicklungen.** Sind einmal die Dimensionen der Erde festgestellt, so lassen sich unter Voraussetzung der Kugel oder des Rotationsellipsoides durch geometrische Betrachtungen verschiedene Aufgaben auf derselben lösen, deren Gesamtheit die sog. höhere Geodäsie bildet. Kennt man z. B. die Länge l und Breite φ eines Punktes M, so kann man auch die geographische Lage eines andern Punktes M′ bestimmen, wenn man seine, z. B. in Bogensekunden ausgedrückte Distanz a von M kennt, sowie das Azimuth w, unter welchem M′ von M aus erscheint. Bezeichnet nämlich l′ die Länge, φ′ die Breite von M′ und w′ das Azimuth von M in Beziehung auf M′, so findet man unter Voraussetzung einer sphärischen Erde, dass

φ′ = φ − a Co w − $\frac{1}{2}$ a² Tg φ Si² w · Si 1″ +... **1**
l′ = l − a Si w · Se φ + a² Si w · Co w · Tg φ · Se φ · Si 1″ +... **2**
w′ = w − 180 − a Si w·Tg φ + $\frac{1}{4}$ a² Si 2w(1+2 Tg²φ)· Si 1″ +... **3**

gesetzt werden können. — Unter derselben Voraussetzung findet man ferner die Beziehungen

$$h = \frac{b^2}{2r} = 2r \, Si^2 \frac{\varphi}{2} \cdot Se\, \varphi \qquad \mathbf{4}$$

$$k = \frac{b \, Si\, \alpha}{Co(\varphi+\alpha)}, \quad y = \frac{r \, Si\, \varphi}{Co(\varphi+\alpha)}, \quad x = \frac{kr\, Si\, \varphi}{b} \qquad \mathbf{5}$$

$$b = d + \frac{d^3}{3r^2} + ..., \quad \varphi = 34″,67 \cdot \sqrt{h} \qquad \mathbf{6}$$

(wo h für 6 in Metern auszudrücken ist), um die wirkliche Höhe h + k oder die scheinbare Höhe x von M über A, die **Depression** des Horizontes oder die **Kimmtiefe** φ für einen Beobachter in B, etc., zu berechnen.

XLI. Die Chorographie.

379 [101]. **Begriff der Chorographie.** Weder die Kugel noch das Rotationsellipsoid lassen sich auf einer Ebene ausbreiten, und wenn daher, wie es Aufgabe der sog. Chorographie ist, Teile der Erde oder der scheinbaren Himmelskugel auf einer Ebene dargestellt, sog. **Karten** entworfen werden sollen, so muss es entweder durch Projektion oder dadurch geschehen, dass man der darzustellenden Fläche, sei es eine abwickelbare Fläche substituiert, sei es sie sonst annähernd abzubilden sucht. Auf welchem Wege dies jedoch zu erreichen angestrebt wird, so schlägt man immer den Weg ein, vorerst ein sog. **Kartennetz** zu entwerfen, d. h. den Ort der Bilder je aller Punkte von gleicher Länge und gleicher Breite oder die Abbildungen eines Systems von Meridianen und Parallelkreisen aufzusuchen, und dann erst die Bilder der einzelnen Punkte durch eine Art graphischer Interpolation in dieses Netz einzutragen.

380 [102—05]. **Die perspektivischen Projektionen.** Unter Voraussetzung der Kugelgestalt ist die sog. perspektivische Projektion, bei der jeder Punkt da verzeichnet wird, wo ein von dem Pole oder **Auge**, nach ihm gezogener Strahl die gewählte Bildebene schneidet, von vielfacher Anwendung. Wird dabei derjenige Meridian, dessen Ebene durch das

— Chorographie — 235

Auge geht, als Ausgangsmeridian gewählt, so hat man (336) für die Projektion m eines Punktes M der Länge λ und Breite φ in Beziehung auf den **Augpunkt** O als Anfangspunkt und die Projektion des Ausgangsmeridianes als Axe, die Koordinaten

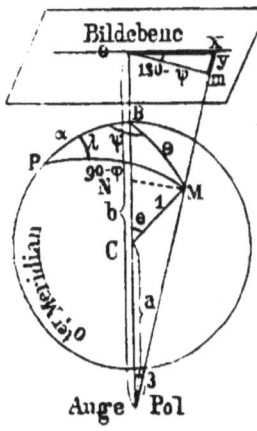

$$x = b \frac{Co\,\varphi\,Co\,\alpha\,Co\,\lambda - Si\,\varphi\,Si\,\alpha}{a + Co\,\alpha\,Si\,\varphi + Co\,\varphi\,Si\,\alpha\,Co\,\lambda}\mathbf{1}$$

$$y = b \frac{Co\,\varphi\,Si\,\lambda}{a + Co\,\alpha\,Si\,\varphi + Co\,\varphi\,Si\,\alpha\,Co\,\lambda}\mathbf{2}$$

wo a und b in Teilen des Radius gegeben sind. Eliminiert man aus 1 und 2 die Breite φ, so erhält man eine der Meridianprojektion zugehörende Gleichung 2. Grades, so dass dieselbe immer eine Linie zweiten Grades ist, und zwar (137) eine Ellipse, Parabel oder Hyperbel, je nachdem

$$c^2 = a^2 - 1 + Si^2\,\alpha \cdot Si^2\,\lambda$$

positiv, Null oder negativ wird, und zwar sind die Koordinaten des Mittelpunktes, die Halbaxen und der Winkel von α mit der Axe nach

$$\mathfrak{A} = b\,Si\,\alpha\,Co\,\alpha\,Si^2\,\lambda : c^2 \quad \mathfrak{B} = - b\,Si\,\lambda\,Co\,\lambda\,Si\,\alpha : c^2$$
$$\mathfrak{a} = b : c \quad \mathfrak{b} = ab\,Si\,\alpha\,Si\,\lambda : c^2 \quad w = A\,tg\,(Co\,\alpha \cdot Tg\,\lambda)\;\mathbf{3}$$

zu berechnen. Eliminiert man ferner aus 1 und 2 die Länge λ, so erhält man eine der Parallelen-Projektion zugehörende Gleichung 2. Grades, so dass auch diese eine Linie 2. Grades ist, und zwar, da für sie

$$\mathfrak{A}' = - b\,Si\,\alpha\,[a\,Si\,\varphi + Co\,\alpha] : d^2, \quad \mathfrak{B}' = 0, \quad w' = 0^0$$
$$\mathfrak{a}' = b\,Co\,\varphi\,(a\,Co\,\alpha + Si\,\varphi) : d^2 \quad \mathfrak{b}' = b\,Co\,\varphi : d\;\mathbf{4}$$

wird, wo $d^2 = [a + Si\,(\varphi + \alpha)] \cdot [a + Si\,(\varphi - \alpha)]$ ist, fast immer eine Ellipse, da $a + Si(\varphi - \alpha)$ selten verschwindet oder gar negativ ausfällt. In dem besondern Falle $a = 1 = b$, wo die Bildebene die Kugel halbiert, und das Auge ebenfalls an die Kugel herangerückt wird, projizieren sich die Meridiane und die Parallele immer als Kreise, wodurch natürlich die Entwerfung des Kartennetzes ungemein erleichtert wird. Überdies erlaubt diese sog. **stereographische Projektion** mehr als die Hälfte der Kugel darzustellen, und giebt Bilder, deren kleinste Teile dem Originale ähnlich oder **konform** sind. Ist $a = \infty = b$ oder $a = 0$ und $b = 1$, so heisst die Projektion **orthographisch** oder **central**.

381 [106]. **Die cylindrischen und konischen Projektionen.** Zu den abwickelbaren Flächen, welche man einzelnen Zonen der Kugel substituieren, und dann direkt auf eine Ebene ausbreiten kann, gehören vor Allem Cylinder und Konus. — Wird der Cylinder gewählt, was übrigens eigentlich nur bei schmalen und equatorealen Zonen angeht, so erhält man die sog. **Plattkarten**, deren Netz aus zwei zu einander senkrechten Systemen von Parallelen besteht: Der Abstand der Parallelkreise entspricht dabei dem Grade g des Equators, — derjenige der Meridiane $g \cdot \text{Co}\,\varphi$, wo φ die mittlere Breite der Zone ist. — Wird dagegen derjenige Conus gewählt, welcher die abzubildende Zone in ihrem mittlern Parallel tangiert, so hat man, um das Netz zu erhalten, den Mantel des der Zone entsprechenden abgekürzten Kegels in der gewöhnlichen geometrischen Weise auszubreiten, — und es werden daher die Parallelkreise durch concentrische, je um einen Equatorgrad voneinander abstehende Kreise, die Meridiane aber durch in ihrem Mittelpunkte zusammenlaufende Gerade dargestellt. Die nach Delisle und Bonne benannten Projektionen sind Abarten der Konischen.

382 [106]. **Einige andere Projektionsarten.** Ausser den bis jetzt behandelten Projektionsarten sind im Laufe der Zeiten noch eine ganze Menge anderer, zum Teil bestimmten Forderungen entsprechender Verfahren aufgestellt, namentlich sog. **konforme** Projektionen aufgesucht worden, bei welchen die Abbildung dem Abgebildeten in den kleinsten Teilen ähnlich wird. Zu letztern gehört neben der stereographischen (380) vor Allem die besonders für Seekarten beliebte und ebenfalls konforme Mercator'sche Projektion, bei welcher die Gradmeridiane je um g, die Parallele um $g \cdot \text{Se}\,\varphi$ voneinander abstehen, und welche die Eigenschaft hat, dass sich bei ihr die für die Nautik wichtige **loxodromische**, d. h. alle Meridiane unter demselben Winkel schneidende Linie als Gerade verzeichnet. Auch die konische Projektion wird konform, wenn man nach dem Vorgange von Lambert die Radien der Parallelkreise nach der Formel

$$\text{Lg}\, r = \text{Si}\, \varphi_0 \cdot \text{Lg}\, [\text{Tg}\, (45^0 - \tfrac{1}{2}\, \varphi) : \text{Tg}\, (45^0 - \tfrac{1}{2}\, \varphi_0)]$$

berechnet, wo φ_0 die Breite des mittlern Parallels, dessen Radius als Längeneinheit gewählt ist, bezeichnet. Für andere konforme Projektionen vergleiche die von Gauss gegebene „Allgemeine Auflösung der Aufgabe, die Teile einer gegebenen Fläche auf einer andern gegebenen Fläche so abzubilden, dass die Abbildung dem Abgebildeten in den kleinsten Teilen ähnlich wird."

XLII. Die Parallaxe.

383 [231]. **Begriff der Parallaxe.** Den Winkel, um welchen ein Objekt, wenn es von verschiedenen Standpunkten aus angesehen wird, seine

238 — Parallaxe —

Stelle zu verändern scheint, nennt man seine **Parallaxe**, und speciell seine **tägliche**, wenn man den Unterschied der auf Beobachtungsort und Erdcentrum bezogenen sog. **scheinbaren** und **geocentrischen** Positionen eines Gestirnes ins Auge fasst. Da die Ebene der Gesichtslinien eines Gestirnes vom Centrum der Erde und vom Beobachtungsorte aus, bei sphärischer Erde durch den Zenit des Beobachters geht, also einen Vertikalkreis bestimmt, so hat unter dieser Voraussetzung die tägliche Parallaxe, von der in diesem Abschnitte ausschliesslich die Rede sein soll, auf das Azimuth keinen Einfluss, sondern nur auf die Zenitdistanz. Bezeichnen

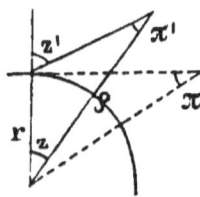

aber z' die scheinbare, z die geocentrische Zenitdistanz, π' die Parallaxe und ρ die Entfernung des Gestirnes vom Erdcentrum, so ist

$$z' - z = \pi' = \text{Asi}\,(r\,\text{Si}\,z') : \rho = r\,\text{Si}\,z' : \rho\,\text{Si}\,1'' \qquad \textbf{1}$$

Die Parallaxe ist also im Zenite Null, und für $z' = 90°$, wo sie **Horizontalparallaxe** des Gestirnes heisst, wird sie im Maximum

$$\pi = \text{Asi}\,(r : \rho) = r : \rho\,\text{Si}\,1'' \qquad \textbf{2}$$

Es stehen somit für eine sphärische Erde Horizontalparallaxe und Distanz des Gestirnes in so einfachem Rapporte, dass ihre Bestimmung Hand in Hand geht.

384 [437—38]. **Die Bestimmungen von Aristarch und Hipparch.** Die ersten auf Messung beruhenden Angaben über Entfernung und Grösse von Gestirnen verdankt man Aristarch und Hipparch. Ersterer leitete aus dem rechtwinkligen Dreiecke, welches zur Zeit der Quadratur oder **Dichotomie** Sonne, Erde und Mond bilden, unter Annahme, dass sein Winkel an der Erde 87° betrage, für das Verhältnis

— Parallaxe — 239

der Distanzen der Erde von Mond und Sonne die Grenzwerte 1:18 und 1:20 ab. Letzterer aber machte 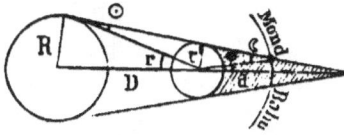 die schöne Entdeckung, dass die Summe der Parallaxen von Mond (☾) und Sonne (☉) gleich der Summe der scheinbaren Halbmesser (r, φ) der Sonne und des Schattenkegels der Erde in der Distanz des Mondes sein müsse, und da er teils ihr Verhältnis gleich dem reciproken Verhältnisse (1:19 nach Aristarch) ihrer Distanzen setzen, teils aus der Dauer der Mondfinsternisse den Halbmesser des Erdschattens annähernd (zu 39') bestimmen konnte, so gelang es ihm, jene Parallaxen (zu 57' und 3'), und damit auch die in Erdhalbmessern (r') ausgedrückten Distanzen ($d = 59 \cdot r'$, $D = 1200 \cdot r'$) und Grössen ($R = 5\frac{1}{2} \cdot r'$, $\rho = \frac{1}{3} \cdot r'$) jener beiden Hauptgestirne, wenn auch (wenigstens für die Sonne) noch nicht dem Zahlwerte nach befriedigend, doch nach einer mathematischen Methode, zu ermitteln.

385 [440—44]. **Die Bestimmungen von Richer und La Caille.** Später kam man zu der Überzeugung, dass eine genaue Bestimmung der Parallaxe eines Gestirnes am Besten erhältlich sei, wenn man an zwei Punkten desselben Meridianes seine gleichzeitigen Kulminations-Zenitdistanzen beobachte und in der That erlauben unter Voraussetzung der Kugelgestalt der Erde die Formeln

$\pi_1 + \pi_2 = z_1 + z_2 - (\varphi_1 - \varphi_2)$ $\operatorname{Tg} \alpha = \operatorname{Si} z_1 : \operatorname{Si} z_2$ **1**

$\operatorname{Tg} \tfrac{1}{2} (\pi_1 - \pi_2) = \operatorname{Tg} (\alpha - 45°) \cdot$
$\cdot \operatorname{Tg} \tfrac{1}{2} (\pi_1 + \pi_2)$ **2**

$\rho = r \operatorname{Si} z_1 : \operatorname{Si} \pi_1$ $\operatorname{Si} \pi = r : \rho$ **3** den Abstand ρ des Gestirnes vom Erdcentrum und seine Horizontalparallaxe π zu berechnen, — ja man kann sogar ohne grosse Schwierigkeiten auch den Einfluss der Abplattung und einer allfälligen Meridiandifferenz der beiden Beobachter in Rechnung bringen. Auf diese Weise erhielten z. B. La Caille und Lalande aus korrespondierenden Beobachtungen des Mondes, welche sie 1751 am Cap und in Berlin machten, für die mittlere Polarhorizontalparallaxe 56′ 56″, für das Verhältnis zwischen Parallaxe π und scheinbarem Radius μ π = 3,646 μ, für die mittlere Entfernuug 51800. M., für den wahren Durchmesser 466. M., — und die neuere Zeit hat an dieser Mondparallaxe, die, wegen der verschiedenen Distanz des Mondes von der Erde, zwischen 53′ und 62′ schwankt, und überhaupt an diesen Zahlen nur wenig verändern müssen. — Durch das dritte Gesetz Keplers (406) über das Verhältnis der Distanzen der Planeten belehrt, genügt es ferner, um auch diese zu erhalten, Eine solche Distanz oder Parallaxe direkt zu messen, und zu einer solchen Messung nach obiger Methode eignet sich voraus der zur Zeit seiner Opposition der Erde relativ nahe tretende Mars. Um dieses 1672 eintretende günstige Verhältnis zu benutzen, wurde damals Richer von der Pariser-Academie nach Cayenne gesandt, während Cassini in Paris korrespondierende Beobachtungen zu machen hatte, und das Ergebnis war eine der Distanz 0,372 entsprechende Marsparallaxe von 25 $1/3$″, aus der sich sodann für die Distanz 1 oder die Sonne die durch die neuern Beobachtungen nur wenig abgeänderte Parallaxe 9 $1/2$″ ergab.

386 [445—52]. **Die neuern Bestimmungen.** Beim Durchgange eines untern Planeten (vgl. 425) erhält jeder Beobachter sowohl für irgend eine Phase

Durchgangs als für die Dauer desselben eine bestimmte, teils von seinem Standpunkte, teils von der Differenz der Parallaxen ($\auluation$ oder ♀) des Planeten und (☉) der Sonne abhängige Zeit, und es lässt sich daher diese Differenz (jedoch besser $♀ - ☉ = 3☉$ als $☿ - ☉ = \frac{1}{2}☉$) **entweder**, wie Halley schon 1716 vorschlug, aus der Vergleichung der von verschiedenen Beobachtern erhaltenen Dauer, **oder**, wie später Delisle zeigte, aus der Vergleichung des von ihnen ermittelten Eintrittes derselben Phase, bestimmen, — folglich, da nach dem dritten Kepler'schen Gesetze (406) das Verhältnis der Parallaxen bekannt ist, auch diese selbst. In der That ergaben die während den Venusdurchgängen von 1761 und 1769 an den verschiedensten Orten gemachten, und nach diesen Grundsätzen verwerteten Beobachtungen eine Reihe von nahe unter sich und auch mit dem Richer'schen Resultate gar nicht übel übereinstimmenden Werten für die Sonnenparallaxe, — nach Encke im Mittel $8''{,}58$. Seither sind namentlich die 1862 und 1877 eingetroffenen Erdnähen des Mars in ähnlicher Weise wie von Richer — Cassini verwendet und wieder nahe gleiche, wenn immerhin, entsprechend Leverriers theoretischer Bestimmung, etwa um $0''{,}3$ grössere Werte als der Encke'sche erhalten worden. Die Venusdurchgänge von 1874 und 1882, sowie die auf die Beziehung zwischen der Sonnenparallaxe und der physikalisch ermittelten Lichtgeschwindigkeit (427) sich stützenden Methoden haben diese grösseren Werte bestätigt und es ist anzunehmen, dass die Sonnenparallaxe etwa $8''{,}9$ betrage, was mit einer Sonnendistanz von 147801000 km und einem Sonnendurchmesser von 1376000 km übereinkömmt.

387 [435]. **Der Einfluss der Parallaxe auf die Koordinaten.** Um den Einfluss der

— Parallaxe —

Parallaxe π eines Gestirnes, mit Berücksichtigung der wahren Gestalt der Erde, auf seine Koordinaten zu bestimmen, erhalten wir für $n = 0$ aus 192:2, wenn wir R durch die in der Einheit des Equatorradius gegebene Distanz ρ des Beobachters vom Erdcentrum und r (nach 383) durch $1 : \text{Si}\,\pi$, r' aber durch $\Delta : \text{Si}\,\pi$ ersetzen, wo Δ das Verhältnis der Distanzen von Oberfläche und Centrum bezeichnet,

$\Delta \operatorname{Co} v' \cdot \operatorname{Co} w' = \operatorname{Co} v \cdot \operatorname{Co} w - \rho \operatorname{Si} \pi \operatorname{Co} V \cdot \operatorname{Co} W$ **1**

$\Delta \operatorname{Co} v' \cdot \operatorname{Si} w' = \operatorname{Co} v \cdot \operatorname{Si} w - \rho \operatorname{Si} \pi \operatorname{Co} V \cdot \operatorname{Si} W$ **2**

$\Delta \cdot \operatorname{Si} v' = \operatorname{Si} v - \rho \operatorname{Si} \pi \operatorname{Si} V$ **3**

Hieraus erhält man aber unter der Annahme, dass

$$p = \frac{\rho \operatorname{Si} \pi \cdot \operatorname{Co} V}{\operatorname{Co} v \cdot \operatorname{Si} 1''} \qquad \operatorname{Tg} n = \frac{\operatorname{Tg} V \cdot \operatorname{Co} \tfrac{1}{2}(w' - w)}{\operatorname{Co} [\tfrac{1}{2}(w' + w) - W]}$$

$$m = \frac{\operatorname{Si} V}{\operatorname{Si} n} \qquad q = \frac{\rho\, m \cdot \operatorname{Si} \pi}{\operatorname{Si} 1''} \qquad \textbf{4}$$

sei, d und d' aber die Centrum und Oberfläche entsprechenden scheinbaren Durchmesser bezeichnen.

$w' = w + p \operatorname{Si}(w - W) + \tfrac{1}{2} p^2 \operatorname{Si} 1'' \operatorname{Si} 2(w - W) + \ldots$ **5**

$v' = v + q \operatorname{Si}(v - n) + \tfrac{1}{2} q^2 \operatorname{Si} 1'' \operatorname{Si} 2(v - n) + \ldots$ **6**

$d' : d = 1 : \Delta = \operatorname{Si}(v' - n) : \operatorname{Si}(v - n)$ **7**

Um diese Formeln auf die gewöhnlichen drei Koordinatensysteme anzuwenden, hat man, wenn w, z, a, d, l, b die geocentrischen, dagegen w', z', a', d', l', b' die scheinbaren Horizont-, Equator- und Ekliptikkoordinaten sind, und φ', t geocentrische Breite und Sternzeit bezeichnen,

die Grössen	w	v	w'	v'	W	V
für d. Horizont durch	w	90°−z	w'	90−z'	0	90°−(φ−φ')
- d. Equator durch	−a	d	−a'	d'	−t	φ'
- d. Ekliptik durch	−l	b	−l'	b'	−L	B

zu ersetzen, wo B und L die Werte sind, welche φ' und t annehmen, wenn man sie auf gewohnte Weise vom Equator auf die Ekliptik transformiert.

388 [435]. **Einige Anwendungen.** Wenn die sog. tägliche Parallaxe für die Fixsterne als verschwindend, für die obern Planeten wenigstens als sehr klein betrachtet werden darf, so erlangt sie dagegen bei der Sonne und den untern Planeten eine nicht zu vernachlässigende und beim Monde eine ganz erhebliche Grösse, so dass ihr Einfluss berücksichtigt werden muss, wobei zugleich die eigene Bewegung in Rechnung zu ziehen ist. So findet man z. B. für einen Wandelstern des scheinbaren Radius r, wenn t das Mittel der beobachteten Uhrzeiten, f die Fadenkorrektion und Δt die Uhrkorrektion ist, und

$$I = c\,Se\,\delta - n\,Tg\,\delta - m, \quad II = f\,Se\,\delta, \quad III = \pm r\,Se\,\delta$$
$$IV = \rho\,Si\,\pi\,Se\,\delta\,[(c-f)\,Co\,(\varphi'-\delta) - m\,Co\,\varphi' - n\,Si\,\varphi']$$

gesetzt wird,

$$\alpha = t + \Delta t - (I - II - III - IV) : (1 - \lambda) \qquad \mathbf{2}$$

wo I der Bessel'schen Reduktionsformel 343:2 entspricht, — II der gewöhnlichen Fadenreduktion 340:2, 3, — III der für vorgehenden oder nachfolgenden Rand zu addierenden oder zu subtrahierenden Durchgangszeit des Radius, — IV, wo φ' die geocentrische Breite, ρ die Distanz des Beobachters vom Erdcentrum und π die Parallaxe bezeichnet, dem Einflusse dieser Parallaxe, — während der gemeinschaftliche Divisor $(1-\lambda)$, in welchem λ die in Zeitsekunden ausgedrückte Zunahme der Rektascension des Gestirnes in einer Sekunde Sternzeit bezeichnet, der eigenen Bewegung Rechnung trägt.

XLIII. Die Erde und ihr Mond.

389 [221—22]. **Bau und Dichte der Erde.** Über den Bau der Erde weiss man leider so wenig, dass man bisdahin nur zu sehr berechtigt geblieben ist, von einer „Terra incognita" zu sprechen. Die verdienstlichen Untersuchungen der Geologen können sich natürlich nur auf die Schichtungsverhältnisse der äussersten Erdkruste beziehen, und die Astronomie kann wohl kaum je andere Beiträge geben, als die allerdings nicht unwichtigen Bestimmungen der mittlern Dichte der Erde und gewisser Anomalien der Schwere und Lotrichtung (vgl. 374). Erstere, die schon Newton mit seinem merkwürdigen Scharfblicke etwa gleich 5 vermutete, ist teils durch die 1774 von Hutton und Maskelyne beobachtete Ablenkung des Lotes am Shehallien unter Benutzung der mutmasslichen Masse dieses Berges, — teils durch die 1798 von Cavendish mit einer Art Drehwage durchgeführte Vergleichung zwischen den Anziehungen einer bekannten Masse und der Erde, — teils in neuerer Zeit durch die Baily, Carlini, Reich, Airy, Wilsing, etc. auf verschiedene Weise zu ca. $5\frac{1}{2}$ bestimmt worden; da diese Zahl entschieden grösser ist als die im Mittel der Erdkruste zukommende Dichte (nach Studer 3, nach Humboldt bei Einrechnung des Meeres sogar nur $1\frac{1}{2}$), so darf wohl mit ziemlicher Sicherheit der Schluss gezogen werden, dass die Schichten der Erde im allgemeinen nach Innen an Dichte zunehmen, — ob aber diese Zunahme bis zum Centrum statt hat, oder später wieder in Abnahme übergeht, sogar zuletzt entsprechend naturphilosophischen Ideen ein hohler Raum folgt, lässt sich wohl nie definitiv bestimmen.

390 [223, 453—59]. **Die Atmosphäre.** Die den Übergang von Tag zu Nacht vermittelnde **Dämmerung** liefert uns nicht nur schon durch ihre blosse Existenz den Beweis für das Vorhandensein einer die Erde umgebenden Lufthülle oder Atmosphäre, sondern giebt uns sogar ein Mittel, wenigstens annähernd ihre Höhe zu bestimmen. Nachdem nämlich die sog. bürgerliche Dämmerung, die nach Brandes bei $6\frac{1}{2}°$ Depression der Sonne aufhört, längst erloschen, d. h. uns bereits für unsere Arbeiten künstliche Beleuchtung notwendig geworden ist, sehen wir am westlichen Himmel noch ein, oft ziemlich scharf begrenztes, merklich beleuchtetes Segment, dessen Höhe fortwährend abnimmt, und können durch eine Art Interpolation den Moment seines Verschwindens, daraus aber auch die entsprechende, von Brandes zu $18°$ angenommene Depression der Sonne, und die etwa 11 Meilen betragende Höhe der letzten Luftschichte berechnen, welche uns noch Licht zu reflektieren vermag. — Die Ablenkung des Lichtes durch die Atmosphäre, oder die sog. **Refraktion** ist bereits früher (287, 332) behandelt worden, und es mag hier nur noch die von Simpson und Bradley für die Refraktion aufgestellte bequeme Formel

$$r = (b : 29{,}6) \cdot 400 : (350 + t) \cdot 57'' \cdot \mathrm{Tg}\,(z_1 - 3r)$$

wo b den Barometerstand in englischen Zollen und t die Lufttemperatur in Fahrenheit bezeichnen, angeführt, — der Bemühungen der Euler, Laplace, Bessel, etc. zur theoretischen Ableitung solcher Formeln unter bestimmten Voraussetzungen über die Konstitution der Atmosphäre gedacht, — auf die Bessel'sche Refraktionstafel [VI] hingewiesen, — endlich darauf aufmerksam gemacht werden, dass auch terrestrische Höhenwinkel durch die Refraktion eine Vergrösserung erleiden, welche nach Eschmann gleich $18'',72 \cdot d$ gesetzt werden kann, wo d die Distanz in geographischen Meilen bezeichnet. — Über die **Durchsichtigkeit** der Luft, und die so wünschbare Möglichkeit, dieselbe zu messen, ist leider nichts wesentliches beizubringen, — dagegen ist noch zu bemerken, dass das namentlich durch Ch. Dufour jahrelang konsequent beobachtete sog. Funkeln oder **Scintillieren** der Sterne ziemlich sicher als eine Interferenzerscheinung nachgewiesen worden ist.

391 [225]. Die Witterungserscheinungen. Jede Stelle unserer Erde erhält beständig Wärme, sei es durch direkte Einwirkung der Sonne oder sog. **Insolation**, sei es durch Mitteilung der umgebenden Luft, — giebt aber auch beständig Wärme ab, teils an die auf ihr liegende Luftschichte, teils durch Strahlung an den Weltraum. Je nach dem Wechsel der Tages- und Jahreszeit und der Beschaffenheit der Atmosphäre ist bald der Wärmegewinn, bald der Wärmeverlust grösser, und da dieses Verhältnis gleichzeitig für verschiedene Stellen der Erde teils wegen der Verschiedenheit jener bedingenden Ursachen, teils wegen lokalen Verhältnissen ein Anderes ist, so ändert sich auch die Verteilung der Wärme auf der Erde immerfort. Mit diesen Veränderungen stehen aber notwendig Luftströmungen und Variationen im Dampfgehalte der Luft im Zusammenhange, und damit wieder Änderungen im Luftdrucke, wässerige Niederschläge (305), zum Teil auch optische und elektrische Phänomene (Regenbogen, Höfe, Gewitter, etc.), d. h. überhaupt die sog. **Witterung**. Letztere ist somit offenbar das Produkt sehr mannigfaltiger Wechselwirkungen, und der einzig sichere Weg zur Ausbildung der **Meteorologie** ist, nach und nach für eine grosse Zahl von Stationen die ihr **Klima**

bedingenden mittleren Temperaturen, Barometerstände, Regenmengen, etc. zu ermitteln, und sodann für eine Folge von Zeiten die Differenzen zwischen diesen mittlern und den wirklichen Werten über grössere Teile der Erde zu verfolgen.

392 [155, 229]. **Der Erdmagnetismus und das Polarlicht.** Für verschiedene Orte der Erde erhalten im allgemeinen Deklination, Inklination und Intensität (313) gleichzeitig verschiedene Werte, und wenn man diejenigen Punkte, für welche sie gleich werden, verbindet, oder sog. **Isogonen, Isoclinen** und **Isodynamen** zieht, so bilden die erstern gewissermassen magnetische Meridiane und die beiden letztern Parallelkreise, welche jedoch, — so wenig als die magnetischen Pole (Inklination 90° oder Intensität ein Max.) und Equatoren (Inklination 0 oder Intensität ein Min.) unter sich oder mit den geographischen zusammenfallen. — Auch an demselben Punkte der Erde sind alle drei Grössen bedeutenden Veränderungen unterworfen; so z. B. gieng die Deklinationsnadel bei uns etwa in den letzten 300 Jahren von NNO über N nach NNW, und kehrt nun wieder zurück. Dieser Pendelschlag besteht jedoch nicht in einer kontinuierlichen, sondern in einer zitternden Bewegung, gewissermassen einer Summation der Überschüsse von kleinen täglichen Variationen in einem bestimmten Sinne, und zwar zeigt sich die tägliche, in ihrem Betrage ungefähr der Mittagshöhe der Sonne proportionale Bewegung gegenwärtig auf der nördlichen (südlichen) Halbkugel in der Weise, dass das Nordende (Südende) der Nadel etwa um 20^h den östlichsten Stand hat, dann bis gegen 2^h nach Westen geht, und über Nacht (etwa von 11—15 nochmals etwas nach Westen ausschlagend) nach Osten zurückkehrt. Ferner zeigen an jedem Orte die Jahresmittel der täglichen Variation eine Periode von 11¹/₉ Jahren (vgl. 422), und endlich erleidet der tägliche Gang der Nadel zuweilen starke Störungen, — namentlich wenn ein sog. **Nordlicht** (oder Südlicht, allgemeiner Polarlicht) statt hat. Dieses Letztere beginnt gewöhnlich mit der Bildung eines dunkeln Segmentes, über welchem ein bläulich weisser Lichtsaum wallt, dessen Scheitel immer nahe in den magnetischen Meridian fällt; dann beginnen Strahlen zu schiessen, die in allen Farben spielen, verschwinden und wieder erscheinen, sich nach O oder W bewegen, etc., und nur da, wo das Südende der Inklinationsnadel hinweist, bemerkt man eine in ruhigem, mattem Lichte fortglänzende Stelle, die sog. Krone, sonst überall Bewegung. Es tritt gegen die Equinoctien hin am häufigsten auf, — unterliegt nach Fritz in seiner jährlichen Anzahl einer etwa 5 sekundäre Wellen umfassenden Periode von 55¹/₂ Jahren, — und entsteht nach De la Rive, wenn sich die negative Elektricität der Erde mit der positiven der Luft bei einer gewissen Spannung an den Polen ausgleicht.

393 [233—37]. **Die äussere Erscheinung des Mondes.** Vor Erfindung des Fernrohrs unterschied man auf dem Monde nur zur Zeit seiner Opposition einige dunklere Flecken, aus denen rege Phantasie eine Art Gesicht bildete; nach derselben erkannte dagegen Galilei einen, bei Wiederkehr der gleichen Phase sich immer wieder in gleicher Weise zeigenden, also festen Detail, namentlich jeweilen an der Lichtgrenze ganz unverkennbare Berge und Thäler. Seine Nachfolger Hevel und Grimaldi entwarfen bereits Mondkarten, in die Riccioli die Namen berühmter Männer einschrieb, und welche sodann Tob. Mayer, Schröter, Lohrmann, etc., immer mehr vervollkommneten, bis endlich Mädlers mustergültige Karte entstand, die nun freilich nach und nach hinter Mond-Photographien zurücktreten wird. Schon Hevel begann ferner aus den geworfenen Schatten die Höhen der Berge (Leibnitz und Dörfel 25000', Huygens 19800', etc.) abzuleiten; später entdeckte man sog. **Rillen** (Rainures), d. h. über Berg und Thal fortlaufende, scharf eingeschnittene Vertiefungen, und sah bei Vollmond von einzelnen Gebirgen (Tycho, Kepler, Aristarch, etc.) auslaufende, sog. **Strahlensysteme**, deren Natur und Entstehungsweise noch nicht sicher festgestellt ist, die aber mit bei der Hebung der Gebirge entstandenen Rissen in Zusammenhang stehen dürften. Der von Hevel „Lumen secundarium" genannte Reflex der Erde bewirkt, wie schon Leonardo da Vinci erkannte, dass in den ersten Tagen nach der Konjunktion auch die Nachtseite des Mondes sichtbar wird.

394 [210, 40]. **Die Bewegung des Mondes.** Da uns der Mond bei seiner Bewegung um die Erde beständig dieselbe Seite zuwendet, so muss er während einer Revolution auch eine Rotation um seine Axe vollenden. Letztere ist aber ihrer Natur nach eine gleichförmige, Erstere dagegen eine ungleichförmige Bewegung, da sie nicht nur (357) elliptisch ist, sondern noch einer ganzen Reihe kleiner Ungleichheiten unterliegt, so dass z. B., wenn l, L, m, M die mittlern Längen und Anomalien von Mond und Sonne bezeichnen)s. 408), die wahre Länge des Erstern

$$\lambda = l + 6°16' \cdot \text{Si } m + 13' \cdot \text{Si } 2m + 1°16' \cdot \text{Si } [2(l-L)-m)]$$
$$+ 39' \cdot \text{Si } 2(l-L) + 11' \cdot \text{Si } M$$

wo die zwei ersten Glieder die schon Hipparch bekannte **Mittelpunktsgleichung** darstellen, die sich bei jeder elliptischen Bahn zeigt, das dritte die von Ptolemäus entdeckte, an eine Periode von 32^d gebundene **Evektion**, die sich in den Syzygien $(l - L = 0{,}180)$ und Quadraturen $(l - L = 90{,}270)$ als $\pm 1^0 16'$. Sim mit I vermischt, so dass die Alten aus den Finsternissen eine zu kleine, Ptolemäus aus den Quadraturen aber eine zu grosse Gleichung fand, wie wenn sich die Mondbahn periodisch verändern würde, — das vierte die mutmasslich schon von Abul Wefa entdeckte **Variation**, das fünfte endlich die von Kepler festgestellte **jährliche Gleichung**. Die Winkeldrehung α' des Mondes um seine Axe wird infolge davon bald etwas kleiner, bald etwas grösser als die Winkelbewegung α in der

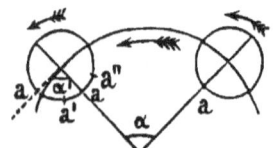

Bahn, also der Punkt a, welcher bei einer ersten Stellung des Mondes seine Mitte bildet, bei einer zweiten Stellung bald in a', bald in a" erscheinen, so dass am rechten oder linken Rande des Mondes noch Stellen sichtbar werden, die man früher nicht sah, — gerade wie wenn der Mond etwas schwanken würde. Ausser dieser **Libration in Länge** hat der Mond auch eine

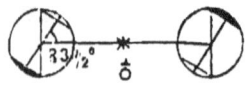

Libration in Breite, die daher rührt, dass die Mondaxe nur einen Winkel von $83\frac{1}{2}^0$ mit der Mondbahn bildet, — endlich noch eine **parallaktische Libration**, da der vom Auge des Beobachters mit dem Monde bestimmte Kegel für entlegene Standpunkte verschieden ist. Diese Librationen, deren erste Entdeckung zu den schönsten Ehrentiteln Galileis gehört, bewirken nach Mädlers Berechnung, dass man nur $^3/_7$ der Mondoberfläche beständig, und nur ebensoviel nie sieht. — Die Ebene der Mondbahn ist gegen die Ebene der Ekliptik um $5^0\ 9'$ geneigt, und es kann sich daher die Deklination des Mondes um volle $2\ (23^0\ 27' + 5^0\ 9') = 57^0\ 12'$ ver-

— Die Erde und ihr Mond — 251

ändern, womit die grossen Schwankungen in der täglichen Verspätung seines Aufganges ($1/_4 - 1^1/_2{}^h$) zusammenhängen. Bei Vollmond ist die Deklination im Winter gross, im Sommer klein. Die Knotenlinie der beiden Ebenen vollendet in $6798^d{,}33553$ = ca. $18^a{,}6$ eine Umdrehung, und zwar kömmt sie dem Monde entgegen, so dass derselbe schon nach $27^d{,}21222$, dem sog. Drachenmonat, zu demselben Knoten zurückkehrt, während die Apsidenlinie der Mondbahn in $3231^d{,}46623$ = ca. $9^a{,}0$ eine Umdrehung in entgegengesetztem Sinne vollendet, und der Mond erst in $27^d{,}55460$, dem sog. anomalistischen Monat, zu demselben Apsidenpunkte, z. B. zum Perigeum, zurückkehrt.

395 [238—39]. Die physische Beschaffenheit des Mondes. Da man beim Monde keine Spuren von Dämmerung, und bei seinem Vorübergange vor andern Gestirnen weder Refraktionserscheinungen, noch allmähliges Bedecken bemerkt hat, so scheint man berechtigt zu sein, ihm eine merkliche Atmosphäre und lebende Organismen abzusprechen. Im Übrigen dürfte sonst der Mond nach seinem Baue sich nicht gar sehr von der Erde unterscheiden, da teils seine in der Präcession, Nutation und den sog. Störungen zu Tage tretenden Wirkungen, teils seine sofort näher zu berührende Einwirkung auf die Erde schliessen lassen, dass er bei $1/_{80}$ der Erdmasse auf $1/_{49}$ ihres Volumens etwa die Dichte 3 besitzt, und auch die Gestaltung seiner Oberfläche manche Analogien darbietet. Ob die vielen, mit Centralkegeln ausgestatteten Ringgebirge des Mondes auf eine vorherrschend vulkanische Natur schliessen lassen, und ob einzelne Vulkane noch in neuerer Zeit thätig gewesen sind, mag vorläufig in Frage gestellt bleiben.

396 [241—42]. **Der Einfluss des Mondes auf die Erde.** Die auffallendste Wirkung des Mondes auf die Erde zeigt sich in dem Phänomene der sog. **Ebbe und Flut**, das zuerst durch Strabo richtig beschrieben, dann durch Kepler als eine Wirkung des Mondes bezeichnet, und endlich von Newton als eine Gravitationserscheinung erwiesen wurde: Denkt man sich nämlich die Erdkugel mit einer concentrischen Wasserschichte umgeben, so wird Letztere infolge der Anziehung des Mondes, welche auf den Punkt, in dessen Scheitel er steht, stärker wirkt als auf den Mittelpunkt, und auf diesen stärker als auf den Gegenpunkt, die Form eines Sphäroides anzunehmen suchen, dessen grosse Axe durch den Mond geht. Dieses Sphäroid wird aber wegen der Rotation der Erde nie zur Ruhe kommen, sondern in Gestalt einer breiten Welle dem Monde in seiner täglichen Bewegung von Ost nach West folgen, und dadurch an jedem Orte während einem Mondtage zweimal Flut und zweimal Ebbe veranlassen. Diese Bewegungen erleiden jedoch nicht nur durch eine analoge, wenn auch etwas schwächere Differentialwirkung der Sonne, sondern namentlich auch durch die Veränderung der Deklination und Entfernung beider Gestirne, durch die Zerteilung des Oceanes, etc., nach Fortpflanzung und Höhe grosse Modifikationen, und es gelang trotz den Anstrengungen der Dan. Bernoulli, Maclaurin, Euler, etc., erst Laplace unter Zugrundelegung langer Beobachtungsreihen im Hafen zu Brest, sie theoretisch bis ins Detail zu bewältigen, und so z. B. Linien gleicher Flutzeit oder sog. **Isorachien** auszumitteln. — Eine entsprechende Ebbe und Flut der Atmosphäre ist am Barometer kaum bemerklich, da ihr Betrag nach Toaldo höchstens $0{,}2^{mm}$ wäre; dagegen zeigt der Luftdruck nach Eisenlohr durchschnittlich zur Zeit der Syzygien Minimas, und überhaupt kann wohl ein gewisser Einfluss des Mondes auf die Witterung, die Organismen, die Erdbeben und Vulkanausbrüche, den Gang der Magnetnadel, etc., nicht geläugnet werden, nur darf man ihm auch nicht gar zu viel zumuten, wie es vom grossen Publikum von Alters her geschehen ist.

XLIV. Die Finsternisse und Bedeckungen.

397 [243]. **Begriff der Finsternisse und Bedeckungen.** Wenn von zwei durch dieselbe Lichtquelle beleuchteten Weltkörpern der Eine in den vom Andern geworfenen Schattenkegel tritt, so wird ihm das Licht entzogen, — er erleidet eine **partiale** oder **totale Verfinsterung**, — und es ist dieselbe von allen Punkten des Weltraumes, von denen man nach dem verfinsterten Körper sehen kann, im gleichen Momente und genau in gleicher Weise sichtbar, — so beim Eintreten eines Mondes in den Schatten seines Planeten. Wenn dagegen ein dunkler Körper zwischen einen Beobachter und eine Lichtquelle tritt, so wird dadurch die Lichtquelle nicht verfinstert, sondern nur für gewisse Punkte teilweise oder ganz bedeckt, — es ist somit die **partiale**, oder **annulare** oder **totale Bedeckung** der Lichtquelle oder die entsprechende Verfinsterung des Beobachters etwas wesentlich lokales, und somit nach Zeit und Verlauf für verschiedene Standpunkte möglicherweise ganz verschieden, — so die sog. Sonnenfinsternisse, Sternbedeckungen und Durchgänge der untern Planeten.

398 [245—47, 462]. **Die Mondfinsternisse.** Steht der Mond zur Zeit seiner Opposition nahe am

Knoten, so taucht er teilweise oder ganz in den Schatten der Erde. Wird er total verfinstert, so verschwindet er zuweilen (so 1620 XII 9, 1642 IV 25, 1816 VI 6, etc.) vollständig; in der Regel aber bleibt er in schmutzig rotem Lichte, das nach Erscheinung und Ursache dem Saume der sog. Gegendämmerung zu entsprechen scheint, sichtbar. — Um diese Finsternisse, welche nach $18^a\ 11^d$, der Chaldäischen Periode **Saros** von 223 synodischen = 242 draconitischen Monaten, je nahe in gleicher Weise wiederkehren, zu berechnen, hat man einerseits (384) für den zwischen 38′ 24″ und 46′ 38″ schwankenden Halbmesser des Erdschattens in der Distanz des Mondes die Formel

$$\varphi = {}^{61}\!/_{60} (\mathbb{C} + \odot - \mathrm{r}) \qquad \mathbf{1}$$

wo $^{61}/_{60}$ ein nach Tob. Mayer angenommener Erfahrungsfaktor ist, — und anderseits kann man dem Monde die Differenz der Bewegungen von Mond und Sonne geben, den Erdschatten als ruhend, und die scheinbare Mondbahn als eine Gerade annehmen. Bezeichnen sodann $\Delta\beta$ und $\Delta\lambda$ die stündlichen Bewegungen des Mondes in Länge und Breite, Δl die der Sonne in Länge, also $\Delta\lambda - \Delta l$ die hier einzig in Betracht kommende stündliche Verschiebung in Länge, so hat man offenbar

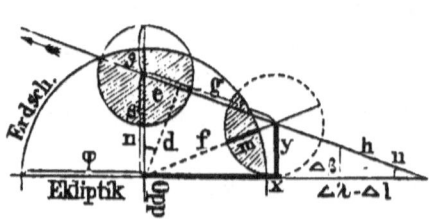

$$\mathrm{Tg}\ n = \frac{\Delta\beta}{\Delta\lambda - \Delta l}$$
$$h = \Delta\beta\ \mathrm{Cs}\ n \qquad \mathbf{2}$$
$$e = \beta\ \mathrm{Sin}\ d = \beta\ \mathrm{Co}\ n$$

wo d die kürzeste Distanz des Mondes vom Centrum des Schattens bezeichnet, also der Mitte der Finsternis entspricht, und h die scheinbare stündliche Bewegung des Mondes in seiner Bahn ist. Ist daher T die Zeit der Opposition, so ist die Zeit der Mitte der Finsternis

$$t = T - e : h = T - \beta \, Si^2 \, n : \Delta\beta \qquad 3$$

während

$$\tau = (g - e) : h = \sqrt{(f + d)(f - d)} : h \qquad 4$$

angiebt, um wie viele Stunden vor oder nach der Mitte der Finsternis der Mond die Verfinsterung

$$m = \varphi - (f - \rho) = \varphi + \rho - f \qquad 5$$

erleidet. Für Anfang und Ende der partialen oder totalen Finsternis ist $f = \varphi + \rho$ oder $f = \varphi - \rho$ zu setzen, während für die Mitte $f = d$ wird, so dass

$$M = \varphi + \rho - d = 6(\varphi + \rho - d) : \rho \text{ sog. Mondzolle} \qquad 6$$

die grösste Phase oder die sog. **Grösse** der Finsternis (Max. 22 Zolle) giebt. Die Grösse d lässt sich für jede Opposition nach

$$Tg \, d = Tg \, \beta \cdot Co \, i \qquad 7$$

wo $i = 5^{\circ} \, 9'$ ist, vorausberechnen. Wird $d < \varphi + \rho$, so hat immer eine Finsternis, für $d < \varphi - \rho$ sogar eine totale Finsternis statt. Von den 223 Oppositionen, welche auf eine Saros fallen, ergeben etwa 29 eine Finsternis. Die längste Dauer einer solchen aber ist etwas mehr als $4^{1/2\,h}$, wovon etwa die Hälfte auf die Totalität fällt. Um endlich zu bestimmen, ob der Mond an einem Orte zur Pariser-Zeit t über dem Horizonte stehe, stellt man einen Globus so, dass ein Punkt O, dessen Breite gleich der Deklination δ des Mondes, und dessen Länge $L = 12^h - t$ ist, im Zenite steht, so begrenzt sein Horizont die Zone der Sichtbarkeit.

399 [249—52, 468]. **Die sog. Sonnenfinsternisse.** Steht der Mond zur Zeit der Konjunktion nahe am Knoten, so tritt er zwischen Sonne und Erde,

256 — Finsternisse und Bedeckungen —

und bewirkt dadurch eine **partiale, totale** oder **annulare Sonnenfinsternis**. Bei einer totalen Finsternis (Max. 8^m für Einen Ort) werden durchschnittlich die Sterne der zwei ersten Grössen sichtbar, — die dunkle Mondscheibe ist von einem weissglänzenden Lichtkranze, der sog. **Corona**, umgeben, von dem zahlreiche, anscheinend zum Mondrande senkrechte Strahlen auslaufen, — und an einzelnen Stellen zeigen sich rötliche, bald scheinbar auf dem Mondrande aufsitzende, bald freischwebende, wolkenartige Gebilde, sog. **Protuberanzen**, über die sich der Mond wegbewegt, so dass sie translunarisch sind, und erwiesenermassen der Sonnenatmosphäre angehören. — Die Saros passt natürlich auch für die Sonnenfinsternisse, und ebenso sind für Letztere überhaupt entsprechende Rechnungen wie für die Mondfinsternisse zu führen, nur φ durch r zu ersetzen. Namentlich wird derjenige Punkt der Erde, für den der Mond den Horizont nach O oder W von oben tangiert, zuerst oder zuletzt die partiale oder totale Finsternis sehen, wenn die Sonne gleichzeitig den Horizont von oben oder unten tangiert, — und in allen diesen Fällen wird

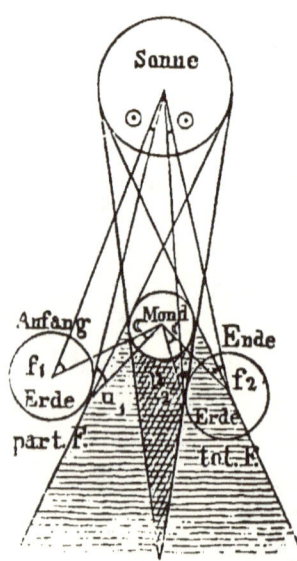

$$f = u + ☾ - ☉ \qquad \mathbf{1}$$

sein, wo für die partiale, totale oder centrale Finsternis $u = \rho + r$, $\rho - r$, 0 zu setzen ist. Für die Phase an der Oberfläche der Erde hat man in Sonnenzollen

— Finsternisse und Bedeckungen —

$m = 6(\rho + r - u) : r, \qquad M = 6(\rho + r) : r \qquad $ **2**

so dass die Finsternis, wenn das nach 398:8 berechnete $d < \rho + r + ☾ - ☉$ ist, mindestens partial, — wenn $d < \rho - r + ☾ - ☉$ und $\rho > r$ ist, bestimmt total, — wenn endlich $d < ☾ - ☉$ ist, central, und zwar total oder annular wird, je nachdem $\rho > r$ oder $\rho < r$ ist. Nimmt für $d = 0$ zugleich $\rho : r$ einen Maximalwert an, so wird $M = 12\frac{1}{2}$ Zoll, und die Dauer der Totalität für die ganze Erde zusammengenommen $2\tau_1 = 4\frac{1}{2}^h$. Um endlich den Verlauf der Sonnenfinsternis für einen bestimmten Ort der Erde zu erhalten, dienen ganz entsprechende Verfahren wie für die Mondfinsternis, nur müssen erst für ihn (mit Hülfe von 387) aus den geocentrischen die scheinbaren Koordinaten des Mondes abgeleitet werden. — Während einer Saros haben etwa 40 Sonnenfinsternisse statt, — an einem bestimmten Orte aber nur etwa 9, und unter diese fällt ca. alle 200 Jahre eine totale.

400 [447]. **Die Sternbedeckungen und die Durchgänge der untern Planeten.** Wie die Mond- und Erdfinsternisse, so lassen sich auch die übrigen Finsternisse und Bedeckungen sowohl mit Hülfe der Tafeln vorausberechnen, als nach ihrer Beobachtung verwerten. Namentlich werden die sog. Sternbedeckungen durch den Mond häufig zur Bestimmung von Längendifferenzen verwendet, — die Durchgänge Merkurs zunächst zur Verbesserung seiner Theorie (vgl. 420), die der Venus aber, wie wir (386) bereits wissen, zur Ermittlung der Sonnenparallaxe.

Das Sonnensystem.

*Der grosse Mann eilt seiner Zeit voraus, —
Der Kluge geht mit ihr auf allen Wegen, —
Der Schlaukopf beutet sie gehörig aus, —
Der Dummkopf stellt sich ihr entgegen.*
(Bauernfeld.)

XLV. Die sog. Weltsysteme.

401 [253—54]. **Die ältesten Weltsysteme.**
Die ältesten Völker hielten die Erde für den Mittelpunkt der Welt, — ja für die Welt selbst. Die Pythagoräer lehrten dagegen bereits die Mehrheit der Welten, und einer derselben, Philolaus, stellte ein Weltsystem auf, in dessen Mitte ein Centralfeuer stand, um welches sich die Erde, die sieben ihnen bekannten Wandelsterne und der Fixsternhimmel in harmonischen Abständen drehten, und dadurch den vollkommensten Wohlklang, die sog. **Sphärenmusik**, erzeugten. Dies widersprach jedoch dem Zeugnis der Sinne allzusehr, so dass Plato wenigstens in jüngeren Jahren vorzog, wieder von der Erde als festem Mittelpunkte auszugehen, — die Kreisbewegung um dieselbe als damals einzig zu bewältigende und daher am vollkommensten erscheinende Bewegung festzuhalten, — und nur die Aufgabe zu stellen, die Ungleichheiten im Laufe der Wandelsterne, welche die Beobachtung unter dem Namen der Stationen und Retrogradationen kennen gelehrt hatte, durch Kombination verschiedener Kreisbewegungen zu

— Die sog. Weltsysteme — 259

erklären. Eudoxus und Aristoteles kamen hiedurch auf die Idee, jedem Wandelsterne gewissermassen einen eigenen, aus mehreren concentrischen, sich gegenseitig in ihren Bewegungen modifizierenden **Krystallsphären** bestehenden Himmel zuzuschreiben, — Sphären, deren Realität vielleicht schon Plato in spätern Jahren, spätestens Aristarch bekämpfte, zugleich die Lehre von der Bewegung der Erde um die Sonne aufstellend, welche jedoch damals noch nicht Fuss fassen konnte, — während dagegen die wohl von Apollonius herrührende Erfindung der sog. **Epicykel**, d. h. von Kreisbahnen für die Wandelsterne, deren Centra sich selbst wieder in Kreisen um die Erde bewegen, ein für jene Zeit vortreffliches Annäherungsmittel für Darstellung der erkannten Ungleichheiten ergab.

402 [255—56]. **Das Ptolemäische Weltsystem.** Nachdem es Hipparch (356) gelungen war, die Bewegung der Sonne durch einen excentrischen Kreis darzustellen, versuchte er auch für die übrigen Wandelsterne in ähnlicher Weise Theorien aufzustellen und Tafeln zu entwerfen. Er teilte hiefür die sog. **Ungleichheiten** ihrer Bewegung in zwei Gruppen: Die von ihm **Erste** genannte, mit dem siderischen Umlaufe zusammenhängende Ungleichheit, die sich in der verschiedenen (wie wir jetzt wissen, mit jeder elliptischen Bewegung verbundenen) Geschwindigkeit zeigte, stellte er entsprechend wie bei der Sonne durch einen excentrischen Kreis dar. Die von ihm **Zweite** genannte, mit dem synodischen Umlaufe zusammenhängende Ungleichheit, die sich in den (wie wir jetzt wissen, durch die Bewegung des Beobachters veranlassten) Stationen und Retrogradationen zeigte, stellte er dagegen (entsprechend 401) durch Epicykel dar, und zwar bestimmten, zum Teil noch Er, zum Teil der hiefür ganz in seine

Fußstapfen tretende Ptolemäus, für jeden Planeten sowohl die Grösse und Richtung der Excentricität, als unter Zugrundelegung der bei ihm vorkommenden Elongationen (untere Planeten, welche die Ägypter bereits um die Sonne laufen liessen) oder Retrogradationen (obere Planeten) die Grösse der Epicykel und die Geschwindigkeit in denselben. Die hierauf gebauten Planetentafeln sind die höchste Blüte der griechischen Astronomie, und bilden den Kern des sog. **Ptolemäischen Weltsystems**, das dann noch äusserlich in der Lehre bestand, es stehe die Erde im Centrum der Welt fest, und es bewegen sich um dieselbe mit Hülfe des sog. Primum mobile, eine Anzahl von Sphären verschiedener Radien, von denen die Letztern (der 11. Sphäre) nach innen zu folgenden (die 10. und 9.) die Erscheinungen der Präcession zu besorgen hatten, während die Sphären 1—7 der Reihe nach den Mond, Merkur, Venus, Sonne, Mars, Jupiter, Saturn, und eine 8. die sämtlichen Fixsterne an sich trugen.

403 [257—61]. **Das Copernicanische Weltsystem.** Nachdem das Ptolemäische Weltsystem durch etwa 15 Jahrhunderte unbestritten Geltung besessen hatte, wurde es zur Zeit der kirchlichen Reformation ebenfalls in seinen Grundfesten erschüttert, indem Copernicus zeigte, dass die Erscheinungen der täglichen und jährlichen Bewegung viel einfacher erklärt werden können, wenn man, entsprechend den Ideen von Aristarch, annehme, es bewege sich die Erde in der Richtung von West nach Ost einerseits täglich um ihre Axe, und anderseits jährlich um die Sonne, — dass, wenn man Merkur, Venus, Mars, Jupiter und Saturn sich ebenfalls um die Sonne bewegen lasse, Hipparchs zweite Ungleichheit ganz dahinfalle, — und dass somit der Erde nur der Mond als Trabant zu belassen sei. — Zuerst sowohl vom Papste als von den Reformatoren nicht ungünstig aufgenommen, und von den Männern der Wissenschaft freudig begrüsst, hatte dieses sog. Copernicanische System später mit verschiedenen Einwürfen und Gegensystemen zu kämpfen, namentlich mit der Lehre, dass zwar die fünf Planeten Trabanten der Sonne seien, aber diese sich samt Mond (Tycho) und Erde (Reymers) um die **feste Erdaxe** drehen, — bald dann auch mit beiden Kirchen, indem die Eine sich ängstlichem Wortglauben ergab, und die Andere meinte, dass sie der Reformation nur dann auf die Dauer zu widerstehen vermöge, wenn sie der Reform überall entgegentrete. Der Kampf mit der katholischen Kirche nahm sogar, als sie durch Galilei's kühnes Auftreten gegen den Autoritätsglauben gereizt wurde, bedenkliche Dimensionen an: Im Jahre 1614 wurde das Copernicanische System von der Kanzel, 1616 von den obersten kirchlichen Autoritäten verdammt, und als es Galilei's Feinden gelang, den ihm früher günstigen Papst gegen ihn einzunehmen, wurde er 1633 von der Inquisition gezwungen, diese Irrlehre abzuschwören. Zum Glücke begnügte sich jedoch die katholische Kirche mit ihrem Scheinsiege: Das Copernicanische System wurde nicht ernstlich weiter verfolgt, — ja endlich, wenn officiell auch erst 1821, von ihr selbst angenommen.

404 [262]. **Die Fallversuche und das Foucault'sche Pendel.** Was Copernicus noch nicht gelang, nämlich der empirische Nachweis der Rotation der Erde um ihre Axe in sekundären Erscheinungen, ist seither nachgeholt worden: **Einerseits** muss bei rotierender Erde, wie schon Newton zeigte, der Auffallspunkt eines aus bedeutender Höhe herunterfallenden Körpers etwas östlich vom Lotpunkte liegen, und wirklich fand z. B. Benzenberg 1804 bei Versuchen in einem Kohlenschachte zu Schlebusch für 262′ Fallhöhe eine Abweichung von 5′′′,1 nach O 8⁰,1 N. Anderseits muss, wie Foucault 1851 zeigte, bei mit einer Winkelgeschwindigkeit γ rotierender Erde die Mittagslinie der Breite φ während einer Rotation eine Kegelfläche beschreiben, deren Abwicklung den Radius r·Ct φ, den Bogen 2r Co φ·π, also den Mittelpunktswinkel 360⁰·Si φ hat, und entsprechend muss die Winkelgeschwindigkeit der Mittagslinie gleich γ·Si φ sein. Es wird somit scheinbar die nach ihrer Natur unbewegliche Schwingungsebene eines Pendels sich per Stunde um 15⁰·Si φ nach Westen drehen, wie dies die seit Foucaults Vorgange unter den verschiedensten Breiten angestellten Versuche wirklich auf das Schönste ergaben.

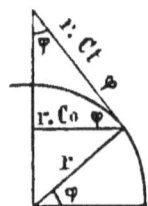

405 [263—64]. **Die Fixsternparallaxe und die Aberration.** Dass infolge der jährlichen Bewegung der Erde die Breite eines Sternes zur Zeit seiner Konjunktion mit der Sonne ein Minimum, zur Zeit seiner Opposition ein Maximum annehmen müsse, erkannte bereits Copernicus, aber die ihm zu Gebote stehenden Instrumente reichten zur Bestimmung des kleinen Unterschiedes, der sog. **jährlichen Parallaxe**, nicht aus, ja bis auf die neuste Zeit konnte auf diesem Wege nur das negative Resultat erhalten werden, dass jene Variation nicht ±1′′ betragen, also innerhalb 4 Billionen Meilen, einer sog. **Sternweite**, kein Stern stehen könne. Zwar gelang es schon Bradley, bei dem zenitalen Sterne γ Draconis eine jährliche Veränderung seiner Breite nachzuweisen; aber da die Max. und Min. mit den Quadraturen zusammenfielen, so war sie nicht die gesuchte Parallaxe, sondern wie

— Die sog. Weltsysteme — 263

ihm 1728 klar wurde, eine andere Folge der jährlichen Bewegung der Erde, welche er **Aberration des Lichtes** nannte. Wenn nämlich die Geschwindigkeit der Erde in ihrer Bahn zu der des Lichtes in einem endlichen Verhältnisse q steht, so wird man ein Fernrohr nach einem Sterne S gerichtet glauben, wenn die Richtung S' seiner Axe aus der wirklichen Richtung nach dem Sterne und der Bewegungsrichtung der Erde resultiert, also gegen letztere hin um einen bestimmten Winkel φ abliegt, so dass

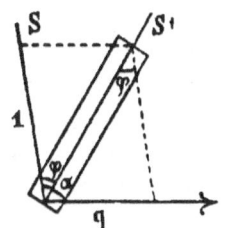

Si φ : Si (α — φ) = q : 1 oder φ = q Si α : Si 1" = k Si α   **1**

wo k den Maximumswert von φ oder die sog. **Aberrationskonstante** bezeichnet. Sind aber ☉ und λ die Längen der Sonne und eines Sternes der Breite β, so ist, da unter Voraussetzung einer Kreisbahn die Bewegungsrichtung der Erde zum Radius der Sonne senkrecht steht,

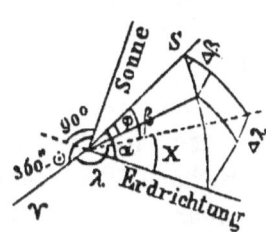

Co α = Co β · Si (☉ — λ)   **2**

und es durchläuft somit α für jeden Stern alle Werte von β bis 180° — β. Ist β nahe an 90°, so wird der Stern einen Kreis des Radius k zu beschreiben scheinen, — sonst eine Ellipse der grossen Axe 2k. Die Komponenten der Aberration in Länge und Breite sind (340:2; 169:1, 2)

Δλ = — φ · Si S · Se β = — k Co (☉ — λ) Se β   **3**
Δβ = — φ · Co S = — k Si (☉ — λ) Si β   **4**

so dass die Aberration in Länge in Konjunktion und Opposition, — diejenige in Breite aber in den Quadraturen am grössten wird. Bradley, der k = 20",7 fand, während nach Struve $k = 20'',445$ ist, hat also den von Copernicus gewünschten Beweis geleistet, nur in etwas anderer Weise als dieser es beabsichtigte. [Vgl. 456].

406 [265—69]. **Die Kepler'schen Gesetze und die allgemeine Gravitation.** Gerade zu der Zeit, wo das Copernicanische System in Galilei am heftigsten verfolgt wurde, vervollkommnete Kepler dasselbe auf Grundlage der Beobachtungen Tychos in so denkwürdiger Weise, dass es eigentlich seinen Namen tragen sollte: Zunächst suchte er nämlich Beobachtungen des Mars auf, deren erste der Zeit einer Opposition entsprach, die zweite einer, um den siderischen Umlauf des Mars oder ein Vielfaches desselben, spätern Zeit, d. h. zwei Beobachtungen, bei denen Mars an der gleichen Stelle des Himmels stand, die Erde aber an zwei verschiedenen Punkten ihrer Bahn um die Sonne; er konnte hieraus die Polarkoordinaten der Erde bei ihrer zweiten Stellung in Beziehung auf die Sonne als Pol, und die Distanz Sonne-Mars als Einheit und Axe berechnen. Für jedes andere Vielfache der Umlaufszeit konnte er in Beziehung auf dieselbe Einheit und dasselbe Koordinatensystem einen neuen Ort der Erde finden, diese Orte dann auftragen, und durch ihre Verbindung die Erdbahn in richtiger Gestalt und Lage zur Sonne finden; so ergab sich ihm, dass er durch sämtliche Orte sehr nahe einen Kreis legen könne, zu dem die Sonne ein wenig excentrisch stehe, und zugleich hatte er so die Richtung der vom Perihel zum Aphel führenden, sog. Apsidenlinie gefunden, sowie die Möglichkeit erhalten, eine förmliche Erdtheorie aufzustellen, nach der er den Ort der Erde für jede Zeit berechnen konnte. Nun suchte er irgendwelche Beobachtungen des Mars auf, die wieder um die siderische Umlaufszeit oder ein Vielfaches derselben voneinander abstanden, bestimmte aus seiner Theorie der Erde für jede der Beobachtungszeiten die Lage der Erde gegen die Sonne, berechnete aus ihr und dem beobachteten scheinbaren Abstande des Mars von der Sonne die Polarkoordinaten des Mars in Beziehung auf die Sonne als Pol und die Frühlingsnachtgleichenlinie als Axe, trug die erhaltenen Orte auf, — und da ergab die Verbindung der Letztern, Dank der relativ grossen Excentricität der Marsbahn, eine vom Kreise merklich abweichende Ellipse, in deren einem Brennpunkte die Sonne stand. Er versicherte sich sodann verhältnismässig leicht, dass auch den Beobachtungen der übrigen Planeten ähnliche Bahnen genügen, und sprach 1609 für das Sonnensystem die Gesetze aus:

1) jeder Planet bewegt sich in einer Ellipse, in deren einem Brennpunkte die Sonne steht,

2) die von den Radien Vektoren in gleichen Zeiten beschriebenen Flächen sind gleich gross,

denen er 1619 noch das auf mehr spekulativem Wege gefundene, aber gewissermassen organische Gesetz

3) die Quadrate der Umlaufszeiten zweier Planeten verhalten sich wie die Würfel der grossen Axen ihrer Bahnen,

beifügte. — Schon Boullian, Borelli, Pascal, etc. ahnten hierauf, dass sich ein diese drei Gesetze umfassendes mechanisches Princip finden lassen werde; aber den Beweis zu leisten, dieses Princip zu formulieren und namentlich in seinen Konsequenzen zu verfolgen, blieb Isaak Newton vorbehalten: Nachdem dieser unvergleichliche Mann erst nachgewiesen, dass sich (263) die Fliehkräfte zweier Planeten umgekehrt wie die

Quadrate ihrer Distanzen von der Sonne verhalten, fragte er sich, ob die nach diesem Gesetze berechnete Beschleunigung der Erdschwere g in der Distanz R des Mondes etwa auch gleich der Fliehkraft des Letztern sei, — ob also dieselbe Kraft, welche den Fall der Körper bewirke, auch den Mond in seiner Bahn um die Erde zurückhalte. War dies der Fall, so musste

$$g \cdot \frac{r^2}{R^2} = 4\pi^2 \frac{R}{T^2} \quad \text{oder} \quad g = \frac{4\pi}{T^2}\left(\frac{R}{r}\right)^3 \cdot 180 \cdot a$$

sein, wo r den Radius und a einen Equatorgrad der Erde bezeichnete, T aber die siderische Umlaufszeit des Mondes. Nun setzte jedoch Newton nach den ihm 1666 zu Gebote stehenden Daten zwar nahe richtig $R = 60{,}4 \cdot r$ und $T = 27^d\ 7^h\ 43^m\ 48^s = 2360628^s$, dagegen fälschlich $a = 60$ Engl. Meilen $= 297251'$ Par., fand so $g = 26'{,}586$, während nach Galilei's Messungen g über 30′ betrug, — konnte also seine Idee nicht als erwiesen betrachten, und erst, als er 1682 erfuhr, dass (370) Picard 1671 den Grad zu 342360′ bestimmt habe, fand er in Revision seiner Rechnung $g = 30'{,}621$, so dass er wagen durfte, sein sog. Gravitationsgesetz

4) jeder Planet wird von der Sonne mit einer Kraft angezogen, welche ihrer Masse direkt und dem Quadrate ihrer Entfernung umgekehrt proportional ist,

auszusprechen. Er leitete nun daraus in einem Zeitraume von kaum zwei Jahren die Kepler'schen Gesetze, die Regeln zur Berechnung der Bahnen der Planeten, Monde und Kometen, die Methoden zur Ermittlung ihrer Masse und Gestalt, etc., ab, und legte 1686 der Royal Society seine berühmten Principien vor, welche den würdigen Schlußstein der Reformation der Sternkunde bildeten.

XLVI. Die Mechanik des Himmels.

407 [481]. **Vorbegriffe.** Wählen wir die Sonne M als Masseneinheit und Anfangspunkt der Koordinaten,

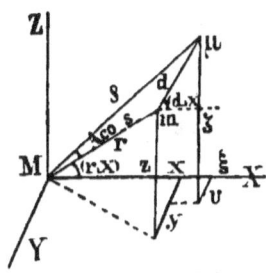

und bezeichnen x, y, z, r, m Koordinaten, Distanz und Masse eines Planeten, dessen Bewegung um die Sonne betrachtet werden soll, — ξ, υ, ζ, ρ, μ aber dieselben Grössen für einen der übrigen Planeten, so hat man, da offenbar

$$r^2 = x^2 + y^2 + z^2 \qquad \rho^2 = \xi^2 + \upsilon^2 + \zeta^2$$
$$r^2 + \rho^2 - 2r\rho s = d^2 = (\xi - x)^2 + (\upsilon - y)^2 + (\zeta - z)^2 \quad \mathbf{1}$$

und die Bewegung von m um M der Differenz der Bewegungen von m und M entsprechen muss, nach dem Gravitationsgesetze und den Grundsätzen der Mechanik

$$\frac{d^2x}{dt^2} = \frac{f^2}{r^2} \cdot \text{Co}\,[180 + (r, x)] + \Sigma \frac{f^2\mu}{d^2} \text{Co}\,(d, x) -$$

$$- \frac{f^2 m}{r^2} \text{Co}\,(r, x) \qquad - \Sigma \frac{f^2\mu}{\rho^2} \text{Co}\,(\rho, x)$$

wo f^2 eine dem Sonnensysteme zugehörige Konstante bezeichnet, — oder, wenn man

$$R = \frac{1}{d} - \frac{x\xi + y\upsilon + z\zeta}{\rho^3} = [r^2 + \rho^2 - 2r\rho s]^{-1/2} - \frac{r s}{\rho^2} \quad \mathbf{2}$$

setzt, und entsprechend für die andern Axen rechnet,

$$\frac{d^2x}{dt^2} + f^2 \frac{1+m}{r^3} \cdot x = \Sigma f^2\mu \frac{dR}{dx} \qquad \mathbf{3}$$

$$\frac{d^2y}{dt^2} + f^2 \frac{1+m}{r^3} \cdot y = \Sigma f^2\mu \frac{dR}{dy} \qquad \mathbf{4}$$

$$\frac{d^2z}{dt^2} + f^2 \frac{1+m}{r^3} \cdot z = \Sigma f^2\mu \frac{dR}{dz} \qquad \mathbf{5}$$

welche Gleichungen den Namen von Lagrange tragen.

408 [482—84]. Die Kepler'schen Gesetze als Folgen der Gravitation. Vernachlässigt man in erster Annäherung die Massen der übrigen Planeten gegen die Sonnenmasse, und setzt $f^2 (1 + m) = \mu$, so reduzieren sich 407:3—5 auf

$$\frac{d^2x}{dt^2} + \frac{\mu x}{r^3} = \frac{d^2y}{dt^2} + \frac{\mu y}{r^3} = \frac{d^2z}{dt^2} + \frac{\mu z}{r^3} = 0 \qquad 1$$

und diese ergeben

$$\frac{xd^2y - yd^2x}{dt^2} = \frac{zd^2x - xd^2z}{dt^2} = \frac{yd^2z - zd^2y}{dt^2} = 0$$

oder durch Integration, wenn $c'\ c''\ c'''$ Konstante sind,

$$\frac{xdy - ydx}{dt} = c', \quad \frac{zdx - xdz}{dt} = c'', \quad \frac{ydz - zdy}{dt} = c''' \qquad 2$$

so dass
$$c'z + c''y + c'''x = 0 \qquad 3$$

oder die Bahn eines Planeten um die Sonne in einer durch diese gehenden Ebene liegt. — Multipliziert man die 1 der Reihe nach mit 2dx, 2dy, 2dz, addiert mit Rücksicht auf 407:1 und integriert, so erhält man, wenn h konstant,

$$(dx^2 + dy^2 + dz^2) : dt^2 - 2\mu : r + h = 0 \qquad 4$$

Ferner ergiebt sich durch Quadrieren und Addieren der 2

$$r^2(dx^2+dy^2+dz^2-dr^2)=k^2dt^2 \text{ wo } k^2=c'^2+c''^2+c'''^2 \quad 5$$

folglich, da (analog 141) $dx^2 + dy^2 + dz^2 = ds^2 = dr^2 + r^2dv^2$,

$$dv = k \cdot dt : r^2 \quad \text{oder} \quad \tfrac{1}{2} r^2 dv : dt = \tfrac{1}{2} k \qquad 6$$

so dass die Winkelgeschwindigkeit dem Quadrate des Radius Vektors umgekehrt proportional, die Flächen-

geschwindigkeit aber entsprechend dem zweiten Kepler'-
schen Gesetze konstant ist. — Durch Elimination von
$dx^2 + dy^2 + dz^2$ aus 4 und 5 erhält man

$$dt = r \cdot dr : \sqrt{2\mu r - hr^2 - k^2} \qquad 7$$

und somit durch Kombination mit 6

$$dr : dv = r \sqrt{2\mu r - hr^2 - k^2} : k \qquad 8$$

so dass die Bahn des Planeten um die Sonne so beschaffen sein muss, dass $hr^2 - 2\mu r + k^2$ für das Maximum und Minimum von r gleich Null wird, und
setzen wir daher diese extremen Werte gleich a $(1+e)$
und a $(1-e)$, so ergiebt sich

$$h = \mu : a \qquad k = \sqrt{\mu}\,\sqrt{a\,(1-e^2)} \qquad 9$$

Substituiert man diese Werte in 8, und setzt

$$a\,(1-e^2) = (ex+1)\,r \quad \text{oder} \quad dr : r^2 = -edx : a\,(1-e^2) \quad 10$$

so erhält man

$$dv = -dx : \sqrt{1-x^2} \quad \text{oder} \quad v = A\cos x + w$$

wo w eine Konstante ist, folglich mit Hülfe von 10

$$r = a\,(1-e^2) : [1 + e\,\text{Co}\,(v-w)] \qquad 11$$

so dass der Planet um die Sonne als Brennpunkt eine
Linie zweiten Grades, und zwar, als einzige geschlossene Linie dieser Kurvenklasse, entsprechend dem
ersten Kepler'schen Gesetze, eine Ellipse beschreibt.
— Führt man endlich in 7

$$r = a\,(1 - e\,\text{Co}\,u) \quad \text{oder} \quad dr = ae\,\text{Si}\,u \cdot du \qquad 12$$

ein, so erhält man durch Integration, wenn v und t
vom Perihel weg gezählt, ferner

$$a^{-3/2} \cdot \sqrt{\mu} = n \qquad \text{und} \qquad nt = m \qquad 13$$

gesetzt werden

$$nt = m = u - e\,\text{Si}\,u = u^0 - \frac{180}{\pi} e\,\text{Si}\,u \qquad 14$$

während durch Gleichsetzung der r in 11 und 12

$$\text{Co } v = \frac{\text{Co } u - e}{1 - e \cdot \text{Co } u} \qquad \text{Tg} \frac{v}{2} = \text{Tg} \frac{u}{2} \cdot \sqrt{\frac{1+e}{1-e}} \qquad \mathbf{15}$$

wird. Aus 14, 12, 15 folgen aber für $u' = 360^0 + u$

$$t' = t + 360 : n \qquad r' = r \qquad v' = v$$

und es braucht somit der Planet, um zu demselben Punkte seiner Bahn zurückzukehren, die Zeit

$$T = 360^0 : n = a^{3/2} \cdot 2\pi : f \sqrt{1+m} \qquad \mathbf{16}$$

so dass sich für zwei Planeten die Proportion

$$T'^2 : T''^2 = a'^3 : [1 + (m' - m'') : (1 + m'')] \cdot a''^3 \qquad \mathbf{17}$$

d. h. bei Vernachlässigung von $m' - m''$ auch noch das dritte Kepler'sche Gesetz ergiebt, — ferner, wenn mit Gauss $a = 1$, $T = 365 \cdot 2563835$ und $m = 1/354710$ angenommen wird

$$f = \frac{a^{3/2} \cdot 2\pi}{T \sqrt{1+m}} = \begin{Bmatrix} 8{,}2355814414 \\ 0{,}01720209895 \end{Bmatrix} = 3548'',1877 \cdot \text{Si } 1''$$

Aus 16 folgt, dass die Umlaufszeit von der Excentricität unabhängig ist, also gleich gross bleibt, wenn wir die Ellipse mit einem Kreise des Radius a vertauschen. In diesem Falle ist aber $e = 0$, und hiefür folgt aus 15 und 14, dass $v = u = m = nt$ ist, d. h. es wird die entsprechende Bewegung im Kreise eine gleichförmige. Man nennt nun

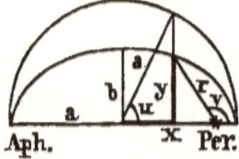
Aph.   Per.

einen gedachten Planeten, der sich gleichförmig im Kreise bewegt, und mit dem wahren Planeten gleichzeitig durch Perihel und Aphel geht, einen **mittlern** Planeten, — seinen Winkelabstand $nt = m$ vom Perihel **mittlere Anomalie**, — den Hülfswinkel u, für welchen aus Vergleichung der Ellipsenformel $r = a - ex$ mit 12 sofort $a \cdot \text{Co } u = x$, und damit seine in der Figur ersichtliche geometrische Bedeutung folgt, **excentrische Anomalie**, — den Winkelabstand v des wahren Planeten vom Perihel **wahre Anomalie**, — den Unterschied zwischen m und v endlich (356, 416) **Mittelpunktsgleichung**.

409 [485]. **Die Bahn-Elemente.** Um die Bahn eines Wandelsternes und seinen Ort in derselben zu einer bestimmten Zeit, der **Epoche E**, festzulegen, hat man sich über eine Auswahl von Bestimmungsstücken oder Elementen geeinigt. — Die Ebene der Bahn wird durch

1) die **Länge des aufsteigenden Knotens** (Ω), d. h. des Punktes der Ekliptik, in welchem der Wandelstern sich über sie erhebt,

2) die **Neigung** (i) derselben gegen die Ekliptik gegeben, — die Bahn selbst durch

3) den Abstand (P — Ω) des Perihels vom aufsteigenden Knoten, oder die sog. **Länge des Perihels** (P),

4) die auf die halbe grosse Axe der Erdbahn als Einheit bezogene **halbe grosse Axe** (a) — wohl auch durch die in Tagen ausgedrückte siderische (T') oder tropische (T''') Umlaufszeit, — oder die sog. mittlere tägliche Bewegung $\mu = 360 \cdot 60 \cdot 60 : T'''$,

5) die **Excentricität** (ae), oder den Winkel $\varphi = $ Asi e, oder die Periheldistanz q, — endlich die Lage in der Bahn zu einer bestimmten Zeit, der sog. Epoche E, durch

6) die **mittlere Länge** (M) zur Epoche, d. h. die Länge eines gedachten, gleichzeitig durch das Perihel gehenden, aber sich gleichförmig bewegenden oder (408) mittlern Wandelsternes zur Zeit E, — wohl auch häufig durch die, dann zu-

gleich als Epoche dienende Durchgangszeit durch das Perihel.

Nimmt die Länge des Wandelsternes nach seinem Durchgange durch den aufsteigenden Knoten zu, so heisst er **rechtläufig** oder direkt (D), sonst **rückläufig** oder retrograd (R).

410 [495—99]. **Die Berechnung der Elemente aus geocentrischen Beobachtungen.** Ein Kegelschnitt, dessen Brennpunkt man kennt, ist (137) durch drei Punkte bestimmt, — also die Elemente der Bahn eines sich um die Sonne bewegenden Körpers durch die heliocentrischen Koordinaten l, b, r oder, unter Voraussetzung der heliocentrischen Koordinaten R, L der Erde, durch die geocentrischen Koordinaten ρ, λ, β dreier Positionen. Durch Beobachtung sind aber nur λ, β direkt erhältlich, also müssen noch durch Beiziehung der Kepler'schen Gesetze und der Zwischenzeiten der Beobachtungen die Distanzen ρ, r mit genügender Annäherung ermittelt werden, und dann erst wird es möglich, durch geometrische Verfahren die Transformation der Koordinaten und die wirkliche Berechnung der Elemente durchzuführen. Zur Vermittlung dienen die Gleichungen

$$0 = f_1 \, (\alpha \delta_1 + A_1 \, R_1) - f_2 \, A_2 \, R_2 + f_3 \, A_3 \, R_3 \qquad 1$$
$$0 = f_1 \, B_1 \, R_1 - f_2 \, (\alpha \delta_2 + B_2 \, R_2) + f_3 \, B_3 \, R_3 \qquad 2$$
$$0 = f_1 \, C_1 \, R_1 - f_2 \, C_2 \, R_2 + f_3 \, (\alpha \delta_3 + C_3 \, R_3) \qquad 3$$
$$r^2 = R^2 + \rho^2 + 2R\rho \, \text{Co} \, \beta \, \text{Co} \, (\lambda - L) \qquad 4$$

in welchen $f_1 \, f_2 \, f_3$ die doppelten, von den Radien Vektoren $r_2 \, r_3$, $r_1 \, r_3$ und $r_1 \, r_2$ bestimmten Dreiecke, die δ aber die Projektionen der ρ auf die Ekliptik oder die sog. **curtierten Distanzen** bezeichnen, und die Hülfsgrössen α, A B C durch

$$\alpha = \text{Tg} \, \beta_1 \, \text{Si} \, (\lambda_3 - \lambda_2) + \text{Tg} \, \beta_2 \, \text{Si} \, (\lambda_1 - \lambda_3) + \text{Tg} \, \beta_3 \, \text{Si} \, (\lambda_2 - \lambda_1) \qquad 5$$

$$A = \text{Tg } \beta_2 \text{ Si}(L-\lambda_3) - \text{Tg } \beta_3 \text{ Si}(L-\lambda_2)$$
$$B = \text{Tg } \beta_3 \text{ Si}(L-\lambda_1) - \text{Tg } \beta_1 \text{ Si}(L-\lambda_3) \quad \mathbf{6}$$
$$C = \text{Tg } \beta_1 \text{ Si}(L-\lambda_2) - \text{Tg } \beta_2 \text{ Si}(L-\lambda_1)$$

bestimmt werden, wo A B C mit L die Zeiger 1, 2, 3 erhalten sollen. Aus 1—3 ergiebt sich aber, wenn f_1 und f_3 klein und nahe gleich sind, dass

$$\frac{\delta_1}{\delta_2} = -\frac{A_2 f_2}{B_2 f_1} \qquad \frac{\delta_2}{\delta_3} = -\frac{B_2 f_3}{C_2 f_2} \qquad \frac{\delta_3}{\delta_1} = \frac{C_2 f_1}{A_2 f_3} \quad \mathbf{7}$$

411 [500]. Die Berechnung von Kreiselementen. Unter der für eine erste Annäherung und Bahnen von geringer Excentricität zulässigen Voraussetzung einer Kreisbahn genügt zur Berechnung der Elemente schon die Kenntnis zweier Positionen: Ist nämlich a der Radius der Kreisbahn, t die Zwischenzeit der beiden Beobachtungen und s die durch die beiden Positionen bestimmte Sehne, so hat man

$$\rho_1 = \sqrt{a^2-(R_1^2-E_1^2)}-E_1 \quad \text{wo } E_1 = R_1 \text{Co} \beta_1 \text{Co}(L_1-\lambda_1) \quad \mathbf{1}$$
$$\rho_2 = \sqrt{a^2-(R_2^2-E_2^2)}-E_2 \quad \text{wo } E_2 = R_2 \text{Co} \beta_2 \text{Co}(L_2-\lambda_2) \quad \mathbf{2}$$
$$s^2 = 2a^2 - 2R_1 R_2 \text{Co}(L_1-L_2) -$$
$$- 2R_1 \rho_2 \text{Co} \beta_2 \text{Co}(L_1-\lambda_2) - 2R_2 \rho_1 \text{Co} \beta_1 \text{Co}(L_2-\lambda_1) -$$
$$- 2\rho_1 \rho_2 [\text{Co} \beta_1 \text{Co} \beta_2 \text{Co}(\lambda_1-\lambda_2) + \text{Si} \beta_1 \text{Si} \beta_2] \quad \mathbf{3}$$
$$2 \cdot a^{3/2} \cdot \text{Asi}(s:2a) = 3548'',1877 \cdot t \quad \mathbf{4}$$

Hat man mit Hülfe dieser 4 Gleichungen, indem man für a Annahmen macht, successive nach 1, 2, 3 die $\rho_1 \rho_2$ und s berechnet, durch Einsetzen in 4 die entsprechenden Fehler ermittelt, dann die Regula Falsi (132) anwendet, etc., a und die ρ bestimmt, so sucht man mittelst

$$a \cdot \text{Si } b = \rho \cdot \text{Si } \beta \qquad \rho \text{Co} \beta \cdot \text{Si}(L-\lambda) = a \text{Co } b \cdot \text{Si}(L-l) \quad \mathbf{5}$$

die heliocentrischen Koordinaten l und b, endlich nach

$$\text{Tg } b_1 = \text{Tg } i \cdot \text{Si}(l_1 - \Omega) \qquad \text{Tg } b_2 = \text{Tg } i \cdot \text{Si}(l_2 - \Omega) \quad \mathbf{6}$$

die Elemente ☊ und i. Als Epoche kann eine der beiden Beobachtungszeiten dienen.

412 [501]. Die Berechnung von parabolischen Elementen. Einer Bahn von sehr grosser Excentricität kann in erster Linie eine parabolische substituiert werden, zu deren Bestimmung Dusèjour und Olbers folgende Methode aufgestellt haben: Man sucht zunächst nach den 4 Gleichungen

$$r_1{}^2 = R_1{}^2 + \delta_1{}^2 Se^2 \beta_1 + 2R_1 \, \delta_1 \, Co(L_1 - \lambda_1) \qquad \mathbf{1}$$

$$r_3{}^2 = R_3{}^2 + m^2 \delta_1{}^2 Se^2 \beta_3 + 2m\, R_3 \, \delta_1 \, Co(L_3 - \lambda_3) \qquad \mathbf{2}$$

$$k^2 = r_1{}^2 + r_3{}^2 - 2R_1\, R_3 \, Co(L_1 - L_3) -$$
$$- 2m\, \delta_1{}^2 [Co(\lambda_1 - \lambda_3) + Tg\, \beta_1 \, Tg\, \beta_3] -$$
$$- 2\delta_1 [m\, R_1\, Co(L_1 - \lambda_3) + R_3\, Co(L_3 - \lambda_1)] \quad \mathbf{3}$$

$$6\vartheta_2 \sqrt{\mu} = (r_3 + r_1 + k)^{3/2} - (r_3 + r_1 - k)^{3/2} \qquad \mathbf{4}$$

mit Hülfe der Regula Falsi $r_1\, r_3\, \delta_1\, k$, und sodann nach

$$\delta_3 = m\delta_1 \qquad \text{wo} \qquad m = C_2\, \vartheta_1 : A_2\, \vartheta_3 \qquad \mathbf{5}$$

auch noch δ_3. Die Bedeutung der Grössen $r, \delta, R, \beta, \lambda, L, A, C, \mu$ ist (410, 408) bereits bekannt, — die $\vartheta_3, \vartheta_2, \vartheta_1$ sind die Zwischenzeiten zwischen der 1. und 2., 1. und 3., 2. und 3. Beobachtung, und k die übrigens nur als Hülfsgrösse auftretende Distanz der 1. von der 3. Position. — Sodann berechnet man successive nach

$$r\, Co\, b\, Si(L - l) = \delta\, Si(L - \lambda) \qquad r\, Si\, b = \delta\, Tg\, \beta$$
$$r\, Co\, b\, Co(L - l) = R + \delta\, Co(L - \lambda) \qquad \mathbf{6}$$

die heliocentrischen Längen l und Breiten b in der 1. und 3. Beobachtung, — nach

$$Tg\, n \cdot Si(l_1 - ☊) = Tg\, b_1$$
$$Tg\, n \cdot Co(l_1 - ☊) = Tg\, b_3 \cdot Cs(l_3 - l_1) - Tg\, b_1 \cdot Ct(l_3 - l_1) \quad \mathbf{7}$$

die Länge ☊ des Knotens und die Neigung n der Bahnebene gegen die Ekliptik, — nach

— Mechanik des Himmels — 275

$\mathrm{Tg}\,\alpha_1 = \mathrm{Tg}\,(l_1 - \Omega) \cdot \mathrm{Sen}\quad \mathrm{Tg}\,\alpha_3 = \mathrm{Tg}\,(l_3 - \Omega) \cdot \mathrm{Sen}\,\mathbf{8}$

das mit $(l - \Omega)$ im gleichen Quadranten liegende **Argument** α der Breite oder die Distanz vom Knoten, und daraus die **Länge in der Bahn** $v = \alpha + \Omega$, — nach

$$\frac{1}{\sqrt{q}}\,\mathrm{Co}\,\frac{v_1 - P}{2} = \frac{1}{\sqrt{r_1}}$$

$$\frac{1}{\sqrt{q}}\,\mathrm{Si}\,\frac{v_1 - P}{2} = \frac{1}{\sqrt{r_1}} \cdot \mathrm{Ct}\,\frac{v_3 - v_1}{2} - \frac{1}{\sqrt{r_3}} \cdot \mathrm{Cs}\,\frac{v_3 - v_1}{2} \quad \mathbf{9}$$

die Länge P des Perihels und die Periheldistanz q, — endlich nach

$$T = t_1 \mp \left(\mathrm{Tg}\,\frac{v_1 - P}{2} + \frac{1}{3}\,\mathrm{Tg}^3\,\frac{v_1 - P}{2}\right) \cdot \sqrt{\frac{2q^3}{\mu}} \quad \mathbf{10}$$

wo t_1 die Zeit der ersten Beobachtung bezeichnet, und das obere oder untere Zeichen gilt, je nachdem das Gestirn rechtläufig oder rückläufig ist, die Durchgangszeit T durch das Perihel.

413 [502]. **Die Berechnung von elliptischen Elementen.** Zeigt die Vergleichung mit andern Beobachtungen eine merkliche Abweichung der wirklichen Bahn vom Kreise oder der Parabel, so ist es an der Zeit, elliptische Elemente zu bestimmen, und hiefür sind in der neuern Zeit verschiedene Methoden aufgestellt worden. So hat z. B. Lagrange gezeigt, dass die Gleichung

$$0 = r_2^7\,R_2^6 + r_2^6\,R_2^7 + r_2^5\,E + r_2^4\,R_2\,E + r_2^3\,R_2^2\,E +$$
$$+ r_2^2\,F + r_2\,R_2\,F + R_2^2\,F \quad \mathbf{1}$$

besteht, wo zur Abkürzung

$$E = -2TR_2^4\,\mathrm{Co}\,(L_2 - \lambda_2) - T^2\,\mathrm{Se}^2\,\beta_2,\quad F = T^2\,R_2^3\,\mathrm{Se}^2\,\beta_2$$
$$T = \mu\,[B_1\,R_1\,\vartheta_1{}^3 - B_2\,R_2\,\vartheta_2{}^3 + B_3\,R_3\,\vartheta_3{}^3] : 6\alpha\,\vartheta_2 \quad \mathbf{2}$$

gesetzt wurden, und die Bedeutung der μ, α, ϑ, B, R, L, λ, β den Sätzen 410 und 412 zu entnehmen ist. Man kann also r_2 berechnen, und sodann nach Analogie der in 411 und 412 gegebenen Methoden die eigentlichen Elemente bestimmen.

414 [270]. Die Bestimmung der Masse.
Das Gravitationsgesetz verschafft die Mittel, einen im Abstande R von der Sonne befindlichen Planeten der Masse m, der einen Mond besitzt, annähernd gegen die Sonne der Masse M abzuwägen, — so z. B. unsere Erde. Nimmt man nämlich zur Hülfe einen fingierten Planeten an, der denselben Abstand r von der Sonne hat, wie der Mond von der Erde, so verhalten sich die Wirkungen der Sonne auf jedes Element dieses fingierten Planeten und der Erde, und diejenigen der Erde und Sonne auf ein Element in der Distanz r

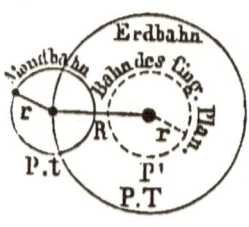

$$P' : P = R^2 : r^2 \quad \text{und} \quad p : P' = m : M \qquad 1$$

während nach den Gesetzen der Centralbewegung, wenn T und t die Umlaufszeiten der Erde und des Mondes sind,

$$P : p = [4\pi^2 R : T^2] : [4\pi^2 r : t^2] = R \cdot t^2 : r \cdot T^2$$

und die Multiplikation dieser drei Proportionen ergiebt

$$M : m = (R : r)^3 : (T : t)^2 \qquad 2$$

Da nun $R = 400 \cdot r$ und $T = 13 \cdot t$, so folgt somit

$$M : m = 400^3 : 13^2 = 378698 : 1$$

während dann allerdings Leverrier aus den hiefür mehr Genauigkeit gewährenden, und nicht an einen Mond gebundenen Störungsrechnungen, von denen 417 einen Begriff geben wird, 354936 fand.

415 [486—93]. **Die Kepler'sche Aufgabe.**
Sind die Elemente einer Bahn bekannt, so kann man
die nach Kepler benannte Aufgabe, den Ort zu irgend
einer Zeit τ zu ermitteln, auf folgendem Wege lösen:
Ist M die Länge des mittlern Planeten zur Epoche
E, P die Länge des Perihels, und T die Umlaufszeit,
so kann man vorerst nach

$$m = M - P + (\tau - E) \cdot 360 : T \qquad \mathbf{1}$$

die mittlere, sodann nach 408:14, 15 successive die
excentrische und wahre Anomalie, und nach 408:12
den Radius Vektor erhalten. Um sodann aus diesen
Polarkoordinaten die **heliocentrische** Länge l und Breite
b zu bestimmen, rechnet man zuerst das Argument der Breite

$$\alpha = v + P - \mathcal{S} \qquad \mathbf{2}$$

und hat sodann aus dem durch SM,
SM' und S$\mathcal{S}$ gebildeten Dreiecke

$$\mathrm{Tg}\,(l - \mathcal{S}) = \mathrm{Tg}\,\alpha \cdot \mathrm{Co}\,i$$
$$\mathrm{Si}\,b = \mathrm{Si}\,\alpha\,\mathrm{Si}\,i \qquad r' = r\,\mathrm{Co}\,b \qquad \mathbf{3}$$

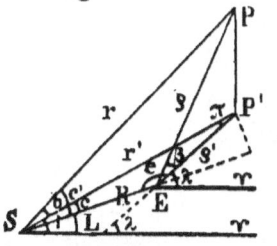

Um dann endlich noch die **geocentrische** Länge λ und Breite β, zu berechnen, benutzte man früher die aus der Figur folgenden Beziehungen

$$\rho^2 = r^2 + R^2 - 2rR\,\mathrm{Co}\,b\,\mathrm{Co}\,(l-L) \qquad \mathbf{4}$$
$$\mathrm{Tg}\,\beta : \mathrm{Tg}\,b = \mathrm{Si}\,e : \mathrm{Si}\,(l - L)$$
$$\lambda = 180 + L - e \qquad \mathbf{5}$$

wo die sog. **Elongation** e nach:

$$\mathrm{Tg}\,e = r'\mathrm{Si}(l-L) : (R - r'\mathrm{Co}(l-L)) \qquad \mathbf{6}$$

gefunden wurde, während man
jetzt die aus 192, 2 z. B. für n = L unter Vernachlässigung der Sonnenbreite folgenden Formeln vor
zieht:

$$\rho \operatorname{Co} \beta \operatorname{Co} (\lambda - L) = r \operatorname{Co} b \operatorname{Co} (l - L) - R$$
$$\rho \operatorname{Co} \beta \operatorname{Si} (\lambda - L) = r \operatorname{Co} b \operatorname{Si} (l - L) \qquad \mathbf{7}$$
$$\rho \operatorname{Si} \beta \qquad\qquad = r \operatorname{Si} b$$

416 [489, 94]. Entwicklung einiger betreffenden Reihen. — Durch Vergleichung von

$$y = w + x \cdot \varphi(y) \quad \text{und} \quad u = m + e \cdot \operatorname{Si} u \qquad \mathbf{1}$$

kann man nach (61) eine beliebige Funktion ψ von u nach Potenzen von e entwickeln. Um z. B. für u selbst eine solche Reihe zu erhalten, hat man $\psi(y) = u$, also $\psi(w) = m$ und $d \cdot \psi(w) : dw = 1$ zu setzen, und erhält
$$u = m + e \operatorname{Si} m + \tfrac{1}{2} e^2 \operatorname{Si} 2m + \tfrac{1}{6} e^3 (\tfrac{9}{4} \operatorname{Si} 3m - \tfrac{3}{4} \operatorname{Si} m) + \ldots \mathbf{2}$$
Setzt man dagegen $\psi(y) = \operatorname{Co} u$, so erhält man
$$\operatorname{Co} u = \operatorname{Co} m - e \operatorname{Si}^2 m - \tfrac{3}{2} e^2 \operatorname{Si}^2 m \operatorname{Co} m -$$
$$- \tfrac{2}{3} e^3 (3 \operatorname{Si}^2 m \operatorname{Co}^2 m - \operatorname{Si}^4 m) - \ldots \qquad \mathbf{3}$$
und mit Hülfe dieser Reihe nach 408:12
$$r = a [1 - e \operatorname{Co} m + e^2 \operatorname{Si}^2 m + \tfrac{3}{2} e^3 \operatorname{Si}^2 m \operatorname{Co} m + \ldots] \mathbf{4}$$
wofür man in vielen Fällen die Annäherung
$$r = a (1 - e \operatorname{Co} m)$$
substituieren kann. Durch weitere Entwicklung ergiebt sich
$$v = m + 2e \operatorname{Si} m + \tfrac{5}{4} \operatorname{Si} 2m + \tfrac{1}{12} e^3 (13 \operatorname{Si} 3m - 3 \operatorname{Si} m) + \ldots \mathbf{5}$$
wodurch teils die Mittelpunktsgleichung (408) bestimmt, teils die Lösung der Kepler'schen Aufgabe ohne Hülfe der excentrischen Anomalie ermöglicht wird. Setzt man ferner für die Epoche 1850 I 0,0^h m. Z. Paris nach Hansen die Excentricität der Erdbahn $e = 0{,}0167712$, die Länge des Perihels $P = 280^\circ\ 21'\ 41''{,}0$, und bezeichnet λ die wahre Länge der Sonne, L aber die Länge einer sich in der Ekliptik gleichförmig bewegenden, gedachten Sonne (408), so dass $P + m = L$ und $\lambda = P + v = L + v - m$ ist, so ergiebt sich mit Hülfe von 5

$$\lambda = L + 1244'',31 \text{ Si } L - 67'',82 \text{ Si } 2L - 0'',54 \text{ Si } 3L + \ldots$$
$$+ 6805,56 \text{ Co } L + 25,66 \text{ Co } 2L - 0,90 \text{ Co } 3L - \ldots \mathbf{6}$$

während die Rektascension A der Sonne nach 353:5 durch

$$\text{Tg } A = \text{Tg } \lambda \cdot \text{Co } \varepsilon \quad \text{wo} \quad \varepsilon = 23^0\,27'\,31'',0 \quad \mathbf{7}$$

oder nach 52:2 durch die Reihe

$$A = \lambda - 8891'',56 \cdot \text{Si } 2\lambda + 191'',65 \text{ Si } 4\lambda - 5'',51 \text{ Si } 6\lambda + \ldots \mathbf{8}$$

gefunden wird. Für die erwähnte Epoche war aber nach Hansen die mittlere Länge L der Sonne, die mit der Rektascension einer zweiten mittlern, sich gleichförmig im Equator bewegenden, und mit der ersten mittlern Sonne gleichzeitig durch die Equinoctien gehenden, als Zeitregulator (351) angenommenen, gedachten Sonne übereinstimmt, also die Sternzeit ihrer Kulmination oder die **Sternzeit im mittlern Mittage**, $18^h\,39^m\,9^s,261$, — die Länge des tropischen Jahres aber $365^d,2422008$, und daher die mittlere tägliche tropische Bewegung der Sonne $24^h : 365,2422008 = 3^m\,56^s,555$, die Bewegung in 365^d also $23^h\,59^m\,2^s,706 = -57^s,294$, in 366^d aber $+ 2^m\,59^s,261$, und die Bewegung in 1^s endlich $0^s,002738$, womit die Möglichkeit gegeben ist, für jede Zeit und den mittlern Mittag jedes Ortes die entsprechende Zeit L, und damit successive nach 6 und 8 die entsprechenden Werte von λ und A, also auch die **Zeitgleichung** $A - L$ (351) zu berechnen. Diese letztere wird etwa

II 12	IV 15	V 14	VI 14	VII 26	VIII 31	XI 18	XII 24
$+14^m31^s$	0	-3^m53^s	0	$+6^m12^s$	0	-16^m18^s	0

und wurde zuerst durch Flamsteed berechnet, während Mallet zuerst die mittlere als bürgerliche Zeit einführte. [VIII^b].

417 [505, 11]. **Die sog. Störungen der Planetenbewegung.** — Vernachlässigt man in 407 die R nicht, und rechnet mit den vollständigen Gleichungen genau so wie in 408 mit den Näherungsgleichungen verfahren wurde, so gelangt man zu den Beziehungen

$$c'\, z + c''\, y + c'''\, x = 0 \qquad\qquad 1$$

$$r = \frac{a\,(1 - e^2)}{1 + e\, \text{Co}\,(v - w)} \qquad\qquad 2$$

welche scheinbar ganz mit 408:3, 11 übereinstimmen, aber sich von ihnen wesentlich dadurch unterscheiden, dass die c, a, e, w nicht mehr konstant, sondern von der Zeit abhängig sind, somit Lage und Gestalt einer Planetenbahn sich durch die Einwirkung der übrigen Planeten langsam ändern. Und in der That zeigen weitere Entwicklungen, dass man dem wirklichen Planeten einen fingierten Planeten in einer elliptischen Bahn mit veränderlichen Elementen so folgen lassen kann, dass der erstere nur kleine Oscillationen um den letztern zu machen scheint, welche man von jeher unter dem Namen von **Störungen** zusammengefasst und in zwei Kategorien abgeteilt hat, — in **seculäre**, welche jene, übrigens nur langsame Variabilität der Elemente involvieren, und in **periodische**, welche die kleinen Oscillationen in sich fassen, und Laplace hat zeigen können, dass die seculären Störungen die grosse Axe und damit die Umlaufszeit nahe unverändert lassen, — dass Excentricität, Neigung und Länge des Knotens langsam zwischen engen Grenzen schwanken, und nur das Perihel seinen Kreislauf fortsetzt, bis dasselbe nach Ablauf vieler Jahrtausende ebenfalls zur alten Lage zurückkehrt, — dass also die Stabilität den Grundcharakter des Sonnensystems bildet.

418 [506, 07]. **Die Störungen der Mondbewegung.** Die Existenz zahlreicher Anomalien der Bewegung des Mondes ist schon aus 394 bekannt, und es bleibt hier nur beizufügen, dass dieselben zunächst Veranlassung gaben, das sog. **Problem der drei Körper** aufzustellen, und dass sie, sowie überhaupt alle bis jetzt beobachteten Ungleichheiten als Folgen der allgemeinen Gravitation nachgewiesen werden konnten, wenn es auch zuweilen nicht im ersten Wurfe gelang. So z. B. hatte schon Halley aus alten Finsternisbeobachtungen nachgewiesen, dass die mittlere Bewegung des Mondes einer Beschleunigung zu unterliegen scheine, welche für die gegenwärtige Zeit etwa $12''$ in 100 Jahren beträgt. Während nun Newton diese sog. **seculäre** Acceleration als Folge einer durch den Widerstand des Mittels veranlassten Annäherung des Mondes darstellte, und noch Euler und Lagrange sich vergeblich bemühten, sie aus der Gravitation theoretisch zu bestimmen, zeigte Laplace 1787, dass die Einwirkung der Sonne auf den Mond eigentlich dessen Winkelgeschwindigkeit in der mittlern Distanz um $1/179$ vermindere, dass aber der genaue Ausdruck dieser Verminderung ein dem Quadrate der Excentricität der Erdbahn proportionales Glied enthalte, also gegenwärtig, wo diese Excentricität sich vermindere, die Winkelgeschwindigkeit notwendig (nach seiner Rechnung jetzt $6''$ per Seculum zunehme. Die zweite Hälfte der $12''$ suchte neuerlich Delaunay, entsprechend Kants Idee, durch eine vom Gegenschlage der Flut veranlasste Verzögerung der Erdrotation, — Dufour dagegen durch eine langsame Vermehrung der Erdmasse in Folge meteorischer Niederschläge zu erklären, — während Hansen es dagegen noch gar nicht für ausgemacht hielt, dass die Theorie wirklich nur $6''$ erkläre und für den Rest eine andere Ursache gesucht werden müsse.

419 [514]. **Die Gestalt der Himmelskörper, und die Bewegung derselben um ihren Schwerpunkt.** Auch die Theorie der Gestaltung der Himmelskörper, die durch dieselbe beeinflusste Einwirkung der andern Himmelskörper, und die dadurch hervorgebrachten Modifikationen in der Bewegung der Erstern um ihren Schwerpunkt, haben zu einer Menge der interessantesten analytischen Untersuchungen Veranlassung gegeben, aus welchen z. B. hervorgieng, dass die einem Planeten entsprechende Lunisolar-Präcession (355) im allgemeinen seiner Abplattung proportional ist, und sich aus einer Wirkung der Sonne (für die Erde 16″ per Jahr) und einer Wirkung jedes Mondes (für die Erde 36″ per Jahr) zusammensetzt. Einige hieher gehörende Andeutungen sind schon in 243 und 244 gegeben worden.

420 [515—16]. **Die Tafeln und Ephemeriden der Wandelsterne.** Die sog. Theorie eines Wandelsternes besteht in der Feststellung der zwischen seinen Koordinaten und der Zeit bestehenden Beziehungen, und wenn daher Letztere, sowie die dafür massgebenden Elemente, nach den im Vorhergehenden entwickelten Methoden bestimmt sind, so ist es möglich, für jede Zeit jene Koordinaten zu berechnen. Führt man diese Rechnung für bestimmte Epochen oder für eine Folge von Zeiten aus, so hat man eine Tafel oder Ephemeride des Wandelsternes erstellt, aus der man durch Interpolation (54) auch für zwischenliegende Zeiten dieselben Daten erhalten kann.

XLVII. Die Sonne.

421 [272—74, 517]. **Die physische Beschaffenheit der Sonne.** Die Alten betrachteten die Sonne als ein reines Feuer, und erklärten einzelne dunkle Stellen, welche sich zuweilen auf ihr zeigten, als Durchgänge fremder Weltkörper. Nach Erfindung des Fernrohrs erkannten jedoch die Fabricius, Galilei, Scheiner, etc., dass die Sonne selbst gar häufig an einzelnen Stellen, sei es durch Schlacken oder Wolken verdunkelt werde, und nach Vervollkommnung der optischen Hülfsmittel lag es klar vor, dass die ganze Sonnenoberfläche oder die sog. **Photosphäre** fast beständig wie mit Schuppen bedeckt erscheint, während an einzelnen Stellen sich dunkle, fast schwarz erscheinende **Flecken** von verschiedener Grösse und Gestalt befinden, — dass wenigstens die grössern dieser Flecken fast immer mit einem grauen, die Umrisse des Fleckens wiederholenden **Hofe**, umgeben und, besonders wenn sie in der Nähe des Sonnenrandes stehen, von glänzenden Lichtadern, sog. **Fackeln**, begleitet sind. — Flecken und Fackeln haben eine gemeinsame, offenbar von einer Rotation der Sonne herrührende Bewegung vom Ostrande nach dem Westrande, welche sie zuweilen, je ca. 2 Wochen nach Verschwinden am Westrande, neuerdings am Ostrande in Sicht bringt, — finden sich fast ausschliesslich in zwei zum Equator symmetrischen Zonen, und sind nach Zahl, Grösse und Form ausserordentlich veränderlich. Bei Flecken, welche in der Mitte der Sonne von einem allseitig nahe concentrischen Hofe umgeben sind, erscheint Letzterer häufig vorher und nachher auf der von der Mitte abgewandten Seite breiter, und dies führte die

284 — Die Sonne —

Schülen, Wilson und Herschel zu der Annahme, dass wenigstens **diese** Flecken konische Vertiefungen in der Photosphäre seien, — vielleicht durch Gaseruptionen veranlasst, welche, vom relativ dunkeln Sonnenkerne aufsteigend, dieselbe stellenweise zerreissen. Die seitherigen Ergebnisse der Spektralanalyse (294) fordern jedoch gegenteils einen aus einer glühenden Masse bestehenden Kern, und eine umgebende Atmosphäre entsprechender Dämpfe von etwas niedrigerer Temperatur und es ist somit eine neue Theorie aufzustellen, welche zugleich den in 422—424 mitgeteilten Ergebnissen gerecht werden muss; dass dies bis jetzt trotz den Bemühungen der Kirchhoff, Spörer, Faye, Zöllner, etc., noch nicht vollständig gelungen, darf bei der grossen Mannigfaltigkeit der zu erklärenden Erscheinungen nicht verwundern. (Vgl. 448).

422 [518—20]. **Die Periodicität in der Häufigkeit der Sonnenflecken.** Nachdem man lange geglaubt hatte, es sei die Häufigkeit der Sonnenflecken keinem bestimmten Gesetze unterworfen, und nur Horrebow 1776 annahm, man habe ein solches bloss infolge inkonsequenter Beobachtung noch nicht entdeckt, — zeigte Schwabe 1843, dass das Auftreten der Sonnenflecken einer Periode von ca. 10 Jahren zu unterliegen scheine, und seit 1852 gelang es mir (vgl. Tab. VIII^c), die Folge der nach Entdeckung der Sonnenflecken eingetretenen Minima und Maxima festzustellen und die daraus folgende mittlere Länge der Periode, sowie deren Schwankung und Unsicherheit zu

$$11^a,111 \pm 2^a,030 \text{ (als Schwankung)}$$
$$\pm 0,307 \text{ (als Unsicherheit)}$$

festzusetzen. — Zu Gunsten der erwähnten Bestimmungen führte ich, um die mit verschiedenen Mitteln und von verschiedenen Beobachtern erhaltenen einzelnen Beobachtungen homogen zu machen, sog. **Relativzahlen** ein, — Produkte, deren einer Faktor aus korrespondierenden Beobachtungen für jeden Beobachter und jedes Instrument bestimmt wurde, während der andere die mit den Gewichten 10 und 1 in Rechnung gebrachten Abzählungen der Gruppen und Flecken enthielt. Tab. VIII^c enthält für den seit 1749 abgelaufenen Zeitraum die Jahresmittel dieser Relativzahlen.

423 [521—24]. **Der Zusammenhang mit Magnetismus, Nordlicht, Fruchtbarkeit, etc.** Im Jahre 1852 fanden Sabine, A. Gautier und ich nahe gleichzeitig, dass die von Schwabe angedeutete Sonnenfleckenperiode sich in den erdmagnetischen Störungen und Variationen auf das Schönste reproduziere, — ja es gelang mir bald darauf, zu zeigen, dass Letztere nicht nur derselben mittlern Periode und denselben Schwankungen entsprechen, sondern sich sehr angenähert aus den Sonnenflecken-Relativzahlen nach einer Formel berechnen lassen, welche eine gewöhnliche Scalenänderung darstellt. So z. B. erhielt ich aus den von Lamont für 1835—50 bestimmten Münchner-Variationen, die Formel

$$v = 6',273 + 0',051 \cdot r$$

wo r die dem betreffenden Jahre entsprechende mittlere Sonnenflecken-Relativzahl bezeichnet, und die nach dieser Formel für die folgenden Jahre 1851—60 vorausberechneten und publizierten Werte stimmten durchschnittlich bis auf 0',46 (Max. der Abweichung $+$ 0',72 im Jahre 1851 und $-$ 0',71 im Jahre 1855) mit den nachmals von Lamont bekannt gemachten Beobachtungszahlen zusammen. (Vgl. Tab. VIII^c). Später wies Fritz nach, dass, wie ich schon 1852 vermutet hatte, ebenso die Häufigkeit der Nordlichterscheinungen derjenigen der Sonnenflecken parallel laufe, und dass sich auch da sehr entschieden grössere Perioden zeigen. Die von Gautier und mir, sowie noch neuerlich von Gould, Köppen, etc. besprochene Relation mit Fruchtbarkeit und mittlerer Jahreswärme ist ziemlich sicher, dagegen haben die Untersuchungen von Meldrum, Kluge, etc. über Beziehungen zu Regenmengen, Stürmen, Erdbeben, etc. noch nicht zu einem definitiven Abschlusse geführt.

424 [525—28]. **Die Bestimmung der Rotation der Sonne, und der Lage der Flecken auf derselben.** Zur Zeit der Entdeckung der Flecken wurde zur Bestimmung der Rotationsdauer der Sonne die Wiederkehr desselben Fleckens abgewartet, und aus den so erhaltenen $27^{1/2^d}$ unter Berücksichtigung der Bewegung der Erde (nach 24) die Gesuchte durch Rechnung gleich $25^{1/2^d}$ gefunden. In der neuern Zeit misst man dagegen gewöhnlich zu wenigstens drei verschiedenen Zeiten die Distanz und den Positionswinkel eines Fleckens in Bezug auf das scheinbare Sonnencentrum und berechnet daraus sowohl die Lage des Sonnenequators, nämlich die Länge seines aufsteigenden Knotens ($\Omega = 75^\circ$) und seine Neigung gegen die Ekliptik ($i = 7^\circ$), als auch die Lage des Fleckens gegen denselben, sowie endlich die im Mittel etwa $25^{1/4^d}$ betragende Rotationsdauer. — Die Vergleichung der nach dieser und ähnlichen Methoden durch Peters, Carrington, Spörer, etc. erhaltenen Bestimmungen hat ergeben, dass die Rotationsdauer mit der Breite der benutzten Flecken zunimmt und im Maximum bis auf ca. 27^d steigt, — dass die gegen ein Minimum hin am Equator aussterbenden Flecken nach dem Minimum plötzlich durch Flecken in höhern Breiten (Max. ca. 40⁰) ersetzt werden, wie wenn neue Strömungen von den Polen ausgegangen wären, — dass endlich die einzelnen Flecken Eigenbewegungen zeigen, die mit ihrer Entwicklungsweise zusammenzuhängen scheinen.

XLVIII. Die Planeten, Monde und Ringe.

425 [276, 535—37]. **Merkur und Venus.** Die beiden Planeten Merkur und Venus, die näher bei der Sonne stehen als die Erde, daher nie in Opposition und nur in eine bestimmte Elongation (28⁰ und 48"), aber vor und hinter die Sonne (untere und obere Konjunktion) treten können, heissen **untere Planeten**, und zeigen, wie Copernicus lehrte und Galilei zuerst sah, Phasen wie der Mond. — Der nur geringer Elongation fähige Merkur wird selten bequem sichtbar, — dagegen ist Venus, welche, je nachdem sie vor der Sonne auf-, oder nach der Sonne untergeht, **Morgenstern** (Phosphorus oder Lucifer) oder **Abendstern** (Hesperus) heisst, eine der brillantesten Erscheinungen am Himmel, besonders wenn sie, etwa 36 Tage vor und nach der untern Konjunktion, in ihrem grössten Glanze steht.

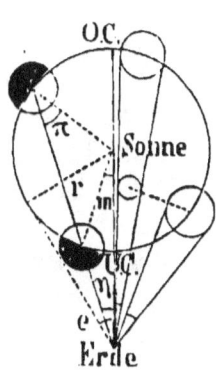

— Durch Verfolgung kleiner Ungleichheiten an der Lichtgrenze glaubte Schröter die Rotationszeiten beider Planeten zu $24^h\ 5^m$ und $23^h\ 16^m$ ermittelt zu haben, während dieselben nach Schiaparelli nahe mit der Revolutionsdauer übereinstimmen sollen. Über die

Oberflächenbeschaffenheit ist fast nichts bekannt, wenn auch gewisse Dämmerungserscheinungen und der Anblick bei Venusdurchgängen wenigstens für diesen Planeten eine dichte Atmosphäre wahrscheinlich machen. — Nach den Untersuchungen von Vogel entsprechen ihre Spektren, wie überhaupt diejenigen der Planeten, fast ganz dem Sonnenspektrum.

426 [539—42]. **Mars und seine Monde.** Der erste der sog. **obern**, zur Opposition kommenden Planeten, der sich durch sein rötliches Licht auszeichnende Mars, rotiert nach Cassini in $24^h 37^m$, und hat nach den neuern Bestimmungen eine sehr geringe Abplattung. Eigentümlich sind weisse Flecken veränderlicher Grösse, welche schon von Maraldi an den Polen gesehen und dann von Herschel als den Jahreszeiten konforme Schneedecken nachgewiesen wurden. Da der Mars-Equator um $28^0 42'$ gegen seine Ekliptik geneigt ist, so stimmt Mars auch nach Jahreszeiten und Zonen nahe mit der Erde überein; ferner ist es den Schröter, Mädler, Schiaparelli, etc. gelungen, auf Mars eine Reihe von Kontinenten und Meeren nachzuweisen, und förmliche Karten unsers Nachbars zu entwerfen. Endlich sind 1877 durch Hall bei Mars zwei kleine Monde von $30^h 14^m$ und $7^h 38^m$ Umlaufszeit aufgefunden worden.

427 [549—52]. **Jupiter und seine Monde.** Jupiter, der nach Cassini in $9^h 55^m$ rotiert, und entsprechend die starke Abplattung $^1/_{15}$ zeigt, zeichnet sich teils durch seine Grösse, — teils durch zwei, zuerst von Zucchi gesehene, equatoreale, nach Lage, Breite und Tinte veränderliche, ohne Zweifel seiner Atmosphäre angehörende, nach Ranyard und Lohse mutmasslich in Rapport zu den Sonnenflecken stehende, dunkle, wie durch parallele Linien gebildete Streifen, teils durch vier von Galilei, Marius und Harriot fast gleichzeitig gesehene Monde aus, welche ihn in a = 1,76986, b = 3,55409, c = 7,16638 und d = 16,73355 Tagen beinahe in der Ebene seines Equators umkreisen, und zuerst den bestimmten Beweis geliefert haben, dass die Erde nicht das allgemeine Centrum der Bewegungen ist. Diese 4 Monde, deren Umlaufszeiten die merkwürdige Beziehung

$$k = 247 \cdot a = 123 \cdot b = 61 \cdot c = ca.\ 26 \cdot d = 437^d$$

eingehen, sind durch ihr häufiges Eintauchen in den Schatten Jupiters für Längenbestimmungen zur See wichtig geworden, — und zugleich führte die Thatsache, dass die beobachteten Verfinsterungen sich im Vergleiche zu den Berechneten gegen die Konjunktion hin immer mehr verspäten, bis am Ende die Differenz nahe 1000^s beträgt, während die Entfernung der Erde vom Jupiter um ca. 40 Millionen Meilen zugenommen hat, Römer auf die Idee, dem Lichte eine Geschwindigkeit von 40000 Meilen beizulegen. Letztere ist durch Struve genauer dahin bestimmt worden, dass das Licht 497^s,827 = $\overline{2{,}6970785}$ braucht, um die Sonnenweite zu durchlaufen, oder in einem siderischen Jahre 63392 = $\overline{4{,}8020330}$ Sonnenweiten, ein sog. **Lichtjahr**, zurücklegen kann.

428 553—56]. **Saturn, sein Ring und seine Monde.** Der oberste der alten Planeten, der in $10^h\ 15^m$ rotierende und entsprechend die starke Abplattung $^1/_{12}$ zeigende Saturn, zeichnet sich durch seinen schon von Galilei und Hevel bemerkten, aber erst von Huygens wirklich erkannten, von Cassini zuerst geteilt ge-

sehenen Ring aus, innerhalb dessen Bond noch einen dritten, dunkleren, durchscheinenden Ring entdeckt hat; die äussern und innern Durchmesser der Ringe und Saturns betragen nach W. Struve 40″.1, 35″.3, 34″.5, 26″.7 und 17″.1. Die geringe Dicke dieses Ringsystems erklärt sein Verschwinden, wenn seine Ebene durch die Erde oder Sonne geht. Die Frage nach seiner Beschaffenheit und Entstehung ist bis jetzt nicht mit Sicherheit zu beantworten; aus Gründen der Stabilität besteht es aber wahrscheinlich aus einem Schwarme diskreter, undurchsichtiger Körperchen und bietet somit eine gewisse Analogie zu dem Asteroidenring zwischen Mars und Jupiter (431). Die Monde Saturns, deren Zahl 8 beträgt und von denen der 6. schon durch Huygens aufgefunden wurde, haben die Umlaufszeiten $a = 0,94$, $b = 1,37$, $c = 1,89$, $d = 2,74$, $e = 4,52$, $f = 15,94$, $g = 22,50$ und $h = 79,33^d$, welche die Relationen

$$494 \cdot a = 340 \cdot b = 247 \cdot c = 170 \cdot d, \quad g = 5e, \quad h = 5f$$

einzugehen scheinen.

429 [557—58]. **Uranus und seine Monde.** Als Herschel am 13. März 1781, nachdem man bei 2000 Jahren Saturn als äussersten Planeten betrachtet hatte, infolge 1779 begonnener konsequenter Durchmusterung des Himmels in den Zwillingen einen unbekannten Wandelstern entdeckte, dachten anfänglich weder Er noch Andere an einen neuen Planeten, sondern an einen Kometen, und erst als die beobachteten Orte sich in keine Parabel fügen wollten, dagegen Lexell und Laplace eine dazu passende Kreisbahn von grossem Radius auffanden, ja es sich zeigte, dass schon Lemonnier und Andere ihn wiederholt als vermeintlichen Fixstern beobachtet hatten, lag der planetarische

— Planeten, Monde und Ringe — 291

Charakter so deutlich vor, dass der Findling unter dem Namen Uranus in das Planetensystem eingereiht wurde. Weitere Bestimmungen konnten wegen der grossen Entfernung nicht mit voller Sicherheit erhalten werden, wenn auch Mädler eine starke Abplattung und Buffham eine Rotation von ca. 12^h zu erkennen glaubte, — dagegen haben Herschel und Lassell 4 Monde der Umlaufszeiten $a = 2{,}520$, $b = 4{,}144$, $c = 8{,}706$ und $d = 13^d{,}463$ aufgefunden, und Newcomb hat den Nachweis geleistet, dass sich diese Monde, in Beziehung auf die Ekliptik retrograd bewegen, also letztere Bewegung in unserem Sonnensysteme nicht total ausgeschlossen ist.

430 [558—60]. **Neptun und seine Monde.** Kleine Abweichungen zwischen den beobachteten und den berechneten Uranusorten führten Bouvard auf die Idee, sie möchten mit einem unbekannten äussern Planeten zusammenhängen, und es sollte möglich sein, den Letztern aus jenen Wirkungen zu bestimmen. Diese Aufgabe wurde sodann von Leverrier und Adams mit Erfolg behandelt, — ja 1846 VIII 31 konnte Ersterer der Pariser Akademie anzeigen, dass er jene Störungen aus dem Gravitationsgesetze erklären könne, wenn er einen Planeten mit den Elementen $E = 1847\ I\ 1$, $a = 36{,}154$, $T = 217^a{,}387$, $P = 284^0\ 45'$, $e = 0{,}10761$ und $M = 318^0\ 47'$ annehme, der jetzt in der Nähe von δ Capricorni stehen und die Masse $1/9300$ haben müsste, — und IX 23 fand Galle bei Vergleichung der Bremiker'schen Hora XXI mit dem Himmel den Störefried, der sodann den Namen Neptun erhielt, wirklich auf. Seither haben Bond, Lassell und O. Struve mindestens Einen Mond von $5^d{,}9$ Umlaufszeit gesehen, der nach Newcombs Untersuchungen ebenfalls retrograd sein dürfte; auch ist es wahrscheinlich geworden, dass hinter Neptun noch ein Planet steht, und der von Leverrier Gefundene aus Neptun und diesem resultiert. — Es ist für das Sonnensystem charakteristisch, dass alle Planeten Bahnen besitzen, welche bei geringer Excentricität auch ganz geringe Neigungen gegen einander haben, und dass alle aufsteigenden Knoten weit innerhalb eines Quadranten nebeneinander liegen. Charakteristisch ist auch, dass die innern Planeten Merkur—Mars sämtlich klein, dicht, langsam rotierend und wenig abgeplattet sind, — die äussern, Jupiter—Neptun, sämtlich das Gegenteil zeigen. Ferner, dass die Umlaufszeiten der Monde mit einer einzigen bekannten Ausnahme (426) immer grösser sind als die Rotationszeiten ihrer Planeten, — die der Planeten grösser als die Rotationszeit der Sonne, — endlich alle Revolutionen (mit allfälliger Ausnahme derjenigen der Monde der äussersten Planeten, vgl. oben und 429) und Rotationen der Planeten und Monde gleichen Sinn mit der Rotation der Sonne haben. (Vgl. 470).

XLIX. Die Asteroidenringe.

431 [543—47]. **Der Asteroidenring zwischen Mars und Jupiter.** Nachdem schon ältere Astronomen auf die grosse Lücke zwischen Mars und Jupiter hingewiesen hatten, veröffentlichte Titius 1766 für die Distanzen der Planeten eine annähernde, durch die Formel $^1/_{10}(4 + 3 \cdot 2^n)$ dargestellte Zahlenreihe, in der entsprechend jener Lücke für n = 3 ein Glied fehlte, während nachträglich der neue Planet Uranus für n = 6 in sie passte, — und am Ende des 18. Jahrhunderts wurde von Zach, Schröter, etc. eine eigene

Gesellschaft gegründet, um die teleskopischen Sterne des Tierkreises behufs Auffindung des vermissten Planeten durchzumustern. Noch hatte jedoch Letztere kaum ihre Statuten entworfen, als Piazzi am ersten Tage des 19. Jahrhunderts einen kleinen Planeten entdeckte, welcher in die Lücke passte, Ceres benannt und für Gauss die Veranlassung wurde, seine berühmte Theoria motus zu entwerfen. Als sodann 1802, 1804 und 1807 Olbers und Harding noch in nahe gleicher Distanz Pallas, Juno und Vesta fanden, so hatte man entweder mit Olbers an einen „katastrophierten" Planeten, oder mit Huth an einen Asteroidenring zu denken. Letztere Idee siegte natürlich, als von 1845 an durch die Hencke, Hind, de Gasparis, Luther, Goldschmidt, Peters, Palisa, etc. noch viele Dutzende solcher kleiner, nach der Zeit ihrer Entdeckung mit Ordnungsnummern versehener Körper entdeckt wurden, so dass bis jetzt (1894) diese Planetenfamilie aus vollen 378 Gliedern besteht, denen sich wahrscheinlich noch viele anschliessen werden, zumal in der neuesten Zeit durch Max Wolf auch die Photographie mit Erfolg zum Aufsuchen benutzt wurde. Charakteristisch für dieses, die Planeten in **innere** und **äussere** abteilende Ringsystem ist die zuerst von d'Arrest nachgewiesene Thatsache, dass die Bahnen sämtlich ineinander eingreifen.

432 [538]. **Venusmond, Vulkan und die problematischen Durchgänge durch die Sonne.** Cassini, Short, Horrebow, etc. glaubten wiederholt einen **Venusmond** zu sehen, und Lambert unternahm, aus ihren Beobachtungen angenäherte Elemente desselben zu berechnen; aber seither gelang es weder diesen Mond neuerdings aufzufinden, noch jene Erscheinungen in anderer Weise genügend aufzuklären.

Ebensowenig sind von dem durch Leverriers Untersuchungen über die starke Bewegung des Merkurperihels geforderten intramerkuriellen Planeten oder Asteroidenringe sichere Spuren nachgewiesen worden, obschon man mehrfach, insbesondere in einem durch Lescarbault 1859 bei seinem Vorübergang vor der Sonne beobachteten dunkeln Körper, der den Namen Vulkan erhalten sollte, den ersteren gefunden zu haben glaubte; aber weder die totalen Sonnenfinsternisse, noch die fortlaufende Registrierung der Sonnenoberfläche haben bis jetzt auf Objekte in der Umgebung der Sonne geführt, welche die Leverrier'sche Voraussicht bestätigen könnten.

433 [561—66]. **Die Sternschnuppen und Feuerkugeln.** Die Sternschnuppen (stella cadens, étoile filante) und Feuerkugeln (globus ardens, bolide), welche lange fast ganz unbeachtet blieben, sogar nachdem J. J. Scheuchzer 1697 öffentlich zur Beobachtung aufgefordert, und G. Lynn sie 1727 zu Längenbestimmungen empfohlen hatte, — hielt man erst wirklich für fallende Sterne, — dann für den Irrlichtern verwandte atmosphärische Gebilde, — seit Chladni, der auch namentlich die Identität der Sternschnuppen und Feuerkugeln betonte, für kosmische Körper. — Die Bahn, welche mutmasslich in der Regel gerade ist, sehen wir als Durchschnitt der durch sie und den Beobachter bestimmten Ebene mit dem scheinbaren Himmelsgewölbe, und es sind somit die Punkte, in welchen die wahre Bahn Letzteres schneidet, die sog. **Radiationspunkte**, verschiedenen scheinbaren Bahnen gemein. — Die nach dem Vorgange von Brandes und Benzenberg aus korrespondierenden Beobachtungen bestimmten Höhen und Geschwindigkeiten schwanken Beide etwa zwischen 4 und 20 Meilen, — doch scheint in der Regel bei demselben Individuum die Anfangshöhe erheblich grösser als die Endhöhe zu sein. — Bei grössern Meteoren tritt häufig vor dem Erlöschen ein Funkensprühen ein, zuweilen ein zweites Aufleuchten, — namentlich aber bleibt die Bahn oft nach ihrer ganzen Ausdehnung während längerer Zeit sichtbar, ja diese Art Schweif nimmt zuweilen nachträglich ganz phantastische Formen an. — Die von Coulvier-Gravier zuerst erkannte Thatsache, dass die Häufigkeit der Sternschnuppen von Abend gegen Morgen zunimmt, und zwar im Jahresmittel von

6^h—7—8—9—10—11—12—13—14—15—16—17—18^h

6,5 7,0 6,3 7,9 8,0 9,5 10,7 13,1 16,8 15,6 13,8 13,7

Sternschnuppen gesehen werden, kömmt nach Schiaparellis Untersuchungen damit überein, dass ein Beobachter durchschnittlich um so mehr Sternschnuppen sieht, je höher für ihn der ca. um 6^h Abends in unterer, um 6^h Morgens in oberer Kulmination stehende, von der Sonne immer nahe um 6^h nach Westen abliegende Punkt, der sog. **Apex**, steht, nach dem die Bewegungsrichtung der Erde hinweist, — und einen ganz entsprechenden Grund hat nach ihm die Thatsache, dass man (s. 435) durchschnittlich in der zweiten Hälfte des Jahres mehr Sternschnuppen sieht als in der ersten, indem die Deklination des Apex vom Frühlings- bis zum Herbst-Equinoctium von $-23\frac{1}{2}^0$ bis $+23\frac{1}{2}^0$ zunimmt.

434 [561—62]. **Die Meteoriten.** Einzelne Sternschnuppen und Feuerkugeln scheinen unsere Atmosphäre unbeschädigt zu passieren, — Andere dagegen gehen in ihr zu Grunde, und fallen als Meteorstaub oder Meteorsteine zur Erde nieder. Früher wurde Letzteres bezweifelt; aber nach und nach mehrten sich die gut konstatierten Fälle von Meteoriten, und man unterscheidet gegenwärtig zwei Arten: **Steinmeteoriten**, welche, wie z. B. der 1492 zu Ensisheim Gefallene, aus einer etwa $3\frac{1}{2}$ dichten Mengung von Kieselerde und Eisenoxyd bestehen, — und **Eisenmeteoriten**, bei denen, wie z. B. bei dem 1751 zu Agram Gefallenen, die Dichte auf mehr als das Doppelte ansteigt, fast nur gediegenes Eisen vorkömmt, und eine polierte Schnittfläche, bei Behandlung mit Salpetersäure die sog. Widmanstett'schen Figuren zeigt. Einzelne Male, wie z. B. 1803 bei Aigle im Dép. de l'Orne, fielen förmliche Steinregen.

435 [567—71]. **Die Sternschnuppenregen.** Während nach 3750 viertelstündlichen, im Ganzen 9961 Sternschnuppen ergebenden Zählungen, welche ich 1851—59 veranstaltete, ein einzelner Beobachter in den 12 Monaten durchschnittlich per Stunde

5,5 5,4 5,2 4,6 4,1 5,4 9,8 12,9 7,4 6,4 5,0 4,1

also im Jahresdurchschnitte stündlich etwa 6 Sternschnuppen sieht, nimmt diese Zahl zeitweise auf Hunderte und Tausende zu. Namentlich wurden 1799 und 1833 je am 12. November förmliche Sternschnuppenregen gesehen, wie wenn in ca. 33 Jahren eine Meteorwolke die Sonne umkreisen, und ihre Bahn die Erdbahn an der Stelle schneiden würde, welche wir XI 12 einnehmen. Diese schon von Olbers gemutmasste Periodicität wurde von H. A. Newton rückwärts bis zum Jahre 902 ziemlich schlagend nachgewiesen, und seither 1865—67 neuerdings konstatiert. — Nicht ebenso dichte, aber dafür konstantere Regen zeigen sich um den 10. August, erscheinen schon in der Sage von den feurigen Thränen des heil. Laurentius, und sind seit einigen Dezennien nach Quetelets Aufforderung regel-

— Asteroidenringe — 297

mässig beobachtet worden; sie lassen sich durch einen ununterbrochenen, aber nicht überall gleich dichten, nach Coulvier-Gravier in 20, nach Schiaparelli aber in ca. 108 Jahren um die Sonne rotierenden Meteor-Ring erklären, der die Erdbahn an der Stelle schneidet, wo sich die Erde um VIII 10 befindet. — Bei den Sternschnuppenregen, welche sich auch noch an einzelnen andern Jahrestagen in untergeordneterer Weise einstellen, scheint, wie Heis schon längst betonte, die grosse Mehrzahl der Sternschnuppen von demselben Radiationspunkte auszugehen, der für den Augustschwarm in den Perseus ($2^h,9$; $+56°$), für den Novemberschwarm in den Löwen ($10^h,0$; $+23°$) fällt, so dass man erstere **Perseiden**, letztere **Leoniden** nennen kann.

436 [572—73]. **Das Zodiakallicht.** In mittleren Breiten sieht man im Frühjahr etwa $1^1/_2$ Stunden nach Sonnenuntergang, im Herbst etwa $1^1/_2$ Stunden vor Sonnenaufgang, in der heissen Zone fast täglich zweimal, einen vom Horizonte längs der Ekliptik aufsteigenden, weisslichen, in Ausdehnung und Intensität wechselnden Lichtschimmer, das sog. Zodiakallicht, das sich unter günstigen Umständen bis zu dem ihm ähnlichen, aber etwas schwächern, vom Gegenpunkte der Sonne ausgehenden sog. Gegenschein erstreckt und so den Eindruck eines vollständigen Lichtringes erzeugt. Obschon noch so ziemlich zu den rätselhaften Erscheinungen gehörend, kann man sich dasselbe, wie schon sein erster eigentlicher Beobachter Fatio lehrte, so ziemlich durch einen, die Sonne umschwebenden, sich etwas über die Erdbahn hinaus erstreckenden und senkrecht zur Ekliptik wenig ausgedehnten Gürtel kleiner von der Sonne beleuchteter Körperchen erklären, der um so sichtbarer wird, je mehr er sich vom Horizont entfernt und je kürzer die

Dämmerung ist, d. h. je grösser bei Auf- oder Untergang der Winkel

n = Aco (Si φ Co e — Co φ Si e Si t)

wird, welchen Ekliptik und Horizont bilden, — oder je kleiner φ ist und je näher für Auf- oder Untergang t an $90° = 6^h$ fällt.

L. Die Kometen.

437 [279—80, 574]. **Die ältern Ansichten über die Kometen.** Schon im Altertume beachtete man die Kometen, hielt sie aber, mit rühmlicher Ausnahme von Seneca, nicht für Gestirne, sondern für ephemere Produkte unserer Atmosphäre, die alle möglichen Übel anzeigen, und solchen Aberglauben unterstützten dann auch im Abendlande die Chroniken durch kritiklose Zusammenstellungen. Immerhin begannen Regiomontan, Appian, Tycho, etc., Positionsbestimmungen von Kometen zu machen, ihre Schweife zu studieren, etc., und nach und nach brach sich durch die Bemühungen der Kepler, Hevel, Borelli, Dörfel, etc. die Ansicht Bahn, dass diese Gestirne sich ebenfalls gesetzmässig bewegen, ja entsprechend den Planeten Kegelschnitte um die Sonne beschreiben möchten.

438 [575—78]. **Die Periodicität der Kometen.** Nachdem Newton Methoden für Berechnung parabolischer Bahnen entwickelt hatte, wandte Halley dieselben unter Anderm auf die Kometen von 1531, 1607 und 1682 an, und fand für diese bei annähernd gleichen Zwischenzeiten so ähnliche Elemente, dass ihm die Frage nahe lag, ob sie nicht etwa nur verschiedene Erscheinungen eines und desselben Weltkörpers gewesen seien, — ja überzeugte sich durch weitere Studien, dass sich sämtliche Beobachtungen durch eine Ellipse darstellen lassen, welche den Kometen nahe genug an Jupiter und Saturn vorbeiführe, um kleine Differenzen der Umlaufszeiten durch störende Anziehungen erklären zu können, — und er wagen dürfe, eine Wiederkehr auf Ende 1758 oder Anfang 1759 anzukündigen, die dann auch wirklich zu der angegebenen Zeit, und 1835 nochmals erfolgte, abgesehen davon, dass sich mehrere ältere Kometen ebenfalls als frühere Erscheinungen dieses nach Halley benannten Kometen nachweisen liessen. — Sobald die Periodicität Eines Kometen erwiesen war, lag der Gedanke nahe, dass auch andere wiederkehren könnten, und alsbald schien nun die frühere Kometenfurcht in neuer Gestalt als Furcht **davor** auftauchen zu wollen, es könnte einer der Kometen bei seiner Wiedererscheinung mit der Erde zusammentreffen, und über sie die Schrecken des jüngsten Tages bringen.

439 [580—84]. **Die Kometen von kurzer Umlaufszeit.** Unter den vielen übrigen Kometen, welche im Laufe der Zeiten der Rechnung unterworfen wurden, haben sich manche von entschiedener Periodicität, und darunter mehrere von relativ kurzer Umlaufszeit gefunden, welche seither sichtbar wiedergekehrt sind, so der sog. Encke-Pons'sche Komet von $3^{1}/_{3}$ Jahren Umlaufszeit (jetzt bereits 27 mal gesehen), der Brorsen'sche von $5^{1}/_{2}$, der De Vico'sche von $5^{1}/_{2}$, der d'Arrest'sche von $6^{1}/_{2}$, der Biela'sche von $6^{3}/_{4}$ und der Möller-Faye'sche von $7^{1}/_{2}$. Man ist durch sie dahin belehrt worden, dass wenigstens einzelne Kometen eine Verminderung ihrer Umlaufszeit erleiden, die man, wenn sie nicht etwa nur periodisch ist, durch einen Widerstand des Mittels erklären kann, — dass eine Art von Doppelkometen existirt, ja dass solche vielleicht noch gegenwärtig sich bilden können, — und dass Kometen, welche nahe an Planeten vorbeigehen, zwar nicht merklich auf sie einwirken, dagegen umgekehrt von ihnen (vgl. 440) sehr stark beeinflusst werden können.

440 [587—90]. **Die neuern Ansichten über die Kometen.** Die Kenntnis der physischen Beschaffenheit der Kometen wurde in neuerer Zeit nicht unerheblich gefördert. So hat man gefunden, dass vom Kern eines grossen Kometen bei dessen Annäherung an die Sonne die Materie zunächst nach der Sonne hin ausströmt, dann aber, wahrscheinlich unter dem Einflusse elektrischer Repulsivkräfte erst seitlich, dann rückwärts umbiegt und so in einem Zustande ausserordentlicher Verdünnung den von der Sonne abgewandten und mutmasslich sich ununterbrochen erneuernden Schweif bildet. Ferner hat die spektroskopische Untersuchung ergeben, dass neben einem schwachen, kontinuierlichen Spektrum, welches in Verbindung mit den beobachteten Polarisationserscheinungen auf reflektiertes Sonnenlicht hinweist, ein diskontinuierliches Spektrum auftritt, welches auf vorherrschendes Eigenlicht schliessen lässt und in der Regel drei, den Spektren von Kohlenwasserstoffverbindungen entsprechende Banden, in einzelnen Fällen auch helle Metalllinien zeigt, so dass also die Kometen wahrscheinlich aus teils festen oder flüssigen, teils gasförmigen Stoffen bestehen. Es ist wohl anzunehmen, dass nur Einzelne der Kometen speciell unserm Sonnensysteme angehören, dass dagegen die überwiegende Mehrzahl und gerade die glänzendsten derselben dem grossen Fixsternsysteme zugehört, und zu uns nur auf vorübergehenden Besuch kömmt, — dass bei diesen sehr excentrische, ja parabolische und hyperbolische Bahnen vorherrschen, dass sie unter allen möglichen Neigungen zur Ekliptik herumlaufen, zum Teil der Sonne sehr nahe kommen, glänzend und stark beschweift sind, — und dass sie unter Umständen dauernd (wie der Halley'sche), oder vorübergehend (wie der Lexell-Messier'sche von 1770), dem Sonnensysteme annexiert werden können. Die Untersuchungen von Schiaparelli, Weiss, etc. endlich haben eine gewisse Verwandtschaft zwischen einzelnen Kometen und den Sternschnuppenschwärmen höchst wahrscheinlich gemacht, indem die aus dem Durchgangspunkte der letzteren durch die Ekliptik und der nach dem Radiationspunkte führenden Tangente berechneten Bahnelemente je mit denjenigen einer gewissen Kometenbahn übereinstimmen, und es dürften die Sternschnuppenschwärme Auflösungsprodukte von Kometen sein.

Das Weltgebäude.

Wo das Wissen aufhört, beginnt notwendig das Glauben: Wer also vorgiebt, nichts zu glauben, gleicht einem Narren, der die fixe Idee hat, allwissend zu sein.

(Wolf.)

LI. Die Stellarastronomie.

441 [182]. **Die Anzahl der Sterne.** Die Anzahl der von freiem Auge sichtbaren Sterne wurde, obschon nach Moses I 15 bereits Abraham den Auftrag dazu erhielt, erst in neuerer Zeit mit einiger Sicherheit bestimmt, und zwar fand Argelander für das mittlere Europa nur 3237, Heis für den Horizont von Münster 4701, Houzeau am ganzen Himmel 5719 Sterne. Dagegen ist für die Anzahl der teleskopischen Sterne noch keine obere Grenze gefunden worden; doch mag angeführt werden, dass Herschel schon die Anzahl der mit seinem 20füssigen Teleskope sichtbaren Sterne auf 20 Millionen schätzte.

442 [591—92]. **Die Aichungen und Zonenbeobachtungen.** Als Grundlage aller Studien über die Verteilung der Sterne sind die sog. Aichungen und Zonenbeobachtungen von grosser Wichtigkeit: Erstere, die W. Herschel einführte, bestehen darin, dass man ein Fernrohr nach und nach auf verschiedene Punkte des Himmels einstellt, je die gleichzeitig im Fernrohr erscheinenden Sterne abzählt, und aus mehreren benachbarten Zählungen unter Berücksichtigung der Grösse des Gesichtsfeldes auf die mittlere Dichte der Sterne an der betreffenden Stelle des Himmels schliesst. Bei den namentlich von Bessel und Argelander zuerst in grossem Maßstabe durchgeführten Zonenbeobachtungen stellt man ein Meridianfernrohr je auf eine bestimmte Deklination ein, und beobachtet nun alle Sterne, welche während einer gewissen Zeit nach und nach durch das Gesichtsfeld gehen.

443 [591—93]. **Die Ausstreuung der Sterne.** Als Herschel die Ergebnisse seiner Aichungen ordnete, ergab sich ihm das merkwürdige und durch spätere Arbeiten ähnlicher Art vollkommen bestätigte Gesetz, dass die Häufigkeit der Sterne längs der sog. galaktischen Ebene am grössten sei, und von da gegen deren Pole ($12^h\ 47^m$, $+27°$) und ($0^h\ 47^m$, $-27°$) ziemlich regelmässig abnehme, wie wenn die sämtlichen Sterne ein linsenförmiges System bilden würden, dessen grosse, nach Herschel etwa das 11fache der kleinen betragende Axe jener Ebene angehört. — Ordnet man anderseits z. B. die 314925 Sterne, welche das Argelander'sche Verzeichnis für den nördlichen Himmel aufweist, nach ihrer scheinbaren Grösse, so findet man, dass jede folgende Grössenklasse ca. $3^1/_2$ mal so viele Sterne zählt als die vorhergehende, und hieraus scheint zu folgen, dass die Sterne im allgemeinen nahe von gleicher Grösse und nahe gleich verteilt sind, und einzelne Sterne zunächst nur darum grösser erscheinen, weil sie näher an uns stehen.

444 [284, 591]. **Die Milchstrasse.** Schon mit unbewaffnetem Auge sieht man in mondfreien Nächten ein Lichtgewölk, das sich bei verschiedener Breite und Intensität gürtelähnlich, ungefähr der galaktischen Ebene entlang um den Himmel zieht, und sich, wie schon Demokrit ahnte, aber Galilei zuerst sah, als gemeinschaftlicher Schimmer zahlloser kleiner Sterne erweist. Diese sog. Milchstrasse, die schon Kepler als ein grosses Sternsystem betrachtete, ist somit der Hauptrepäsentant der obigen, auch unsere Sonne einschliessenden Sternlinse.

LII. Die Grössen, Farben und Spektren der Fixsterne.

445 [285]. **Die Sternvergleichungen.** Um zwei Sterne ihrer scheinbaren Grösse nach zu vergleichen, ist nach Argelander in erster Linie das unbewaffnete Auge zu empfehlen, das bei einiger Übung noch ganz geringe Lichtunterschiede derselben herausfindet, wenn man sie abwechselnd ins Auge fasst: Findet man sie beständig gleich, so notiert man a·b; dagegen bezeichnet b·1·a, dass b zuweilen heller als a erscheine (erste Stufe), — b·2·a dass b immer heller als a (zweite Stufe), — b·3·a dass b schon auf den ersten Blick heller (dritte Stufe), — b·4·a dass b sogar merklich heller als a (vierte Stufe) gefunden wurde. Mehr als 4 Stufen, von denen etwa 10 auf eine Grössenklasse gehen, — schätzt man direkt nicht mehr zuverlässig, sondern muss Zwischensterne annehmen.

446 [595]. **Die Sternphotometer.** Für hellere Sterne und zu fundamentalen Bestimmungen sind eigentliche photometrische Messungen nötig, und hiefür haben in der neuern Zeit Steinheil, Zöllner und Andere wirksame Sternphotometer konstruiert, von denen das Zöllner'sche das bekannteste ist. Es beruht auf der Vergleichung eines Sternes mit einem im Fernrohr neben ihm stehenden, durch eine seitliche Flamme erzeugten künstlichen Sterne, dessen Helligkeit mittelst Nicol'scher Prismen messbar verändert werden kann. Neben ihm wird häufig das Keilphotometer angewandt, bei welchem eine aus zwei Keilen von weissem und neutralem Glase zusammengesetzte planparallele Platte in der Bildebene oder vor dem Okulare des Fernrohres messbar verschoben werden kann, bis jeder der zwei zu vergleichenden Sterne verschwindet.

447 [286]. **Die Farben der Fixsterne.** Die Farbe der Fixsterne ist vorherrschend weiss bis gelblich-weiss; doch kommen entschieden auch andere Farben, namentlich rot, vor. So sind nach Doppler etwa 5 Zehnteile der Sterne gelblich-weiss, 2 entschieden weiss, 2 orange und ein letzter Zehnteil rot, blau, etc. Leider ist die subjektive Auffassung kaum ganz zu eliminieren; doch scheinen bei einzelnen Sternen Farbenwechsel vorzukommen, und zwar nicht nur bei den sofort zu behandelnden sog. veränderlichen Sternen: So wurde z. B. von den Alten Sirius zu den roten Sternen gezählt, während er jetzt den weissesten gleichkömmt.

448 [597—98]. **Die Spektralanalyse.** Schon Fraunhofer kam, nachdem er seine Linien entdeckt hatte, auf die Idee, Fixstern-Spektren zu entwerfen und mit dem Sonnenspektrum zu vergleichen; aber seine Versuche waren noch sehr unvollkommen, und erst seit Entdeckung der eigentlichen Spektralanalyse (294) wurden sie durch Secchi, Huggins, Vogel, etc., mit wirklichem Erfolge ausgeführt. Man hat dabei ermittelt, dass die Sterne im allgemeinen eine ähnliche Konstitution wie die Sonne haben, d. h. dass ihr Licht von einer intensiv glühenden Masse ausgeht und eine Atmosphäre von absorbierenden Dämpfen geringerer Temperatur durchläuft, welche im Spektrum dunkle Linien und Streifen erzeugt, die z. B. bei α Orionis das Vorkommen von Natrium, Magnesium, Calcium und Eisen vermuten, bei Sirius Vorherrschen von stark erhitztem Wasserstoff erwarten lassen, dass aber die einzelnen Spektren charakteristische Unterschiede sowohl unter sich als gegenüber dem Sonnenspektrum zeigen. In diesen Unterschieden fand Secchi zunächst einen Zusammenhang mit den Farben der Sterne, insofern diese mit der Zahl, Stärke und Verteilung der Absorptionsstreifen wechselt, so dass z. B. die weissen Sterne wie Sirius, α Lyrae, etc. nur wenige Absorptionslinien, die roten Sterne, wie α Orionis, α Herculis, etc. zahlreiche breite Absorptionsbänder zeigen. Sie führten ihn sodann dazu, unter den Sternspektren 4 Haupttypen nachzuweisen, welche mit einigen Modifikationen seither in ausgedehnter Weise bestätigt worden sind, und in denen sich nach Vogel die Hauptentwicklungsstufen der Sterne, insbesondere die daselbst herrschenden Temperaturverhältnisse abspiegeln dürften.

LIII. Die veränderlichen und neuen Sterne.

449 [287, 600]. **Der neue Stern von 1572.** Tycho Brahe sah 1572 XI 11 in der Cassiopeia einen vorher nie bemerkten, der Venus an Grösse gleichkommenden, aber weiss glänzenden Stern, — und fand im Laufe der folgenden Monate die Position immer genau gleich, dagegen den Glanz rasch abnehmend, indem er im März 1573 nur noch einem Sterne erster

Grösse, im Juli einem solchen 3. Grösse glich, und im
März 1574 ganz unsichtbar wurde. Auch Andere verfolgten diese Erscheinung, sowie 1604—06 eine ähnliche
im Ophiuchus, und es waren somit die früher in das
Gebiet der Sage verwiesenen Nachrichten von dem
Erscheinen neuer Sterne und deren Wiederverschwinden
vollständig rehabilitiert.

450 [288, 603]. **Mira der Wunderbare.**
Im Jahre 1596 sah Dav. Fabricius wiederholt einen
ihm früher unbekannten Stern am Halse des Walfisches
von etwa 3. Gr.; später verschwand er ihm wieder,
wurde dagegen von Bayer als Ο Ceti in seine 1603 erschienene Uranometria eingetragen, und 1638 von Holwarda neuerdings gesehen. Es lag also ein nur zeitweise sichtbarer Stern vor, und als ihn sodann Hevel
und Boulliau konsequent beobachteten, ergab sich sogar für ihn eine regelmässige, wenn auch etwas variable
Periode von durchschnittlich 332 Tagen, in deren erster
Hälfte er von ca. 3. Gr. bis zur Unsichtbarkeit, d. h.
eigentlich etwa bis zur 10. Gr., abnahm, um dann in
der zweiten Hälfte nach und nach wieder zu 4., 3.
oder gar 2. Grösse zurückzukehren. Die neuern Beobachtungen von Wurm, Argelander, etc. haben diesen
Verlauf bestätigt und seinen Detail näher kennen gelehrt, namentlich also die Existenz periodisch veränderlicher Sterne ausser Zweifel gesetzt.

451 [604]. **Die Sterne η Aquilæ und
β Persei.** Der mutmasslich schon 1612 von Bürgi als
veränderlich erkannte, aber erst 1784 durch Pigott
seiner Periode von $7^1,176$ nach festgestellte Stern
η Aquilæ hat einen ziemlich regelmässigen Wechsel
von 3·4 bis 4·5 Gr., und zwar ist seine Lichtkurve
der mittlern Fleckenkurve der Sonne sehr ähnlich.
Der 1667 von Montanari als veränderlich erkannte,

aber erst 1782 von Goodricke genauer beschriebene und in neuerer Zeit namentlich von Argelander studierte Stern β Persei hat dagegen die Eigentümlichkeit, dass er seine Periode von $2^d,867$ fast ganz in nahe 2. Gr. zubringt, dann in etwa 4^h bis zur 4. Gr. abnimmt, in dieser $1/4^h$ verweilt, und dann in neuen 4^h wieder bis zur 2. Gr. zunimmt.

452 [604—05]. **Die Sterne β Lyræ und η Argo navis.** Der 1784 von Goodricke als veränderlich erkannte Stern β Lyræ hat die Eigentümlichkeit, dass er in $12^d,91$ eine Lichtkurve mit zwei Max. von 3·4 Gr. und zwei Min. von 4. und 4·5 Gr. durchläuft. Eine noch kompliziertere Lichtkurve scheint der Stern η Argo navis, der oft sämtliche Sterne erster Grösse überglänzt, und dann wieder kaum 4. Gr. hat, zu besitzen, so dass man sich vorläufig damit behelfen muss, dieselbe als unregelmässig zu bezeichnen.

453 [606]. **Die veränderlichen Sterne.** Über die eigentliche Natur der durch die Bemühungen der Pigott, Schönfeld, Chandler, etc., bereits in einer Anzahl von mehreren Hundert bekannt gewordenen Veränderlichen ist man noch nicht recht ins Klare gekommen, zumal die ausserordentliche Verschiedenheit der Einzelnen jede Theorie ungemein erschwert. Immerhin denkt man kaum mehr daran, die betreffenden Erscheinungen durch linsenförmige Gestalt, Oberflächenverschiedenheit, etc., erklären zu wollen, sondern hat, nach meinem Vorgange im Jahre 1852, einerseits angefangen, sie mit den Erscheinungen an der Sonne zu vergleichen, und kann anderseits hoffen, nach und nach durch die Spektralanalyse auf eine gute Fährte zu kommen, wie es denn auch bereits Vogel und Scheiner gelungen ist, bei β Persei die Existenz eines dunkeln Begleiters als Ursache der Veränderlichkeit nachzuweisen. Interessant ist, dass nach Schönfelds Zusammenstellung bei $^9/_{10}$ der Veränderlichen rot bis gelb, nur $^1/_{10}$ weiss, und kein Einziger grün oder blau ist.

454 [601—02]. **Die sog. neuen Sterne.**
Die sog. neuen Sterne von 1572 und 1604 sind nicht vereinzelt geblieben; die spätere und neueste Zeit haben uns wiederholt mit Sternen bekannt gemacht, die plötzlich auftauchten, und dann nach verhältnismässig kurzer Zeit wieder erloschen. Sind es ebenfalls veränderliche Sterne gewesen, — oder waren wir je Zeugen einer Katastrophe, — oder liegt da eine von den Übrigen wesentlich verschiedene Art von Selbstleuchtern vor? Erst die Folgezeit wird darüber definitiv entscheiden, — doch hat in der allerneuesten Zeit die mittlere Ansicht entschieden etwas Boden gewonnen, indem z. B. nach Huggins der 1866 während kurzer Zeit aufleuchtende Stern in der Krone zwei übereinander liegende Spektren zeigte, — ein gewöhnliches Sternspektrum mit dunkeln Linien, und ein Spektrum mit hellen, namentlich Wasserstoff-Linien.

LIV. Die Fixsternparallaxe und die sog. Eigenbewegung der Fixsterne.

455 [289, 607—08]. **Die Fixsternparallaxe.**
Nachdem man längere Zeit (405) nur anzugeben wusste, dass die jährliche Parallaxe bei keinem Sterne auf eine volle Sekunde ansteige, d. h. die Distanz immer mehr als 4 Billionen Meilen oder (427) $3^1/_3$ Lichtjahre eine sog. **Sternweite**, betrage, versuchten Bessel, Struve, etc., mit Erfolg für dieselbe wenigstens auch eine

obere Grenze zu erhalten: Stehen nämlich für einen Beobachter zwei Punkte nahe in einer Geraden, so bewegt sich scheinbar, wenn der Beobachter seitwärts geht, der fernere der beiden Punkte mit ihm, und

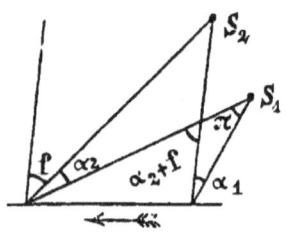

wenn sich somit bei wiederholter Messung des Abstandes zwischen einem hellen Sterne S_1 und einem ihm scheinbar nahen schwachen, also mutmasslich fernern Sterne S_2 dieses Verhältnis zeigt, so ist der schwächere wirklich ferner, und zugleich ist die Differenz der Abstände

$$\alpha_2 - \alpha_1 = \pi - f \quad \text{oder} \quad \alpha_2 - \alpha_1 < \pi$$

also bestimmt etwas, aber mutmasslich um nicht sehr viel kleiner als die der Bewegung des Beobachters entsprechende Parallaxe π des hellern Sternes, so dass sie dieser nahe gleich gesetzt werden, und aus ihr die sog. **jährliche**, d. h. die der mittlern Entfernung der Erde von der Sonne entsprechende Parallaxe des Sternes berechnet werden darf. So fanden z. B. für die Parallaxe von

61 Cygni	Bessel	0″,37	α Lyræ	W. Struve	0″,26
-	O. Struve	0,51	-	O. Struve	0,15
-	Auwers	0,56	-	Brünnow	0,21
α Bootis	Peters	0,13	α Centauri	Elkin	0,78
34 Groombr.	Auwers	0,31	α Can. maj.	Gill	0,37
α Urs. min.	Peters	0,18	p Ophiuchi	Krüger	0,17

etc., und es steht somit 61 Cygni höchstens um 3 Sternweiten oder 10 Lichtjahre, α Lyræ mindestens um 4 Sternweiten, α Centauri aber nicht viel mehr als Eine Sternweite von der Erde ab, etc.

456 [290, 612—13]. **Der scheinbare und mittlere Ort und die Eigenbewegung der Fixsterne.** Unter dem mittlern Orte eines sog. Fixsternes versteht man die Koordinaten, welche er zu einer bestimmten Zeit, z. B. der Epoche eines Kataloges oder dem Anfange eines Jahres, abgesehen von Aberration und Nutation, infolge des Einflusses der Präcession haben würde, — unter **scheinbarem** Orte dagegen die ihm zu irgend einer Zeit zukommenden, von Aberration und Nutation modifizierten Koordinaten. Beobachtet man jedoch zu verschiedenen Zeiten die Positionen eines Fixsternes, und reduziert dieselben unter Berücksichtigung von Präcession, Nutation und Aberration auf dieselbe Epoche, so werden sie dennoch nicht genau gleich, sondern es ergeben sich kleine, der Zeit proportionale Differenzen, welche man gewohnt ist, als **eigene Bewegungen** zu bezeichnen. — Die mutmassliche Bedeutung dieser Eigenbewegung der folgenden Nummer vorbehaltend, mögen hier die unter Berücksichtigung derselben zur Berechnung der scheinbaren Rektascension und Deklination eines Sternes für T Jahre nach der Epoche und t Tage (wo t als Jahresbruch zu geben) nach dem Anfange des betreffenden Jahres dienenden Formeln

$$\mathcal{R}_{app.} = \mathcal{R}_{ep.} + (\text{Præc.} + \tfrac{1}{200}\,\text{Sec. Var.} \cdot T + \text{Eig. Bew.})\,T +$$
$$+ A a + B b + C c + D d + t \cdot \text{Eig. Bew.} \quad \mathbf{1}$$

$$D_{app.} = D_{ep.} + (\text{Præc.} + \tfrac{1}{200}\,\text{Sec. Var.} \cdot T + \text{Eig. Bew.})\,T +$$
$$+ A a' + B b' + C c' + D d' + t \cdot \text{Eig. Bew.} \quad \mathbf{2}$$

angeführt werden, in denen je die erste Zeile dem mittlern Ort des Sternes zu Anfang des Jahres T entspricht, — die zweite Zeile aber daraus den scheinbaren Ort zur Zeit t berechnen lehrt. In diesen

Formeln, welche offenbar auch zur Bestimmung der eigenen Bewegung führen können, sobald man für zwei Epochen aus Beobachtungen gute Werte für die Koordinaten ableiten kann, ist

$$A = -18'',732 \cdot \text{Co} \odot \qquad B = -20'',420 \cdot \text{Si} \odot$$
$$C = t - 0'',025 \cdot \text{Si } 2\odot - 0'',343 \text{ Si } \Omega + 0'',004 \text{ Si } 2\Omega \quad \mathbf{3}$$
$$D = -0'',545 \text{ Co } 2\odot - 9'',250 \text{ Co } \Omega + 0'',090 \text{ Co } 2\Omega$$

$$\begin{aligned} a &= \text{Se } \delta \cdot \text{Co } \alpha & a' &= \text{Tg } e \cdot \text{Co } \delta - \text{Si } \delta \text{ Si } \alpha \\ b &= \text{Se } \delta \cdot \text{Si } \alpha & b' &= \text{Si } \delta \cdot \text{Co } \alpha \\ c &= 46'',059 + 20'',055 \text{ Si } \alpha \text{ Tg } \delta & c' &= 20'',055 \cdot \text{Co } \alpha \\ d &= \text{Tg } \delta \cdot \text{Co } \alpha & d' &= -\text{Si } \alpha \end{aligned} \quad \mathbf{4}$$

wo ⊙ die wahre Länge der Sonne, ☊ die mittlere Länge des Mondknotens und e die Schiefe der Ekliptik je für die Zeit t, dagegen α und δ die nach den ersten Zeilen von 1 und 2 berechneten Werte der mittlern Rektascension und Deklination für den Anfang des Jahres bezeichnen.

457 [292, 614]. **Die fortschreitende Bewegung der Sonne.** Die 1761 von Lambert gestellte Aufgabe, aus den scheinbaren Eigenbewegungen der Sterne eine eventuelle Bewegung der Sonne nachzuweisen, löste Herschel 1783 nach folgendem Gedankengange: Steht Jemand auf einer Lichtung mitten in einem Walde, so sieht er die umgebenden Bäume in einer bestimmten gegenseitigen Lage; bewegt er sich aber nach irgend einer Richtung, so scheinen die Bäume zur rechten Hand sich im Sinne des Uhrzeigers zu bewegen, oder ihre Länge nimmt **ab**, — die zur Linken in entgegengesetztem Sinne, oder ihre Länge nimmt **zu**. Ähnlich bei den Sternen, wenn wir uns mit der Sonne in unserm Sternhaufen nach einer bestimmten Richtung fortbewegen, — und wenn diese Verschie-

— Fixsternparallaxe — 313

bungen für eine gewisse Richtung mit den Eigenbewegungen der Sterne übereinstimmen, so wird umgekehrt der Schluss zu machen sein, dass sich die Sonne wirklich nach dieser Richtung bewegt. — Herschel fand dabei, dass sich der grösste Teil der Eigenbewegungen der Sterne unter der Annahme erklären lasse, es bewege sich die Sonne nach einem Punkte, dem sog. **Apex**, in der Nähe von λ Herculis oder in (17^h 22^m; $+26°$ $17'$), und spätere Astronomen bestätigten nicht nur je unter Zugrundelegung ganz anderer Sterne und neu bestimmter Eigenbewegungen sein Resultat (Argelander fand z. B. 17^h 12^m; $+28°$ $49'$, — O. Struve 17^h 26^m; $+37°$ $45'$, — Galloway 17^h 20^m; $+34°$ $22'$, — Mädler 17^h 27^m; $+39°$ $54'$), sondern machten sogar wahrscheinlich, dass die Bewegung der Sonne und ihres Gefolges per Stunde nicht weniger als etwa 4000 Meilen betrage. In folgenden Jahrhunderten wird man die langsame Veränderung der gegenwärtigen Bewegungsrichtung erkennen, daraus auf die eigentliche Bahn der Sonne schliessen, und ihre Umlaufszeit um einen fernen Schwerpunkt berechnen, d. h. die Aufgabe wirklich lösen können, welche sich Mädler etwas zu frühzeitig bei Bestimmung seiner sog. Centralsonne (Alcyone in den Pleyaden) gestellt hatte.

458 [616—18]. **Die Sternkataloge und Ephemeriden.** Ein Sternkatalog hat für eine bestimmte Epoche für eine Anzahl Sterne den mittlern Ort, und überdies die nötigen Daten zu geben, um daraus für andere Zeiten je den mittlern oder scheinbaren Ort berechnen zu können, d. h. die Betreffnisse der Präcession und ihrer sekulären Veränderung, soweit bekannt die eigene Bewegung, und die nach 456:4 zu berechnenden Werte der a, b, c, d, welche, wenn sie für die Epoche berechnet sind, offenbar für viele Jahre vor und nach derselben brauchbar bleiben. Die für ein bestimmtes Jahr auf Grund der Kataloge berechnete Ephemeride hat dagegen für eine kleinere Reihe von sog. Zeitsternen den entsprechenden mittlern Ort, und z. B. für jeden 10. Tag den scheinbaren Ort zu geben, — ferner zu Gunsten der Reduktion anderer Sterne, z. B. ebenfalls für jeden 10. Tag, die nach 456 : 3 zu berechnenden Werte der mit der Zeit veränderlichen, dagegen für alle Sterne gleichen Grössen A, B, C, D.

LV. Die Doppelsterne.

459 [293, 619—20]. **Die sog. Fixsterntrabanten.** Die ältern Astronomen, ja noch Cassini und Bradley, kannten nur sehr wenige einander ganz nahe stehende oder sog. **Doppelsterne**, wie z. B. ζ Ursæ majoris, γ Virginis, α Geminorum, etc., und wandten auch diesen keine besondere Aufmerksamkeit zu, da sie dieselben nur als **optische**, d. h. nur für unsern Standpunkt scheinbar nahe Sterne, nicht als **physische**, d. h. wirklich Zusammengehörige betrachteten. Lambert hatte dann wohl um 1760 wiederholt versucht, richtigere Begriffe über binäre Systeme zu verbreiten, und ungefähr gleichzeitig wies Michell auf die Unwahrscheinlichkeit hin, dass die zahlreichen Sternsysteme überhaupt nur auf zufälliger Gruppierung und nicht auf innerer Beziehung beruhen; aber dennoch wurde Christian Mayer von Vielen verlacht, als er ernstlich nach solchen Doppelsternen suchte, und die bestimmte Ansicht aussprach, dass die betreffenden Sterne, von denen er nach und nach etwa 80 Paare aufgefunden hatte, wirklich verbunden, gewissermassen die Einen Begleiter oder **Trabanten** der Andern sein möchten.

460 [294, 621]. **Die Arbeiten Herschels.** Bald nach Christian Mayer unternahm Herschel mit kräftigern optischen Mitteln und ungewöhnlicher Energie ebenfalls systematisch nach doppelten und vielfachen Sternen zu suchen, und hatte binnen wenigen Jahren die für optische Doppelsterne ganz unwahrscheinliche Anzahl von 97 Paaren gefunden, welche er nur mit den mächtigsten Instrumenten trennen konnte (erste Klasse), — 102, welche zwar eine merkliche, aber nicht über 5'' gehende Distanz besassen (zweite Klasse), — 114 von 5 bis 15'', 132 von 15 bis 30'', 137 von 30 bis 60'' (dritte bis fünfte Klasse), — und noch 121, welche wenigstens nicht weiter als 2' voneinander entfernt waren (sechste Klasse). Dabei hatte er die glückliche Idee, je den schwächern Stern durch Polarkoordinaten auf den hellern und dessen Deklinationskreis zu beziehen, — konnte so frühere und spätere Positionen miteinander vergleichen, — und dadurch mit Bestimmtheit für eine nicht geringe Zahl von Doppelsternen wenigstens einen Teil der scheinbaren Bahn des Einen um den Andern festlegen, somit die wirkliche Existenz von physischen Doppelsternen nachweisen.

461 [294, 622, 29]. **Die neuern Arbeiten.** Was Herschel begonnen hatte, wurde durch seinen Sohn, durch die South, Secchi, Dembowsky, etc. unermüdet fortgesetzt, vor Allem aber durch Wilh. Struve, der nicht weniger als 2640 Systeme doppelter und vielfacher, höchstens 32'' distanter Sterne katalogisierte und vermass, von denen wenigstens 4°/₀ schon ihm sichere Positionsveränderungen zeigten, obschon die Hauptfrüchte des von ihm und seinem Sohn Otto Struve gesammelten Materials erst spätern Geschlechtern zu gute kommen werden. — In der neusten Zeit haben ferner, von einer Untersuchung von Bessel über die Eigenbewegungen ausgehend, Peters, Auwers, etc., nachgewiesen, dass es mutmasslich auch Sonnensysteme giebt, wo zwar nur Eine Sonne herrscht, dagegen dunkle Begleiter von relativ so bedeutender Grösse vorkommen, dass diese Sonne eine für uns noch merkliche Bewegung um den Schwerpunkt des ganzen Systemes besitzt, — ja Clark fand bei Sirius wirklich einen solchen Begleiter auf.

462 [624—28]. **Die Bahnen der Doppelsterne.** Herrscht in einem Doppelsternsysteme das Gravitationsgesetz, so beschreibt eigentlich jeder der Sterne eine Ellipse um den gemeinschaftlichen Schwerpunkt; aber, wenn man nur die relative Bewegung ins Auge fasst, so scheint auch der Eine eine Ellipse um den Andern zu beschreiben, und es sind durch Savary, Encke u. A. geometrische Methoden aufgestellt worden, nach denen man aus einigen Positionsbestimmungen diese relativen Bahnen wirklich berechnen, und aus der Übereinstimmung zwischen Beobachtung und Rechnung die Richtigkeit des fundamentalen Grundsatzes nachweisen kann. So z. B. bewegt sich nach Villarceaus Rechnung der Begleiter von ζ Herculis in etwas mehr als 36 Jahren um seinen Hauptstern in einer Ellipse, deren halbe grosse Axe uns unter dem Winkel von $1''{,}25$ erscheint, und welche die Excentricität $0{,}45$ hat, ja es hat dieser Stern schon mehr als einen Umlauf vor den Augen seiner terrestrischen Beobachter vollendet.

LVI. Die Sternhaufen und Nebel.

463 [295—96, 630—34]. **Die ersten Entdeckungen.** Als Galilei sein Fernrohr auf die schon den Alten unter dem Namen der Plejaden bekannte Sterngruppe im Stier richtete, überzeugte er sich sofort von der grossen Zahl hier zusammengedrängter Sterne, und bald fand er auch an andern Stellen des Himmels, in der sog. Krippe im Krebs, am Schwertgriffe des Perseus, etc. mehrere ähnliche, zum Teil noch viel dichtere Sternhaufen. — Ungefähr gleichzeitig entdeckte Marius in der Andromeda eine neblichte Stelle, welche ihm den Eindruck eines durch ein Hornblättchen gesehenen Lichtes machte, und ihre Position gegen die umliegenden Sterne nicht veränderte, — und bald darauf wurde ein noch viel glänzenderer Himmelsnebel unter dem Gürtel des Orion entdeckt, den Cysat 1619 zu Vergleichungen mit dem damals sichtbaren Kometen benutzte, und mit dem sich später Huygens ernstlich befasste. An sie reihten sich die gegen den Südpol hin liegenden, später von Lacaille einlässlich beschriebenen sog. Magelhaens-Wolken, — ein 1665 von Ihle im Schützen aufgefundener Nebel, — ein 1714 von Halley im Herkules gesehener Übergang von Sternhaufen zu Nebel, — und einige wenige andere verwandte Objekte an.

464 [297, 636]. **Die Arbeiten von Messier und Herschel.** Nach der Mitte des 18. Jahrhunderts wurde Messier durch die oft nicht geringe Schwierigkeit, einen Kometen mit Sicherheit von einem Nebel zu unterscheiden, veranlasst einen ersten Katalog von Nebeln und Sterngruppen anzulegen, der bereits 103 Nummern enthielt. Bald folgte dann W. Herschel mit einem Verzeichnisse von 1000 und zwei Supplementen von zusammen 1600 Nummern, und teilte zugleich diese merkwürdigen Objekte in 8 Klassen ein: Helle, lichtschwache, und sehr lichtschwache Nebel, — planetarische Nebel und Nebelsterne, — sehr grosse Nebel, — sehr dicht gedrängte, zerstreute und grob zerstreute Sternhaufen.

465 [636]. **Die neusten Arbeiten.** Seit W. Herschel hat zunächst sein Sohn John diese Arbeiten weiter geführt, dieselben während längerem Aufenthalte am Cap auch auf den, in dieser Beziehung so reichen, südlichen Himmel ausgedehnt, und 1864 einen Generalkatalog von 5079 Nummern gegeben, dem 1888 eine 7840 Objekte enthaltende Neuausgabe durch Dreyer gefolgt ist. Neben ihm beschäftigten sich mit den Nebeln hauptsächlich Lamont, O. Struve, Lassell, Secchi, etc., vor Allem aber d'Arrest, der die Katalogisierung fortsetzte, und Lord Rosse, der mit seinem mächtigen Teleskope Einzelne im Detail studierte und darstellte.

466 [635]. **Die veränderlichen Nebel.** Da man leider noch keinen sichern Maßstab für die jeweilige Durchsichtigkeit der Luft hat, so ist es fast unmöglich, kleine Schwankungen in der Helligkeit der Nebel zu konstatieren; aber dennoch ist es zum mindesten sehr wahrscheinlich, dass einzelne Nebel, wie namentlich ein 1852 von Hind im Stier Entdeckter, in ähnlicher Weise wie einzelne Sterne veränderlich, also kaum ferne Sternhaufen, sondern eher in Bildung begriffene Einzelsterne sind.

467 [635]. **Die Doppelnebel.** Während W. Herschel der Gedanke an physische Doppelnebel noch zu ferne lag, sprach ihn schon sein Sohn unzweideutig aus, und seither fand d'Arrest über ein Hundert

Doppelnebel auf, von denen eine grosse Anzahl physisch verbunden sein dürfte. Bei einzelnen dieser Doppelnebel hat man auch in der That schon Andeutungen relativer Bewegung gefunden, und man wird vielleicht in späteren Jahrhunderten die Bahnen von Doppelnebeln ebenso wie jetzt die der Doppelsterne berechnen.

468 [637—40]. **Die Natur und Ausstreuung der Sternhaufen.** Schon die Herschel kannten bei 650 Sternhaufen, und es ist daher, — auch abgesehen davon, dass Einzelne durch ihre Abrundung nach Aussen und durch ihr Verdichten nach Innen entschieden den Charakter eines Ganzen an sich tragen, — kaum anzunehmen, dass sie zufällige Anhäufungen von Sternen sind, sondern man hat sie wohl als organisierte Systeme zu betrachten, über deren innere Anordnungs- und Bewegungsverhältnisse die Folge der Beobachtungen, wenn auch erst nach Jahrhunderten, Bestimmteres lehren wird. Interessant ist es, dass die grosse Mehrzahl der Sternhaufen in der Milchstrasse und ihrer nächsten Umgebung zu Hause scheint und sich dadurch, noch mehr aber durch die wichtige Thatsache, dass ihr Spektrum ausnahmslos kontinuierlich ist, definitiv von den eigentlichen Nebeln (469) trennt.

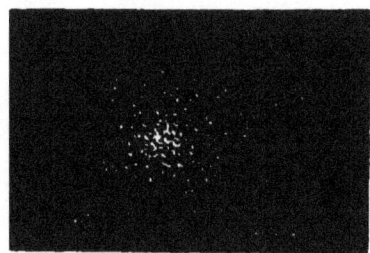

Sternhaufen im Herkules.

469 [637—40]. **Die Natur und Ausstreuung der Nebel.** Die sog. Nebel, von denen schon die Herschel bei 3400 kannten, finden sich nicht wie die Sternhaufen zunächst nur bei der Milchstrasse, sondern im Gegenteil sporadisch am ganzen Himmel, ja gegen die Pole der Milchstrasse hin fast häufiger als sonst. Dabei sind sie, wie schon des ältern Herschels Einteilung (464) andeutet, sehr mannigfaltiger Art. Die meisten derselben haben nur geringe scheinbare Ausdehnung von höchstens einigen Minuten und oft regelmässig kreisrunde, elliptische, ringförmige oder, wie der nebenstehende, von Lord Rosse in den Jagdhunden Entdeckte, spiralige Gestalt; es giebt darunter sog. planetarische Nebel, die auf ihrer ganzen Fläche ein gleichmässiges Licht zeigen und solche, deren Licht sich mehr oder weniger zu einem Kerne verdichtet.

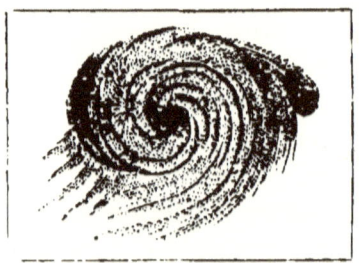

Andere erstrecken sich, wie namentlich aus den photographischen Aufnahmen der Neuzeit hervorgeht, teils in Gestalt unregelmässiger Conglomerate, wie der Orionnebel und die beiden Capwolken, teils als schmale Streifen über weite Räume. Diese grosse Mannigfaltigkeit der Nebel macht es wahrscheinlich, dass auch ihre Natur sehr verschieden ist; im Ganzen aber kann man nach den Ergebnissen der Spektraluntersuchungen annehmen, dass ein grosser Teil der Nebelflecke in Wirklichkeit wegen ihres continuierlichen Spektrums Sternhaufen sind, die nur wegen ihrer grossen Entfernung für unsere optischen Mittel unauflösbar bleiben, dass dagegen ein kleinerer Teil, welcher ein Spektrum von hellen Linien zeigt, wie der Orionnebel und die meisten planetarischen, unzweifelhaft aus glühenden Gasmassen besteht, welche wie schon W. Herschel dachte, werdende Welten, vielleicht aber auch fertige Gebilde sind, für welche wir noch kein Analogon besitzen.

— Sternhaufen und Nebel — 321

470 [298]. **Die Entstehung des Weltgebäudes.** Über Zweck, Plan und Schöpfung des Weltgebäudes, oder auch nur unsers Sonnensystemes wissen wir eigentlich Nichts; doch liegt wenigstens für Letzteres (vergleiche 430) die Idee eines gemeinschaftlichen Ursprungs nahe: Denkt man sich mit Laplace, es habe sich der rotierende, aus einer glühenden Gasmasse bestehende Sonnenball ursprünglich über die ganze Planetenregion ausgedehnt, so konnte sich infolge der Centrifugalkraft von der equatorealen Zone eine Masse ablösen, welche sofort Kugelgestalt oder Ringform annahm und als Planet oder Asteroidenring um die Sonne kreiste. Eine solche Kugel erhielt dann teils die dem Mittelpunkte eigentümliche Rotationsgeschwindigkeit nunmehr zur Revolutionsgeschwindigkeit, — teils nahm sie, infolge des Geschwindigkeitsüberschusses der äussern Teile eine Rotation in gleichem Sinne an, die bei Kontraktion durch Abkühlung (gewissermassen durch Umsetzen der Entfernung in Winkelgeschwindigkeit) gesteigert werden, und zur Bildung von Monden oder Ringen führen konnte. Analog kühlte sich die übrig bleibende Sonnenmasse langsam ab, rotierte entsprechend immer schneller, bis eine neue Ablösung provoziert wurde, etc. — Möglich, dass sich ähnliche Bildungsweisen in den übrigen Sonnensystemen, ja im ganzen Weltgebäude geltend machten, und zum Teil noch statt haben.

471 [299]. **Die Organisation des Weltgebäudes.** Nach den Ideen und Forschungen der Kant, Lambert, Herschel, etc. haben wir etwa anzunehmen, dass eine Reihe dunkler Körper (Planeten), von denen Einzelne noch untergeordnete Begleiter (Monde, Ringe) besitzen, Andere unter sich zu einem Ringsysteme verbunden sind (Asteroiden), — mit ein

Wolf, Taschenbuch

oder mehreren Selbstleuchtern (Sonnen, Doppelsterne) ein System von organischem Zusammenhange (Sonnensystem) bilden. Viele Tausende solcher Sonnensysteme sind zu einem Systeme höherer Ordnung (Sternhaufen) vereinigt, — Myriaden solcher Sternhaufen neuerdings zu einem höhern System (Milchstrasse), wobei die einzelnen Elemente sich, wie die Planeten im Sonnensysteme, gegen eine Ebene (die galaktische Ebene) anhäufen mögen, — und solcher Systeme giebt es wieder zahllose, die Teile eines grössern Ganzen sind, und so fort bis ins Unendliche. Alle diese Systeme sind zunächst ursprünglichen Gesetzen, voraus dem Gravitationsgesetze, unterworfen, — doch ist auch ein neues schöpferisches Eingreifen nicht ungedenkbar.

472 [300]. **Die Dauer des Weltgebäudes.** Nach den Ergebnissen der Mechanik des Himmels ist im Weltgebäude Alles von einer weisen Hand so geordnet, dass zunächst das Princip der Erhaltung vorherrscht; aber wir beobachten auch Lebenserscheinungen, und wo wir Leben sehen, finden wir nicht minder Tod und Wiedergeburt, und so wird mutmasslich dennoch nach Tausenden von Jahrtausenden unsere jetzige Welt absterben, um einer neuen Platz zu machen. Wann dies statt haben und was folgen wird, wissen wir allerdings ebensowenig, als wann und wie unser gegenwärtige Wohnplatz geschaffen wurde, — wissen wir ja kaum, wohin unser Schiff heute treibt, geschweige, was die Räume bergen, denen wir morgen zusteuern; aber wir dürfen dennoch getrost auf dem unbekannten Weltmeere fahren, denn wir besitzen ein, wenn nicht aller Anschein trügt, noch ganz solides Schiff und vor Allem einen erprobten Fährmann, dem wir uns ruhig anvertrauen dürfen.

Einleitung zu den Tafeln.

NB. Die eingeklammerten Zahlen bezeichnen die einschlägigen Nummern des Textes.

I. Reduktionstafel für Masse und Gewichte. — Die angegebenen Zahlen sind grossenteils Hübners geographisch-statistischen Tabellen für 1894 entnommen.

II. Arithmetische Tafeln.

a) Quadrattafel. — Die roten Ziffern gehören zu allen Kolumnen, sind jedoch für jeden Punkt um eine Einheit zu vermehren.

b) Tafel der Potenzen, Vielfachen und Reciproken.

c) Mortalitätstafel und Hülfstafel für Zinseszinsrechnung. — Die Mortalitätstafel (40) ist diejenige der 23 deutschen Lebensversicherungsgesellschaften, für das Alter von 0—20^a interpoliert nach der preussischen Volkstafel, für das Alter 87—99 nach der Tafel der 17 englischen Gesellschaften. Sie giebt z. B. an, dass von den das 40. Jahr Erlebenden nahezu die Hälfte das Alter 67^a erreicht, also ein Vierziger noch 27 Jahre leben werde. — In der Zinseszinstafel (27) bedeutet Σ den Wert, welchen eine während n Jahren jährlich einzuzahlende oder als Rente auszubezahlende

Einheit schliesslich repräsentiert, Σ'' aber den gegenwärtigen Wert, welche eine von nun an während n Jahren jährlich zu bezahlende oder als Rente zu beziehende Einheit repräsentiert. So sind bei einem Zinsfuss von $4\,^0/_0$ z. B. 1000 Fr. nach 20 Jahren 2191 Fr. wert, — 1000 nach 20 Jahren zahlbare dagegen jetzt nur 456, — für jährlich eingezahlte 1000 Fr. hat man nach 20 Jahren 30969 Fr. gutzuschreiben, und für eine, während noch 20 Jahren fällige Rente von 1000 Fr. könnte man jetzt 13590 Fr. bezahlen.

d) Tafel der Binomialkoefficienten (41—44). Hülfstafel zur Fehlerrechnung (208). Letztere giebt mit dem Argumente v den Wert der Fehlerfunktion $\varphi(v)$, d. h. die Wahrscheinlichkeit für das Auftreten eines Fehlers von der Grösse v in einer Beobachtungsreihe vom Genauigkeitsmass $h = 1$, ferner mit dem Argumente t die Wahrscheinlichkeit w' dafür, dass in einer Beobachtungsreihe vom Genauigkeitsmass h ein Fehler die Grenze $c = \dfrac{t}{h}$ nicht überschreite, endlich mit dem Argument $\dfrac{f''}{f'}$ die Wahrscheinlichkeit w'' dafür, dass in einer Beobachtungsreihe vom wahrscheinlichen Fehler f' ein Fehler innerhalb der Grenze f'' liege. Da die Wahrscheinlichkeit, dass ein Fehler zwischen gewissen Grenzen liege, übereinstimmt mit dem Verhältnis der Anzahl der zwischen diesen Grenzen liegenden Fehler zur Anzahl aller Fehler, so enthält diese Tafel auch die Mittel, zu bestimmen, wie viele Fehler bei einer gegebenen Beobachtungsreihe je zwischen gewissen Grenzen liegen. Man hat z. B. bei 1000 Beobachtungen

für $f'' = f'$ $\quad \dfrac{f''}{f'} = 1 \quad$ $w'' = 0{,}5000$

$\quad\ = 2f' \quad\ \ = 2 \quad\ \ = 0{,}8227$

$\quad\ = 3f' \quad\ \ = 3 \quad\ \ = 0{,}9570$

somit liegen zwischen 0 u. f'   500 Fehler
$\quad\qquad\qquad\qquad$ f' u. 2f'   323   „
$\quad\qquad\qquad\qquad$ 2f' u. 3f' 134   „

III. Logarithmentafeln.
  a) Vierstellige gemeine Logarithmen (14, 49).
  b) 10stellige natürliche und gemeine Logarithmen (48); mit Hülfstafeln zur Berechnung einzelner anderer solcher Logarithmen. Da nämlich jede Zahl sich auf die Form bringen lässt:

  $n = 10^{\mu} \cdot A(1 + a_1 \cdot 10^{-1})(1 + a_2 \cdot 10^{-2})(1 + a_3 \cdot 10^{-3})$

  worin μ irgend eine ganze positive oder negative Zahl, A eine ebenfalls ganze Zahl, die hier immer kleiner als 100, also höchstens zweistellig angenommen ist, $a_1\, a_2 \ldots$ irgend eine der Zahlen 1—9 bedeutet, so lässt sich der natürliche oder gemeine Logarithmus derselben durch einfache Addition der Tabellenwerte finden.

IV. Trigonometrische Tafeln.
  a) Reduktionstafel für Bogen und Zeit. Tafel der Bogenlängen.

- Einleitung zu den Tafeln -

 b) Sehnentafel. Trigonometrische Zahlen und hyperbolische Funktionen (147).
 c) Vierstellige Logarithmen der Sinus.
 d) Vierstellige Logarithmen der Tangens.

V. Physikalische Tafeln.
 a) Tafel der Atomgewichte, Brechungsexponenten, Ausdehnungskoefficienten etc.
 b) Tafel für Wasserdampf (305).
 c) Hypsometrische Tafel (273, 75).

VI. Bessel'sche Refraktionstafel (287, 332).
Für $z' = 62° 0'$, den auf $0°$ reduzierten Barometerstand 725^{mm} und die Lufttemperatur $22°$ C. giebt sie z. B.
$$r = 108'',2\,(1 - 0{,}035 - 0{,}043) = 99'',8$$
und ist in dieser Abkürzung etwa bis auf $75°$ C. Zenitdistanz brauchbar.

VII. Geodätische Tafeln.
 a) Tafel für die Gestalt der Erde (377) und Bodes Tafel für Auf- und Untergang. — Erstere giebt auf Grund der Bessel'schen Erddimensionen für die Polhöhe φ ihren Überschuss über die geocentrische Breite, ferner die Logarithmen der Entfernung ρ vom Centrum und der Normale N bis zur Umdrehungsaxe, endlich die Länge eines Grades im Meridian und Parallel.
 b) Ortstafel.

VIII. Sonnen- und Mondtafeln.
 a) Deklination, Radius und wahre Länge der Sonne, Länge des aufsteigenden Mondknotens (394).
 b) Zeittafel (416). — Man findet z. B. die Sternzeit im mittlern Mittag von Zürich für 1896, Februar 18. wie folgt:

— Einleitung zu den Tafeln — 327

Die Tafel giebt für Febr. 15.: $21^h\ 41^m\ 47^s,3$
$N_1 = 7\quad N_2 = 65$

Korrektion für 3−1=2 Tage	+ 7	53,1
„ „ 1896	+ 2	9,5
„ „ Nutation ($N_1 + N_2 = 72$)	+	0,5
Abzug für Zürich	−	5,6
	21 51	44,8

Die zweite Tafel enthält ausser der Zeitgleichung ein bequemes Mittel, die zwischen zwei Daten verflossene Anzahl von Tagen zu berechnen. So ist z. B.

$1865\ \text{VII}\ 3 = 42003 + 181 + 3 = 42187^1$
$\underline{1789\ \text{V}\ 17 = 14245 + 135 + 2 = 14382}$
$1865\ \text{VII}\ 3 - 1789\ \text{V}\ 17 = 27805$

c) Tafel der Sonnenflecken und Variationen (422—23).
d) Spektraltafel.

IX. Planeten- und Kometentafel.
a) Planetentafel.
b) Kometentafel.

X. Sterntafeln.
a) Verzeichnis der Sternbilder und Sternnamen. Sterntafel. Die Sterntafel giebt nach dem Berliner Jahrbuche für den Anfang des Jahres 1900 die genäherten Orte und jährlichen Variationen von 148 Sternen zwischen $-30°$ und $+80°$ Deklination und 6 Polsternen in beiden Kulminationen. Die Kolumne T enthält für die Polhöhe von Zürich ($47°\ 22'\ 40''$) die genäherten Zeiten, zu welchen die zwischen $-30°$ und

+ 60° Deklination liegenden der obigen Sterne den Vertikal des Polarsterns passieren und z ist die genäherte Meridianzenitdistanz, welche auch für Einstellungen im Vertikal des Polarsterns (343) verwendbar ist.

Die Hülfstafel für die Mayer'sche Formel (342) enthält ebenfalls für die Polhöhe von Zürich die bekannten Faktoren der Instrumentalfehler für die Reduktion von Durchgangsbeobachtungen im Meridiane, bei den Polsternen je für beide Kulminationen.

b) Verzeichnis veränderlicher und neuer Sterne (449—54).

c) Verzeichnis von Doppelsternen (459—62).

d) Verzeichnis von Nebeln und Sternhaufen. (neb. = Nebel, cum. = Sternhaufen). (Nach Dreyers New general catalogue).

XI. Kalendariographische Tafeln.

a) Immerwährender gregorianischer Kalender (360, 62).

b) Epakte, Sonntagsbuchstabe und Ostern (362).

c) Römischer und französischer Kalender (360).

XII. Statistische, historische und litterarische Tafeln.

a) Statistische Tafel. Für die Schweiz wurden die neuesten Angaben des schweizerischen statistischen Bureaus benutzt, — im Übrigen die 1894er Ausgabe der Hübner'schen Tabellen.

b) Historisch-litterarische Tafel.

I. Reduktionstafel für Masse und Gewichte. 329

Länder.	Längenmasse in			Gewichte in Kilogrammes.	
	Mètres.		Kilomètres.		
Amerika (U. S.)	Foot = 12 inches	= 0,30479	Mile	= 1,60931	Pound = 16 ounces = 0,45360
Brasilien					
China	Tschi = 10 Tsun	= 0,3581	Li = 180 Faden	= 0,5755	Pikul = 100 Kätties à 16 Taels = 60,453
Deutschland		Metersystem	Meile, geogr. = 1/15° Äq.	= 7,42044	Metersystem
Dänemark	Fod = 12 Tommer	= 0,31385	Meile = 24000 fod	= 7,53248	Pfund = 100 Quintin = 0,50000
England	Foot = 12 inches	= 0,30479	Mile = 5280 feet	= 1,60931	Pound = 16 ounces = 0,45360
Frankreich (alt)	Pied = 12 pouces	= 0,32484	Lieue = 1/25° Meridian	= 4,44444	Livre = 0,48951
Griechenland	Piki = 10 Palamas	= 1,00000	Meile = 10 Stadien	= 10,00000	Mine = 1500 Drachmen = 1,50000
" (alt)	πούς = 4 παλαισταί	= 0,30828	στάδιον = 600 πόδες	= 0,18497	τάλαντον = 6000 δραχμαί = 26,196
Japan	Shaku Kane = 10 Sun	= 0,30301	Ri = 12960 Shaku	= 3,927	Kin = 160 Momme = 0,60100
Niederlande		Metersystem			Metersystem
Schweden-Norw.		"			"
Öster.-Ungarn					
Österreich (alt)	Fuss = 12 Zoll	= 0,31608	Meile = 4000 Klafter	= 7,58560	Pfund = 32 Loth = 0,56060
Preussen (alt)	Fuss = 12 Zoll	= 0,31385	Meile = 24000 Fuss	= 7,53248	Pfund = 32 Loth = 0,46771
Rom (alt)	Pes = 4 palmi à 4 digiti	= 0,29586	Mile passus = 5000 pedes	= 1,47930	Libra = 12 unciæ = 0,32745
Russland	Fuss = 12 Zoll	= 0,30479	Werst = 500 Saschen	= 1,06678	Pfund = 1/40 Pud = 0,40948
Schweiz (alt)	Fuss = 10 Zoll	= 0,30000	Stunde = 16000 Fuss	= 4,80000	Pfund = 32 Loth = 0,50000
Spanien					
Türkei					
Zürich (alt)	Fuss = 12 Zoll	= 0,30128	Wegstunde = 15000 Fuss	= 4,51920	

Seemeile = 1/60° = 120 Knoten = 1,85496 km. Toise = Klafter = 6 Fuss. Yard = 3 Fuss. Das metrische Mass- und Gewichtssystem ist in Europa mit Ausnahme von England, Russland, Dänemark und Griechenland, sowie in ganz Süd- und Centralamerika obligatorisch, in den Vereinigten Staaten von Nordamerika fakultativ.

IIa. Quadrattafel.

a		0	1	2	3	4	5	6	7	8	9
0		0	1	4	9	16	25	36	49	64	81
1		100	121	144	169	196	225	256	289	324	361
2		400	441	484	529	576	625	676	729	784	841
3		900	961	1024	1089	1156	1225	1296	1369	1444	1521
4		1600	1681	1764	1849	1936	2025	2116	2209	2304	2401
5		2500	2601	2704	2809	2916	3025	3136	3249	3364	3481
6		3600	3721	3844	3969	4096	4225	4355	4489	4624	4761
7		4900	5041	5184	5329	5476	5625	5776	5929	6084	6241
8		6400	6561	6724	6889	7056	7225	7396	7569	7744	7921
9		8100	8281	8464	8649	8836	9025	9216	9409	9604	9801
10	1	0000	0201	0404	0609	0816	1025	1236	1449	1664	1881
11		2100	2321	2544	2769	2996	3225	3456	3689	3924	4161
12		4400	4641	4884	5129	5376	5625	5876	6129	6384	6641
13		6900	7161	7424	7689	7956	8225	8496	8769	9044	9321
14		9600	9881	.0164	.0449	.0736	.1025	.1316	.1609	.1904	.2201
15	2	2500	2801	3104	3409	3716	4025	4336	4649	4964	5281
16		5600	5921	6244	6569	6896	7225	7556	7889	8224	8561
17		8900	9241	9584	9929	.0276	.0625	.0976	.1329	.1684	.2041
18	3	2400	2761	3124	3489	3856	4225	4596	4969	5344	5721
19		6100	6481	6864	7249	7636	8025	8416	8809	9204	9601
20	4	0000	0401	0804	1209	1616	2025	2436	2849	3264	3681
21		4100	4521	4944	5369	5796	6225	6656	7089	7524	7961
22		8400	8841	9284	9729	.0176	.0625	.1076	.1529	.1984	.2441
23	5	2900	3361	3824	4289	4756	5225	5696	6169	6644	7121
24		7600	8081	8564	9049	9536	.0025	.0516	.1009	.1504	.2001
25	6	2500	3001	3504	4009	4516	5025	5536	6049	6564	7081
26		7600	8121	8644	9169	9696	.0225	.0756	.1289	.1824	.2361
27	7	2900	3441	3984	4529	5076	5625	6176	6729	7284	7841
28		8400	8961	9524	.0089	.0656	.1225	.1796	.2369	.2944	.3521
29	8	4100	4681	5264	5849	6436	7025	7616	8209	8804	9401
30	9	0000	0601	1204	1809	2416	3025	3636	4249	4864	5481
31		6100	6721	7344	7969	8596	9225	9856	.0489	.1124	.1761
32	10	2400	3041	3684	4329	4976	5625	6276	6929	7584	8241
33		8900	9561	.0224	.0889	.1556	.2225	.2896	.3569	.4244	.4921
34	11	5600	6281	6964	7649	8336	9025	9716	.0409	.1104	.1801
35	12	2500	3201	3904	4609	5316	6025	6736	7449	8164	8881
36		9600	.0321	.1044	.1769	.2496	.3225	.3956	.4689	.5424	.6161
37	13	6900	7641	8384	9129	9876	.0625	.1376	.2129	.2884	.3641
38	14	4400	5161	5924	6689	7456	8225	8996	9769	.0544	.1321
39	15	2100	2881	3664	4449	5236	6025	6816	7609	8404	9201
40	16	0000	0801	1604	2409	3216	4025	4836	5649	6464	7281
41		8100	8921	9744	.0569	.1396	.2225	.3056	.3889	.4724	.5561
42	17	6400	7241	8084	8929	9776	.0625	.1476	.2329	.3184	.4041
43	18	4900	5761	6624	7489	8356	9225	.0096	.0969	.1844	.2721
44	19	3600	4481	5364	6249	7136	8025	8916	9809	.0704	.1601
45	20	2500	3401	4304	5209	6116	7025	7936	8849	9764	.0681
46	21	1600	2521	3444	4369	5296	6225	7156	8089	9024	9961
47	22	0900	1841	2784	3729	4676	5625	6576	7529	8484	9441
48	23	0400	1361	2324	3289	4256	5225	6196	7169	8144	9121
49	24	0100	1081	2064	3049	4036	5025	6016	7009	8004	9001

IIa. Quadrattafel.

a		0	1	2	3	4	5	6	7	8	9
50	25	0000	1001	2004	3009	4016	5025	6036	7049	8064	9081
51	26	0100	1121	2144	3169	4196	5225	6256	7289	8324	9361
52	27	0400	1441	2484	3529	4576	5625	6676	7729	8784	9841
53	28	0900	1961	3024	4089	5156	6225	7296	8369	9444	.0521
54	29	1600	2681	3764	4849	5936	7025	8116	9209	.0304	.1401
55	30	2500	3601	4704	5809	6916	8025	9136	.0249	.1364	.2481
56	31	3600	4721	5844	6969	8096	9225	.0356	.1489	.2624	.3761
57	32	4900	6041	7184	8329	9476	.0625	.1776	.2929	.4084	.5241
58	33	6400	7561	8724	9889	.1056	.2225	.3396	.4569	.5744	.6921
59	34	8100	9281	.0464	.1649	.2836	.4025	.5216	.6409	.7604	.8801
60	36	0000	1201	2404	3609	4816	6025	7236	8449	9664	.0881
61	37	2100	3321	4544	5769	6996	8225	9456	.0689	.1924	.3161
62	38	4400	5641	6884	8129	9376	.0625	.1876	.3129	.4384	.5641
63	39	6900	8161	9424	.0689	.1956	.3225	.4496	.5769	.7044	.8321
64	40	9600	.0881	.2164	.3449	.4736	.6025	.7316	.8609	.9904	:1201
65	42	2500	3801	5104	6409	7716	9025	.0336	.1649	.2964	.4281
66	43	5600	6921	8244	9569	.0896	.2225	.3556	.4889	.6224	.7561
67	44	8900	.0241	.1584	.2929	.4276	.5625	.6976	.8329	.9684	:1041
68	46	2400	3761	5124	6489	7856	9225	.0596	.1969	.3344	.4721
69	47	6100	7481	8864	.0249	.1636	.3025	.4416	.5809	.7204	.8601
70	49	0000	1401	2804	4209	5616	7025	8436	9849	.1264	.2681
71	50	4100	5521	6944	8369	9796	.1225	.2656	.4089	.5524	.6961
72	51	8400	9841	.1284	.2729	.4176	.5625	.7076	.8529	.9984	:1441
73	53	2900	4361	5824	7289	8756	.0225	.1696	.3169	.4644	.6121
74	54	7600	9081	.0564	.2049	.3536	.5025	.6516	.8009	.9504	:1001
75	56	2500	4001	5504	7009	8516	.0025	.1536	.3049	.4564	.6081
76	57	7600	9121	.0644	.2169	.3696	.5225	.6756	.8289	.9824	:1361
77	59	2900	4441	5984	7529	9076	.0625	.2176	.3729	.5284	.6841
78	60	8400	9961	.1524	.3089	.4656	.6225	.7796	.9369	:0944	:2521
79	62	4100	5681	7264	8849	.0436	.2025	.3616	.5209	.6804	.8401
80	64	0000	1601	3204	4809	6416	8025	9636	.1249	.2864	.4481
81	65	6100	7721	9344	.0969	.2596	.4225	.5856	.7489	.9124	:0761
82	67	2400	4041	5684	7329	8976	.0625	.2276	.3929	.5584	.7241
83	68	8900	.0561	.2224	.3889	.5556	.7225	.8896	:0569	:2244	:3921
84	70	5600	7281	8964	.0649	.2336	.4025	.5716	.7409	.9104	:0801
85	72	2500	4201	5904	7609	9316	.1025	.2736	.4449	.6164	.7881
86	73	9600	.1321	.3044	.4769	.6496	.8225	.9956	:1689	:3424	:5161
87	75	6900	8641	.0384	.2129	.3876	.5625	.7376	.9129	:0884	:2641
88	77	4400	6161	7924	9689	.1456	.3225	.4996	.6769	.8544	:0321
89	79	2100	3881	5664	7449	9236	.1025	.2816	.4609	.6404	.8201
90	81	0000	1801	3604	5409	7216	9025	.0836	.2649	.4464	.6281
91	82	8100	9921	.1744	.3569	.5396	.7225	.9056	:0889	:2724	:4561
92	84	6400	8241	.0084	.1929	.3776	.5625	.7476	.9329	:1184	:3041
93	86	4900	6761	8624	.0489	.2356	.4225	.6096	.7969	.9844	:1721
94	88	3600	5481	7364	9249	.1136	.3025	.4916	.6809	.8704	:0601
95	90	2500	4401	6304	8209	.0116	.2025	.3936	.5849	.7764	.9681
96	92	1600	3521	5444	7369	9296	.1225	.3156	.5089	.7024	.8961
97	94	0900	2841	4784	6729	8676	.0625	.2576	.4529	.6484	.8441
98	96	0400	2361	4324	6289	8256	.0225	.2196	.4169	.6144	.8121
99	98	0100	2081	4064	6049	8036	.0025	.2016	.4009	.6004	.8001

11b. Tafel der Potenzen, Reciproken und Vielfachen.

a	a^3	$\sqrt{a}$	$\sqrt[3]{a}$	$\dfrac{1}{a}$	$2a\pi$	$a^2\pi$	$\dfrac{a}{2\pi}$	$\dfrac{2\pi}{a}$
1	1	1,000	1,000	1,0000	6,28	3,142	0,159	6,283
2	8	1,414	1,260	0,5000	12,57	12,566	0,318	3,142
3	27	1,732	1,442	0,3333	18,85	28,274	0,477	2,094
4	64	2,000	1,587	0,2500	25,13	50,265	0,637	1,571
5	125	2,236	1,710	0,2000	31,42	78,540	0,796	1,257
6	216	2,449	1,817	0,1667	37,70	113,10	0,955	1,047
7	343	2,646	1,913	0,1429	43,98	153,94	1,114	0,898
8	512	2,828	2,000	0,1250	50,26	201,06	1,273	0,785
9	729	3,000	2,080	0,1111	56,55	254,47	1,432	0,698
10	1000	3,162	2,154	0,1000	62,83	314,16	1,592	0,628
11	1331	3,317	2,224	0,0909	69,11	380,13	1,751	0,571
12	1728	3,464	2,289	0,0833	75,40	452,39	1,910	0,524
13	2197	3,606	2,351	0,0769	81,68	530,93	2,069	0,483
14	2744	3,742	2,410	0,0714	87,96	615,75	2,228	0,449
15	3375	3,873	2,466	0,0667	94,25	706,86	2,387	0,419
16	4096	4,000	2,520	0,0625	100,53	804,25	2,564	0,393
17	4913	4,123	2,571	0,0588	106,81	907,92	2,706	0,370
18	5832	4,243	2,621	0,0556	113,10	1017,9	2,865	0,349
19	6859	4,359	2,668	0,0526	119,38	1134,1	3,024	0,331
20	8000	4,472	2,714	0,0500	125,66	1256,6	3,183	0,314
21	9261	4,583	2,759	0,0476	131,95	1385,4	3,324	0,299
22	10648	4,690	2,802	0,0455	138,23	1520,5	3,501	0,286
23	12167	4,796	2,844	0,0435	144,51	1661,9	3,660	0,273
24	13824	4,899	2,884	0,0417	150,80	1809,6	3,820	0,262
25	15625	5,000	2,924	0,0400	157,08	1963,5	3,979	0,251
26	17576	5,099	2,962	0,0385	163,36	2123,7	4,138	0,242
27	19683	5,196	3,000	0,0370	169,65	2290,2	4,297	0,233
28	21952	5,292	3,037	0,0357	175,93	2463,0	4,456	0,224
29	24389	5,385	3,072	0,0345	182,21	2642,1	4,615	0,217
30	27000	5,477	3,107	0,0333	188,50	2827,4	4,774	0,209
31	29791	5,568	3,141	0,0323	194,78	3019,1	4,934	0,203
32	32768	5,657	3,175	0,0313	201,06	3217,0	5,093	0,196
33	35937	5,745	3,208	0,0303	207,35	3421,2	5,252	0,190
34	39304	5,831	3,240	0,0294	213,63	3631,7	5,411	0,185
35	42875	5,916	3,271	0,0286	219,91	3848,5	5,570	0,180
36	46656	6,000	3,302	0,0278	226,19	4071,5	5,729	0,175
37	50653	6,083	3,332	0,0270	232,48	4300,8	5,889	0,170
38	54872	6,164	3,362	0,0263	238,76	4536,5	6,048	0,165
39	59319	6,245	3,391	0,0256	245,04	4778,4	6,207	0,161
40	64000	6,325	3,420	0,0250	251,33	5026,6	6,366	0,157
41	68921	6,403	3,448	0,0244	257,61	5281,0	6,525	0,153
42	74088	6,481	3,476	0,0238	263,89	5541,8	6,684	0,150
43	79507	6,557	3,503	0,0233	270,18	5808,8	6,843	0,146
44	85184	6,633	3,530	0,0227	276,46	6082,1	7,003	0,143
45	91125	6,708	3,557	0,0222	282,74	6361,7	7,162	0,140
46	97336	6,782	3,583	0,0217	289,03	6647,6	7,321	0,137
47	103823	6,856	3,609	0,0213	295,31	6939,8	7,480	0,134
48	110592	6,928	3,634	0,0208	301,59	7238,2	7,639	0,131
49	117649	7,000	3,659	0,0204	307,88	7543,0	7,798	0,128
50	125000	7,071	3,684	0,0200	314,16	7854,0	7,958	0,126

IIb. Tafel der Potenzen, Reciproken und Vielfachen.

a	a^3	$\sqrt{a}$	$\sqrt[3]{a}$	$\dfrac{1}{a}$	$2a\pi$	$a^2\pi$	$\dfrac{a}{2\pi}$	$\dfrac{2\pi}{a}$
51	132651	7,141	3,708	0,0196	320,44	8171,3	8,12	0,123
52	140608	7,211	3,733	0,0192	326,73	8494,9	8,28	0,121
53	148877	7,280	3,756	0,0189	333,01	8824,7	8,43	0,119
54	157464	7,348	3,780	0,0185	339,29	9160,9	8,59	0,116
55	166375	7,416	3,803	0,0182	345,58	9503,3	8,75	0,114
56	175616	7,483	3,826	0,0179	351,86	9852,0	8,91	0,112
57	185193	7,550	3,849	0,0175	358,14	10207	9,07	0,110
58	195112	7,616	3,871	0,0172	364,42	10568	9,23	0,108
59	205379	7,681	3,893	0,0169	370,71	10936	9,39	0,107
60	216000	7,746	3,915	0,0167	376,99	11310	9,55	0,105
61	226981	7,810	3,936	0,0164	383,27	11690	9,71	0,103
62	238328	7,874	3,958	0,0161	389,56	12076	9,87	0,101
63	250047	7,937	3,979	0,0159	395,84	12469	10,03	0,100
64	262144	8,000	4,000	0,0156	402,12	12868	10,19	0,098
65	274625	8,062	4,021	0,0154	408,41	13273	10,34	0,097
66	287496	8,124	4,041	0,0152	414,69	13685	10,50	0,095
67	300763	8,185	4,062	0,0149	420,97	14103	10,66	0,094
68	314432	8,246	4,082	0,0147	427,26	14527	10,82	0,092
69	328509	8,307	4,102	0,0145	433,54	14957	10,98	0,091
70	343000	8,367	4,121	0,0143	439,82	15394	11,14	0,090
71	357911	8,426	4,141	0,0141	446,11	15837	11,30	0,088
72	373248	8,485	4,160	0,0139	452,39	16286	11,46	0,087
73	389017	8,544	4,179	0,0137	458,67	16742	11,62	0,086
74	405224	8,602	4,198	0,0135	464,96	17203	11,78	0,085
75	421875	8,660	4,217	0,0133	471,24	17671	11,94	0,084
76	438976	8,718	4,236	0,0132	477,52	18146	12,10	0,083
77	456533	8,775	4,254	0,0130	483,81	18627	12,25	0,082
78	474552	8,832	4,273	0,0128	490,09	19113	12,41	0,081
79	493039	8,888	4,291	0,0127	496,37	19607	12,57	0,080
80	512000	8,944	4,309	0,0125	502,65	20106	12,73	0,079
81	531441	9,000	4,327	0,0123	508,94	20612	12,89	0,078
82	551368	9,055	4,344	0,0122	515,22	21124	13,05	0,077
83	571787	9,110	4,362	0,0120	521,50	21642	13,21	0,076
84	592704	9,165	4,380	0,0119	527,79	22167	13,37	0,075
85	614125	9,220	4,397	0,0118	534,07	22698	13,53	0,074
86	636056	9,274	4,414	0,0116	540,35	23235	13,69	0,073
87	658503	9,327	4,431	0,0115	546,64	23779	13,85	0,072
88	681472	9,381	4,448	0,0114	552,92	24328	14,01	0,071
89	704969	9,434	4,465	0,0112	559,20	24885	14,16	0,071
90	729000	9,487	4,481	0,0111	565,49	25447	14,32	0,070
91	753571	9,539	4,498	0,0110	571,77	26016	14,48	0,069
92	778688	9,592	4,514	0,0109	578,05	26590	14,64	0,068
93	804357	9,644	4,531	0,0108	584,34	27172	14,80	0,068
94	830584	9,695	4,547	0,0106	590,62	27759	14,96	0,067
95	857375	9,747	4,563	0,0105	596,90	28353	15,12	0,066
96	884736	9,798	4,579	0,0104	603,19	28953	15,28	0,065
97	912673	9,849	4,595	0,0103	609,47	29559	15,44	0,065
98	941192	9,899	4,610	0,0102	615,75	30172	15,60	0,064
99	970299	9,950	4,626	0,0101	622,04	30791	15,76	0,063
100	1000000	10,000	4,642	0,0100	628,32	31416	15,92	0,063

334 IIc. Mortalitätstafel (40).   Hülfstafel für Zinseszinsrechnung (27).

Alter	Lebende	Alter	Lebende	a	$1{,}03^a$	Σ	$1{,}04^a$	Σ
0^a	100000	50^a	43169	1	1,0300	—	1,0400	—
1	78634	51	42386	2	1,0609	2,0900	1,0816	2,1216
2	72815	52	41568	3	1,0927	3,1836	1,1249	3,2465
3	69976	53	40711	4	1,1255	4,3091	1,1699	4,4163
4	68160	54	39816	5	1,1593	5,4684	1,2167	5,6330
5	66885	55	38881	6	1,1941	6,6625	1,2653	6,8983
6	65939	56	37906	7	1,2299	7,8923	1,3159	8,2142
7	65178	57	36890	8	1,2668	9,1591	1,3686	9,5828
8	64571	58	35833	9	1,3048	10,4639	1,4233	11,0061
9	64091	59	34732	10	1,3439	11,8078	1,4802	12,4864
10	63696	60	33590	12	1,4258	14,6178	1,6010	15,6268
11	63358	61	32403	14	1,5126	17,5989	1,7317	19,0236
12	63060	62	31178	16	1,6047	20,7616	1,8730	22,6975
13	62786	63	29918	18	1,7024	24,1169	2,0258	26,6712
14	62523	64	28626	20	1,8061	27,6765	2,1911	30,9692
15	62241	65	27306	30	2,4273	49,0027	3,2434	58,3283
16	61934	66	25956	40	3,2620	77,6633	4,8010	98,8265
17	61583	67	24572	50	4,3839	116,1808	7,1067	158,7738
18	61166	68	23157	60	5,8916	167,9450	10,5196	247,5103
19	60664	69	21715	70	7,9178	237,5119	15,5716	378,8621
20	60098	70	20254	80	10,6409	331,0039	23,0498	573,2948
21	59546	71	18780	90	14,3005	456,6494	34,1193	861,1027
22	59000	72	17305	100	19,2186	625,5064	50,5049	1287,1286
23	58467	73	15841					
24	57950	74	14395	a	$1{,}03^{-a}$	Σ'	$1{,}04^{-a}$	Σ'
25	57448	75	12976					
26	56958	76	11595	1	0,97087	—	0,96154	—
27	56474	77	10267	2	94260	1,9135	92456	1,8861
28	55995	78	9003	3	91514	2,8286	88900	2,7751
29	55518	79	7812	4	88849	3,7171	85480	3,6299
30	55037	80	6701	5	86261	4,5797	82193	4,4518
31	54551	81	5661	6	83748	5,4172	79031	5,2421
32	54060	82	4700	7	81309	6,2303	75992	6,0021
33	53560	83	3833	8	78941	7,0197	73069	6,7327
34	53055	84	3073	9	76642	7,7861	70259	7,4353
35	52540	85	2424	10	74409	8,5302	67556	8,1109
36	52016	86	1886	12	70138	9,9540	62460	9,3851
37	51481	87	1448	14	66112	11,2961	57748	10,5631
38	50937	88	1098	16	62317	12,5611	53391	11,6523
39	50379	89	807	18	58739	13,7535	49363	12,6593
40	49808	90	572	20	55368	14,8775	45639	13,5903
41	49222	91	386	30	41199	19,6004	30832	17,2920
42	48618	92	247	40	30656	23,1148	20829	19,7928
43	47996	93	147	50	22811	25,7298	14071	21,4822
44	47357	94	80	60	16973	27,6756	09506	22,6235
45	46701	95	39	70	12630	29,1234	06422	23,3945
46	46029	96	16	80	09398	30,2008	04338	23,9154
47	45344	97	6	90	06993	31,0024	02931	24,2673
48	44642	98	2	100	05203	31,5989	01980	24,5050
49	43918	99	1					

IId. Tafel der Binomialkoefficienten (41—44). | Hülfstafel zur Fehlerrechnung (208).

n	$-\binom{n}{2}$	$\binom{n}{3}$	$-\binom{n}{4}$	$\binom{n}{5}$	v	$\varphi(v)$ 0	5	$\frac{f''}{f'}$	w'' 0	5
0,00	0,00000	0,00000	0,0000	0,000	0,0	0,5642	5628	0,0	0.0000	0269
02	00080	00647	0048	004	1	5586	5517	1	0538	0806
04	00920	01254	0093	007	2	5421	5300	2	1073	1339
06	02820	01824	0134	011	3	5156	4992	3	1604	1866
08	03680	02355	0172	013	4	4808	4608	4	2127	2385
10	04500	02850	0207	016	5	4394	4169	5	2641	2893
12	05280	03309	0238	018	6	3936	3698	6	3143	3389
14	06020	03732	0267	021	7	3456	3215	7	3632	3870
16	06720	04122	0293	022	8	2975	2739	8	4105	4336
18	07380	04477	0316	024	9	2510	2288	9	4562	4783
0,20	08000	04800	0336	026	1,0	2076	1873	1,0	5000	5212
22	08580	05091	0354	027	1	1683	1503	1	5419	5620
24	09120	05350	0369	028	2	1337	1183	2	5817	6008
26	09620	05580	0382	029	3	1041	0912	3	6194	6375
28	10080	05779	0393	029	4	0795	0689	4	6550	6719
30	10500	05950	0402	030	5	0595	0511	5	6883	7042
32	10880	06093	0408	030	6	0436	0371	6	7195	7342
34	11220	06208	0413	030	7	0314	0264	7	7485	7621
36	11520	06298	0416	030	8	0221	0184	8	7753	7879
38	11780	06361	0417	030	9	0153	0126	9	8000	8116
0,40	12000	06400	0416	030	2,0	0103	0084	2,0	8227	8332
42	12180	06415	0414	029	1	0069	0055	1	8433	8530
44	12320	06406	0410	029	2	0045	0036	2	8622	8709
46	12420	06376	0405	029	3	0028	0023	3	8792	8870
48	12480	06323	0398	028	4	0018	0014	4	8945	9016
50	12500	06250	0391	027	5	0011	0008	5	9082	9146
52	12480	06157	0382	027	6	0007	0005	6	9205	9261
54	12420	06044	0372	026	7	0004	0003	7	9314	9364
56	12320	05914	0361	025	8	0002	0002	8	9410	9454
58	12180	05765	0349	024	9	0001	0001	9	9495	9534
0,60	12000	05600	0336	023	t	w' 0	5	3,0	9570	9603
62	11780	05419	0322	022				1	9635	9664
64	11520	05222	0308	021				2	9691	9716
66	11220	05012	0293	020	0,0	0,0000	0564	3	9740	9761
68	10880	04787	0278	018	1	1125	1680	4	9782	9800
70	10500	04550	0262	017	2	2227	2763	5	9818	9833
72	10080	04301	0245	016	3	3286	3794	6	9848	9861
74	09620	04040	0228	015	4	4284	4755	7	9874	9885
76	09120	03770	0211	014	5	5205	5633	8	9896	9905
78	08580	03489	0194	012	6	6039	6420	9	9915	9922
0,80	08000	03200	0176	011	7	6778	7112	4,0	9930	9936
82	07380	02903	0158	010	8	7421	7707	1	9943	9948
84	06720	02598	0140	009	9	7969	8209	2	9954	9958
86	06020	02288	0122	008	1,0	8427	8624	3	9963	9966
88	05280	01971	0104	007	1	8802	8961	4	9970	9973
90	04500	01650	0087	005	2	9103	9229	5	9976	9978
92	03680	01325	0069	004	3	9340	9438	6	9981	9983
94	02820	00996	0051	003	4	9523	9597	7	9985	9986
96	01920	00666	0034	002	5	9661	9716	8	9988	9989
98	00980	00333	0017	001	6	9763	9804	9	9991	9992
1,00	0,00000	0,00000	0,0000	0,000	7	9838	9867			
					8	9889	9911			
					9	9928	9942			

IIIa. Vierstellige gemeine Logarithmen.

n	0	1	2	D	3	4	5	6	D	7	8	9
10	0000	0043	0086	42	0128	0170	0212	0253	41	0294	0334	0374
11	0414	0453	0492	39	0531	0569	0607	0645	37	0682	0719	0755
12	0792	0828	0864	35	0899	0934	0969	1004	34	1038	1072	1106
13	1139	1173	1206	33	1239	1271	1303	1335	32	1367	1399	1430
14	1461	1492	1523	30	1553	1584	1614	1644	29	1673	1703	1732
15	1761	1790	1818	29	1847	1875	1903	1931	28	1959	1987	2014
16	2041	2068	2095	27	2122	2148	2175	2201	26	2227	2253	2279
17	2304	2330	2355	25	2380	2405	2430	2455	25	2480	2504	2529
18	2553	2577	2601	24	2625	2648	2672	2695	23	2718	2742	2765
19	2788	2810	2833	23	2856	2878	2900	2923	22	2945	2967	2989
20	3010	3032	3054	21	3075	3096	3118	3139	21	3160	3181	3201
21	3222	3243	3263	21	3284	3304	3324	3345	20	3365	3385	3404
22	3424	3444	3464	19	3483	3502	3522	3541	19	3560	3579	3598
23	3617	3636	3655	19	3674	3692	3711	3729	18	3747	3766	3784
24	3802	3820	3838	18	3856	3874	3892	3909	18	3927	3945	3962
25	3979	3997	4014	17	4031	4048	4065	4082	17	4099	4116	4133
26	4150	4166	4183	17	4200	4216	4232	4249	16	4265	4281	4298
27	4314	4330	4346	16	4362	4378	4393	4409	16	4425	4440	4456
28	4472	4487	4502	16	4518	4533	4548	4564	15	4579	4594	4609
29	4624	4639	4654	15	4669	4683	4698	4713	15	4728	4742	4757
30	4771	4786	4800	14	4814	4829	4843	4857	14	4871	4886	4900
31	4914	4928	4942	14	4955	4969	4983	4997	14	5011	5024	5038
32	5051	5065	5079	13	5092	5105	5119	5132	13	5145	5159	5172
33	5185	5198	5211	13	5224	5237	5250	5263	13	5276	5289	5302
34	5315	5328	5340	13	5353	5366	5378	5391	13	5403	5416	5428
35	5441	5453	5465	13	5478	5490	5502	5514	13	5527	5539	5551
36	5563	5575	5587	12	5599	5611	5623	5635	12	5647	5658	5670
37	5682	5694	5705	12	5717	5729	5740	5752	11	5763	5775	5786
38	5798	5809	5821	11	5832	5843	5855	5866	11	5877	5888	5899
39	5911	5922	5933	11	5944	5955	5966	5977	11	5988	5999	6010
40	6021	6031	6042	11	6053	6064	6075	6085	11	6096	6107	6117
41	6128	6138	6149	11	6160	6170	6180	6191	10	6201	6212	6222
42	6232	6243	6253	10	6263	6274	6284	6294	10	6304	6314	6325
43	6335	6345	6355	10	6365	6375	6385	6395	10	6405	6415	6425
44	6435	6444	6454	10	6464	6474	6484	6493	10	6503	6513	6522
45	6532	6542	6551	10	6561	6571	6580	6590	9	6599	6609	6618
46	6628	6637	6646	9	6656	6665	6675	6684	9	6693	6702	6712
47	6721	6730	6739	9	6749	6758	6767	6776	9	6785	6794	6803
48	6812	6821	6830	9	6839	6848	6857	6866	9	6875	6884	6893
49	6902	6911	6920	9	6928	6937	6946	6955	9	6964	6972	6981
50	6990	6998	7007	9	7016	7024	7033	7042	8	7050	7059	7067
51	7076	7084	7093	8	7101	7110	7118	7126	8	7135	7143	7152
52	7160	7168	7177	8	7185	7193	7202	7210	8	7218	7226	7235
53	7243	7251	7259	8	7267	7275	7284	7292	8	7300	7308	7316
54	7324	7332	7340	8	7348	7356	7364	7372	8	7380	7388	7396

III a. Vierstellige gemeine Logarithmen.

n	0	1	2	D	3	4	5	6	D	7	8	9
55	7404	7412	7419	8	7427	7435	7443	7451	8	7459	7466	7474
56	7482	7490	7497	8	7505	7513	7520	7528	8	7536	7543	7551
57	7559	7566	7574	8	7582	7589	7597	7604	8	7612	7619	7627
58	7634	7642	7649	8	7657	7664	7672	7679	8	7686	7694	7701
59	7709	7716	7723	8	7731	7738	7745	7752	8	7760	7767	7774
60	7782	7789	7796	7	7803	7810	7818	7825	7	7832	7839	7846
61	7853	7860	7868	7	7875	7882	7889	7896	7	7903	7910	7917
62	7924	7931	7938	7	7945	7952	7959	7966	7	7973	7980	7987
63	7993	8000	8007	7	8014	8021	8028	8035	7	8041	8048	8055
64	8062	8069	8075	7	8082	8089	8096	8102	7	8109	8116	8122
65	8129	8136	8142	7	8149	8156	8162	8169	7	8176	8182	8189
66	8195	8202	8209	6	8215	8222	8228	8235	6	8241	8248	8254
67	8261	8267	8274	6	8280	8287	8293	8299	6	8306	8312	8319
68	8325	8331	8338	6	8344	8351	8357	8363	6	8370	8376	8382
69	8388	8395	8401	6	8407	8414	8420	8426	6	8432	8439	8445
70	8451	8457	8463	6	8470	8476	8482	8488	6	8494	8500	8506
71	8513	8519	8525	6	8531	8537	8543	8549	6	8555	8561	8567
72	8573	8579	8585	6	8591	8597	8603	8609	6	8615	8621	8627
73	8633	8639	8645	6	8651	8657	8663	8669	6	8675	8681	8686
74	8692	8698	8704	6	8710	8716	8722	8727	6	8733	8739	8745
75	8751	8756	8762	6	8768	8774	8779	8785	6	8791	8797	8802
76	8808	8814	8820	6	8825	8831	8837	8842	6	8848	8854	8859
77	8865	8871	8876	6	8882	8887	8893	8899	6	8904	8910	8915
78	8921	8927	8932	6	8938	8943	8949	8954	6	8960	8965	8971
79	8976	8982	8987	6	8993	8998	9004	9009	6	9015	9020	9025
80	9031	9036	9042	6	9047	9053	9058	9063	6	9069	9074	9079
81	9085	9090	9096	5	9101	9106	9112	9117	5	9122	9128	9133
82	9138	9143	9149	5	9154	9159	9165	9170	5	9175	9180	9186
83	9191	9196	9201	5	9206	9212	9217	9222	5	9227	9232	9238
84	9243	9248	9253	5	9258	9263	9269	9274	5	9279	9284	9289
85	9294	9299	9304	5	9309	9315	9320	9325	5	9330	9335	9340
86	9345	9350	9355	5	9360	9365	9370	9375	5	9380	9385	9390
87	9395	9400	9405	5	9410	9415	9420	9425	5	9430	9435	9440
88	9445	9450	9455	5	9460	9465	9469	9474	5	9479	9484	9489
89	9494	9499	9504	5	9509	9513	9518	9523	5	9528	9533	9538
90	9542	9547	9552	5	9557	9562	9566	9571	5	9576	9581	9586
91	9590	9595	9600	5	9605	9609	9614	9619	5	9624	9628	9633
92	9638	9643	9647	5	9652	9657	9661	9666	5	9671	9675	9680
93	9685	9689	9694	5	9699	9703	9708	9713	4	9717	9722	9727
94	9731	9736	9741	4	9745	9750	9754	9759	4	9763	9768	9773
95	9777	9782	9786	4	9791	9795	9800	9805	4	9809	9814	9818
96	9823	9827	9832	4	9836	9841	9845	9850	4	9854	9859	9863
97	9868	9872	9877	4	9881	9886	9890	9894	4	9899	9903	9908
98	9912	9917	9921	4	9926	9930	9934	9939	4	9943	9948	9952
99	9956	9961	9965	4	9969	9974	9978	9983	4	9987	9991	9996

Wolf, Taschenbuch

338 III b. Zehnstellige natürliche und gemeine Logarithmen.

Natürliche Logarithmen				Gemeine Logarithmen			
a	Ln a	a	Ln(1+a.10⁻ⁿ)	a	Lg a	a	Lg(1+a.10⁻ⁿ)
1	0,00000 00000		n = 2	1	0,00000 00000		n = 2
2	0,69314 71806	1	0,00995 03309	2	0,30102 99957	1	0,00432 13738
3	1,09861 22887	2	1980 26273	3	0,47712 12547	2	0860 01718
4	1,38629 43611	3	2955 88022	4	0,60205 99913	3	1283 72247
5	1,60943 79124	4	3922 07132	5	0,69897 00043	4	1703 33393
6	1,79175 94692	5	4879 01642	6	0,77815 12504	5	2118 92991
7	1,94591 01491	6	5826 89081	7	0,84509 80400	6	2530 58653
8	2,07944 15417	7	6765 86485	8	0,90308 99870	7	2938 37777
9	2,19722 45773	8	7696 10411	9	0,95424 25094	8	3342 37555
10	2,30258 50930	9	8617 76962	10	1,00000 00000	9	3742 64979
			n = 3				n = 3
11	2,39789 52728	1	0,00099 95003	11	1,04139 26852	1	0,00043 40775
12	2,48490 66498	2	199 80027	12	1,07918 12460	2	086 77215
13	2,56494 93575	3	299 55090	13	1,11394 33523	3	130 09330
14	2,63905 73296	4	399 20213	14	1,14612 80357	4	173 37128
15	2,70805 02011	5	498 75415	15	1,17609 12591	5	216 60618
16	2,77258 87222	6	598 20717	16	1,20411 99827	6	259 79807
17	2,83321 33441	7	697 56137	17	1,23044 89214	7	302 94706
18	2,89037 17579	8	796 81697	18	1,25527 25051	8	346 05321
19	2,94443 89792	9	895 97414	19	1,27875 36010	9	389 11662
20	2,99573 22736		n = 4	20	1,30102 99957		n = 4
		1	0,00009 99950			1	0,00004 34273
23	3,13549 42159	2	19 99800	23	1,36172 78360	2	08 68502
29	3,36729 58300	3	29 99550	29	1,46239 79979	3	13 02688
31	3,43398 72045	4	39 99200	31	1,49136 16938	4	17 36831
37	3,61091 79126	5	49 98750	37	1,56820 17241	5	21 70930
41	3,71357 20667	6	59 98201	41	1,61278 38567	6	26 04985
43	3,76120 01157	7	69 97551	43	1,63346 84556	7	30 38998
47	3,85014 76017	8	79 96801	47	1,67209 78579	8	34 72967
53	3,97029 19136	9	89 95952	53	1,72427 58696	9	39 06892
59	4,07753 74439		n = 5	59	1,77085 20116		n = 5
61	4,11087 38642	1	0,00000 99999	61	1,78532 98350	1	0,00000 43429
67	4,20469 26194	2	1 99998	67	1,82607 48027	2	0 86858
71	4,26267 98770	3	2 99995	71	1,85125 83487	3	1 30287
73	4,29045 94411	4	3 99992	73	1,86332 28601	4	1 73715
79	4,36944 78525	5	4 99988	79	1,89762 70913	5	2 17142
83	4,41884 06078	6	5 99982	83	1,91907 80024	6	2 60569
89	4,48863 63697	7	6 99976	89	1,94939 00066	7	3 03996
97	4,57471 09785	8	7 99968	97	1,98677 17343	8	3 47422
100	4,60517 01860	9	8 99960	100	2,00000 00000	9	3 90848
	a Ln 10		n = 6		a Lg e		n = 6
1	2,30258 50930	1	0,00000 10000	1	0,43429 44819	1	0,00000 04343
2	4,60517 01860	2	20000	2	0,86858 89638	2	08686
3	6,90775 52790	3	30000	3	1,30288 34457	3	13029
4	9,21034 03720	4	40000	4	1,73717 79276	4	17372
5	11,51292 54650	5	50000	5	2,17147 24095	5	21715
6	13,81551 05580	6	60000	6	2,60576 68914	6	26058
7	16,11809 56510	7	70000	7	3,04006 13733	7	30401
8	18,42068 07440	8	80000	8	3,47435 58552	8	34743
9	20,72326 58369	9	90000	9	3,90865 03371	9	39086

IVa. Reduktionstafel für Bogen und Zeit.

Std.	Grade	Um-drehungen oder Tage	Zeit-Min.	Grade Min.	Um-drehungen oder Tage	Zeit-Min.	Grade Min.	Um-drehungen oder Tage			Um-drehungen oder Tage
1	15°	0,041667	1	15'	0,000694	31	45	0,021528	1^s	15"	0,000011$_6$
2	30	083333	2	30	001389	32	8°	022222	2	30	23$_1$
3	45	125000	3	45	002083	33	15	022917	3	45	34$_7$
4	60	166667	4	1°	002778	34	30	023611	4	60	46$_3$
5	75	208333	5	15	003472	35	45	024306	5	75	57$_9$
6	90	250000	6	30	004167	36	9°	025000	6	90	69$_4$
7	105	291667	7	45	004861	37	15	025694	7	105	81$_0$
8	120	333333	8	2°	005556	38	30	026389	8	120	92$_6$
9	135	375000	9	15	006250	39	45	027083	9	135	104$_1$
10	150	416667	10	30	006944	40	10°	027778	10	150	1 15$_7$
11	165	458333	11	45	007639	41	15	028472	1'	4^s	0,000046$_3$
12	180	500000	12	3°	008333	42	30	029167	2	8	92$_6$
13	195	541667	13	15	009028	43	45	029861	3	12	138$_9$
14	210	583333	14	30	009722	44	11°	030556	4	16	185$_2$
15	225	625000	15	45	010417	45	15	031250	5	20	231$_5$
16	240	666667	16	4°	011111	46	30	031944	6	24	277$_8$
17	255	708333	17	15	011806	47	45	032639	7	28	324$_1$
18	270	750000	18	30	012500	48	12°	033333	8	32	370$_4$
									9	36	416$_7$
19	285	791667	19	45	013194	49	15	034028	10	40	0,000463$_0$
20	300	833333	20	5°	013889	50	30	034722			
21	315	875000	21	15	014583	51	45	035417	1"	0^s,07	0,000000$_8$
22	330	916667	22	30	015278	52	13°	036111	2	13	1$_5$
23	345	958333	23	45	015972	53	15	036806	3	20	2$_3$
24	360	1,000000	24	6°	016667	54	30	037500	4	27	3$_1$
									5	33	3$_8$
			25	15	017361	55	45	038194	6	40	4$_6$
			26	30	018056	56	14°	038889	7	47	5$_4$
			27	45	018750	57	15	039583	8	53	6$_2$
			28	7°	019444	58	30	040278	9	60	6$_9$
			29	15	020139	59	45	040972	10	67	7$_7$
			30	30	020833	60	15°	041667			

Tafel der Bogenlängen ($r = 1$).

a	$a\pi : 180$ $= a \text{ Arc } 1°$	$a\pi : 180 \cdot 60$ $= a \text{ Arc } 1'$	$a\pi : 180 \cdot 60^2$ $= a \text{ Arc } 1''$	$a \cdot 180 \cdot 60 : \pi$ $= a : \text{Arc } 1'$	$a \cdot 180 \cdot 60^2 : \pi$ $= a : \text{Arc } 1''$
1	0,0174533	0,00029 08882	0,00000 48481$_4$	3437,7468	206264,806
2	0349066	58 17764	0 96962$_7$	6875,4935	412529,612
3	0523599	87 26646	1 45444$_1$	10313,2403	618794,419
4	0698132	116 35528	1 93925$_5$	13750,9871	825059,225
5	0872665	145 44410	2 42406$_4$	17188,7338	1031324,031
6	1047198	174 53293	2 90888$_2$	20626,4806	1237588,837
7	1221730	203 62175	3 39369$_8$	24064,2274	1443853,643
8	1396263	232 71057	3 87850$_9$	27501,9742	1650118,450
9	0,1570796	0,00261 79939	0,00004 36332$_3$	30939,7209	1856383,256

$\pi = 3{,}14159\ 26535\ 89793\ 23846\ 26433\ 83279\ 50288\ 41971\ 69399\ 37510$

$\text{Lg } \pi = 0{,}49714\ 98727 \qquad \text{Ln } \pi = 1{,}14472\ 98858 \qquad \pi^2 = 9{,}86960\ 44011$

$\sqrt{\pi} = 1{,}77245\ 38509 \qquad \sqrt[3]{\pi} = 1{,}46459\ 18876 \qquad \sqrt[3]{\pi^2} = 2{,}14502\ 93771$

$1 : \pi = 0{,}31830\ 98862 \qquad \sqrt{1 : \pi} = 0{,}56418\ 95835 \qquad 1 : \pi^2 = 0{,}10132\ 11836$

$180 : \pi = 57{,}29577\ 95131 = 57° 17' 44'',800 \qquad \text{Lg Si } 1'' = 4{,}68557\ 48008$

IVb. Sehnentafel.

(r = 10000)

Winkel	Sehne	Pfeil	Winkel	Sehne	Pfeil	Winkel	Sehne	Pfeil	Winkel	Sehne	Pfeil
1°	175	0	46°	7815	795	91°	14265	2991	136°	18544	6254
2	349	2	47	7975	829	92	14387	3053	137	18608	6335
3	524	3	48	8135	865	93	14507	3116	138	18672	6416
4	698	6	49	8294	900	94	14627	3180	139	18733	6498
5	872	10	50	8452	937	95	14746	3244	140	18794	6580
6	1047	14	51	8610	974	96	14863	3309	141	18853	6662
7	1221	19	52	8767	1012	97	14979	3374	142	18910	6744
8	1395	24	53	8924	1051	98	15094	3439	143	18966	6827
9	1569	31	54	9080	1090	99	15208	3506	144	19021	6910
10	1743	38	55	9235	1130	100	15321	3572	145	19074	6993
11	1917	46	56	9389	1171	101	15432	3639	146	19126	7076
12	2091	55	57	9543	1212	102	15543	3707	147	19176	7160
13	2264	64	58	9696	1254	103	15652	3775	148	19225	7244
14	2437	75	59	9848	1296	104	15760	3843	149	19273	7328
15	2611	86	60	10000	1340	105	15867	3912	150	19319	7412
16	2783	97	61	10151	1384	106	15973	3982	151	19363	7496
17	2956	110	62	10301	1428	107	16077	4052	152	19406	7581
18	3129	123	63	10450	1474	108	16180	4122	153	19447	7666
19	3301	137	64	10598	1520	109	16282	4193	154	19487	7750
20	3473	152	65	10746	1566	110	16383	4264	155	19526	7836
21	3645	167	66	10893	1613	111	16483	4336	156	19563	7921
22	3816	184	67	11039	1661	112	16581	4408	157	19598	8006
23	3987	201	68	11184	1710	113	16678	4481	158	19633	8092
24	4158	219	69	11328	1759	114	16773	4554	159	19665	8178
25	4329	237	70	11472	1808	115	16868	4627	160	19696	8264
26	4499	256	71	11614	1859	116	16961	4701	161	19726	8350
27	4669	276	72	11756	1910	117	17053	4775	162	19754	8436
28	4838	297	73	11896	1961	118	17143	4850	163	19780	8522
29	5008	319	74	12036	2014	119	17233	4925	164	19805	8608
30	5176	341	75	12175	2066	120	17321	5000	165	19829	8695
31	5345	364	76	12313	2120	121	17407	5076	166	19851	8781
32	5513	387	77	12450	2174	122	17492	5152	167	19871	8868
33	5680	412	78	12586	2229	123	17576	5228	168	19890	8955
34	5847	437	79	12722	2284	124	17659	5305	169	19908	9042
35	6014	463	80	12856	2340	125	17740	5383	170	19924	9128
36	6180	489	81	12989	2396	126	17820	5460	171	19938	9215
37	6346	517	82	13121	2453	127	17899	5538	172	19951	9302
38	6511	545	83	13252	2510	128	17976	5616	173	19963	9390
39	6676	574	84	13383	2569	129	18052	5695	174	19973	9477
40	6840	603	85	13512	2627	130	18126	5774	175	19981	9564
41	7004	633	86	13640	2686	131	18199	5853	176	19988	9651
42	7167	664	87	13767	2746	132	18271	5933	177	19993	9738
43	7330	696	88	13893	2807	133	18341	6013	178	19997	9825
44	7492	728	89	14018	2867	134	18410	6093	179	19999	9913
45	7654	761	90	14142	2929	135	18478	6173	180	20000	10000

IVb. Trigon. Zahlen und hyperb. Funktionen (147). 341

Ang. trs. ψ	Si ψ Tg α	Tg ψ Sih φ	Se ψ Coh φ	Sect. hyp. φ	Ang. com. α	Ang. trs. ψ	Si ψ Tg α	Tg ψ Sih φ	Se ψ Coh φ	Sect. hyp. φ	Ang. com. α
1°	0,0175	0,0175	1,0002	0,0076	1° 0'	46°	0,7193	1,0355	1,4396	0,3936	35°44'
2	0349	0349	0006	0152	2 0	47	7314	0724	4663	4046	36 11
3	0523	0524	0014	0227	3 0	48	7431	1106	4945	4158	36 37
4	0698	0699	0024	0303	3 59	49	7547	1504	5243	4273	37 3
5	0872	0875	0038	0379	4 59	50	7660	1918	5557	4389	37 27
6	0,1045	0,1051	1,0055	0,0456	5 58	51	0,7771	1,2349	1,5890	0,4509	37 51
7	1219	1228	0075	0532	6 57	52	7880	2799	6243	4630	38 14
8	1392	1405	0098	0608	7 55	53	7986	3270	6616	4755	38 37
9	1564	1584	0125	0685	8 53	54	8090	3764	7013	4882	38 58
10	1736	1763	0154	0762	9 51	55	8192	4281	7434	5013	39 19
11	0,1908	0,1944	1,0187	0,0839	10 48	56	0,8290	1,4826	1,7883	0,5147	39 40
12	2079	2126	0223	0916	11 45	57	8387	5399	8361	5284	39 59
13	2250	2309	0263	0994	12 41	58	8480	6003	8871	5425	40 18
14	2419	2493	0306	1072	13 36	59	8572	6643	9416	5570	40 36
15	2588	2679	0353	1150	14 31	60	8660	7321	2,0000	5719	40 54
16	0,2756	0,2867	1,0403	0,1229	15 25	61	0,8746	1,8040	2,0627	0,5873	41 10
17	2924	3057	0457	1308	16 18	62	8829	8807	1301	6032	41 27
18	3090	3249	0515	1387	17 10	63	8910	9626	2027	6296	41 42
19	3256	3443	0576	1467	18 2	64	8988	2,0503	2812	6366	41 57
20	3420	3640	0642	1548	18 53	65	9063	1445	3662	6542	42 11
21	0,3584	0,3839	1,0711	0,1629	19 43	66	0,9135	2,2460	2,4586	0,6725	42 25
22	3746	4040	0785	1710	20 32	67	9205	3558	5593	6915	42 38
23	3907	4245	0864	1792	21 21	68	9272	4751	6695	7113	42 50
24	4067	4452	0946	1875	22 8	69	9336	6051	7904	7320	43 2
25	4226	4663	1034	1958	22 55	70	9397	7475	9238	7537	43 13
26	0,4384	0,4877	1,1126	0,2042	23 40	71	0,9455	2,9042	3,0716	0,7764	43 24
27	4540	5095	1223	2127	24 25	72	9511	3,0777	2361	8003	43 34
28	4695	5317	1326	2212	25 9	73	9563	2709	4203	8255	43 43
29	4848	5543	1434	2299	25 52	74	9613	4874	6280	8522	43 52
30	5000	5774	1547	2386	26 34	75	9659	7321	8637	8806	44 0
31	0,5150	0,6009	1,1666	0,2474	27 15	76	0,9703	4,0108	4,1336	0,9109	44 8
32	5299	6249	1792	2562	27 55	77	9744	3315	4454	9433	44 15
33	5446	6494	1924	2652	28 34	78	9781	7046	8097	9784	44 22
34	5592	6745	2062	2743	29 13	79	9816	5,1446	5,2408	1,0164	44 28
35	5736	7002	2208	2835	29 50	80	9848	6713	7588	0580	44 34
36	0,5878	0,7265	1,2361	0,2928	30 27	81	0,9877	6,3138	6,3925	1,1040	44 39
37	6018	7536	2521	3023	31 2	82	9903	7,1154	7,1853	1554	44 43
38	6157	7813	2690	3118	31 37	83	9925	8,1443	8,2055	2135	44 47
39	6293	8098	2868	3215	32 12	84	9945	9,5144	9,5668	2809	44 51
40	6428	8391	3054	3313	32 44	85	9962	11,4301	11,4737	3599	44 53
41	0,6561	0,8693	1,3250	0,3413	33 16	86	0,9976	14,3007	14,3356	1,4569	44 56
42	6691	9004	3456	3514	33 47	87	9986	19,0811	19,1073	5819	44 58
43	6820	9325	3673	3617	34 18	88	9994	28,6363	28,6537	7581	44 59
44	6947	9657	3902	3721	34 47	89	9998	57,2900	57,2987	2,0591	45 0
45	7071	1,0000	4142	3828	35 16	90	1,0000	∞	∞	∞	45 0

IVc. Trigonometrische Tafel.
Log. Sinus.

	0'	2'	4'	6'	8'	10'	12'	14'	16'	18'
0° 0'	„	6,7648	7,0658	7,2419	7,3668	7,4637	7,5429	7,6099	7,6678	7,7190
20	7,7648	7,8061	7,8439	7,8787	7,9109	7,9408	7,9689	7.9952	8,0200	8,0435
40	8,0658	8,0870	8,1072	8,1265	8,1450	8,1627	8,1797	8,1961	8,2119	8,2271
1 0	2419	2561	2699	2832	2962	3088	3210	3329	3445	3558
20	3668	3775	3880	3982	4082	4179	4275	4368	4459	4549
40	4637	4723	4807	4890	4971	5050	5129	5206	5281	5355
2 0	5428	5500	5571	5640	5708	5776	5842	5907	5972	6035
20	6097	6159	6220	6279	6339	6397	6454	6511	6567	6622
40	6677	6731	6784	6837	6889	6940	6991	7041	7090	7140
3 0	7188	7236	7283	7330	7377	7423	7468	7513	7557	7602
20	7645	7688	7731	7773	7815	7857	7898	7939	7979	8019
40	8059	8098	8137	8175	8213	8251	8289	8326	8363	8400
4 0	8436	8472	8508	8543	8578	8613	8647	8682	8716	8749
20	8783	8816	8849	8882	8914	8946	8978	9010	9042	9073
40	9104	9135	9166	9196	9226	9256	9286	9315	9345	9374
5 0	9403	9432	9460	9489	9517	9545	9573	9601	9628	9655
20	9682	9709	9736	9763	9789	9816	9842	9868	9894	9919
40	8,9945	8,9970	8,9996	9,0021	9,0046	9,0070	9,0095	9,0120	9,0144	9,0168
6 0	9,0192	9,0216	9,0240	9,0264	9.0287	9,0311	9,0334	9 0357	0,0380	9,0403
20	0426	0449	0472	0494	0516	0539	0561	0583	0605	0626
40	0648	0670	0691	0712	0734	0755	0776	0797	0818	0838
7 0	0859	0879	0900	0920	0940	0961	0981	1001	1020	1040
20	1060	1080	1099	1118	1138	1157	1176	1195	1214	1233
40	1252	1271	1289	1308	1326	1345	1363	1381	1399	1418
8 0	1436	1453	1471	1489	1507	1525	1542	1560	1577	1594
20	1612	1629	1646	1663	1680	1697	1714	1731	1747	1764
40	1781	1797	1814	1830	1847	1863	1879	1895	1911	1927
9 0	1943	1959	1975	1991	2007	2022	2038	2054	2069	2085
20	2100	2115	2131	2146	2161	2176	2191	2206	2221	2236
40	2251	2266	2280	2295	2310	2324	2339	2353	2368	2382
10 0	2397	2411	2425	2439	2454	2468	2482	2496	2510	2524

	10°	11°	12°	13°	14°	15°	16°	17°	18°	19°
0'	9,2397	9,2806	9,3179	9,3521	9,3837	9,4130	9,4403	9,4659	9.4900	9,5126
4	2425	2832	3202	3543	3857	4149	4421	4676	4915	5141
8	2454	2858	3226	3564	3877	4168	4438	4692	4931	5156
12	2482	2883	3250	3586	3897	4186	4456	4709	4946	5170
16	2510	2909	3273	3608	3917	4205	4473	4725	4962	5185
20	2538	2934	3296	3629	3937	4223	4491	4741	4977	5199
24	2565	2959	3319	3650	3957	4242	4508	4757	4992	5213
28	2593	2984	3342	3671	3976	4260	4525	4773	5007	5228
32	2620	3009	3365	3692	3996	4278	4542	4789	5022	5242
36	2647	3034	3387	3713	4015	4296	4559	4805	5037	5256
40	2674	3058	3410	3734	4035	4314	4576	4821	5052	5270
44	2701	3083	3432	3755	4054	4332	4593	4837	5067	5285
48	2727	3107	3455	3775	4073	4350	4609	4853	5082	5299
52	2754	3131	3477	3796	4092	4368	4626	4869	5097	5313
56	2780	3155	3499	3816	4111	4386	4643	4884	5112	5327
60	2806	3179	3521	3837	4130	4403	4659	4900	5126	5341

IVc. Trigonometrische Tafel.
Log. Sinus.

	20°	21°	22°	23°	24°	25°	26°	27°	28°	29°
0'	9,5341	9,5543	9,5736	9,5919	9,6093	9,6259	9,6418	9,6570	9,6716	9,6856
10	5375	5576	5767	5948	6121	6286	6444	6595	6740	6878
20	5409	5609	5798	5978	6149	6313	6470	6620	6763	6901
30	5443	5641	5828	6007	6177	6340	6495	6644	6787	6923
40	5477	5673	5859	6036	6205	6366	6521	6668	6810	6946
50	5510	5704	5889	6065	6232	6392	6546	6692	6833	6968

	30°	31°	32°	33°	34°	35°	36°	37°	38°	39°
0'	9,6990	9,7118	9,7242	9,7361	9,7476	9,7586	9,7692	9,7795	9,7893	9,7989
10	7012	7139	7262	7380	7494	7604	7710	7811	7910	8004
20	7033	7160	7282	7400	7513	7622	7727	7828	7926	8020
30	7055	7181	7302	7419	7531	7640	7744	7844	7941	8035
40	7076	7201	7322	7438	7550	7657	7761	7861	7957	8050
50	7097	7222	7342	7457	7568	7675	7778	7877	7973	8066

	40°	41°	42°	43°	44°	45°	46°	47°	48°	49°
0'	9,8081	9,8169	9,8255	9,8338	9,8418	9,8495	9,8569	9,8641	9,8711	9,8778
10	8096	8184	8269	8351	8431	8507	8582	8653	8722	8789
20	8111	8198	8283	8365	8444	8520	8594	8665	8733	8800
30	8125	8213	8297	8378	8457	8532	8606	8676	8745	8810
40	8140	8227	8311	8391	8469	8545	8618	8688	8756	8821
50	8155	8241	8324	8405	8482	8557	8629	8699	8767	8832

	50°	51°	52°	53°	54°	55°	56°	57°	58°	59°
0'	9,8843	9,8905	9,8965	9,9023	9,9080	9,9134	9,9186	9,9236	9,9284	9,9331
10	8853	8915	8975	9033	9089	9142	9194	9244	9292	9338
20	8864	8925	8985	9042	9098	9151	9203	9252	9300	9346
30	8874	8935	8995	9052	9107	9160	9211	9260	9308	9353
40	8884	8945	9004	9061	9116	9169	9219	9268	9315	9361
50	8895	8955	9014	9070	9125	9177	9228	9276	9323	9368

	60°	61°	62°	63°	64°	65°	66°	67°	68°	69°
0'	9,9375	9,9418	9,9459	9,9499	9,9537	9,9573	9,9607	9,9640	9,9672	9,9702
10	9383	9425	9466	9505	9543	9579	9613	9646	9677	9706
20	9390	9432	9473	9512	9549	9584	9618	9651	9682	9711
30	9397	9439	9479	9518	9555	9590	9624	9656	9687	9716
40	9404	9446	9486	9524	9561	9596	9629	9661	9692	9721
50	9411	9453	9492	9530	9567	9602	9635	9667	9697	9725

	70°	71°	72°	73°	74°	75°	76°	77°	78°	79°
0'	9,9730	9,9757	9,9782	9,9806	9,9828	9,9849	9,9869	9,9887	9,9904	9,9991
10	9734	9761	9786	9810	9832	9853	9872	9890	9907	9922
20	9739	9765	9790	9814	9836	9856	9875	9893	9909	9924
30	9743	9770	9794	9817	9839	9859	9878	9896	9912	9927
40	9748	9774	9798	9821	9843	9863	9881	9899	9914	9929
50	9752	9778	9802	9825	9846	9866	9884	9901	9917	9931

	80°	81°	82°	83°	84°	85°	86°	87°	88°	89°
0'	9,9934	9,9946	9,9958	9,9968	9,9976	9,9983	9,9989	9,9994	9,9997	9,9999
10	9936	9948	9959	9969	9977	9985	9990	9995	9998	0,0000
20	9938	9950	9961	9971	9979	9986	9991	9995	9998	0000
30	9940	9952	9963	9972	9980	9987	9992	9996	9999	0000
40	9942	9954	9964	9973	9981	9988	9993	9996	9999	0000
50	9944	9956	9966	9975	9982	9989	9993	9997	9999	0000

IV d. Trigonometrische Tafel.
Log. Tangens.

	0'	2'	4'	6'	8'	10'	12'	14'	16'	18'
0° 0'	„	6,7648	7,0658	7,2419	7,3668	7,4637	7,5429	7,6099	7,6678	7,7190
20	7,7648	7,8062	7,8439	7,8787	7,9109	7,9409	7,9689	7,9952	8,0200	8,0435
40	8,0658	8,0870	8,1072	8,1265	8,1450	8,1627	8,1798	8,1962	8,2120	8,2272
1 0	2419	2562	2700	2833	2963	3089	3211	3330	3446	3559
20	3669	3776	3881	3983	4083	4181	4276	4370	4461	4551
40	4638	4725	4809	4892	4973	5053	5131	5208	5283	5358
2 0	5431	5503	5573	5643	5711	5779	5845	5911	5975	6038
20	6101	6163	6223	6283	6343	6401	6459	6515	6571	6627
40	6682	6736	6789	6842	6894	6945	6996	7046	7096	7145
3 0	7194	7242	7290	7337	7383	7429	7475	7520	7565	7609
20	7652	7696	7739	7781	7823	7865	7906	7947	7988	8028
40	8067	8107	8146	8185	8223	8261	8299	8336	8373	8410
4 0	8446	8483	8518	8554	8589	8624	8659	8694	8728	8762
20	8795	8829	8862	8895	8927	8960	8992	9024	9056	9087
40	9118	9150	9180	9211	9241	9272	9302	9331	9361	9390
5 0	9420	9449	9477	9506	9534	9563	9591	9619	9646	9674
20	9701	9729	9756	9782	9809	9836	9862	9888	9915	9940
40	8,9966	8,9992	9,0017	9,0043	9,0068	9,0093	9,0118	9,0143	9,0167	9,0192
6 0	9,0216	9,0240	9,0265	9,0289	9,0312	9,0336	9,0360	9,0383	9,0407	9,0430
20	0453	0476	0499	0521	0544	0567	0589	0611	0633	0656
40	0678	0699	0721	0743	0764	0786	0807	0828	0849	0870

	5°	6°	7°	8°	9°	10°	11°	12°	13°	14°
0'	8,9420	9,0216	9,0891	9,1478	9,1997	9,2463	9,2887	9,3275	9,3634	9,3968
10	9563	0336	0995	1569	2078	2536	2953	3336	3691	4021
20	9701	0453	1096	1658	2158	2609	3020	3397	3748	4074
30	9836	0567	1194	1745	2236	2680	3085	3458	3804	4127
40	9966	0678	1291	1831	2313	2750	3149	3517	3859	4178
50	9,0093	0786	1385	1915	2389	2819	3212	3576	3914	4230

	15°	16°	17°	18°	19°	20°	21°	22°	23°	24°
0'	9,4281	9,4575	9,4853	9,5118	9,5370	9,5611	9,5842	9,6064	9,6279	9,6486
10	4331	4622	4899	5161	5411	5650	5879	6100	6314	6520
20	4381	4669	4943	5203	5451	5689	5917	6136	6348	6553
30	4430	4716	4987	5245	5491	5727	5954	6172	6383	6587
40	4479	4762	5031	5287	5531	5766	5991	6208	6417	6620
50	4527	4808	5075	5329	5571	5804	6028	6243	6452	6654

	25°	26°	27°	28°	29°	30°	31°	32°	33°	34°
0'	9,6687	9,6882	9,7072	9,7257	9,7438	9,7614	9,7788	9,7958	9,8125	9,8290
10	6720	6914	7103	7287	7467	7644	7816	7986	8153	8317
20	6752	6946	7134	7317	7497	7673	7845	8014	8180	8344
30	6785	6977	7165	7348	7526	7701	7873	8042	8208	8371
40	6817	7009	7196	7378	7556	7730	7902	8070	8235	8398
50	6850	7040	7226	7408	7585	7759	7930	8097	8263	8425

	35°	36°	37°	38°	39°	40°	41°	42°	43°	44°
0'	9,8452	9,8613	9,8771	9,8928	9,9084	9,9238	9,9392	9,9544	9,9697	9,9848
10	8479	8639	8797	8954	9110	9264	9417	9570	9722	9874
20	8506	8666	8824	8980	9135	9289	9443	9595	9747	9899
30	8533	8692	8850	9006	9161	9315	9468	9621	9772	9924
40	8559	8718	8876	9032	9187	9341	9494	9646	9798	9949
50	8586	8745	8902	9058	9212	9366	9519	9671	9823	9975

IV d. Trigonometrische Tafel.
Log. Tangens.

	45°	46°	47°	48°	49°	50°	51°	52°	53°	54°
0'	0,0000	0,0152	0,0303	0,0456	0,0608	0,0762	0,0916	0,1072	0,1229	0,1387
10	0025	0177	0329	0481	0634	0788	0942	1098	1255	1414
20	0051	0202	0354	0506	0659	0813	0968	1124	1282	1441
30	0076	0228	0379	0532	0685	0839	0994	1150	1308	1467
40	0101	0253	0405	0557	0711	0865	1020	1176	1334	1494
50	0126	0278	0430	0583	0736	0890	1046	1203	1361	1521

	55°	56°	57°	58°	59°	60°	61°	62°	63°	64°
0'	0,1548	0,1710	0,1875	0,2042	0,2212	0,2386	0,2562	0,2743	0,2928	0,3118
10	1575	1737	1903	2070	2241	2415	2592	2774	2960	3150
20	1602	1765	1930	2098	2270	2444	2622	2804	2991	3183
30	1629	1792	1958	2127	2299	2474	2652	2835	3023	3215
40	1656	1820	1986	2155	2327	2503	2683	2866	3054	3248
50	1683	1847	2014	2184	2356	2533	2713	2897	3086	3280

	65°	66°	67°	68°	69°	70°	71°	72°	73°	74°
0'	0,3313	0,3514	0,3721	0,3936	0,4158	0,4389	0,4630	0,4882	0,5147	0,5425
10	3346	3548	3757	3972	4196	4429	4671	4925	5192	5473
20	3380	3583	3792	4009	4234	4469	4713	4969	5238	5521
30	3413	3617	3828	4046	4273	4509	4755	5013	5284	5570
40	3447	3652	3864	4083	4311	4549	4797	5057	5331	5619
50	3480	3686	3900	4121	4350	4589	4839	5102	5378	5669

	75°	76°	77°	78°	79°	80°	81°	82°	83°	84°
0'	0,5719	0,6032	0,6366	0,6725	0,7113	0,7537	0,8003	0,8522	0,9109	0,9784
10	5770	6086	6424	6788	7181	7611	8085	8615	9214	9907
20	5822	6141	6483	6851	7250	7687	8169	8709	9322	1,0034
30	5873	6196	6542	6915	7320	7764	8255	8806	9433	0164
40	5926	6252	6603	6980	7391	7842	8342	8904	9547	0299
50	5979	6309	6664	7047	7464	7922	8431	9005	9664	0437

		0'	2'	4'	6'	8'	10'	12'	14'	16'	18'
83°	0'	0,9109	0,9129	0,9151	0,9172	0,9193	0,9214	0,9236	0,9257	0,9279	0,9301
	20	9322	9344	9367	9389	9411	9433	9456	9479	9501	9524
	40	9547	9570	9593	9617	9640	9664	9688	9711	9735	9760
84	0	0,9784	0,9808	0,9833	0,9857	0,9882	0,9907	0,9932	0,9957	0,9983	1,0008
	20	1,0034	1,0060	1,0085	1,0112	1,0138	1,0164	1,0191	1,0218	1,0244	1,0271
	40	0299	0326	0354	0381	0409	0437	0466	0494	0523	0551
85	0	0580	0610	0639	0669	0698	0728	0759	0789	0820	0850
	20	0882	0913	0944	0976	1008	1040	1073	1105	1138	1171
	40	1205	1238	1272	1306	1341	1376	1411	1446	1482	1517
86	0	1554	1590	1627	1664	1701	1739	1777	1815	1854	1893
	20	1933	1972	2012	2053	2094	2135	2177	2219	2261	2304
	40	2348	2391	2435	2480	2525	2571	2617	2663	2710	2758
87	0	2806	2855	2904	2954	3004	3055	3106	3158	3211	3264
	20	3318	3373	3429	3485	3541	3599	3657	3717	3777	3837
	40	3899	3962	4025	4089	4155	4221	4289	4357	4427	4497
88	0	4569	4642	4717	4792	4869	4947	5027	5108	5191	5275
	20	5362	5449	5539	5630	5724	5819	5917	6017	6119	6224
	40	6331	6441	6554	6670	6789	6911	7037	7167	7300	7438
89	0	7581	7728	7880	8038	8202	8373	8550	8735	8928	9130
	20	1,9342	1,9565	1,9800	2,0048	2,0311	2,0591	2,0891	2,1213	2,1561	2,1938
	40	2,2352	2,2810	2,3322	2,3901	2,4571	2,5363	2,6332	2,7581	2,9342	3,2352

22*

Va. Physikalische Tafel.

Name.	Zeichen u. Formeln: a Atomgewicht; b Brechungsexponent; d' Dichte (Wasser = 1); d'' Dichte (Luft = 1); e spez. Wärme; l Längenausdehnung der Einheit für 1 Mill. Cent.grade; s' Schmelzpunkt; s'' Siedepunkt bei 760m Druck.
Alaun	Al K. (Na) 2 SO_4 + 12 H_2O; d' 1,71; aus Thonschiefer.
Alkohol. spir. vini	C_2H_6O; b 1,377; d' 0,79; s' —130; s'' 78,4.
Aluminium	Al.; a 27,4; d' 2,60; l 23,4; s' 700; Thonerde Al_2O_3.
Antimon, stiblum	Sb.; a 119,6; d' 6,71; l 11,6; s' 430; e 0,051.
Argentan	Leg. von 8 Cu + 3,5 Zn + 3 Ni (Gew.); l 18,4.
Arsen	As; a 74,9; d' 5,73; Arsenik As_2O_3.
Baumöl	d 0,91; s' 2,2; durch Auspressen von Samen erhalten.
Bernstein	b 1,552; d' 1,08; mineralisches Harz.
Blei, plumbum	Pb; a 206,4; d' 11,37; e 0,031; l 29,48; s' 330.
Braunstein	MnO_2; d' 5,03; Mangansuperoxyd.
Brom	Br; a 79,8; d' 3,15; s' —7.3; s'' 63; in Mineralquellen.
Calcium	Ca; a 39,9; d' 1,57; Kalk CaO; (d' 2,3—3,2).
Chlor	Cl; a 35,4; d'' 2,450; s'' —34.
Chlorsaures Kali	$KClO_3$; giebt beim Erhitzen Sauerstoff ab.
Crownglas	62,8 SiO_2+22,1 KO+12,5 CaO+2,6 Al_2O_3; b 1,50; d' 2,4—2,9;
Diamant	Reine Kohle; b 2,487; d' 3,52; e 0,147. [l 9,5.
Eisen, ferrum	Fe; a 55,9; d' 7,86; e 0,114; l 12,0; s' 1600.
Eisenvitriol	$FeSO_4$ + 7 H_2O; b 1,49; d' 1,88.
Elfenbein	d' 1,9.
Erde, humus	Zersetzungsprodukte von Gesteinen, Pflanzen- u. Tierresten.
Essigsäure	$C_2H_4O_2$; s'' 117; Bleizucker $PbC_2H_4O_3$ + 3 H_2O.
Flintglas	44,3 Si O_2+11,7 KO+43,0 PbO; b 1,6—2,0; d' 3,2—3,8; l 7,9.
Fluor	Fl; a 19,0; Fluorwasserstoff Fl H.
Flussspath	$CaFl_2$; b 1,43; d' 3,1; e 0,208; l 20,70.
Glaubersalz	Na_2SO_4+10H_2O; 14 Glb. + 6 Schwefels.+4 Wass.(Gew.) Kältem.
Gold, aurum	Au; a 196,7; d' 19,32; e 0,032; l 14,5; s' 1100.
Granit	Gemenge aus Quarz, Feldspath u. Glimmer; d' 2,58—2,96.
Gips	$CaSO_4$ + 2 H_2O; d' 2,32; Marienglas.
Höllenstein	$AgNO_3$; giftig und ätzend.
Holz, lignum	d' 0,5 (Tanne) —1,2 (Ebenholz); Pflanzenfaser $C_{12}H_{10}O_{10}$.
Jod	J; a 126,5; d 4,9; s' 104; s'' 175.
Iridium	Ir; a 192,5; d' 22,42; l 7,0; s' 2400.
Kalium	K; a 39,0; d' 0,87; e 0,170; s' 58.
Kalkspath	CaO + CO_2; d' 2,72; (isländ. Doppelspath).
Kochsalz	NaCl; d' 2,15; e 0,214; 33 Salz + 100 Schnee (Gew.) Kältem.
Königswasser	Salpetersäure + 3 Salzsäure (vol.); löst Gold und Platin.
Kohlensäure	CO_2; b 1,000449; d'' 1,529; e 0,221; s' —87.
Kohlenstoff	C; a 12,0; d' 2,3; Grubengas C_2H_4.
Kork	d' 0,24; Rinde der Korkeiche.
Kreide	$CaCO_3$; d' 2,72.

Va. Physikalische Tafel. 347

Name.	Zeichen u. Formeln: a Atomgewicht; b Brechungsexponent; d' Dichte (Wasser = 1); d'' Dichte (Luft = 1); e spez. Wärme; l Längenausdehnung der Einheit für 1 Mill. Cent.grade; s' Schmelzpunkt; s'' Siedepunkt bei 760m Druck.
Kupfer	Cu; a 63,2; d' 8,92; e 0,095; l 17,0; s' 1100.
Kupfervitriol	$CuSO_4 + 5H_2O$; d' 2,27; wird d. elektr. Str. reduz. (Galvanopl.).
Luft, atmosph.	21 O + 79 N (vol.); b 1,000294; d' 0,00129; e 0,24.
Magnesium	Mg; a 24,3; d' 1,74; s' 800; Bittersalz $MgSO_4$.
Mangan	Mn; a 54,8; d' 7,39; s' 1900.
Marmor	$CaO + CO_2$; d' 2,84; e 0,208; l 8,5.
Messing	Leg. v. 71,5 Cu + 28,5 Zn (Gew.); d' 8,4; l 18,7; s' 900.
Natrium	Na; a 23,0; d' 0,97; e 0,293; s' 90.
Nickel	Ni; a 58,6; d' 8,3; e 0,109; s' 1500.
Petroleum	roh d' 0,71; s'' 60; raff. d' 0,85; s'' 150.
Phosphor	P; a 30,9; b 2,224; d' 1,83; s' 44; s'' 287.
Platin	Pt; a 194,3; d' 21,5; e 0,032; l 8,84; s' 1800.
Pottasche	K_2CO_3; d' 2,29; e 0,216; in Holzaschenlauge.
Quecksilber	Hg; a 199,8; d' 13,55; l 181,0; s' —39; s'' 350.
Salmiakgeist	$NH_3 + H_2O$; d' 0,85; s' —49.
Salpeter	KNO_3; d' 2,09.
Salpetersäure	HNO_3; b 1,41; d' 1,54; s' —45; s'' 86.
Salzsäure	HCl; b 1,38; d' 1,22; Nebenprodukt von Soda.
Sandstein	d' 2,2—2,5; durch Thon und dgl. gebundene Quarzkörner.
Sauerkleesalz	$KO \cdot 2 C_2O_3 + H_2O$; oxalsaures Kali.
Sauerstoff	O; a 16,0; b 1,000272; d'' 1,106; e 0,218; s'' —182°.
Schiesspulver	1 Salpeter + 1 Schwefel + 3 Kohle (Gew.).
Schwefel	S; a 32,0; b 2,11; d' 2,07; l 61,0; s' 115; s'' 450.
Schwefeläther	$C_4H_{10}O$; b 1,36; d' 0,72; e 0,521; s' —90; s'' 35.
Schwefelsäure	H_2SO_4; b 1,44; d' 1,84; s' —25; s'' 288.
Silber	Ag; a 107,7; d' 10,5; e 0,057; l 19,1; s' 1000.
Silicium	Si; a 28,3; d' 2,39; Kieselsäure (Quarz) SiO_2.
Soda	$Na_2CO_3 + 10 H_2O$; meist aus Kochsalz gewonnen.
Stahl	Eisen mit 1—2% Kohle; d' 7,8; e 0,116; l 11,0; s' 1400.
Steinkohle	d' 1,27; e 0,201; fossil.-pflanzl. Ursprunges.
Stickstoff	N; a 14,0; b 1,000300; d'' 0,971; e 0,24; s'' —194.
Terpentinöl	$C_{10}H_{16}$; b 1,47; d' 0,87; e 0,41; s' —10; s'' 293.
Turmalin	b 1,668; d' 3,1; Hauptbest.: Kieselsäure und Thonerde.
Wachs	d' 0,97; s' 62; Verdauungsprodukt der Bienen.
Wasser	H_2O; b 1,34; d'' 775: e 1; s' 0; s'' 100.
Wasserstoff	H; a 1; b 1 000138; d'' 0,069; e 3,405.
Wismuth	Bi; a 208,4; d' 9,8; e 0,031; l 13,6; s' 264.
Zink	Zn; a 65,1; d' 7,15; e 0,096; l 29,1; s' 412.
Zinkvitriol	$ZnSO_4 + 7 H_2O$; d' 2,02.
Zinn	Sn; a 118,8; d' 7,3; e 0,056; l 22,5; s' 230.

Vb. Tafel für Wasserdampf (305).

Temperatur.	Spannkraft.	Temperatur.	Spannkraft.	Temperatur.	Spannkraft.	Temperatur.	Spannkraft.	Temperatur.	Spannkraft.
	mm		mm		mm		mm		mm
−20°	0,93	27°	25,50	67°	204,37	98°,0	707,17	120°	1491,28
−15	1,40	28	28,10	68	213,59	1	709,74	121	1539,25
−12	1,78	29	29,78	69	223,15	2	712,32	122	1588,47
−10	2,09	30	31,55	70	233,08	3	714,91	123	1638,96
− 9	2,26	31	33,41	71	243,38	4	717,50	124	1690,76
− 8	2,46	32	35,36	72	254,06	98,5	720,10	125	1743,88
− 7	2,67	33	37,41	73	265,13	6	722,71	126	1798,35
− 6	2,89	34	39,56	74	276,61	7	725,31	127	1854,20
− 5	3,13	35	41,83	75	288,50	8	727,93	128	1911,47
− 4	3,30	36	44,20	76	300,82	9	730,56	129	1970,15
− 3	3,66	37	46,69	77	313,58	99,0	733,19	130	2030,28
− 2	3,96	38	49,30	78	326,79	1	735,83	131	2091,90
− 1	4,27	39	52,04	79	340,46	2	738,48	132	2155,03
0	4,60	40	54,91	80	354,62	3	741,14	133	2219,69
1	4,94	41	57,91	81	369,26	4	743,82	134	2285,92
2	5,30	42	61,05	82	384,40	99,5	746,49	135	2353,73
3	5,69	43	64,34	83	400,07	6	749,17	136	2423,16
4	6,10	44	67,79	84	416,26	7	751,86	137	2494,23
5	6,53	45	71,39	85	433,00	8	754,57	138	2567,00
6	7,00	46	75,16	86	450,30	9	757,28	139	2641,44
7	7,49	47	79,09	87	468,17	100	760,00	140	2717,63
8	8,02	48	83,20	88	486,64	101	787,59	141	2795,57
9	8,57	49	87,50	89	505,70	102	816,01	142	2875,30
10	9,16	50	91,98	90	525,39	103	845,28	143	2956,86
11	9,79	51	96,66	91	545,71	104	875,41	144	3040,26
12	10,46	52	101,54	92	566,69	105	906,41	145	3125,55
13	11,16	53	106,63	93	588,33	106	938,31	146	3212,74
14	11,91	54	111,94	94	610,66	107	971,14	147	3301,87
15	12,70	55	117,47	95	633,69	108	1004,91	148	3392,98
16	13,54	56	123,24	96	657,44	109	1039,65	149	3486,09
17	14,42	57	129,25	97,0	681,93	110	1075,37	150	3581,23
18	15,36	58	135,50	1	684,42	111	1112,09	155	4088,56
19	16,35	59	142,01	2	686,92	112	1149,83	160	4651,62
20	17,39	60	148,79	3	689,43	113	1188,61	165	5274,54
21	18,50	61	155,83	4	691,94	114	1228,47	170	5961,66
22	19,66	62	163,16	97,5	694,46	115	1269,41	175	6717,43
23	20,89	63	170,78	6	696,98	116	1311,47	180	7546,39
24	22,18	64	178,71	7	699,51	117	1354,66	185	8453,23
25	23,55	65	186,94	8	702,05	118	1399,02	190	9442,70
26	24,99	66	195,49	9	704,60	119	1444,55	200	11689,0

Vc. Hypsometrische Tafel (273, 75). 349

b	β	H'	T+t	A	Engl. Mass.	mm	Fahrenh.	Cels.
mm	mm	m		m				
760	0,12	0	0°	18393	21″	533,4	0°	—17,77°
55	12	56	1	430	22	558,8	10	—12,22
50	12	112	2	467	23	584,2	20	— 6,66
45	12	168	3	503	24	609,6	30	— 1,11
40	12	225	4	540	25	635,0	32	0.00
735	12	284	5	18577	26	660,4	34	1,11
30	12	340	6	614	27	685,8	36	2,22
28	12	363	7	651	28	711,2	38	3,33
26	12	387	8	687	29	736,6	40	4,44
24	12	410	9	724	30	762,0	42	5,55
722	12	433	10	18761	Par.		44	6,66
20	12	457	11	798	Mass.		46	7,77
18	11	480	12	835	18″	487,3	48	8,88
16	11	504	13	871	19	514,3	50	10,00
14	11	527	14	908	20	541,4	52	11,11
712	11	551	15	18945	21	568,5	54	12,22
10	11	575	16	982	22	595,5	56	13,33
08	11	599	17	19019	23	622,6	58	14,44
06	11	623	18	055	24	649,7	60	15,55
04	11	647	19	092	25	676,7	62	16.66
702	11	671	20	19129	26	703,8	64	17,77
00	11	694	21	166	27	730,9	66	18,88
695	11	755	22	203	28	758,0	68	20,00
90	11	816	23	239	1‴	2,3	70	21,11
85	11	878	24	276	2	4,5	72	22,22
680	11	939	25	19313	3	6,8	74	23,33
75	11	1002	26	350	4	9,0	76	24,44
70	11	1064	27	387	5	11,3	78	25,55
65	11	1128	28	423	6	13,5	80	26,66
60	11	1191	29	460	7	15,8	82	27,77
655	10	1206	30	19497	8	18,0	84	28,88
50	10	1320	31	534	9	20,3	86	30,00
45	10	1386	32	571	10	22,6	88	31,11
40	10	1451	33	607	11	24,8	90	32,22
35	10	1518	34	644	Réaum.	Cels.	92	33,33
630	10	1584	35	19681			94	34.44
25	10	1652	36	718	1°	1,25°	96	35.55
20	10	1719	37	755	2	2,50	98	36.66
15	10	1788	38	791	3	3,75	100	37,77
10	10	1857	39	828	4	5,00	120	48,88
605	10	1926	40	19865	5	6,25	140	60,00
600	10	1996	41	902	6	7,50	160	71,11
550	09	2731	42	939	7	8,75	180	82 22
500	08	3536	43	975	8	10,00	200	93.33
400	06	5420	44	20012	9	11,25	212	100.00

Für die Bedeutung von β ist 273, für H' und A aber 275 zu vergleichen.

VI. Bessel'sche Refraktionstafel (287, 332).

$$r = \alpha(1-\beta-\gamma).$$

Zenitdistanz Z.	Mittl. Refrakt. α.	Zenitdistanz Z.	Mittl. Refrakt. α.	Zenitdistanz Z.	Mittl. Refrakt. α.	Barometer bei 0° in Mill.	β	Lufttemperatur in Cent.	γ
0°	0,0″	57°	1′ 28,7″	82° 30′	6′ 53,3″	695	0,075	−15°	−0,094
5	5,1	58	32,1	40	7 1,7	96	74	−14	89
10	10,2	59	35,8	50	10,5	97	73	−13	85
15	15,5	60	39,7	83 0	19,7	98	71	−12	81
16	16,6	61	43,8	10	29,2	99	70	−11	77
17	17,7	62	1 48,2	20	7 39,2	700	0,069	−10	−0,073
18	18,8	63	52,8	30	49,5	01	67	− 9	69
19	19,9	64	57,8	40	8 0,3	02	66	− 8	65
20	21,0	65	2 3,2	50	11,6	03	65	− 7	61
21	22,2	66	8,9	84 0	23,3	04	63	− 6	57
22	23,3	67	2 15,2	10	8 35,6	705	0,062	− 5	−0,053
23	24,5	68	21,9	20	48,4	06	61	− 4	49
24	25,7	69	29,3	30	9 1,9	07	59	− 3	45
25	26,9	70	37,3	40	16,0	08	58	− 2	42
26	28,2	71	46,1	50	30,9	09	57	− 1	38
27	29,4	72	2 55,8	85 0	9 46,5	710	0,055	0	−0,034
28	30,7	73	3 6,6	10	10 3,3	11	54	1	30
29	32,0	74	18,6	20	21,2	12	53	2	26
30	33,3	75	32,1	30	39,6	13	51	3	23
31	34,7	76	47,4	40	58,6	14	50	4	19
32	36,1	77	4 4,9	50	11 18,3	715	0,049	5	−0,015
33	37,5	78 0	25 0	86 0	38,9	16	47	6	12
34	38,9	20	32,4	10	12 0,7	17	46	7	08
35	40,4	40	40,2	20	23,7	18	45	8	05
36	41,9	79 0	48,5	30	48,3	19	43	9	−0,001
37	43,5	10	4 52,8	40	13 15,0	720	0,042	10	0,002
38	45,1	20	57,2	50	43,7	21	41	11	06
39	46,7	30	5 1,7	87 0	14 14,6	22	39	12	09
40	48,4	40	6,4	10	47,8	23	38	13	13
41	50,2	50	11,2	20	15 23,4	24	37	14	16
42	51,9	80 0	5 16,2	30	16 0,9	725	0,035	15	0,020
43	53,8	10	21,3	40	40,7	26	34	16	23
44	55,7	20	26,5	50	17 23,0	27	33	17	26
45	57,7	30	32,0	88 0	18 8,6	28	31	18	30
46	59,7	40	37,6	10	58,0	29	30	19	33
47	61,8	50	5 43,3	20	19 51,9	730	0,029	20	0,036
48	64,0	81 0	49,3	30	20 50,9	31	27	21	40
49	66,3	10	55,4	40	21 55,6	32	26	22	43
50	68,7	20	6 1,8	50	23 6,7	33	25	23	46
51	71,2	30	8,4	89 0	24 24,6	34	23	24	49
52	73,8	40	6 15,2	10	25 49,8	735	0,022	25	0,052
53	76,5	50	22,3	20	27 22,7	36	21	26	56
54	79,3	82 0	29,6	30	29 3,5	37	19	27	59
55	82,3	10	37,2	40	30 52,3	38	18	28	62
56	85,4	20	45,1	50	32 49,2	39	17	29	65
57	88,7	30	6 53,3	90 0	34 54,1	740	0,015	30	0,068

VIIa. Tafel für die Gestalt der Erde (377) und Bodes Tafel.

φ	φ−υ	log ρ 9,999	log N 0,000	Grad des Meridians	Grad des Parallels	Bodes Tafel für Auf- und Untergang.		
				m	m	D	Polhöhe	
40° 0	11 19,8	4027	5997	111 023	85384		0 0 0	
30	21,8	3902	6122	032	84757	+−	46 47 48	
41 0	23,6	3777	6247	042	84125			
30	25,2	3651	6373	051	83486			
42 0	26,6	3525	6499	061	82841	0	m m m	
30	27,8	3399	6625	071	82189	1	1 1 1	
43 0	11 28,8	3273	6752	111 081	81531	2	2 2 2	
30	29,6	3146	6878	090	80867	3	3 3 2	
44 0	30,1	3019	7005	100	80197	4	4 3 3	
30	30,5	2892	7132	110	79520	5	5 4 4	
45 0	30,7	2766	7259	119	78837	6	6 5 4	
30	30,6	2639	7386	129	78149	7	7 6 5	
46 0	11 30,3	2512	7512	111 139	77454	8	9 8 6	
10	30,2	2470	7555	142	77221	9	10 9 7	
20	30,0	2427	7597	145	76987	10	11 10 8	
30	29,8	2385	7639	149	76753	11	12 10 9	
40	29,6	2343	7682	152	76518	12	13 11 9	
50	29,4	2300	7724	155	76283	13	15 12 10	
47 0	11 29,1	2258	7766	111 158	76047	14	16 13 11	
10	28,8	2216	7808	162	75810	15	17 15 13	
20	28,5	2174	7850	165	75573	16	18 16 13	
30	28,2	2132	7893	168	75335	17	20 18 14	
40	27,9	2089	7935	171	75096	18	21 19 15	
50	27,5	2047	7977	175	74856	19	23 20 16	
48 0	11 27,1	2005	8019	111 178	74616	20	24 21 17	
10	26,7	1963	8061	181	74376	21	26 23 19	
20	26,2	1921	8103	184	74134	22	28 25 20	
30	25,8	1879	8145	187	73892	23	30 26 21	
40	25,3	1837	8187	191	73650	24	32 28 23	
50	24,8	1795	8220	194	73407	25	34 30 25	
49 0	11 24,2	1753	8271	111 197	73163	26	37 32 27	
10	23,7	1711	8313	200	72918	27	39 34 29	
20	23,1	1669	8355	204	72673	28	42 37 31	
30	22,5	1627	8396	207	72427	29	45 39 33	
40	21,9	1586	8438	210	72181	30	48 42 35	
50	21,2	1544	8480	213	71935			
50 0	11 20,5	1502	8522	111 216	71687	Diese Tafel gibt an,		
30	18,4	1377	8647	226	70941	um wie viel ein nörd-		
51 0	15,0	1252	8771	236	70189	licher Stern später		
30	13,4	1128	8895	245	69432	auf- und früher unter-,		
52 0	10,7	1005	9018	255	68670	— ein südlicher		
30	7,7	0881	9141	264	67902	früher auf- und später		
53 0	11 4,5	0759	9264	111 273	67129	untergehe als in Berlin;		
30	1,1	0637	9386	283	66351	so z. B. sagt sie, dass		
54 0	10 57,5	0515	9507	292	65568	die Sonne am längsten		
30	53,7	0395	9627	301	64780	Tage unter 47° um		
55 0	49,7	0275	9747	311	63986	27m später aufgehe als		
30	45,5	0155	9866	320	63188	in Berlin.		

VIIb. Ortstafel.

Observatorium.	Länge oder Mittags-Unterschied v. Greenwich	Breite oder Polhöhe φ	Höhe über Meer.	Temp. in C.		
				Jan.	Juli	Jahr.
	h m s	° ' "	m	°	°	°
Algier	0 12 17	36 44 0	—	12,1	25,0	18,1
Athen	1 34 56	37 58 20	120	8,1	26,9	18,5
Basel	0 30 19	47 33 36	278	0,0	19,3	9,5
Berlin	0 53 35	52 30 17	40	— 0,8	18.8	9,0
Bern	0 29 46	46 57 8	573	— 1,7	18,0	8,0
Bonn	0 28 24	50 43 45	50	1,3	18,5	9,7
Bordeaux	—0 2 5	44 50 17	—	5,6	20,6	12,8
Brüssel (Uccle)	0 17 26	50 47 53	—	2,0	18.0	9,9
Cambridge, E.	0 0 23	52 12 52	—	3,7	17.6	10,2
" U. S.	—4 44 31	42 22 48	64	— 3,9	22,5	9,2
Cap	1 13 55	—33 56 4	—	20,6	12,6	16,5
Christiania	0 42 54	59 54 44	24	— 5,1	16,5	5,2
Cordoba, Arg.	—4 16 48	—31 25 16	—	22,8	9,1	16,6
Dorpat	1 46 54	58 22 47	73	— 8,0	17,4	4,3
Edinburgh	—0 12 44	55 57 23	71	3,0	14,6	8,2
Genf	0 24 37	46 11 59	408	0,3	19,1	9,5
Göttingen	0 39 47	51 31 48	132	— 0.4	17,7	8,5
Greenwich	0 0 0	51 28 38	47	3,5	17,9	10,3
Hongkong	7 36 42	22 18 12	—	15,3	29,2	23,1
Kiel	0 40 36	54 20 29	—	0,4	17,0	8,3
Königsberg	1 21 59	54 42 51	22	— 3,9	17,3	6,6
Kopenhagen	0 50 19	55 41 14	27	— 0,4	16,6	7,4
Leiden	0 17 56	52 9 20	—	—	—	—
Leipzig	0 49 34	51 20 6	100	— 1,2	18,0	8,5
Lissabon	—0 36 45	38 42 31	—	10,3	21,7	15,6
Lyon	0 19 8	45 41 40	155	2,4	21,2	11,5
Madrid	—0 14 45	40 24 30	603	4,9	24.5	13,5
Mailand (Brera)	0 36 46	45 28 1	130	0,5	24,7	12,8
Melbourne	9 39 54	—37 49 53	—	18 3	9,0	13.9
Moskau	2 30 17	55 45 20	146	—11,1	18,9	3,9
Mt. Hamilton (Lick)	—8 6 34	37 20 24	—	—	—	—
München (Bogenh.)	0 46 27	48 8 45	526	— 3.0	17.3	7,5
Neapel (Capo di M.)	0 56 59	40 51 45	55	8,2	24,3	15,9
Neuenburg	0 27 50	46 59 51	488	— 0,8	18,8	8,8
Nizza (Mt. gros)	0 29 12	43 43 17	—	8.4	23,9	15,7
Oxford (Radcl. obs.)	—0 5 3	51 45 36	—	3,9	16,9	9,8
Paris	0 9 21	48 50 11	60	2,0	18,3	10,3
Pulkowa	2 1 19	59 46 19	—	—	—	—
Potsdam	0 52 16	52 22 56	98	— 1,2	17,5	8.1
Princeton	4 58 39	40 20 56	—	—	—	—
Rio de Janeiro	—2 52 41	—22 54 24	—	26,6	20,6	23,6
Rom (Coll. rom.)	0 49 55	41 53 54	29	6,7	24,8	15,3
Stockholm	1 12 14	59 20 34	20	— 3,7	16,4	5,2
Strassburg	0 31 2	48 35 0	150	— 0,3	19,2	10,2
Upsala	1 10 30	59 51 29	—	— 3.9	16,4	4,6
Washington	—5 8 12	38 53 39	35	0,2	24,4	12,0
Wien (Währing)	1 5 22	48 13 55	—	—	—	—
Zürich	0 34 12	47 22 40	470	— 1,2	18,6	8,6

VIIb. Ortstafel.

Ort.	Länge von Greenw. h m	Breite ° ′	Höhe über Meer. m	Bemerkungen.
Andermatt	0 34	46 38	1448	Gotthard Hosp. 2100, Furka 2436.
Appenzell	38	47 20	781	Weissbad 820, Ebenalp 1600.
Brieg	32	46 18	684	Simplon 2010, St. Bernhard 2472.
Chur	38	46 51	599	Calanda 2589.
Davos-Platz	39	46 48	1560	Flüelapass 2405.
Dissentis	35	46 43	1159	Oberalp 2052, Lukmanier 1917.
Engelberg	34	46 49	1021	Titlis 3239.
Frauenfeld	36	47 34	427	Bodensee 398.
Glarus	36	47 3	471	Glärnisch 2913, Tödi 3623.
Grimsel (Hospiz)	33	46 34	1874	Passhöhe 2183.
Interlaken	32	46 41	571	Jungfrau 4167, Thunersee 560.
Lausanne	26	46 31	507	Genfersee 375.
Lugano	36	46 0	275	Seehöhe 271, Salvatore 908.
Luzern	33	47 3	454	Seehöhe 438, Pilatus 2123.
Meiringen	33	46 44	606	Brünig 1024, Faulhorn 2683.
Neuenburg (Sech.)	28	47 0	435	Chaumont 1128, Chasseral 1609.
Säntis	37	47 15	2500	Schweiz. Höbenstation.
St. Gallen	37	47 26	648	Freudenberg 885, Gäbris 1252.
St. Moritz	39	46 31	1856	Julier 2287, Albula 2313.
Schaffhausen	34	47 42	464	Hohentwiel 691.
Schwyz	35	47 1	547	Mythen 1903.
Splügen (Dorf)	37	46 38	1471	Passhöhe 2117.
Zermatt	31	46 1	1648	Matterhorn 4515, Monte Rosa 4638.
Zürich	34	47 22	409	Uto 873, Zürichberg 679, Hörnli 1135.
Zug	34	47 10	417	Rigi 1800.
Batavia	7 8	— 6 9	—	Magn.-met. Observatorium.
Bombay	4 51	18 54	—	- - -
Calcutta	5 53	22 33	25	Dhawalagiri 8176, Gaurisankar 8840.
Chamounix	0 27	45 55	1052	Montblanc 4810.
Chicago	—5 50	41 50	—	Pikespeak 4310.
Ferro (Westspitze)	—1 11	27 45	—	Pic v. Teneriffa 3710.
Jakutzk	8 37	62 2	93	Kälte sibir. Kältepol.
Jerusalem	2 20	31 48	805	Bethlehem 790, Sinai 2244.
Innsbruck	0 46	47 18	570	Brenner 1336.
Mexiko	—6 37	19 26	2277	Popocatepetl 5410.
Palermo	0 53	38 7	72	Etna 3214, Vesuv 1198.
Peissenberg	0 44	47 48	979	Bayer. Höhenstation.
Peking	7 46	39 54	37	
Quito	—5 15	— 0 14	2914	Chimborazo 6253, Cotopaxi 5943.
San Franzisco	—8 10	37 49	—	Mt. Whitney 4541.
Sonnblick	0 52	47 3	3100	Öster. Höhenstation.
Tiflis	2 59	41 41	487	Ararat 5263.
Tokio	9 19	35 37	—	Fusijama 3770.
Toulouse	0 6	43 37	—	Pic du Midi, Observ. 2870.
Turin	0 31	45 4	250	Montcénispass 2007.

Wolf, Taschenbuch

VIIIa. Deklination und Radius der Sonne.

Datum.	1893	Corr. für 94	95	96	Radius.	Datum.	1893	Corr. für 94	95	96	Radius.
	° ′	′	′	′	″		° ′	′	′	′	″
Jan. 0	−23 3	−2	− 2	− 4	976	Juli 0	23 10	+1	+ 1	−1	944
5	−22 34	−2	− 3	− 5	976	5	22 46	+1	+ 2	−2	944
10	−21 53	−3	− 5	− 7	976	10	22 12	+2	+ 3	−2	944
15	−21 2	−3	− 6	− 8	976	15	21 28	+3	+ 5	−2	944
20	−20 1	−3	− 6	− 9	975	20	20 36	+2	+ 5	−3	944
25	−18 50	−4	− 8	−11	975	25	19 35	+3	+ 6	−4	945
Febr. 0	−17 14	−5	− 9	−13	974	Aug. 0	18 10	+4	+ 7	−4	946
5	−15 46	−5	− 9	−13	973	5	16 52	+4	+ 8	−4	946
10	−14 11	−5	−10	−14	972	10	15 27	+4	+ 8	−5	947
15	−12 30	−5	−10	−15	971	15	13 56	+4	+ 9	−6	948
20	−10 44	−5	−11	−16	970	20	12 19	+4	+ 9	−6	949
25	− 8 54	−6	−11	−16	969	25	10 37	+5	+10	−6	950
März 0	− 7 46	−6	−11	−17	968	Sept. 0	8 30	+5	+10	−7	951
5	− 5 52	−5	−11	+ 7	967	5	6 39	+6	+11	−6	952
10	− 3 55	−5	−11	+ 7	966	10	4 47	+5	+10	−7	953
15	− 1 57	−5	−11	+ 7	964	15	2 52	+5	+11	−7	955
20	+ 0 2	−6	−11	+ 7	963	20	0 55	+6	+11	−6	956
25	+ 2 0	−6	−11	+ 7	962	25	− 1 2	+6	+11	−6	957
April 0	+ 4 21	−6	−12	+ 6	960	Okt. 0	− 2 58	+5	+11	−7	959
5	6 15	−5	−11	+ 7	958	5	− 4 55	+6	+11	−6	960
10	8 7	−5	−10	+ 7	957	10	− 6 49	+5	+11	−6	961
15	9 56	−5	−10	+ 6	956	15	− 8 42	+6	+11	−6	963
20	11 41	−5	−10	+ 6	955	20	−10 31	+5	+11	−6	964
25	13 21	−5	−10	+ 5	953	25	−12 16	+5	+10	−6	966
Mai 0	14 55	−4	− 9	+ 5	952	Nov. 0	−14 16	+4	+ 9	−6	967
5	16 23	−4	− 8	+ 5	951	5	−15 50	+4	+ 9	−5	968
10	17 45	−4	− 8	+ 4	950	10	−17 17	+4	+ 8	−5	969
15	18 59	−4	− 7	+ 4	949	15	−18 37	+3	+ 7	−4	971
20	20 5	−3	− 6	+ 3	948	20	−19 49	+3	+ 7	−4	972
25	21 2	−2	− 5	+ 3	947	25	−20 51	+2	+ 5	−4	973
Juni 0	21 59	−2	− 4	+ 3	946	Dez. 0	−21 44	+2	+ 4	−3	973
5	22 36	−1	− 3	+ 2	946	5	−22 27	+2	+ 4	−2	974
10	23 3	−1	− 2	+ 2	945	10	−22 58	+1	+ 2	−2	975
15	23 20	0	− 1	+ 1	945	15	−23 18	0	+ 1	−1	975
20	23 27	0	0	0	944	20	−23 27	0	0	0	976
25	23 24	0	0	− 1	944	25	−23 24	0	− 1	+1	976

Je nach 4 Jahren wiederholen sich nahe dieselben Deklinationen.

Sonne.
Distanz 149481000 km = 11720 Erdd.
Parallaxe 8″,80.
Scheinbarer Halbmesser 959″,6.
Durchmesser 1390900 km = 109,0 Erdd.
Masse 324000 Erde.
Dichte $1^{1}/_{2}$ = 0,254 Erde.
Siderischer Umlauf 365^{d},2563.
Tropischer „ 365,2422.
Neigung des Equators 7°.
Länge des aufsteigenden Knotens 74°.
Rotationszeit 25^{d},234.

Mond.
Distanz 384390 km = 30,134 Erdd.
Equat. Parallaxe 57′ 2″,7.
Scheinbarer Halbmesser 933″,0.
Durchmesser 3477 km = 0,2726 Erdd.
Masse = 0,0123 Erde.
Dichte = 3,37 = 0,604 Erde.
Siderischer Umlauf 27^{d},321661.
Tropischer „ 27,321582.
Synodischer „ 29,530589.
Anomalist. „ 27,55460.
Draconit. „ 27,21222.

VIIIa. Wahre Länge der Sonne, Kulminationsdauer ihres Radius und Länge des Mondknotens. 355

Datum.	1893	Corr. für 94	95	96	Radius.	Datum.	1893	Corr. für 94	95	96	Radius.
Jan. 0	280° 19′	−16	−30	−45	71	Juli 0	98° 49′	−14	−27	−44	69
5	285 25	−15	−30	−45	71	5	103 35	−14	−28	−44	69
10	290 50	−14	−29	−44	70	10	108 21	−13	−28	−44	68
15	295 36	−15	−30	−44	70	15	113 7	−13	−27	−44	68
20	300 42	−15	−30	−45	70	20	117 54	−14	−28	−45	68
25	305 47	−15	−30	−45	69	25	122 40	−14	−28	−44	67
Febr. 0	311 52	−15	−29	−44	68	Aug. 0	128 24	−13	−27	−44	67
5	316 56	−15	−29	−44	68	5	133 11	−13	−27	−44	66
10	322 0	−15	−30	−44	67	10	137 59	−13	−28	−44	66
15	327 3	−15	−30	−44	67	15	142 47	−13	−27	−44	65
20	332 5	−14	−29	−44	66	20	147 36	−14	−28	−44	65
25	337 7	−15	−29	−44	66	25	152 25	−13	−27	−44	65
März 0	340 8	−15	−30	−44	65	Sept. 0	158 13	−13	−27	−44	64
5	345 8	−14	−29	−43	65	5	163 4	−13	−28	−44	64
10	350 8	−15	−29	−44	65	10	167 56	−14	−28	−44	64
15	355 7	−14	−29	−43	65	15	172 48	−14	−28	−44	64
20	0 5	−14	−29	−43	64	20	177 41	−14	−28	−44	64
25	5 3	−15	−30	−44	64	25	182 35	−14	−28	−44	64
April 0	10 58	−15	−29	−44	64	Okt. 0	187 30	−14	−28	−44	64
5	15 53	−14	−28	−43	65	5	192 25	−14	−28	−43	65
10	20 48	−14	−29	−44	65	10	197 22	−14	−29	−44	65
15	25 42	−15	−29	−44	65	15	202 19	−14	−28	−44	65
20	30 35	−15	−29	−44	65	20	207 17	−14	−28	−43	66
25	35 27	−15	−29	−44	66	25	212 16	−14	−28	−43	66
Mai 0	40 18	−14	−28	−44	66	Nov. 0	218 16	−14	−29	−43	67
5	45 9	−14	−28	−44	66	5	223 17	−14	−29	−44	67
10	49 59	−14	−28	−44	67	10	228 18	−14	−29	−43	68
15	54 48	−14	−28	−44	67	15	233 21	−15	−30	−43	68
20	59 37	−14	−28	−44	68	20	238 23	−14	−29	−43	69
25	64 25	−14	−28	−44	68	25	243 27	−15	−29	−44	70
Juni 0	70 10	−14	−28	−44	68	Dez. 0	248 31	−15	−30	−44	70
5	74 57	−14	−27	−44	69	5	253 35	−14	−29	−43	71
10	79 44	−14	−28	−44	69	10	258 40	−15	−30	−43	71
15	84 31	−14	−28	−45	69	15	263 45	−15	−29	−43	71
20	89 17	−14	−28	−44	69	20	268 51	−15	−30	−44	71
25	94 3	−14	−28	−44	69	25	273 56	−14	−29	−43	71

Je nach 4 Jahren wiederholen sich nahe dieselben Längen.

Die mittlere Länge des aufsteigenden Mondknotens an I 0 beträgt:

1884	208° 38′.8	1891	73° 14′,5	1898	297° 50′,3
1885	189 15,0	1892	53 54 8	1899	278 30,6
1886	169 56,2	1893	34 32,0	1900	259 10,9
1887	150 36,5	1894	15 12,3	1901	239 51,2
1888	131 16,8	1895	355 52,6	1902	220 31,5
1889	111 53,0	1896	336 32,9	1903	201 11,8
1890	92 34,2	1897	317 10,0	1904	181 52.1

Die Abnahme der Länge in einem julianischen Jahre beträgt 19°.34150, diejenige in einem gemeinen Jahre 19° 19′,71, in einem Schaltjahre 19° 22′,89, in einem Tage 3′,1773.

VIII b. Zeittafel.

Tage seit 1750 I 0.						Mittlere Zeit im wahren Mittage (Zeitgleichung).				
I 0	d	I 0	d	I 0	d			h m		h m
1750	0	1795	16436	1840	32871	Jan. 0	0	0 3	Juli 0	181	0 3
1	365	6	16801	1	33237	5	5	6	5	186	4
2	730	7	17167	2	33602	10	10	8	10	191	5
3	1096	8	17532	3	33967	15	15	10	15	196	6
4	1461	9	17897	4	34332	20	20	11	20	201	6
						25	25	13	25	206	6
1755	1826	1800	18262	1845	34698	Febr. 0	31	14	Aug. 0	212	6
6	2191	1	18627	6	35063	5	36	14	5	217	6
7	2557	2	18992	7	35428	10	41	15	10	222	5
8	2922	3	19357	8	35793	15	46	14	15	227	4
9	3287	4	19722	9	36159	20	51	14	20	232	3
						25	56	13	25	237	2
1760	3652	1805	20088	1850	36524	März 0	59	13	Sept. 0	243	0
1	4018	6	20453	1	36889	5	64	12	5	248	23 59
2	4383	7	20818	2	37254	10	69	11	10	253	57
3	4748	8	21183	3	37620	15	74	9	15	258	55
4	5113	9	21549	4	37985	20	79	8	20	263	53
						25	84	6	25	268	52
1765	5479	1810	21914	1855	38350	April 0	90	4	Okt. 0	273	50
6	5844	1	22279	6	38715	5	95	3	5	278	49
7	6209	2	22644	7	39081	10	100	1	10	283	47
8	6574	3	23010	8	39446	15	105	0	15	288	46
9	6940	4	23375	9	39811	20	110	23 59	20	293	45
						25	115	58	25	298	44
1770	7305	1815	23740	1860	40176	Mai 0	120	57	Nov. 0	304	44
1	7670	6	24105	1	40542	5	125	57	5	309	44
2	8035	7	24471	2	40907	10	130	56	10	314	44
3	8401	8	24836	3	41272	15	135	56	15	319	45
4	8766	9	25201	4	41637	20	140	56	20	324	46
						25	145	57	25	329	47
1775	9131	1820	25566	1865	42003	Juni 0	151	57	Dez. 0	334	49
6	9496	1	25932	6	42368	5	156	58	5	339	51
7	9862	2	26297	7	42733	10	161	59	10	344	53
8	10227	3	26662	8	43098	15	166	0 0	15	349	55
9	10592	4	27027	9	43464	20	171	1	20	354	58
1780	10957	1825	27393	1870	43829	25	176	2	25	359	0 0
1	11323	6	27758	1	44194
2	11688	7	28123	2	44559
3	12053	8	28488	3	44925
4	12418	9	28854	4	45290
1785	12784	1830	29219	1875	45655
6	13149	1	29584	6	46020
7	13514	2	29949	7	46386
8	13879	3	30315	8	46751
9	14245	4	30680	9	47116
1790	14610	1835	31045	1880	47481	1885	49308	1890	51134	1895	52960
1	14975	6	31410	1	47847	6	49673	1	51499	6	53325
2	15340	7	31776	2	48212	7	50038	2	51864	7	53691
3	15706	8	32141	3	48577	8	50403	3	52230	8	54056
4	16071	9	32506	4	48942	9	50769	4	52595	9	54421

In der die Tage des Jahres enthaltenden Columne ist für Schaltjahre vom 0ten März an jede Zahl um eine Einheit zu vermehren; so z. B. entspricht nach ihr der 109te Tag des Jahres in gemeinen Jahren dem 19., in Schaltjahren dem 18. April.

VIIIb. Zeittafel (416).   357
Sternzeit im mittlern Mittag von Greenwich.

	R der mittl. Sonne.	N_1		R der mittl. Sonne.	N_1	$N_1 + N_2$	Sternzeit	Abzug zur Verwandl. in m. Zeit.
	h m s			h m s			h	m s
Jan. 0	18 40 25,8	0	Juli 0	6 34 2,3	27	0 +0,0	1	0 9,830
5	19 0 8,6	1	5	6 53 45,1	27	20 +0,1	2	0 19,659
10	19 19 51,3	1	10	7 13 27,9	28	40 +0,3	3	0 29,489
15	19 39 34,1	2	15	7 33 10,7	29	60 +0,4	4	0 39,318
20	19 59 16,9	3	20	7 52 53,4	30	80 +0,6	5	0 49,148
25	20 18 59,7	4	25	8 12 36,2	30	100 +0,7	6	0 58,977
Febr. 0	20 42 39,0	5	Aug. 0	8 36 15,5	31	120 +0,8	7	1 8,807
5	21 2 21,8	5	5	8 55 58,3	32	140 +0,9	8	1 18,637
10	21 22 4,6	6	10	9 15 41,1	33	160 +1,0	9	1 28,466
15	21 41 47,3	7	15	9 35 23,9	33	180 +1,0	10	1 38,296
20	22 1 30,1	7	20	9 55 6,6	34	200 +1,1	11	1 48,125
25	22 21 12,9	8	25	10 14 49,4	35	220 +1,1	12	1 57,955
März 0	22 33 2,6	9	Sept. 0	10 38 28,8	36	240 +1,1	13	2 7,784
5	22 52 45,3	10	5	10 58 11,5	36	260 +1,1	14	2 17,614
10	23 12 28,1	11	10	11 17 54,3	37	280 +1,1	15	2 27,443
15	23 32 10,9	11	15	11 37 37,1	38	300 +1,1	16	2 37,273
20	23 51 53,7	12	20	11 57 19,9	39	320 +1,0	17	2 47,103
25	0 11 36,4	13	25	12 17 2,6	40	340 +1,0	18	2 56,932
April 0	0 35 15,8	13	Okt. 0	12 36 45,4	40	360 +0,9	19	3 6,762
5	0 54 58,6	14	5	12 56 28,2	41	380 +0,8	20	3 16,591
10	1 14 41,3	15	10	13 16 11,0	42	400 +0,7	21	3 26,421
15	1 34 24,1	15	15	13 35 53,8	42	420 +0,6	22	3 36,250
20	1 54 6,9	16	20	13 55 36,5	43	440 +0,4	23	3 46,080
25	2 13 49,7	17	25	14 15 19,3	44	460 +0,3	24	3 55,909
Mai 0	2 33 32,4	18	Nov. 0	14 38 58,6	45	480 +0,1		
5	2 53 15,2	18	5	14 58 41,4	45	500 0,0	m	s
10	3 12 58,0	19	10	15 18 24,2	46	520 −0,1	1	0,164
15	3 32 40,8	20	15	15 38 7,0	47	540 −0,3	2	0,328
20	3 52 23,6	21	20	15 57 49,7	48	560 −0,4	3	0,491
25	4 12 6,3	21	25	16 17 32,5	48	580 −0,6	4	0,655
Juni 0	4 35 45,7	22	Dez. 0	16 37 15,3	49	600 −0,7	5	0,819
5	4 55 28,4	23	5	16 56 58,1	50	620 −0,8	6	0,983
10	5 15 11,2	24	10	17 16 40,9	51	640 −0,9	7	1,147
15	5 34 54,0	24	15	17 36 23,6	51	660 −1,0	8	1,311
20	5 54 36,8	25	20	17 56 6,4	52	680 −1,0	9	1,474
25	6 14 19,5	26	25	18 15 49,2	53	700 −1,1	s	s
d	m s		d	m s		720 −1,1	10	0,027
1	3 56,6		4	15 46,2		740 −1,1	20	0,055
2	7 53,1		5	19 42,8		760 −1,1	30	0,082
3	11 49,7		6	23 39,3		780 −1,1	40	0,109
						800 −1,1	50	0,137
	m s	N_2		m s	N_2	820 −1,0		
1891	−0 57,3	797	1901	−2 36,9	334	840 −1,0	Die Sternzeit
92	+2 2,0	850	2	−3 34,2	388	860 −0,9	im m. Mittag
93	+1 4,7	904	3	−4 31,5	441	880 −0,8	ist um $0^s,002738$ zu
94	+0 7,5	958	4	−1 32,2	495	900 −0,7	vermindern,
95	−0 49,8	11	5	−2 29,5	549	920 −0,6	wenn ein Ort
96	+2 9,5	65	6	−3 26,7	602	940 −0,4	ns östlich von
97	+1 12,2	119	7	−4 24,0	656	960 −0,3	Greenwich
98	+0 14,9	173	8	−1 24,7	710	980 −0,1	liegt, für Zürich
99	−0 42,4	226	9	−2 22,0	763	1000 0,0	um $5^s,62$.
1900	−1 30,6	280	1910	−3 19,3	817		

In Schaltjahren hat man im Jan. und Febr. vom Datum 1 Tag abzuziehen.

VIIIc. Tafel der Sonnenflecken und magnet. Deklinationsvariationen.

A. Epochen (422).

Minimum.	Maximum.	Minimum.	Maximum.
1610,8 8,2	1615,5 10,5	1755,2 10,2	1761,5 11,2
1619,0 15,0	1626,0 13,5	1766,5 11,3	1769,7 8,2
1634,0 11.0	1639,5 9,5	1775.5 9,0	1778,4 8,7
1645 0 10,0	1649,0 11 0	1784,7 9 2	1788,1 9,7
1655,0 11,0	1660,0 15,0	1798.3 13.6	1804,2 16,1
1666,0 13,5	1675,0 10,0	1810,6 12,3	1816,4 12,2
1679,5 10,0	1685,0 8,0	1823,3 12,7	1829,9 13,5
1689,5 8,5	1693,0 12,5	1833 9 10,6	1837,2 7,3
1698 0 14,0	1705 5 12,7	1843,5 9,6	1848,1 10,9
1712,0 11,5	1718,2 9,3	1856,0 12,5	1860,1 12,0
1723 5 10,5	1727,5 11,2	1867,2 11,2	1870.6 10,5
1734,0 11,0	1738,7 11,6	1878,9 11.7	1883 9 13,3
1745,0	1750,3	1889,6 10,7	1894,1 10,2

B. Beobachtete Relativzahlen. Jahresmittel.

	0	1	2	3	4	5	6	7	8	9
1740										80,9
50	83,4	47,7	47,8	30,7	12.2	9,6	10,2	32,4	47,6	54,0
60	62,9	85,8	61,1	45,1	36,3	20,9	11,4	37,8	69,8	106,1
70	100.8	81,6	66.5	34,8	30.6	7,0	19,8	92,5	154,4	125,9
80	84,8	68,1	38,5	22,8	10,2	24,1	82,9	132,0	130,9	118.1
90	89,9	66,6	60,0	46,9	41,0	21,3	16,0	6,4	4,1	6,8
1800	15,3	34,0	55,0	71.2	73,1	47,6	28 9	9,4	7,7	2,5
10	0,0	1,4	5,5	12,8	14 4	35 4	46,4	41.5	30,0	24,2
20	15,0	6,1	4,0	1,8	8,6	15,6	36,0	49,4	62,5	67,3
30	70,7	47,8	27,5	8,5	13,2	56,9	121,8	138,2	103,1	85.8
40	63,2	36,8	24,2	10,7	15,0	40,1	61,5	98,4	124,3	95,9
50	66,5	64,5	54.2	39,0	20.6	6,7	4,3	22,8	54,8	93,8
60	95.7	77,2	59,1	44,0	46,9	30,5	16,3	7,3	37,3	73 9
70	139,1	111,2	101.7	66.3	44,6	17,1	11,3	12,3	3,4	6,0
80	32,3	54,2	59,6	63,7	63.4	52,2	25,4	13,1	6,7	6.3
90	7,1	35,6	73,0	84,9	78,0					

C. Deklinations-Variationen (423).

	1840		1850		1860		1870		1880	
	Green-wich.	Mai-land.	Green-wich.	Mai-land.	Green-wich.	Mai-land.	Green-wich.	Mai-land.	Green-wich.	Mai-land.
0		9,48	10.77	8,91	11.16	8,04	12,52	11,52	7,98	6,87
1	9,67	8,32	9,16	7,17	10 55	7,51	12,53	11,00	9,15	7,68
2	9,04	7,50	9,24	7.58	8,47	7,61	11,91	10,32	8,80	7,66
3	9,01	7.35	8,06	7,59	9,53	7,26	10,31	8,64	9,22	8,17
4	8.68	6,98	8,50	5,76	9,34	7,19	9,07	7,77	9.72	8,54
5	9,32	7,61	7,79	5,60	9.15	5,84	7.58	5,78	8,82	7,39
6	9,62	7.93	6,85	5,12	8,49	4,21	7,45	6.31	8,44	6,24
7	11,01	9,72	6.62	5,41	7,95	4,94	6,85	5,60	7,84	6.20
8	12.22	11,37	9,37	7,71	8.93	6,81	6,79	5,27	7,23	5,83
9	11,38	9,92	11,22	10.01	10,11	8,42	6,84	6,16	6,67	5,67

VIII d. Spektraltafel (294, 440, 448, 469).

Wellenlängen der wichtigsten Fraunhofer'schen Linien des Sonnenspektrums nach den Potsdamer Bestimmungen; die Einheit der Wellenlänge ist das Milliontelmillimeter $(\mu\mu)$. „Fr." bedeutet die Fraunhofer'sche Bezeichnung, „Atm.", dass die betr. Linie oder Liniengruppe tellurisch-atmosphärischen Ursprunges ist. (Vgl. Scheiner, Spektralanalyse).

λ $\mu\mu$	Fr.	Element.	Bemerkungen.
760,4	A	—	Atm. Sehr dunkel.
726,6	—	—	„ Breite Liniengruppe.
718,4	a	—	„ „ „
687,1	B	—	„ Breites dunkles Liniensystem.
656,31	C	H	
656—650	—	—	„ Gruppe von Streifen.
627,9	—	—	„ Breiter Streifen (% Angstr.).
597—588	—	—	Gruppe dunkler Streifen und Linien.
589,63	D_1	Na	
589,02	D_2	„	
587,62	—	Helium?	Helle Linie D_3 der Sonnenchromosphäre.
580—567	—	—	Atm. Breites Linienband.
531,70	—	—	1474 Kirchh. Coronalinie.
527,02	E	Fe. Ca.	
518,39	b_1	Mg.	
517,28	b_2	Mg.	
516,93	b_3	Fe. Ni. Br.	
516,77	b_4	Mg.	
486,16	F	H.	
434,07	—	H.	($H\gamma$.)
430,83	G	Ca. Fe.	
422,71	g	Ca. Sr.	
410,20	h	H.	
396,88	H_1	Fe. Ca.	
393,42	H_2	Fe. Ca.	
563,0	—	—	⎫ Grenzkanten der drei Hauptbänder im
516,6	—	—	⎬ Kometenspektrum.
471,9	—	—	⎭
500,6	—	—	⎫
495,7	—	—	⎬ Die 4 hellsten Linien im Spektrum der
486,1	F	H.	⎬ Nebelflecke.
434,1	—	H.	⎭
557,1	—	—	Hellste Nordlichtlinie.

IXa. Planeten-

Name und Zeichen.	Mittl. Länge 1850 I 1. 0.	Länge des Perihels.	Länge des aufst. Knotens.	Neigung.	Mittl. tägl. Bewegung.
Merkur ☿	327° 15′ 20″	75° 7′ 14″	46° 33′ 9″	7° 0′ 8″	14732″,42
Venus ♀	245 33 15	129 27 15	75 19 52	3 23 35	5767,67
Erde ⊕	100 46 44	100 21 22	0 0 0	0 0 0	3548,19
Mars ♂	83 40 31	333 17 54	48 23 53	1 51 2	1886,52
Asteroiden	—	0—360	0—360	0°41′—34°43′	448—1139
Jupiter ♃	160 1 10	11 54 58	98 56 17	1 18 41	299,13
Saturn ♄	14 52 28	90 6 38	112 20 53	2 29 40	120,45
Uranus ♅	29 17 51	170 50 7	73 13 54	0 46 20	42,23
Neptun ♆	334 33 29	45 59 43	130 6 25	1 47 2	21,54

IXb. Kometen-

	Perihel-Durchgang.	Länge des Perihels.	Länge des aufst. Knotens.	Neigung.	Bewegung.
Encke	1786 I 31	156°38′	334° 8′	13° 36′	Dir.
	1835 VIII 26	157 23	334 35	13 21	
	1862 II 6	158 0	334 31	13 5	
	1888 VI 28	158 36	334 39	12 53	
Tempel₂	1889 II 2	306 8	121 9	12 45	,,
Tempel₃-Swift	1886 V 9	43 10	297 1	5 24	,,
Brorsen	1890 II 24	116 23	101 28	29 24	,,
Winnecke	1886 IX 4	276 10	104 8	14 32	,,
Tempel₁	1885 IX 26	241 22	72 24	10 50	,,
Biela Kern₁	1852 IX 24	109 5	245 50	12 33	,,
,, ,, 2	1852 IX 23	108 58	245 58	12 34	,,
D'Arrest	1884 I 14	319 11	146 7	15 42	,,
Faye	1881 I 23	50 49	209 35	11 20	,,
Tuttle	1885 IX 11	116 29	269 42	55 14	,,
Pons-Brooks	1884 I 26	93 21	254 6	74 3	,,
Olbers	1887 X 8	149 46	84 30	44 34	,,
Halley	1682 IX 15	301 56	51 11	17 45	Retr.
	1759 III 13	303 10	53 50	17 37	
	1835 XI 16	304 32	55 10	17 45	
1861 II Tebutt	1861 VI 11	249 5	278 59	85 26	Dir.
1861 I ,,	1861 VI 3	243 22	29 56	79 46	,,
1858 VI Donati	1858 IX 30	36 13	165 19	63 2	Retr.
1881 III Tebutt	1881 VI 16	265 13	270 58	63 26	Dir.
1811 I Flaugerg.	1811 IX 12	75 1	140 25	73 2	Retr.
1874 III Coggia	1874 VII 9	271 6	118 44	66 21	Dir.
1882 II ,,	1882 IX 17	276 25	346 1	38 0	Retr.

Tafel.

Sider. Umlaufszeit in m. Tagen	Sider. Umlaufszeit in Jahren	Synod. Umlauf.	Halbe grosse Axe.	Excentricität.	Durchmesser. km	Masse. Sonne = 1.	Dichte Erde = 1.
87.97	0,2408	115^d,9	0,38710	0,20560	4800	$\frac{1}{5310000}$	1,17
224,70	0,6152	583,7	0,72333	0,00684	12700	$\frac{1}{412150}$	0,81
365,26	1,0000	—	1,00000	0,01677	12756	$\frac{1}{324439}$	1,00
687,08	1,8808	779,0	1,52369	0,09326	6700	$\frac{1}{3093500}$	0,71
1138-2887	3.12-7,90	—	2,13-3,97	0,012-0,380	0—400	—	—
4432 59	11,8620	398,6	5,20280	0,04825	141100	$\frac{1}{1050}$	0,24
10759,24	29,4572	377,8	9,53886	0,05607	118600	$\frac{1}{3500}$	0,13
30688,39	84,0202	369,3	19,18329	0,04634	54000	$\frac{1}{24000}$	0,20
60181.11	164,7669	367,2	30,05508	0,00896	48400	$\frac{1}{19700}$	0,30

Tafel.

Halbe grosse Axe.	Excentricität.	Perihel-Distanz.	Aphel-Distanz.	Umlaufszeit.	Berechner.
2.2080	0.8484	0,3348	4,0812	3^n,281	Encke
2.2228	0,8450	0,3444	4.1012	3,314	,,
2.2174	0,8467	0,3399	4,0949	3,302	,,
2.2202	0,8455	0,3431	4,0973	3,308	Backlund
3.0059	0,5521	1,3463	4,6654	5,211	Schulhof
3,1177	0,6560	1,0726	5,1627	5,505	Bossert
3,0991	0,8103	0,5878	5,6104	5,456	E. Lamp
3.2338	0,7262	0,8855	5,5822	5 815	Haerdtl
3,4853	0,4051	2 0733	4,8973	6,507	Gautier
3,5137	0,7552	0,8602	6,1673	6,587	} D'Arrest
3,5287	0.7551	0,8606	6.1969	6,629	
3.5492	0,6263	1,3264	5,7720	6,686	Villarceau u. Leveau
3.8541	0.5490	1,7381	5 9701	7.566	Möller
5,7422	0.8215	1,0247	10,4596	13,760	Rahts
17,2232	0.9550	0.7751	33,6713	71,48	Schulhof u. Bossert
17,4078	0,9311	1,1996	33,6159	72·63	Ginzel
18,1699	0,9679	0,5829	35,7569	77·5	Rosenberger
18,0854	0,9677	0,5845	35,5863	76,9	,,
17,9887	0,9674	0,5866	35,3908	76,4	,,
	0.9851	0,8224		409	Kreutz
	0,9835	0,9207		415	Oppolzer
	0,9963	0,5785		ca. 1900	Hill
	0,9964	0,7345		2954	Bossert
	0,9955	1,0354		ca. 3000	Argelander
	0,9988	0,6758		—	Hepperger
	0,9999	0,0078		—	Kreutz

23 *

X a. Sternbilder und Sternnamen.

Nr.	Sternbild.	Nr.	Sternbild.		
1	Ursa minor	43	Corvus	Acharnar =	α Eridani
2	Ursa major	44	Centaurus	Aldebaran	α Tauri
3	Draco	45	Lupus	Alderamin	α Cephei
4	Cepheus	46	Ara	Algenib	α Persei
5	Bootes	47	Corona austr.	Algol	β Persei
6	Corona bor.	48	Piscis austr.	Alphard	α Hydræ
7	Herkules	49	Coma Berenices	Altair	α Aquilæ
8	Lyra	50	Columba	Antares	α Scorpii
9	Cygnus	51	Monoceros	Arcturus	α Bootis
10	Cassiopeia	52	Camelopardalus	Arneb	α Leporis
11	Perseus	53	Hydrus	Canopus	α Argus
12	Auriga	54	Phönix	Capella	α Aurigæ
13	Ophiuchus	55	Dorado	Castor	α Geminorum
14	Serpens	56	Chamaeleon	Deneb	α Cygni
15	Sagitta	57	Piscis volans	Denebola	β Leonis
16	Aquila	58	Crux	Dubhe	α Ursæ major
17	Delphinus	59	Musca	Gemma	α Coronæ
18	Equuleus	60	Apus	Hamal	α Arietis
19	Pegasus	61	Triangulum austr.	Markab	α Pegasi
20	Andromeda	62	Pavo	Menkar	α Ceti
21	Triangulum	63	Indus	Pollux	β Geminorum
22	Aries	64	Grus	Procyon	α Canis. min.
23	Taurus	65	Tucana	Regulus	α Leonis
24	Gemini	66	Lynx	Rigel	β Orionis
25	Cancer	67	Leo minor	Sadalmelek	α Aquarii
26	Leo	68	Sextans	Schedir	α Cassiopeæ
27	Virgo	69	Canes venatici	Sirius	α Canis. major
28	Libra	70	Scutum Sobiesii	Sirrah	α Andromedæ
29	Scorpius	71	Vulpecula	Spica	α Virginis
30	Sagittarius	72	Lacerta	Thuban	α Draconis
31	Capricornus	73	Apparatus sculpt.	Wega	α Lyræ
32	Aquarius	74	Fornax	Yildun	δ Ursæ minor
33	Pisces	75	Horologium		
34	Cetus	76	Reticulum		
35	Orion	77	Caelum sculptor.		
36	Eridanus	78	Mons mensæ		
37	Lepus	79	Equus pictoris		
38	Canis major	80	Antlia pneumatica		
39	Canis minor	81	Norma		
40	Argo navis	82	Telescopium		
41	Hydra	83	Octans		
42	Crater	84	Microscopium		

Nr. 1—48 finden sich schon im Almagest des Ptolemäus aufgeführt, Nr. 49—65 wurden im 16. und 17. Jahrh. namentlich durch Bartsch und Bayer eingeführt, Nr. 66—72 von Hevel, Nr. 73—84 von Lacaille.

Xa. Sterntafel. 363

Stern.	Gr.	Rect. 1900,0	Var.	Decl. 1900,0	Var.	T	Z
		h m s	s	° ′	′	h m	° ′
α Andromedæ	2,0	0 3 13	3,1	28 32,2	0,33	0 3	18 50
ι Ceti	3,3	14 20	3,1	— 9 22,7	0 33	14	56 44
12 Ceti	6,0	24 57	3,1	— 4 30,6	0,33	24	51 52
δ Andromedæ	3,3	33 59	3,2	30 19,9	0,33	33	17 3
ζ Andromedæ	4,1	42 2	3,2	23 43.5	0,33	41	23 39
43 Cephei	4,3	55 2	7,3	85 43,2	0,32	—	—38 20
β Andromedæ	2,3	1 4 7	3,3	35 5,4	0,32	1 3	12 17
α Urs. min.	2,0	22 31	24,2	88 46,5	0,31	—	—41 23
υ Persei	3,6	31 51	3,7	48 7,4	0,31	32	— 0 45
τ Ceti	3,3	39 25	2,8	—16 27,9	0,31	36	63 49
ξ Piscium	4,0	48 23	3,1	2 41,6	0,30	46	44 40
γ Andromedæ	2,4	57 46	3,7	41 51,0	0,29	57	5 31
β Triangulum	3,0	2 3 36	3,6	34 30,9	0,29	2 2	12 52
ξ² Ceti	4,0	22 50	3,2	8 0,8	0,27	20	39 21
δ Ceti	4,0	34 22	3,1	— 0 6,2	0.26	31	47 28
41 Arietis	3,8	44 5	3 5	26 51,0	0,25	42	20 31
η Eridani	3,0	51 33	2,9	9 17,8	0,24	47	56 39
α Ceti	2,3	57 3	3,1	3 41,0	0,24	53	43 40
δ Arietis	4,1	3 5 54	3,4	19 21,0	0,23	3 3	28 1
α Persei	2,0	17 12	4,3	49 30,3	0,22	17	— 2 8
ε Eridani	3,0	28 13	2,8	— 9 47,8	0,21	23	57 9
η Tauri	3,0	41 32	3,6	23 47,8	0,19	39	23 34
ε Persei	3.3	51 8	4,0	39 43,3	0,18	50	7 39
ν Tauri	4.0	57 50	3,2	5 42,8	0,17	53	41 39
o¹ Eridani	4,4	4 6 59	2,9	— 7 5,9	0,16	4 1	54 27
δ Tauri	4,0	17 10	3,5	17 18,5	0,14	13	30 3
α Tauri	1	30 11	3,4	16 18,5	0,12	26	31 3
τ Tauri	4,3	36 14	3,6	22 45,9	0,12	33	24 36
ι Aurigæ	3,0	50 29	3,9	33 0,5	0,10	48	14 22
ε Urs. min. U.	4,3	56 12	—	97 47,9	—	—	—50 24
α Aurigæ	1	5 9 18	4,4	45 53,9	0,07	5 9	1 29
β Orionis	1	9 44	2,9	— 8 19,0	0,07	3	55 41
γ Orionis	2,0	19 46	3,2	6 15,6	0,06	15	41 7
α Leporis	3.0	28 19	2,6	—17 53,6	0,05	21	65 14
χ Orionis	2,6	43 0	2,8	— 9 42,2	0,03	36	57 4
α Orionis	1	49 45	3,2	7 23.3	0,02	45	39 59
β Aurigæ	2,0	52 12	4,4	44 56,3	0,01	51	2 26
δ Urs. min. U.	4,3	6 4 32	—	93 23,1	—	—	—46 0
β Can. maj.	2,6	18 17	2,6	—17 54,4	—0,03	6 11	65 15
γ Geminorum	2,3	31 57	3,5	16 29,0	—0,05	28	30 53

Xa. Sterntafel.

Stern.	Gr.	Rect. 1900,0	Var.	Decl. 1900,0	Var.	T	Z
		h m s		° ′	′	h m	° ′
α Can. maj.	1	6 40 44	2,6	—16 34,6	—0,08	6 34	63 55
51 Cephei	5,1	53 45	29.8	87 12,3	—0,07	—	—39 49
ζ Geminorum	4,0	58 11	3,6	20 43,2	—0,08	54	26 39
63 Aurigæ	5,0	7 4 47	4,1	39 29,0	—0,09	7 4	7 53
δ Geminorum	3,3	14 9	3,6	22 9,9	—0,11	11	25 12
β Can. min.	3,0	21 44	3,3	8 29,5	—0,12	17	38 52
α Geminorum	2	28 13	3,8	32 6,4	—0,13	26	15 15
α Can. min.	1	34 4	3,1	5 28,8	—0,15	29	41 53
β Geminorum	1,3	39 12	3,7	28 16,1	—0,14	36	19 7
χ Geminorum	5,0	57 23	3,7	28 4,5	—0,16	55	19 18
ι Navis	3,0	8 3 17	2,6	—24 1,0	—0,17	56	71 21
β Cancri	3,6	11 7	3,3	9 29,6	—0,18	8 7	37 52
Br. 1197	3,6	20 40	3,0	— 3 34,8	—0,19	16	50 56
δ Cancri	4,0	39 0	3,4	18 31,3	—0,22	36	28 51
ζ Hydræ	3,3	50 7	3,2	6 19,5	—0,23	46	41 2
χ Urs. maj.	3,3	56 48	4,1	47 33,1	—0,23	56	— 0 10
θ Hydræ	4,0	9 9 10	3.1	2 44,1	—0,25	9 5	44 37
1 II. Dracon.	4,3	22 50	8,0	81 46,1	—0,26	—	— 34 23
10 Leon. min.	4,8	28 6	3,7	36 50,5	—0,26	27	10 32
ε Leonis	3,0	40 10	3,4	24 14,2	—0,27	38	23 8
π Leonis	5,0	54 56	3,2	8 31,4	—0,29	52	38 50
α Leonis	1,3	10 3 3	3.2	12 27,3	—0,29	10 1	34 54
ζ Leonis	3,0	11 8	3,3	23 54,9	—0,30	9	23 47
μ Hydræ	4,0	21 16	2,9	—16 19,5	—0,30	18	63 40
λ Leonis	5,1	44 0	3.2	11 4,4	—0,32	42	36 18
α Urs. maj.	2,0	57 34	3,7	62 17,5	—0,32	58	— 14 54
ψ Urs. maj.	3.1	11 4 3	3,4	45 2,5	—0,32	11 4	2 20
δ Leonis	2,3	8 47	3,2	21 4,4	—0,33	8	26 18
σ Leonis	4,1	15 59	3,1	6 34,7	—0,33	15	40 47
ξ Hydræ	4,0	28 5	2,9	—31 18,2	—0,33	27	78 36
3 Dracon.	5,3	36 54	3,4	67 18,0	—0,33	—	—19 55
β Leonis	2,0	43 58	3,1	15 7,8	—0,34	43	32 15
ε Corvi	3,0	12 4 59	3,1	—22 3,8	—0,33	12 5	69 24
η Virgin.	3,3	14 48	3,1	— 0 6,7	—0 33	15	47 28
δ Corvi	2,3	24 42	3,1	—15 57,6	—0,33	25	63 18
24² Comæ	5,2	30 7	3,0	18 55,6	—0,33	39	28 27
ε Urs. maj.	2,0	49 30	2,7	56 30,1	—0,33	50	— 8 8
43 Ceph. V.	4,3	55 2	—	94 16,8	—	—	—46 53
θ Virgin.	4,3	13 4 47	3,1	— 4 59,7	—0,32	13 6	52 21
γ Hydræ	3,2	13 29	3,2	—22 38,0	—0,32	15	69 58

Xa. Sterntafel. 365

Stern.	Gr.	Rekt. 1900,0	Var.	Dekl. 1900,0	Var.	T	Z
		h m s	s	° ′	′	h m	° ′
α Virgin.	1	13 19 56	3,2	—10 38,4	—0,31	13 22	58 0
α Urs. min. U.	2,0	22 31	—	91 13,5	—	—	—43 50
ζ Virgin.	3,3	29 36	3,1	— 0 5,1	—0,32	32	47 27
η Urs. maj.	2 0	43 36	2,4	49 48,7	—0,30	44	— 2 26
η Bootis	3,0	49 56	2,9	18 54,0	—0,30	51	28 28
τ Virgin.	4.0	56 33	3,0	2 1,7	—0,29	14 0	45 20
α Dracon.	3,3	14 1 41	1,6	64 51,2	—0 29	—	—17 29
d Bootis	5,0	5 51	2,7	25 33,8	—0,29	7	21 48
α Bootis	1	11 6	2,7	19 42,2	—0,31	13	27 39
ϑ Bootis	3,8	21 47	2,0	52 18,8	—0,28	21	— 4 56
γ Bootis	2 9	28 3	2,4	38 44,8	—0,26	29	8 37
π' Bootis	4,3	36 1	2,8	16 50,8	—0,26	38	30 31
α Libræ	2,3	45 21	3,3	—15 37,6	—0,25	50	62 58
β Urs. min.	2,0	51 0	—0,2	74 33,8	—0,25	—	—27 11
ψ Bootis	4,3	15 0 10	2,6	27 20,2	—0,24	15 1	20 2
β Libræ	2,0	11 37	3,2	— 9 0,8	—0,22	17	56 22
μ Bootis	3.8	20 43	2,3	37 43,6	—0,21	22	9 39
γ Libræ	4,3	29 55	3,3	—14 27,4	—0,20	35	61 48
α Coronæ	2.0	30 26	2,5	27 3,1	—0,20	32	20 19
α Serpent.	2,3	39 21	3,0	6 44,4	—0,19	43	40 37
ε Serpent.	3,3	45 50	3,0	4 46,7	—0,18	50	42 35
ε Coronæ	4,0	53 26	2.5	27 10,0	—0,18	56	20 12
β Scorpii	2,0	59 38	3.5	—19 32,0	—0,17	16 6	66 53
δ Ophiuchi	3,0	16 9 7	3,1	— 3 26,2	—0,16	14	50 48
τ Herculis	3,3	16 44	1,8	46 33,0	—0,15	17	0 50
α Scorpii	1.3	23 17	3.7	—26 12,6	—0,14	29	73 32
ζ Ophiuchi	2.6	31 40	3,3	—10 22,0	—0,13	38	57 43
η Herculis	3,1	39 29	2,1	39 6,7	—0,12	41	8 16
κ Ophiuchi	3,3	52 56	2,8	9 31,8	—0,10	57	37 51
ε Urs. min.	4,3	56 12	—6.3	82 12,1	—0,09	—	—34 49
η Ophiuchi	2,3	17 4 38	3,4	—15 36,1	—0,08	17 12	62 57
δ Herculis	3.0	10 55	2,5	24 57,4	—0,07	14	22 25
ϑ Ophiuchi	3,4	15 53	3,7	—24 54,1	—0,07	23	72 13
α Ophiuchi	2,0	30 18	2,8	12 38,0	—0,05	34	34 44
ι Herculis	3,3	36 39	1.7	46 3,5	—0,03	37	1 19
μ Herculis	3,3	42 33	2 3	27 46,7	—0,04	46	19 35
ϑ Herculis	4,0	52 50	2,1	37 15,8	—0,01	54	10 7
γ Sagitt.	3 3	59 23	3,9	—30 25,5	0,00	18 7	77 44
δ Urs. min.	4.3	18 4 32	—19.5	86 36,9	0,01	—	—39 13
η Serpent.	3,0	16 9	3.1	— 2 55,5	0,01	22	50 17

Xa. Sterntafel.

Stern.	Gr.	Rekt. 1900,0	Var.	Dekl. 1900,0	Var.	T	Z
		h m s		° ′	′	h m	° ′
χ Draconis	3,8	18 22 51	—1,1	72 41,2	0,00	—	—25 18
α Lyræ	1	33 33	+2,0	38 41,4	0,05	18 36	8 41
110 Herculis	4,0	41 21	2,6	20 27,1	0 05	45	26 55
51 Cephei U.	5,1	53 45	—	92 47,7	—	—	—45 24
ζ Aquilæ	3 0	19 0 49	2,8	13 42,9	0,09	19 5	30 39
ω Aquilæ	5,6	13 7	2,8	11 24,9	0,10	17	35 57
δ Aquilæ	3,3	20 27	3.0	2 54,9	0,12	25	44 26
h Sagitt.	4,6	30 38	3,7	—25 6,2	0,13	37	72 26
γ Aquilæ	3,0	41 31	2,9	10 22,2	0,14	45	37 0
α Aquilæ	1,3	45 54	2,9	8 36,3	0,16	50	38 46
γ Sagittæ	3,6	54 19	2,7	19 13,2	0,16	57	28 9
ϑ Aquilæ	3,0	20 6 9	3,1	— 1 7,1	0,17	20 11	48 29
α² Capric.	3,3	12 31	3,3	—12 51,3	0.18	18	60 12
γ Cygni	2,4	18 39	2,2	39 56,3	0,19	20	7 26
ε Delphini	4,0	28 27	2,9	10 57,8	0,20	32	36 24
α Cygni	1,6	38 1	2,0	44 55,4	0,21	38	2 27
ε Aquarii	3,6	42 15	3,2	— 9 51,7	0,22	47	57 13
ν Cygni	4,0	53 27	2,2	40 47,0	0,23	54	6 36
61′ Cygni	5,7	21 2 25	2,7	38 15,5	0,29	21 3	9 7
ζ Cygni	3,0	8 41	2,6	29 49,0	0,24	10	17 33
α Cephei	2,6	16 11	1,4	62 9,7	0,25	—	—14 47
1 Draconis. U.	4,3	22 50	—	98 13,9	—	—	—50 50
β Cephei	3,0	27 22	0,8	70 7,3	0,26	—	—22 44
ε Pegasi	2,3	30 17	2,9	9 25,0	0,27	42	37 57
16 Pegasi	5 3	48 31	2,7	25 27,3	0,28	50	21 55
α Aquarii	3,0	22 0 39	3,1	— 0 48,3	0,29	22 3	48 10
ζ Cephei	3,4	7 24	2,1	57 42,5	0,29	5	—10 19
γ Aquarii	3,4	16 30	3,1	— 1 53,5	0,30	19	49 16
7 Lacertæ	4,0	27 11	2,5	49 46,2	0,31	27	— 2 23
ζ Pegasi	3,3	36 28	3.0	10 18,6	0,31	38	37 4
λ Aquarii	4,0	47 24	3,1	— 8 6,7	0,32	49	55 28
α Pisc. austr.	1,3	52 8	3,3	—30 9,1	0,32	54	77 27
α Pegasi	2,0	59 47	3,0	14 40,0	0,32	23 1	32 42
c² Aquarii	4,0	23 4 7	3,2	—21 42,9	0,33	6	69 3
τ Pegasi	4,6	15 41	3,0	23 11,6	0,33	16	24 10
χ Piscium	5,3	21 50	3,1	0 42,5	0,33	22	46 39
ι Andromedæ	4 0	33 14	2,9	42 42,9	0,33	33	4 39
ω² Aquarii	4,6	37 33	3,1	—15 5.9	0,33	38	62 26
φ Pegasi	5,6	47 24	3,0	18 33,9	0,33	47	28 48
ω Piscium	4,0	54 11	3,1	6 18,6	0,33	54	41 3

Xa. Hilfstafel für die Mayer'sche Formel
($\varphi = 47^0\ 22'\ 40''$).

D	$\dfrac{\text{si}(\varphi-D)}{\text{co D}}$	$\dfrac{\text{co}(\varphi-D)}{\text{co D}}$	se D	D	$\dfrac{\text{si}(\varphi-D)}{\text{co D}}$	$\dfrac{\text{co}(\varphi-D)}{\text{co D}}$	sec D
°				°			
−30	1,127	0,252	1,155	10	0,616	0,807	1,015
−29	1,111	0,269	1,143	11	0,604	0,820	1,019
−28	1,096	0,286	1,133	12	0,592	0,833	1,022
−27	1,081	0,302	1,122	13	0,580	0,847	1,026
−26	1,066	0,318	1,113	14	0,567	0,861	1,031
−25	1,052	0,334	1,103	15	0,554	0,874	1,035
−24	1,037	0,349	1,095	16	0,542	0,888	1,040
−23	1,023	0,365	1,086	17	0,529	0,902	1,046
−22	1,009	0,380	1,078	18	0,516	0,916	1,051
−21	0,996	0,395	1,071	19	0,503	0,930	1,058
−20	0,982	0,409	1,064	20	0,489	0,945	1,064
−19	0,969	0,424	1,058	21	0,476	0,960	1,071
−18	0,956	0,438	1,051	22	0,462	0,974	1,078
−17	0,943	0,452	1,046	23	0,448	0,989	1,086
−16	0,930	0,466	1,040	24	0,434	1,005	1,095
−15	0,917	0,480	1,035	25	0,420	1,020	1,103
−14	0,905	0,494	1,031	26	0,406	1,036	1,113
−13	0,892	0,507	1,026	27	0,391	1,052	1,122
−12	0,880	0,521	1,022	28	0,376	1.068	1,133
−11	0,867	0,534	1,019	29	0,361	1,085	1,143
−10	0,855	0,547	1,015	30	0,345	1,102	1,155
− 9	0,843	0,560	1,012	31	0,329	1,119	1,167
− 8	0,831	0,574	1,010	32	0,313	1,137	1,179
− 7	0,819	0,587	1,007	33	0,296	1,155	1,192
− 6	0,807	0,600	1,005	34	0,279	1,173	1,206
− 5	0,795	0,613	1,004	35	0,262	1,192	1,221
− 4	0,783	0,626	1,002	36	0,244	1,212	1,236
− 3	0,771	0,638	1,001	37	0,226	1,232	1,252
− 2	0,759	0,651	1,001	38	0,207	1,252	1,269
− 1	0,748	0,664	1,000	39	0,188	1,273	1,287
0	0,736	0,677	1,000	40	0,168	1,295	1,305
1	0,724	0,690	1,000	41	0,147	1,317	1,325
2	0,712	0,703	1,001	42	0,126	1,340	1,346
3	0,700	0,716	1,001	43	0,104	1,363	1,367
4	0,689	0,728	1.002	44	0,082	1,388	1,390
5	0,677	0,741	1,004	45	0,059	1,413	1,414
6	0,665	0,754	1,005	46	0,035	1,439	1,440
7	0,653	0,767	1,007	47	0,010	1,466	1,466
8	0,641	0,780	1,010	48	−0,016	1,494	1,494
9	0,629	0,794	1,012	49	−0,043	1,524	1,524

Xa. Hilfstafel für die Mayer'sche Formel
($\varphi = 47^0\ 22'\ 40''$).

D	$\frac{si(\varphi-D)}{co\ D}$	$\frac{co(\varphi-D)}{co\ D}$	sec D	D	$\frac{si(\varphi-D)}{co\ D}$	$\frac{co(\varphi-D)}{co\ D}$	sec D
50	—0,071	1,554	1,556	70° 0′	—1,125	2,699	2,924
51	—0,100	1,586	1,589	30	—1,176	2,755	2,996
52	—0,131	1,619	1,624	71 0	—1,231	2,814	3,072
53	—0,163	1,654	1,662	30	—1,288	2,876	3,152
54	—0,196	1,690	1,701	72 0	—1,348	2,942	3,236
55	—0,231	1,728	1,743	30	—1,412	3,011	3,326
56	—0,268	1,768	1,788	73 0	—1,479	3,084	3,420
57	—0,307	1,810	1,836	30	—1,550	3,161	3,521
58	—0,348	1,855	1,887	74 0	—1,626	3,243	3,628
59	—0,391	1,902	1,942	30	—1,706	3,331	3,742
60	—0,437	1,952	2,000	75 0	—1,791	3,423	3,864
61	—0,486	2,005	2,063	30	—1,883	3,522	3,994
62	—0,538	2,061	2,130	76 0	—1,980	3,628	4,134
63	—0,593	2,121	2,203	30	—2,085	3,742	4,284
64	—0,653	2,186	2,281	77 0	—2,197	3,864	4,445
65	—0,716	2,255	2,366	30	—2,319	3,996	4,620
66	—0,785	2,330	2,459	78 0	—2,450	4,139	4,810
67	—0,860	2,411	2,559	30	—2,593	4,294	5,016
68	—0,940	2,498	2,669	79 0	—2,748	4,463	5,241
69	—1,028	2,594	2,790	30	—2,918	4,647	5,488

Polsterne.	D	$\frac{si(\varphi-D)}{co\ D}$	$\frac{co(\varphi-D)}{co\ D}$	sec D	$\frac{si(\varphi+D)}{co\ D}$	$\frac{co(\varphi+D)}{co\ D}$
1 Dracon.	81° 49′	— 3,973	5,794	7,025	5,445	— 4,440
	50	— 3,983	5,805	7,040	5,454	— 4,450
ε Urs. min.	82 13	— 4,218	6,061	7,384	5,690	— 4,706
	14	— 4,229	6,072	7,400	5,701	— 4,718
43 Cephei	85 38	— 8,132	10,314	13,134	9,604	— 8,959
	39	— 8,166	10,351	13,184	9,638	— 8,996
	40	— 8,201	10,388	13,235	9,672	— 9,034
ζ Urs. min.	86 36	—10,662	13,063	16,862	12,134	—11,708
	37	—10,718	13,124	16,945	12,190	—11,770
51 Cephei	87 13	—13,193	15,813	20,593	14,664	—14,458
	14	—13,277	15,904	20,717	14,749	—14,550
α Urs. min.	88 41	—28,726	32,692	43,520	30,198	—31,338
	42	—29,104	33,103	44,077	30,576	—31,748
	43	—29,492	33,524	44,650	30,963	—32,169

Xb. Veränderliche und neue Sterne
(A = Algoltypus).

Stern.	Rekt. 1900,0	Dekl. 1900.0	Grösse Max. Min.	Farbe.	Spectr. typ.	Periode etc.
T Cassiop.	h m 0 18	° ʹ 55 14	7—11	r.	IIIa	445^d
B Cassiop.	19	63 36	>1— ?	—	—	Nova 1572
S Andromedæ	37	40 43	7— 0?	g.	—	Nova 1885
U Cephei	53	81 20	7— 9	w.	I	2^d,493 (A)
S Cassiop.	1 12	72 5	7—<13	rch.	III	611^d
o Ceti	2 14	— 3 26	2— 9	rch.	IIIa	331^d
β Persei	3 2	40 34	2— 4	w.	I	2^d,867 (A)
λ Tauri	55	12 13	3— 4	w.	I	3,953 (A)
R Aurigæ	5 9	53 28	6—13	r.	III	461^d
T Aurigæ	26	30 22	5—14	g.	—	Nova 1892
ζ Geminorum	6 58	20 43	4— 5	g.	II?	10^d,15
R Geminorum	7 1	22 52	7—<13	r.	IIb	371^d
R Can. maj.	15	—16 12	6— 7	w.	II	1^d,136 (A)
U Geminorum	49	22 16	9—13	w.	—	86^d
R Cancri	8 11	12 2	6—<12	rch.	IIIa	353^d
S Cancri	38	19 24	8—10	w.	Ia	9^d,485 (A)
η Argus	10 41	—59 10	>1— 7	g.	—	Irregulär
R Virginis	12 33	7 32	7—11	gch.	IIIa	146^d
U Virginis	46	6 6	8—13	g.	IIIa	207^d
R Hydræ	13 24	—22 46	4—10	rch.	IIIa	425^d
δ Libræ	14 56	— 8 7	5— 6	w.	I	2^d,327 (A)
U Coronæ	15 14	32 1	8— 9	w.	I	3,452 (A)
R Coronæ	44	28 28	6—13	w.	III	Irregulär
T Coronæ	55	26 12	2—10	g.	IIb	Nova 1866
T Scorpii	16 11	—22 44	7—<12	—	—	Nova 1860
S Herkulis	47	15 7	6—13	g.	IIIa	308^d
Ophiuchi	54	—12 44	6—13	g.	—	Nova 1848
α Herkulis	17 10	14 30	3— 4	r.	IIIa	Irregulär
Ophiuchi	25	—21 24	>1— ?	—	—	Nova 1604
R Scuti	18 42	— 5 49	5— 9	g.	II?	71^d
β Lyræ	46	33 15	3— 5	w.	Ic	12^d,91
11 Vulpec.	19 43	27 4	3— ?	—	—	Nova 1670
χ Cygni	47	32 40	4—14	rch.	IIIa	406^d
η Aquilæ	47	0 45	4— 5	w.	IIa	7^d,18
P Cygni	20 14	37 43	3—<6	gch.	—	Nova 1600
T Aquarii	45˙	— 5 31	7—13	g.	IIIa	203^d
Y Cygni	48	34 17	7— 8	w.	—	1^d,498 (A)
Q Cygni	21 38	42 23	3—14	gch.	—	Nova 1876
δ Cephei	22 25	57 54	4— 5	g.	II	5^d,366
R Cassiop.	23 53	50 50	5—12	r.	IIIa	429^d

Wolf, Taschenbuch

Xc. Verzeichnis von Doppelsternen.

Stern.	Rekt. 1900,0		Dekl. 1900,0		Distanz.	Grössen.		Farben.		Periode.
	h	m	°	′	″					
η Cassiop.	0	43	57	17	5,0	4	8	g.	r.	ca. 200^a
α Urs. min.	1	22	88	46	18,6	2	9	g.	blch.	
γ Ariet.		48	18	48	8,5	4	4	w.	w.	
γ Andromedæ		58	41	51	10,3	3	5	g.	bl.	
ι Cassiop.	2	21	66	57	2,2	4	7	g.	bl.	
32 Eridani	3	49	— 3	15	6,8	4	6	g.	bl.	
β Orionis	5	10	— 8	19	9,7	1	8	w.	—	
λ Orionis		29	9	52	4,4	4	6	g.	r.	
ζ Orionis		36	— 2	0	2,7	2	6	g.	rch.	
α Can. maj.	6	41	—16	35	5,8	1	10	w.	—	49^a
α Geminorum	7	28	32	7	5 8	2	3	grch.	grch.	
ζ Cancri	8	6	17	57	1,0	6	7	g.	g.	60^a
ι^2 Cancri		48	30	58	1,4	6	6	g.	g.	
38 Lync.	9	13	37	14	3,0	4	·7	grch.	bl.	
γ Leonis	10	14	20	21	3,5	3	4	g.	grch.	>400^a
ξ Urs. maj.	11	13	32	5	1,6	4	5	g.	aschf.	·60^a
γ Virginis	12	37	— 0	54	5,6	3	3	g.	g.	180^a
ζ Urs. maj.	13	20	55	27	14.5	3	4	w.	w.	
η Coronæ	15	19	30	39	0.6	5	6	g.	g.	40^a
ζ Coronæ		36	36	58	6,3	4	5	grch.	grch.	
β Scorpii	16	0	—19	32	13,6	2	4	w.	rch.	
α Scorpii		23	—26	13	2,9	1	8	r.	gr.	
λ Ophiuchi		26	2	12	1,4	4	6	g.	blch.	230^a
α Herkulis	17	10	14	30	4.7	3	6	g.	r.	
τ Ophiuchi		58	— 8	11	1,7	5	6	gch.	gch.	ca. 220
70p Ophiuchi	18	0	2	32	2 2	5	6	g.	r.	95
ε^1 Lyræ		41	39	34	3,1	5	6	grch.	blch.	
ε^2 Lyræ		41	39	30	2,3	5	6	w.	w.	
β Cygni	19	27	27	45	34,6	3	6	g.	bl.	
γ Delph.	20	42	15	46	11.2	4	6	g.	bl.	
λ Cygni		44	36	7	0,7	5	7	w.	—	
61 Cygni	21	2	38	15	21.2	6	6	g.	g.	
τ Cygni		11	37	37	0,5	5	8	g.	bl.	
β Cephei		27	70	7	13.4	3	8	grch.	bl.	
ξ Cephei	22	1	64	8	6,7	5	7	gch.	bl.	
π Cephei	23	5	74	51	1,2	5	10	g.	r.	
σ Cassiop.		54	55	12	3,0	5	7	gr.	bl.	

Farbenbezeichnungen: w. = weiss, g. = gelb, gch. = gelblich, gr. = grün, grch. = grünlich, bl. = blau, blch. = bläulich, r. = rot, rch. = rötlich.

X d. Verzeichnis von Nebelflecken und Sternhaufen.

Rekt. 1900,0	Dekl. 1900,0	Bemerkungen.
h m	° ′	
0 37	40 43	neb., (Andromeda), sehr gross und hell.
43	—25 50	neb., ziemlich gross und hell.
1 28	30 9	neb., gross, mässig hell.
52	37 11	cum., gross, reich, Sterne hell.
2 15	56 40	cum., (Perseus), sehr gross und reich, Sterne 7—14m.
16	41 54	neb., gross, ziemlich hell.
3 41	23 47	cum., Plejadengruppe.
4 10	—13 0	neb., planetarisch, ziemlich hell, klein.
5 20	—24 37	cum., kugelförmig, reich, auflösbar.
29	21 57	neb., gross und hell, (Crab-Nebel).
30	— 5 27	neb., Grosser Orionnebel.
46	32 31	cum., reich, Mitte verdichtet.
6 43	—20 38	cum., gross, hell, Sterne 8m.
7 19	29 41	neb., Doppelnebel, klein, lichtschwach.
37	—14 35	cum., gross, hell und reich.
8 34	20 20	cum., (Cancer), Præsepe.
9 47	69 32	neb., hell, gross, länglich, Kern.
10 20	—18 8	neb., planetarisch, hell, 45″ Durchm.
11 9	55 34	neb., planetarisch, hell, Mitte verdichtet, 150″ Durchm.
12 14	14 59	neb., Spiralnebel, ziemlich hell.
17	5 2	neb., ziemlich hell und gross, 2 Kerne.
13 26	47 43	neb., Spiralnebel, gross, (Jagdhunde).
38	28 53	cum., hell, gross, kugelförmig, Sterne 11m.
15 13	2 27	cum., „ „ „ „ 11—15m.
16 11	—22 44	cum., „ „ „ auflösbar.
38	36 39	cum., „ „ „ Mitte verdichtet.
17 14	43 15	cum., „ „ „ „ „ (Herk.)
32	— 3 11	cum., sehr reich, auflösbar.
56	—23 2	neb., gross und hell, (Trifid neb.).
58	—24 23	neb., „ „ „ mit grossem Sternhaufen.
18 13	—18 27	cum., reich, sehr dicht, Sterne 15m.
15	—16 13	neb., hell, gross, unregelmässige Form.
30	— 23 59	cum., ., „ reich, Sterne 11—15m.
46	— 6 23	cum., „ „ „ „ 11m.
50	32 54	neb., Ringnebel (Lyra), hell.
19 55	22 27	neb., sehr hell und gross (Dumbbell-Nebel).
20 59	—11 46	neb., planetarisch, klein, hell, elliptisch.
21 25	11 44	cum., hell, gross, auflösbar, Mitte verdichtet.
28	— 1 16	cum., auflösbar, Sterne sehr klein, „
23 21	41 59	neb., planetarisch, klein, hell.

XI a. Immerwährender Gregor. Kalender (360, 62).
(*g* gemeine, *s* Schaltjahre.)

	Januar.		Februar.		März.		April.		Mai.		Juni	
	g	s	g	s	g	s	g	s	g	s	g	s
1	a 29	0	d 28	29	d 29	e	g 28	a	b 27	c	e 26	f
2	b 28	29	e 27	28	e 28	f	a 27	b	c 26	d	f *24	g
3	c 27	28	f 26	27	f 27	g	b 26	c	d 25	e	g 23	a
4	d 26	27	g *24	26	g 26	a	c *24	d	e 24	f	a 22	b
5	e 25	26	a 23	24*	a 25	b	d 23	•	f 23	g	b 21	c
6	f 24	25	b 22	23	b 24	c	e 22	f	g 22	a	c 20	d
7	g 23	24	c 21	22	c 23	d	f 21	g	a 21	b	d 19	e
8	a 22	23	d 20	21	d 22	e	g 20	a	b 20	c	e 18	f
9	b 21	22	e 19	20	e 21	f	a 19	b	c 19	d	f 17	g
10	c 20	21	f 18	19	f 20	g	b 18	c	d 18	e	g 16	a
11	d 19	20	g 17	18	g 19	a	c 17	d	e 17	f	a 15	b
12	e 18	19	a 16	17	a 18	b	d 16	e	f 16	g	b 14	c
13	f 17	18	b 15	16	b 17	c	e 15	f	g 15	a	c 13	d
14	g 16	17	c 14	15	c 16	d	f 14	g	a 14	b	d 12	e
15	a 15	16	d 13	14	d 15	e	g 13	a	b 13	c	e 11	f
16	b 14	15	e 12	13	e 14	f	a 12	b	c 12	d	f 10	g
17	c 13	14	f 11	12	f 13	g	b 11	c	d 11	e	g 9	a
18	d 12	13	g 10	11	g 12	a	c 10	d	e 10	f	a 8	b
19	e 11	12	a 9	10	a 11	b	d 9	e	f 9	g	b 7	c
20	f 10	11	b 8	9	b 10	c	e 8	f	g 8	a	c 6	d
21	g 9	10	c 7	8	c 9	d	f 7	g	a 7	b	d 5	e
22	a 8	9	d 6	7	d 8	e	g 6	a	b 6	c	e 4	f
23	b 7	8	e 5	6	e 7	f	a 5	b	c 5	d	f 3	g
24	c 6	7	f 4	5	f 6	g	b 4	c	d 4	e	g 2	a
25	d 5	6	g 3	4	g 5	a	c 3	d	e 3	f	a 1	b
26	e 4	5	a 2	3	a 4	b	d 2	e	f 2	g	b 0	c
27	f 3	4	b 1	2	b 3	c	e 1	f	g 1	a	c 29	d
28	g 2	3	c 0	1	c 2	d	f 0	g	a 0	b	d 28	e
29	a 1	2		0	d 1	e	g 29	a	b 29	c	e 27	f
30	b 0	1			e 0	f	a 28	b	c 28	d	f 26	g
31	c 29	0			f 29	g			d 27	e		

XI b. Epakte, Sonntagsbuchstabe und Ostern (362).

1801	15 d	5 A	1814	9 b	10 A	1827	3 g	15 A	†1840	26 e	19 A
02	26 c	18 A		15	20 a	26 M	† 28	14 f	6 A	41	7 c	11 A
03	7 b	10 A	†	16	1 g	14 A	29	25 d	19 A	42	18 b	27 M
† 04	18 a	1 A		17	12 e	6 A	30	6 c	11 A	43	0 a	16 A
05	0 f	14 A		18	23 d	22 M	31	17 b	3 A	† 44	11 g	7 A
06	11 e	6 A		19	4 c	11 A	† 32	28 a	22 A	45	22 e	23 M
07	22 d	29 M	†	20	15 b	2 A	33	9 f	7 A	46	3 d	12 A
† 08	3 c	17 A		21	26 g	22 A	34	20 e	30 M	47	14 c	4 A
09	14 a	2 A		22	7 f	7 A	35	1 d	19 A	† 48	25 b	23 A
10	25 g	22 A		23	18 e	30 M	† 36	12 c	3 A	49	6 g	8 A
11	6 f	14 A	†	24	0 d	18 A	37	23 a	26 M	50	17 f	31 M
† 12	17 e	29 M		25	11 b	3 A	38	4 g	15 A	51	28 e	20 A
13	28 c	18 A		26	22 a	26 M	39	15 f	31 M	† 52	9 d	11 A

NB. Die der Epakte entsprechenden Zahlen des Kalenders fallen auf Tage mit Neumond.

XI a. Immerwährender Gregor. Kalender. 373
(*g* gemeine, *s* Schaltjahre).

	Juli		August		September		Oktober		November		Dezember	
	g	s	g	s	g	s	g	s	g	s	g	s
1	g 25	a	c 23	d	f 22	g	a 21	b	d 20	e	f 19	g
2	a 24	b	d 22	e	g 21	a	b 20	c	e 19	f	g 18	a
3	b 23	c	e 21	f	a 20	b	c 19	d	f 18	g	a 17	b
4	c 22	d	f 20	g	b 19	c	d 18	e	g 17	a	b 16	c
5	d 21	e	g 19	a	c 18	d	e 17	f	a 16	b	c 15	d
6	e 20	f	a 18	b	d 17	e	f 16	g	b 15	c	d 14	e
7	f 19	g	b 17	c	e 16	f	g 15	a	c 14	d	e 13	f
8	g 18	a	c 16	d	f 15	g	a 14	b	d 13	e	f 12	g
9	a 17	b	d 15	e	g 14	a	b 13	c	e 12	f	g 11	a
10	b 16	c	e 14	f	a 13	b	c 12	d	f 11	g	a 10	b
11	c 15	d	f 13	g	b 12	c	d 11	e	g 10	a	b 9	c
12	d 14	e	g 12	a	c 11	d	e 10	f	a 9	b	c 8	d
13	e 13	f	a 11	b	d 10	e	f 9	g	b 8	c	d 7	e
14	f 12	g	b 10	c	e 9	f	g 8	a	c 7	d	e 6	f
15	g 11	a	c 9	d	f 8	g	a 7	b	d 6	e	f 5	g
16	a 10	b	d 8	e	g 7	a	b 6	c	e 5	f	g 4	a
17	b 9	c	e 7	f	a 6	b	c 5	d	f 4	g	a 3	b
18	c 8	d	f 6	g	b 5	c	d 4	e	g 3	a	b 2	c
19	d 7	e	g 5	a	c 4	d	e 3	f	a 2	b	c 1	d
20	e 6	f	a 4	b	d 3	e	f 2	g	b 1	c	d 0	e
21	f 5	g	b 3	c	e 2	f	g 1	a	c 0	d	e 29	f
22	g 4	a	c 2	d	f 1	g	a 0	b	d 29	e	f 28	g
23	a 3	b	d 1	e	g 0	a	b 29	c	e 28	f	g 27	a
24	b 2	c	e 0	f	a 29	b	c 28	d	f 27	g	a 26	b
25	c 1	d	f 29	g	b 28	c	d 27	e	g 26	a	b 25	c
26	d 0	e	g 28	a	c 27	d	e 26	f	a*24	b	c 24	d
27	e 29	f	a 27	b	d 26	e	f 25	g	b 23	c	d 23	e
28	f 28	g	b 26	c	e*24	f	g 24	a	c 22	d	e 22	f
29	g 27	a	c 25	d	f 23	g	a 23	b	d 21	e	f 21	g
30	a 26	b	d 24	e	g 22	a	b 22	c	e 20	f	g 20	a
31	b*24	c	e 23	f			c 21	d			a 19	b

XI b. Epakte, Sonntagsbuchstabe und Ostern.

	1853	20 b	27 M	1865	3 a	16 A	1877	15 g	1 A	1889	28 f	21 A
	54	1 a	16 A	66	14 g	1 A	78	26 f	21 A	90	9 e	6 A
	55	12 g	8 A	67	25 f	21 A	79	7 e	13 A	91	20 d	29 M
†	56	23 f	23 M	† 68	6 e	12 A	† 80	18 d	28 M	† 92	1 c	17 A
	57	4 d	12 A	69	17 c	28 M	81	0 b	17 A	93	12 a	2 A
	58	15 c	4 A	70	28 b	17 A	82	11 a	9 A	94	23 g	25 M
	59	26 b	24 A	71	9 a	9 A	83	22 g	25 M	95	4 f	14 A
†	60	7 a	8 A	† 72	20 g	31 M	† 84	3 f	13 A	† 96	15 e	5 A
	61	18 f	31 M	73	1 e	13 A	85	14 d	5 A	97	26 c	18 A
	62	0 e	20 A	74	12 d	5 A	86	25 c	25 A	98	7 b	10 A
	63	11 d	5 A	75	23 c	28 M	87	6 b	10 A	99	18 a	2 A
†	64	22 c	27 M	† 76	4 b	16 A	† 88	17 a	1 A	†1900	0 g	15 A

NB. Die dem Sonntagsbuchstaben entsprechenden Buchstaben des Kalenders bezeichnen Sonntage. — *M* bezeichnet März, *A* April.

XI c. Römischer und französischer Kalender (360).

	I. (Januar)	II	III	IV	V		de l'an	0 Vendémiaire
1	Calendæ (Januariæ)	Cal.	Cal.	Cal.	Cal.	1	1792 Sept.	21 (265)
2	a. d. IV Nonas (Jan.)	IV	IV	IV	VI	2	1793 —	21 (264)
3	— III —	III	III	III	V	3	1794 —	21 (264)
4	Pridie	Prid.	Prid.	Prid.	IV	4	1795 —	22 (265)
5	Nonæ (Januariæ)	Non.	Non.	Non.	III	5	1796 —	21 (265)
6	a. d. VIII Idus (Jan.)	VIII	VIII	VIII	Prid.	6	1797 —	21 (264)
7	— VII —	VII	VII	VII	Non.	7	1798 —	21 (264)
8	— VI —	VI	VI	VI	VIII	8	1799 —	22 (265)
9	— V —	V	V	V	VII	9	1800 —	22 (266)
10	— IV —	IV	IV	IV	VI	10	1801 —	22 (265)
11	— III —	III	III	III	V	11	1802 —	22 (265)
12	Pridie —	Prid.	Prid.	Prid.	IV	12	1803 —	23 (266)
13	Idus (Januariæ)	Idus	Idus	Idus	III	13	1804 —	22 (266)
14	a. d. XIX Cal. (Febr.)	XVI	XVII	XVIII	Prid.	14	1805 —	22 (265)
15	— XVIII —	XV	XVI	XVII	Idus			
16	— XVII —	XIV	XV	XVI	XVII		0 Vendémiaire	. 0
17	— XVI —	XIII	XIV	XV	XVI		0 Brumaire	. . 30
18	— XV —	XII	XIII	XIV	XV		0 Frimaire .	. . 60
19	— XIV —	XI	XII	XIII	XIV		0 Nivôse	. . . 90
20	— XIII —	X	XI	XII	XIII		0 Pluviôse .	. . . 120
21	— XII —	IX	X	XI	XII		0 Ventôse	. . . 150
22	— XI —	VIII	IX	X	XI		0 Germinal	. . 180
23	— X —	VII	VIII	IX	X		0 Floréal	. . . 210
24	— IX —	VI	VII	VIII	IX		0 Prairial	. . . 240
25	— VIII —	V	VI	VII	VIII		0 Messidor .	. . 270
26	— VII —	IV	V	VI	VII		0 Thermidor	. . 300
27	— VI —	III	IV	V	VI		0 Fructidor	. . 330
28	— V —	Prid.	III	IV	V			
29	— IV —		Prid.	III	IV			
30	— III —			Prid.	III			
31	Pridie —				Prid.			

Januar geht nach I
Februar — II od. III
März — V
April — IV
Mai — V
Juni — IV
Juli — V
August — I
September — IV
Oktober — V
November — IV
Dezember — I

Die Tage II bis XVI, XVII oder XVIII vor den Calenden eines Monats werden bereits nach diesem Monat benannt. So z. B. bedeutet: „Scripsi ante diem decimum sextum Calendas Februarias," dass ich am 17. Januar geschrieben habe. — Für den Römischen Kalender wurde Idelers Chronologie zu Grunde gelegt.

Diesen 12 Monaten à 30 Tagen folgten 5 bis 6 jours complémentaires. Die 30 Tage waren in drei Decaden geteilt, deren Tage: Primidi, Duodi, Tridi, Quartidi, Quintidi, Sextidi, Septidi, Octidi, Nonidi, Decadi hiessen.

Mit Hülfe von Tafel VIIIb hat man z. B. 17 Messidor de l'an 7
= 270+17+264 = 551
= 0 Jan. 1798 + 551
= 0 Jan. 1799 + 186
= 5 Juli 1799.

XIIa. Statistische Tafel. 375

Land.	Fläche in km²	Bevölkerung absolut	per km²	Hauptort.	Einwohner.
Europa	9,892045	358,803000	36	—	—
Belgien	29457	6,136444	209	Brüssel	180147
Dänemark	38279	2,172380	57	Kopenhagen	312859
Deutsches Reich	540419	49,428470	91	Berlin	1,579244
Frankreich	528876	38,343192	71	Paris	2.447957
Griechenland	65119	2,187208	34	Athen	107846
Grossbritanien	314628	37,879285	120	London	4,211056
Italien	286589	30.347291	106	Rom	436000
Niederlande	33000	4.511415	140	Amsterdam	426914
Öster.-Ungarn	625557	41,384638	66	Wien	1,364548
Portugal	89372	4,306554	48	Lissabon	242297
Russland (Eur.)	4,889062	85,395209	20	St. Petersburg	954000
Schweden	450574	4,784981	11	Stockholm	250528
Schweiz	41419	2,917754	70	Bern	46009
Zürich	1723	337183	196	Zürich	136000
Bern	6884	536679	78	Bern	46009
Luzern	1501	135360	90	Luzern	20314
Uri	1076	17249	16	Altorf	2542
Schwyz	908	50307	55	Schwyz	6616
Nidwalden	290	12538	43	Stans	2458
Obwalden	475	15043	32	Sarnen	3906
Glarus	691	33825	49	Glarus	5357
Zug	239	23029	96	Zug	5120
Freiburg	1669	119155	71	Fribourg	12195
Solothurn	792	85621	108	Solothurn	8317
Baselstadt	36	73749	2060	Basel	69809
Baselland	425	61941	146	Liestal	4850
Schaffhausen	294	37783	128	Schaffhausen	12315
Ausserrhoden	261	54109	208	Herisau	12937
Innerrhoden	159	12888	81	Appenzell	4472
St. Gallen	2019	228174	113	St. Gallen	27390
Graubünden	7185	94810	13	Chur	9259
Aargau	1404	193580	99	Aarau	6699
Thurgau	1005	104678	104	Frauenfeld	5996
Tessin	2818	126751	45	Bellinzona	3290
Waadt	3232	247655	77	Lausanne	33340
Wallis	5247	101985	19	Sion	5424
Neuenburg	808	108153	134	Neuchâtel	16261
Genf	277	105509	381	Genève	52043
Spanien	504552	17,565632	35	Madrid	470283
Türkei (Eur.)	226993	7,088625	31	Konstantinopel	873565
Asien	44,142658	825,954000	19	—	—
China	4,004650	350.000000	90	Peking	1,600000
Afrika	29,207100	163,953000	5	—	—
Amerika	38,334100	121,713000	3	—	—
Brasilien	8,361350	14,600000	2	Rio Janeiro	300000
Mexiko	1,946523	11,395712	6	Mexiko	330000
Verein. Staaten	9,212300	62,981000	7	Washington	230000
Australien	7,695726	3,230000	0,4	—	—

—4713 Anfang der Julianischen Periode Scaligers.
—4179 Schöpfung nach alter Jüdischer Zeitrechnung.
—2697 Älteste erhaltene chines. Beobachtung einer Finsternis.
—1100 Tschu-Kong bestimmt die Schiefe der Ekliptik.
— 776 Beginn der Griech. Zeitrechnung nach Olympiaden (4ª).
— 753 Jahr der Erbauung Roms (Beg. röm. Zeitrechn.).
— 585 Sonnenfinsternis nach Thales Voraussage.
— 540 Pythagoras lehrt die Kugelgestalt der Erde.
— 433 Meton'scher Cyclus von 19 Jahren und 235 Monden.
— 400 Plato lehrt (mindestens) die (tägl.) Bewegung der Erde.
— 360 Eudoxus und Aristoteles führen die Induktion ein.
— 300 Euklid, der Geometer (Elemente; s. 1533, 1814).
— 300 Timocharis und Aristill, Sternkatalog (Æ, D).
— 270 Aristarch versucht die Parallaxen-Bestimmung.
— 250 Archimedes (π, Quadratur, Hebel, Dichte; s. 1807).
— 240 Apollonius von Perga, der Geometer (s. 1861).
— 220 Eratosthenes misst die Erde (Sieb, Hungertod).
— 150 Hipparch: Präcession, Theorie der Sonne.
— 46 Jul. Cäsars Kalenderreform (Jahr der Verwirrung).
— 7 Konjunktionen von Jupiter und Saturn (Geb. Christi?).
+ 150 Ptolemäus schreibt den Almagest (s. 1538, 1813).
350 Diophantos Alexandr., der Arithmetiker (s. 1575).
380 Pappos Alexandr., der Sammler (s. 1660).
525 Dionysius führt Jahr 754 von Rom als Jahr 1 ein.
622 Flucht Mohammeds (Aera für die moh. Zeitrechn.).
820 Mohammed ben Musa führt den Sinus ein.
827 Al Mamouns Gradmessung bei Bagdad.
1181 Der Kompass wird in Europa bekannt.
1206 Universität Paris, 1221 Padua, 1249 Oxford, 1343 Krakau, 1365 Wien, 1409 Leipzig, 1460 Basel, etc.
1202 Fibonacci, Liber Abaci et Practica geometriæ.
1300 Salvino degli Armati fabriziert Brillen.
1364 Heinrich von Wick konstruiert eine Gewichtuhr.
1438 Guttenberg (1397—1468) erfindet die Buchdruckerk.
1460 Peurbachii (1423—1461) theoricæ planetarum.
1471 Dante (1265—1321), Divina Comedia (erste Ausg.).
1474 Regiomontan (1436—1476), Ephemerides.
1484 Walther (1430—1504) beob. an einer Räderuhr.
1492 Chr. Columbus (1435—1506) entdeckt Amerika.

1498 Vasco de Gama (14..—1524) schifft nach Indien.
1519 bis 1522 Magelhaens Reise um die Welt.
1524 Christoph Rudolf, die Coss (+ — eingeführt).
1528 Joh. Fernelii Cosmotheoria. (Gradmessung).
1533 Εὐκλείδου στοιχείων βιβλ. ιε. (1. Ausgabe durch Grynæus).
1538 Πτολεμαίου συντάξεως β:βλ. ιγ. (1. Ausgabe durch Grynæus).
1542 Nonius (1497—1577), De crepusculis (kürz. Dämm.).
1543 Nic. Copernicus (1473—1543), De revolutionibus.
1544 Mich. Stifel (1487—1567), Arithmetica integra.
1544 Georg Hartmann entdeckt die Inklination.
1545 C. Gessner (1516—1565), Bibliotheca universalis.
1545 Cardano (1501—1576), De regulis Algebræ liber.
1546 Tartaglia (1506—1559), Invenzioni diverse.
1550 Gerh. Mercator (1512—1594), Kartenprojektion.
1557 Recorde führt das Gleichheitszeichen ein.
1561 Wilhelm IV. Sternw. Kassel, 1576 Tycho auf Hwen.
1572 Tycho Brahe (1546—1601) neuer Stern in Cassiopeia.
1575 Diophant, Rerum arithmeth. libri VI.
1576 Rob. Normann konstruiert ein Inklinatorium.
1582 Gregor XIII. (1512—1585), Kalenderreform.
1585 Stevin (1548—1620), Decimalbruchrechnung, Statik.
1590 Zach. Jansen erfindet das zusammenges. Mikroskop.
1591 Vieta (1540—1603), Algebra nova. (Ars magna).
1596 Ludolph van Colen (1539 - 1610), Van den Circkel.
1596 Dav. Fabricius entdeckt die Mira im Walfisch.
1597 Galilei konstruiert ein Luftthermometer.
1598 Tycho Brahe, Astronomiæ instauratæ mechanica.
1600 Giordano Bruno wird in Rom verbrannt.
1602 Galilei (1564—1642) entdeckt das Fallgesetz.
1603 Joh. Bayer (1572—1625), Uranometria.
1603 Scheiner (1575—1650) erfindet den Pantographen.
1604 Jo. Kepler (1571—1630), neuer Stern im Serpent.
1608 Hans Lippershey erfindet das Fernrohr.
1609 Kepler, De motibus stellæ Martis. (Gesetz 1 u. 2).
1610 Galilei, Sidereus Nuncius (Phasen, Trabanten).
1611 Jo. Fabricius, De maculis in sole observatis.
1611 Prätorius (1537—1616) erfindet den Messtisch.
1611 Kepler, Dioptrica (Astron. Fernrohr).
1612 Marius entdeckt den Nebel in der Andromeda.
1614 Neper (1550—1617), Logarithm. canon. descriptio.
1615 Sal. de Caus, Les raisons des forces mouvantes.

1616 Zucchius (1586—1670) empfiehlt ein Spiegelteleskop.
1617 Snellius (1591—1626), Eratosthenes batavus.
1619 Kepler, Harmonices mundi libri V. (Gesetz 3).
1619 J. B. Cysat (1586—1657), Mathemata astronomica de Cometa 1618. [Nebel im Orion].
1620 Baco von Verulam stellt in seinem Organon die Erfahrung als Grundlage des Wissens auf.
1620 Snellius entdeckt das Brechungsgesetz.
1620 Jost Bürgi (1552—1632), Arithm. und geom. Progress-Tabul. (Reduktionscirkel, Pendeluhr).
1624 Gunter erfindet den logarithmischen Rechenstab.
1624 Briggs (1556—1630), Arithmetica logarithmica.
1629 A. Girard (15..—1633) führt die Klammer ein.
1630 Scheiner, Rosa ursina, sive Sol.
1631 Vernier (1580—1637), Construct. du quadrant nouv.
1631 Th. Harriot (1560—1621), Artis analyticæ praxis.
1632 Galilei, Dialogo sopra i due sistemi del mondo.
1633 Juni 22, Galilei muss in Rom abschwören.
1635 Guldin (1577—1643), De centro gravitat. libri IV.
1637 René Descartes (1596—1650), Géométrie.
1640 Bl. Pascal (1623—1662), Essai pour les coniques.
1644 Toricelli (1618—1647) erfindet den Barometer.
1647 Pascal lässt auf Puy de Dome den Barometer beob.
1647 Joh. Hevelius (1611—1687), Selenographia.
1650 Grimaldi (1618—1663) entdeckt die Beugung.
1651 Riccioli (1598—1671), Almagestum novum. 2. Vol.
1652 Gründung der Academia naturæ curiosorum, 1662 Roy. Society, 1666 Académie des Sciences.
1654 Otto von Guerike experimentiert in Regensburg.
1655 Huygens (1629—1695) erfindet die Pendeluhr.
1655 John Wallis (1616—1703), Arithmetica infinitorum.
1657 Huygens, De ratiociniis in ludo aleæ.
1658 Brouncker (1620—1684), erfindet die Kettenbrüche.
1659 Huygens, Systema Saturnium. Hagæ. (Ring u. Mond).
1660 Pappi Alexandrini, Collectiones. Bonon. fol.
1661 Thévenot erfindet die Röhrenlibelle.
1662 Boyle (1627-1691), Spring and Weight of the Air.
1665 Borelli (1608—1679), Cometa di 1664. (Ellipt. Bahn).
1665 Journal des Savants, 1666 Philos. Transactions, 1682 Acta Eruditorum.
1666 Is. Newton (1642—1727) entdeckt die Farbenzerstreuung und die allgemeine Gravitation.
1666 Leibnitz (1646—1716), De arte combinatoria.

XIIb. Historisch-litterarische Tafel. 379

1666 D. Cassini (1625—1712), De maculis Jovis et Martis.
1667 Sternwarte in Paris, 1675 in Greenwich.
1668 Nic. Mercator (16..—1687), Logarithmotechnia.
1669 Is. Barrow (1630—1677), Lectiones opticæ.
1669 E. Bartholinus entdeckt die doppelte Brechung.
1669 Becher, Physica subterranea (Phlogist. Theor).
1671 Morland (1625—1695) erfindet das Sprachrohr.
1671 Jean Picard (1620—1682), Mesure de la terre.
1672 Guerike, Experimenta Magdeb. de vacuo spatio.
1672 Richer reist nach Cayenne (Pendel, Marsparallaxe).
1673 Leibnitz erfindet die Differentialrechnung.
1673 Huygens, Horologium oscillatorium.
1675 Ol. Römer (1644—1716), Geschwindigkeit d. Lichtes.
1679 Conn. des temps, 1767 Naut. Alman., 1776 Berl. Jahrbuch.
1679 Fermat (1595—1665), Varia opera mathematica.
1681 Papin erfindet den nach ihm benannten Topf.
1681 Dörffel (1643-1688), Astron. Betracht. d. gr. Kometen.
1683 Cassini und Fatio beobachten das Zodiakallicht.
1683 Erstes öffentl. chemisches Laboratorium (Altorf).
1686 Fontenelle (1657—1757), Sur la plural. d. mondes.
1687 P. Varignon (1654—1722), Nouvelle mécanique.
1687 Newton, Philos. natural. principia mathematica.
1689 Römer konstruiert das Passageninstrument.
1696 L'Hopital (1661—1704), Analyse des infinim. petits.
1700 Einführung des Reichskalenders.
1704 Newton, Treatise of light and colours. London.
1705 Edm. Halley (1656—1742), Astronomy of Comets.
Derselbe zeigt, dass die Höhendifferenz der Differenz der Logarithm. der Barometerstände proportional.
1710 Chr. Wolf (1679—1754), Anfangsgr. der Mathematik.
1712 J. J. Scheuchzer (1672—1733), Schweizerkarte.
1713 Jac. Bernoulli (1654—1705), Ars conjectandi.
1715 Taylor (1685—1731) entdeckt seinen Lehrsatz.
1716 Halley, Sonnenparallaxe durch Venusdurchgänge.
1717 Joh. Bernoulli (1667-1748) teilt Varignon das Princip der virtuellen Geschwindigkeiten mit.
1718 Abr. de Moivre (1667—1754), Doctrine of Chances.
1721 Graham: Quecksilberkompens.; Variation in Dekl.
1726 Harrisons Rostpendel. (Zink-Eisen-Kompensation).
1727 Grey unterscheidet Konduktoren und Isolatoren.
1728 Bradley (1692-1762), Aberration; 1748 Nutation.
1729 Bouguer (1698—1758), Essai d'optique (Photometr.).

1729 John Flamsteed (1646—1720), Atlas cœlestis.
1730 Thermometer von Réaumur (1683—1757).
1731 Clairault (1713—1765), Courbes à double courbure.
1731 Hadley konstruiert Newtons Spiegelsextant.
1733 Mairan (1678—1771), Traité de l'aurore boréale.
1735 bis 1745 Gradmessungen in Peru und Lappland.
1736 Leonh. Euler (1707—1783), Mechanica.
1738 Dan. Bernoulli (1700—1782), Hydrodynamica.
1739 Boscovich empfiehlt den leeren Kreis als Mikrometer.
1740 Celsius, Einfluss des Nordlichts auf die Magnetnadel.
1741 Bose erfindet den Konduktor d. Elektrisiermaschine.
1741 Weidler (1692—1755), Historia Astronomiæ.
1742 Joh. Bernoulli, Opera omnia. Lausannæ. 4 vol.
1742 Thermometer von Celsius (1701—1744).
1743 Jean-le-Rond d'Alembert (1717—1783), Dynamique.
1744 Jac. Bernoulli, Opera. Genevæ. 2 vol.
1744 Newtoni Opuscula. Ed. Castill. Laus. 3 vol.
1744 Euler, Solutio problem. isoperimetrici. Laus.
1745 Entdeckung der Leydner Flasche (Kunæus, Kleist).
1745 Leibnitii et Bernoullii Commercium epist. 2 vol.
1745 Tob. Mayer (1723-1762), Mathematischer Atlas.
1747 La Condamine (1701—1774), Proj. d'une mes. invar.
1748 Euler, Introductio in Analysin infinitorum.
1749 Staudacher beginnt seine Sonnenfleckenbeobachtg.
1750 Cramer (1704—1752), Analyse des lignes courbes.
1750 Rob. Simson (1687—1768), Sectionum conicarum libri V.
1750 bis 1754 Capexpedition von Lacaille (1713—1762).
1752 B. Franklin (1706—1790) erfindet den Blitzableiter.
1753 Euler, Institutiones Calculi differentialis.
1753 Richmann, Versuche über atmosph. Elektricität.
1753 Short und Dollond, Heliometer durch Bisektion.
1755 Kant (1724—1804), Naturgeschichte des Himmels.
1758 Montucla (1725—1799), Histoire des mathématiques, 2 Vol. [2. Ausg. in 4 Vol. 1799—1802.]
1758 Kästner (1719—1800), Mathemat. Anfangsgründe.
1758 J. Dollond (1706—1761) verfertigt, durch Euler veranlasst, sein erstes achromatisches Fernrohr.
1758 Palitzsch findet den Halley'schen Kometen.
1760 J. H. Lambert (1728—1777), Photometria, 1761 Cosmologische Briefe und: Orbitæ comet. propriet.
1761 und 1769 beobachtet man Venusdurchgänge.
1762 Harrison erhält für seinen Chronometer 20000 Pfund.

1763 Berthoud (1727—1807), Essai sur l'horlogerie. 2 vol.
1764 Black entdeckt die latente Wärme d. Wassers u. Dampfes.
1764 Lalande (1732—1807), Astronomie (3. éd. 1792).
1764 Dampfmaschinen von James Watt (1736—1819).
1768 Euler, Instit. Calculi integr. Petrop. 4V. (3. éd. 1824).
1768 Bode (1747—1826), Kenntnis d. gestirnten Himmels.
1768 bis 1779 Cooks drei Reisen um die Welt.
1770 Euler, Algebra und Dioptrica.
1772 Deluc (1726—1817), Sur les modif. de l'atmosphère.
1772 Rhuterford (1749—1819) entdeckt den Stickstoff.
1773 Laplace, Sur l'invariabilité des grands axes.
1774 Priestley (1733—1804) entdeckt den Sauerstoff.
1774 Wilson, Observ. on the solar spots. (Schülen.)
1775 Electrophor von Alex. Volta (1745—1827).
1775 Lavoisier findet die Zusammensetzung der Luft.
1775 Bailly (1736—1793), Histoire de l'astronomie.
1775 Felice Fontana empfiehlt die Spinnefaden.
1777 Lichtenberg entdeckt die elektrischen Figuren.
1778 Christian Mayer, Fixsterntrabanten. Mannheim.
1779 Lambert, Pyrometrie oder vom Masse der Wärme.
1781 W. Herschel (1738—1822) entdeckt Uranus; 1782 Catal. of double stars, 1786 of nebulæ and clusters.
1782 Lhuilier, De relatione mutua capacit. et termin.
1782 Wedgewood (1730—1795) erfindet sein Pyrometer.
1783 Vega (1754—1802), Logarithmen (Bremiker 1856).
1783 Aerostaten von Montgolfier und Charles.
1783 Watt erkennt die Zusammensetzung des Wassers.
1783 Pingré (1711—1796), Cométographie. 2 Vol.
1783 Volta erfindet den Condensator, 1799 seine Säule.
1783 Saussure (1740—1799) konstruiert Haarhygrometer.
1783 Herschel, Proper motion of the Sun, 1784 Polar Regions of Mars, 1789 Riesenteleskop (40' auf 49 $\frac{1}{2}$").
1784 Coulomb (1736—1806) erfindet die Torsionswage.
1784 Atwood (1745—1807) erfindet die Fallmaschine.
1787 Chladni (1756—1827) entdeckt die Klangfiguren.
1788 Lagrange (1736—1813), Mécan. analyt. (3. éd. 1853).
1789 Lavoisier (1743—1794), Traité de Chimie.
1789 Sim. Lhuilier (1750—1840), Polygonométrie.
1790 Annalen der Physik (Gren, Gilbert, Poggendorff).
1791 Galvani (1737)—1798) entdeckt den Galvanismus.
1791 Schröter, Selenotopographische Fragmente.
1792 Guglielmini (17..—1817), De diurno terræ motu.

1792 Einführung des republ. Kalenders in Frankreich.
1793 Chappe erfindet den optischen Telegraphen.
1794 Chladni, Ursprung der von Pallas gef. Eisenmassen.
1794 Vega, Thesaurus Logarithmorum. fol. (10stellig).
1795 Bohnenberger(1765—1831), Geogr.Ortsbestimmung.
1795 Journ. de l'école polytechn. (1874, cah. 44).
1795 Callet (1744 -1798), Logarithmes (Ed. stér.).
1795 Monge (1746-1818), Géométrie descriptive.
1796 Laplace, Expos. du syst. du monde (6. éd. 1835).
1796 Polytechn. Schule Paris, 1815 Wien, 1855 Zürich, etc.
1797 Cavendish bestimmt die Dichte der Erde.
1797 Olbers, Methode einen Kometen zu berechnen.
1798 Legendre (1752—1833), Théorie des nombres.
1798 Benzenberg und Brandes beob. Sternschnuppen.
1799 Laplace (1749—1827), Mécanique céleste. 5 vol.
1800 Zach (1754-1832), Monatl. Korrespondenz (28 vol.).
1800 Nicholson zerlegt Wasser durch Galvanismus.
1800 J. T. Bürg (1766-1834) löst die Mond-Preisaufgabe.
1801 Gauss (1777—1855), Disquisitiones arithmeticæ.
1801 Gius. Piazzi (1746-1826) entdeckt die Ceres.
1802 Young (1773-1829), Theory of Light and Colours.
1802 Wollaston (1766-1828), Refract. and dispers. powers.
1802 Berthoud, Histoire de la mesure du temps.
1803 Carnot (1753—1823), Géométrie de position.
1803 Klügel, Mathematisches Wörterbuch. 5 vol.
1803 Lalande, Bibliographie astronomique.
1803 Erstes Dampfschiff von Fulton (1765—1815).
1803 Piazzi, Præcipuarum stellarum positiones mediæ.
1804 Poinsot (1777—1859), Statique (9 éd. 1848).
1804 Reichenbach (1772 1826), mech.-opt. Institut München.
1804 Leslie erfindet den Differentialthermometer.
1804 Luftreisen von Biot (1774—1862) u. Gay-Lussac (1778—1850).
1804 Benzenberg (1777—1846), Umdrehung der Erde.
1805 Puissant, Traité de Géodésie (3. éd. 1842).
1805 Monge, Application de l'analyse à la géométrie.
1806 Erster Versuch mit Lokomotiven auf Eisenbahnen.
1806 Méchain et Delambre, Base du système métrique.
1807 Peyrard (1760-1822), Oeuvres d'Archimède.
1808 Fr. Baily (1774—1844), Doctr. of Interest and Annuities.
1808 Malus entdeckt die Polarisation des Lichtes.

XIIb. Historisch-litterarische Tafel.

1808 Dalton, Chemical Philosophy (Atomgewicht).
1809 Berzelius, Lärbok i Kemien (Wöhlers Übers.).
1809 Gauss, Theoria motus corporum cœlestium.
1809 Wollaston, Camera lucida und Goniometer.
1810 Meier-Hirsch (1769–1851), Integraltafeln.
1810 Gergonne, Annales des Mathématiques (1831 Vol. 21).
1811 Poisson (1781–1840), Mécanique (2 éd. 1833).
1811 Gottl. Fr. Bohnenberger, Astronomie. Tübingen.
1812 Laplace, Théorie analytique des probabilités.
1813 Halma, Compos. mathém. de Ptolémée. 2 vol.
1814 Peyrard, Oeuvres d'Euclide. 3 vol.
1814 Volta, L'identità del fluido elettrico e galvanico.
1815 Fresnel (1788–1827), Diffraction de la lumière.
1815 Fraunhofer (1787–1826), Brechung u. Farbenzerstr.
1815 Bessel, Vorrücken der Nachtgleichen.
1816 Davy (1779–1829) erfindet die Sicherheitslampe.
1817 Delambre, Histoire de l'astronomie (1827, vol. 6).
1818 Lesage (1724–1803), Traité de physique.
1818 Kater (1777–1835) erfindet den Reversionspendel.
1818 Bessel (1784–1846), Fundamenta Astronomiæ.
1819 Oersted (1777–1851) entdeckt die Ablenkung der Magnetnadel durch den galvanischen Strom.
1821 Cauchy (1789–1857), Cours d'analyse.
1821 Rom hebt das Verbot des Copernic. Weltsystems auf.
1821 Seebeck entdeckt die Thermoelektricität.
1821 J. J. Littrow (1781–1840), Astronomie. 3 vol.
1821 Schumacher (1780–1850), Astronom. Nachrichten.
1822 bis 1837 Struve, Catal. et mensuræ stellarum duplicium.
1822 Poncelet (1788–1868), Propriétés projectives.
1822 Fourier (1768–1830), Théorie analyt. de la chaleur.
1822 Memoirs of the Astronomical Society. (1892 Vol. 50.)
1822 Harding, Atlas novus cœlestis. (Jahn 1856.)
1823 Argelander, Untersuchung über den Kometen v. 1811.
1823 Gauss, Theoria combinationis observationum.
1825 Gehlers phys. Wörterbuch von Horner, Muncke, etc.
1825 Arago (1786–1853) entdeckt den Rotationsmagnet.
1825 Legendre, Fonctions elliptiques (1828, vol. 3).
1826 Airy (1801–1892), Mathematical Tracts (3 ed. 1842).
1826 Schwabe beginnt seine Sonnenfleckenbeobachtungen.
1826 Crelle, Journal der Mathematik (1875, Bd. 80).
1827 Pouillet (1790–1868), Eléments de phys. (7 éd. 1856.)
1827 S. Ohm (1787–1854), Die galvanische Kette.

1827 Savary (1797—1841) berechnet die Doppelsterne.
1827 Möbius (1790—1868), Der barycentrische Calcul.
1827 J. C. Horner (1774—1834), Tables hypsométriques.
1828 Péclet, Traité de la chaleur (nouv. édit. 1859).
1829 Jacobi (1803—1851), Fund. theor. funct. ellipt.
1830 Berliner akademische Sternkarten (24 Blätter).
1830 Bessel, Tabulæ Regiomontanæ.
1831 Struve (1793—1864), Russ. Breitengradmessung.
1831 Fourier, Analyse des équations déterminées.
1831 Monthly Notices of the Astronomical Society.
1831 Poisson, Nouv. théorie de l'action capillaire.
1831 Kämtz (1801—1867), Lehrb. d. Meteorologie. 3 vol.
1831 Faraday(1791—1867) entdeckt die Induktionsströme.
1832 Steiner (1796—1863), Abhängigkeit geom. Gestalten.
1833 Sternwarte Pulkowa, 1842 Washington, 1861 Zürich.
1833 Gauss, Intensitas vis magneticæ terrestris.
1833 J. Herschel (1792—1871), Astronomy (8. éd. 1865).
1834 Littrow, Die Wunder des Himmels (7. Ausg. 1886).
1834 Beer und Mädler, Mappa selenographica.
1835 Poisson, Théorie mathématique de la chaleur.
1835 Schwerd (1792—1871), Die Beugungserscheinungen.
1836 Liouville, Journal des Mathémat. (1875, vol. 40.)
1836 Eisenlohr, Lehrbuch der Physik (7. Ausg. 1856).
1837 Bessel bestimmt die Parallaxe von 61 Cygni.
1837 Argelander, Über die Bewegung des Sonnensystems.
1837 Poisson, Calcul des probabilités.
1837 Gräffe (1799—1873), Auflösung der höhern num. Gleichungen.
1837 Grunert, Ebene, sphär u. sphäroid. Trigonometrie.
1837 Dove (1803—1879), Repertorium der Physik (1849, Bd. 8).
1837 Chasles (1793—1880), Des méthodes en géométrie.
1838 Libri, Hist. des sciences mathém. en Italie, 4 vol.
1838 Wilde, Geschichte der Optik (1843, Bd. 2).
1838 Steinheil entdeckt die Leitungsfähigkeit der Erde.
1838 Wheatstone (1802—1875) erfindet das Stereoskop.
1839 Raabe (1801—1859), Differential- und Integralrechnung.
1839 N. H. Abel (1802—1829), Oeuvres complètes. 2 vol.
1839 Jacobi entdeckt die Galvanoplastik und Daguerre die nach ihm benannten Lichtbilder.
1840 J. Eschmann (1808—1852), Ergebnisse d. Schweiz. Triang.

XIIb. Historisch-litterarische Tafel.

1840 Navier, Leçons d'analyse (deutsch v. Wittstein 1848).
1841 Grunert, Archiv der Mathematik und Physik.
1841 Mädler (1794—1874), Popul. Astronomie (5. A. 1861).
1841 Graham (1805), Chemistry (2. ed. 1850; deutsch Otto).
1842 Peters (1806), Numerus constans nutationis.
1843 Gerling (1788-1864), die Ausgleichungsrechnungen.
1843 Argelander (1799—1875), Uranometria nova.
1843 Kopp (1817—1892), Gesch. d. Chemie (4 Bd. 1847).
1844 B. Studer (1794—1887), Physikalische Geographie.
1845 A. v. Humboldt (1769—1859), Kosmos. 4 Vol.
1845 Catalogue of Stars of the British Association.
1845 Jul. Weisbach (1806—1871), Ingenieurmechanik. 3 Vol.
1846 Leverrier (1811—1877) bestimmt, Galle findet Neptun.
1847 Die Fortschritte der Physik (1845—1872).
1848 Redtenbacher, Resultate für den Maschinenbau.
1849 Heis (1806—1877), Die periodischen Sternschnuppen.
1850 Foucault und Fizeau, Geschwindigkeit des Lichtes.
1851 Brünnow, Sphär. Astronomie. (4. A. 1881).
1851 Foucault (1819—1868), Pendelversuch.
1851 Riemann (1826—1866), Theorie der Funktionen.
1852 Sabine (1788—1883) und Wolf weisen bei den magnetischen Variationen und Sonnenflecken eine gemeinschaftliche 11jährige Periode nach.
1852 Dove, Verbreitung der Wärme auf der Erde.
1852 Chasles, Géométrie supérieure.
1852 Moigno (1804—1884), Cosmos; 1863 Les Mondes.
1853 Riess (1805—1883), Reibungselektricität. 2 Bde.
1853 Aug. Beer (1825—1863), Höhere Optik.
1854 De la Rive (1801—1873), Traité de l'électricité. 3 vol.
1854 Arago, Astronomie populaire. 4 vol.
1855 Salmon, Conic Sections (Deutsch Fiedler).
1855 Le Verrier, Annales de l'Observatoire.
1856 Bauernfeind, Vermessungskunde (3. Ausg. 1869).
1856 Duhamel (1797), Calcul infinitésimal.
1856 Schlömilch, Zeitschrift für Mathematik und Physik.
1856 Jac. Amsler (1823), Der Polarplanimeter.
1856 Mädler, Eigenbewegung der Fixsterne.
1857 Carrington, Catalogue of circumpolar Stars.
1857 Argelander, Atlas des nördlichen Himmels.
1857 Hansen (1795—1874), Tables de la lune.
1857 Ch. Sturm (1803—1855), Cours d'analyse.

1857 Kepler, Opera omnia. Ed. Frisch. (8. Bd. 1871.)
1858 Poggendorff (1796—1877), Biograph.-litterarisches Wörterbuch.
1858 Wolf, Biographien z. Kulturgeschichte d. Schweiz (4 Bd. 1862).
1858 Mousson, Physik auf Grundlage der Erfahrung (2. Ausg. 1871).
1858 Tortolini, Annali di Matematica pura ed applicata.
1859 Lescarbault glaubt Vulkan zu sehen.
1860 Zeuner (1828), Mechan. Wärmetheorie. (2. A. 1865.)
1861 Balsam, Apollonius 8 Bücher über Kegelschnitte.
1861 Hesse (1811—1874), Analytische Geometrie des Raumes.
1861 Holtzmann (1811), Lehrbuch der Mechanik.
1861 Schlömilch (1823), Compendium der höhern Analysis.
1861 Sturm, Cours de mécanique. Ed. Prouhet. (2 éd. 1868.)
1862 Greenwich Seven-Year Catalogue of 2022 Stars.
1862 Kirchhoff (1824), Untersuch. über d. Sonnenspektrum.
1863 Dirichlet (1805—1859), Vorlesungen über Zahlentheorie.
1863 Chauvenet, Spherical and Practical Astronomy.
1863 Carrington (1826—1875), Observations of the spots on the sun. (Rotationsgesetz).
1864 Clausius (1822—1888), Abhandlung über die mech. Wärmetheorie.
1864 J. Herschel, Catalogue of Nebulæ and Clusters.
1864 Culmann (1821—1881), Graph. Statik. (2. A. 1875.)
1865 Zöllner (1834—1882), Photometrische Untersuch.
1866 Wüllner (1835), Experimentalphysik. Leipzig.
1867 Steiner, Vorlesungen über synthetische Geometrie.
1867 Schiaparelli (1835), Teoria delle stelle cadenti.
1868 Boncompagni, Bulletino (1876 Tom. IX).
1868 Lockyer und Janssen beobachten spektroskopisch Protuberanzen auf der unverfinsterten Sonne.
1870 Ang. Secchi (1818—1878), Le Soleil. (2 éd. 1875.)
1871 W. Fiedler (1832), Darstellende Geometrie (2. A. 1875).
1871 Thomson and Tait, Natural Philosophy.
1874 Neue Beobachtung eines Venusdurchganges.
1875 Bessel, Abhandlungen (Ausg. Engelmann, 3 Bd. 1876).
1875 Errichtung der deutschen Seewarte in Hamburg.
1877 R. Wolf (1816—1893), Geschichte der Astronomie.
1877 Asaph. Hall (1829) findet zwei Marsmonde auf.
1878 D. E. Hughes erfindet das Mikrophon.

XIIb. Historisch-litterarische Tafel. 387

1878 Schiaparelli, Sulla topografia del pianeta Marte. (Forts 1881—86).
1878 Jul. Schmidt (1825—1884), Karte der Gebirge des Mondes.
1878 Sim. Newcomb (1835), Popular astronomy. (2 ed. 1883), (deutsch Engelmann 1883, 2. A. Vogel 1892).
1878 J. C. Houzeau (1820—1888), Uranométrie générale.
1878 Yarnall, Catal. of stars (3 ed. 1889).
1879 Poggendorf (1796—1877), Geschichte der Physik.
1879 B. A. Gould (1824), Uranometria argentina.
1879 R.Wolf, Geschichte d. Vermessungen in der Schweiz.
1880 F. R. Helmert (1843), Höhere Geodäsie.
1880 M. Cantor (1829), Geschichte der Mathematik.
1882 C. A.Young (1834), The sun; 1888 General Astronomy.
1882 J. C. Houzeau, Vademecum de l'astronome.
1882 Astron. papers prepared by S. Newcomb. (4 Bd. 1890).
1882 Auwers, Neue Reduktion d. Bradley'schen Beobacht.
1883 Jul. Hann (1839), Handbuch der Klimatologie.
1884 S. Günther (1848), Geophysik u. phys. Geographie. (2 Bd. 1885).
1884 Tisserand, Bulletin astron. (11 vol. 1894).
1884 Internationale Meridiankonferenz in Washington.
1885 Paul (1848) u. Prosper (1849) Henry, Photogr. Sternkarten.
1885 Agn. Clerke, History of astronomy during the 19. century.
1885 Küstner, Veränderlichkeit der Polhöhe.
1885 C. Pritchard (1808—1893), Uranometria nova Oxoniensis.
1885 Rowland, Photographische Karte des Sonnenspektrums.
1887 Internationaler astrophotogr. Kongress in Paris.
1887 Oppolzer (1841—1886), Canon der Finsternisse.
1887 Houzeau und Lancastre, Bibliographie générale de l'astronomie.
1888 Dreyer (1845), New general catalogue of nebulæ and clusters.
1889 F. Tisserand (1845), Traité de mécanique céleste. (3 Bd. 1894).
1889 G. A. Hirn (1815—1890), Constitution de l'éspace céleste.
1889 Schiaparelli, sulla rotazione di Mercurio — 1890 di Venere.

1889 Vogel und Scheiner weisen bei Algol einen dunkeln Begleiter nach.
1889 Pritchard bestimmt Fixsternparallaxen durch Photographie.
1890 Galilei, Opere. Edizione nazionale Dir. A. Favaro.
1890 Tables météorologiques internationales.
1890 N. C. Dunér (1839), Sur la rotation du soleil.
1890 Janssen (1824) trägt sein Spektroscop auf d. Montblanc.
1890 Beginn d. Publ.: Katalog der astron. Gesellsch.
1890 Seeliger (1849) und Bauschinger (1860) Münchner Sternverzeichnis.
1890 J. Scheiner (1858), Die Spektralanalyse d. Gestirne.
1891 R. Wolf, Handbuch der Astronomie.
1891 Harkness, The solar parallax and its related constants.
1891 Hale und Deslandres, monochromatische Sonnenphotographien.
1891 E. C. Pickering (1846), Draper catalogue of stellar spectra.
1892 H. C. Vogel (1842), Bestimmung der Eigenbewegung der Sterne im Visionsradius auf spektrographischem Wege.
1892 M. Wolf, Entdeckung kleiner Planeten vermittelst der Photographie.
1892 Barnard findet einen fünften Jupitersmond auf.
1892 Poincaré, Les méthodes nouvelles de la mécanique céleste.
1893 Gyldén (1841), Traité analytique des orbites absolues des huit planètes principales.
1893 Js. Roberts, Photographs of stars, star-clusters and nebulae.
1894 Müller und Kempf: Photometr. Durchmusterung des nördlichen Himmels.
1894 Juni 1., Einführung der mitteleuropäischen Zeit in der Schweiz.
1895 Lœwy und Puiseux, Pariser Mondphotographien.

www.ingramcontent.com/pod-product-compliance
Lightning Source LLC
Chambersburg PA
CBHW022111290426
44112CB00008B/631